彩图1　庐山旅游景点示意图

彩图2　常用视觉变量及其感受效果示意图

视觉变量		点状符号	线状符号	面状符号	类型对比感	数量 等级对比感
尺寸		大 中 小	粗 中 细	大 中 小		强
形状					强	
方向					强	
纹理	纹样				强	
	亮度	低 中 高	低 中 高	低 中 高		强
色彩	色相	红 黄 蓝	红 黄 蓝	红 黄 蓝	强	强
	纯度	高 中 低	高 中 低	高 中 低		强
	亮度	低 中 高	低 中 高	低 中 高		强

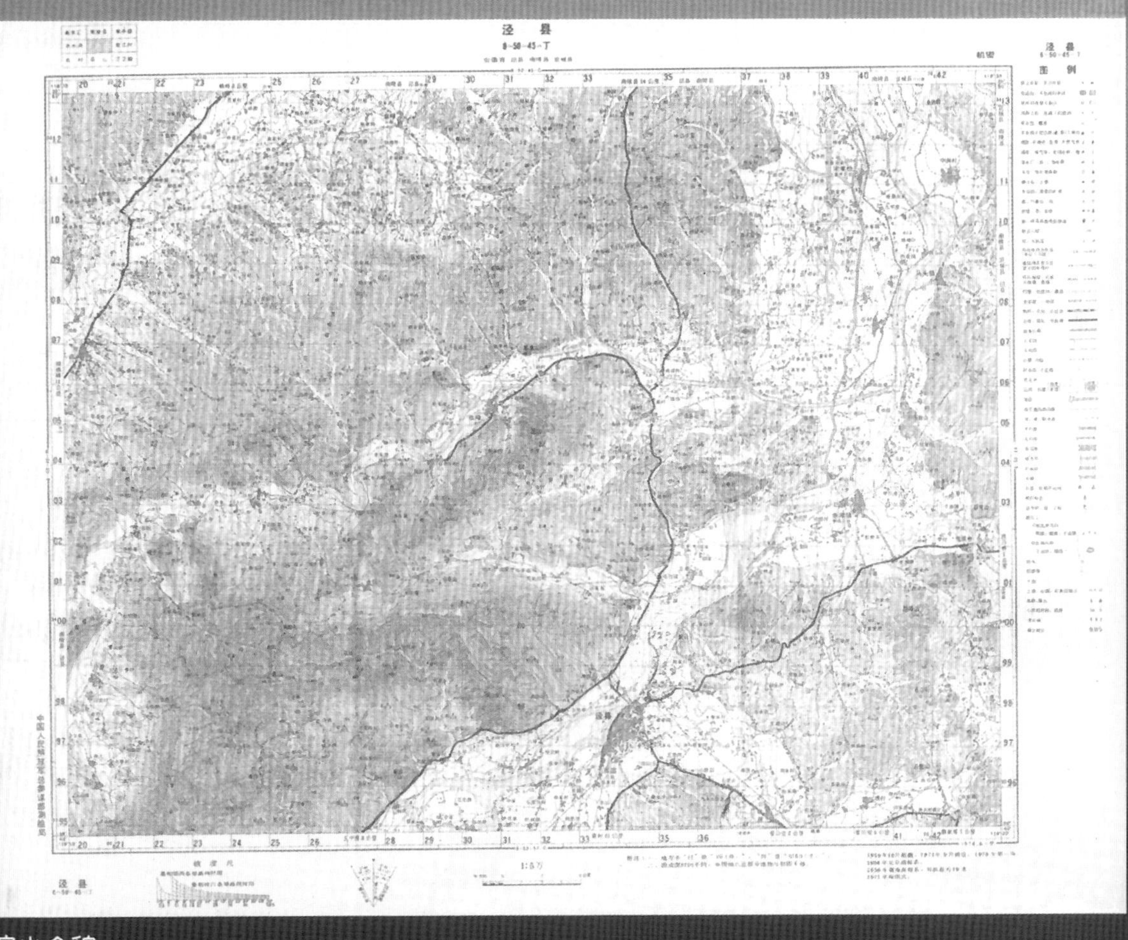

缩小全貌

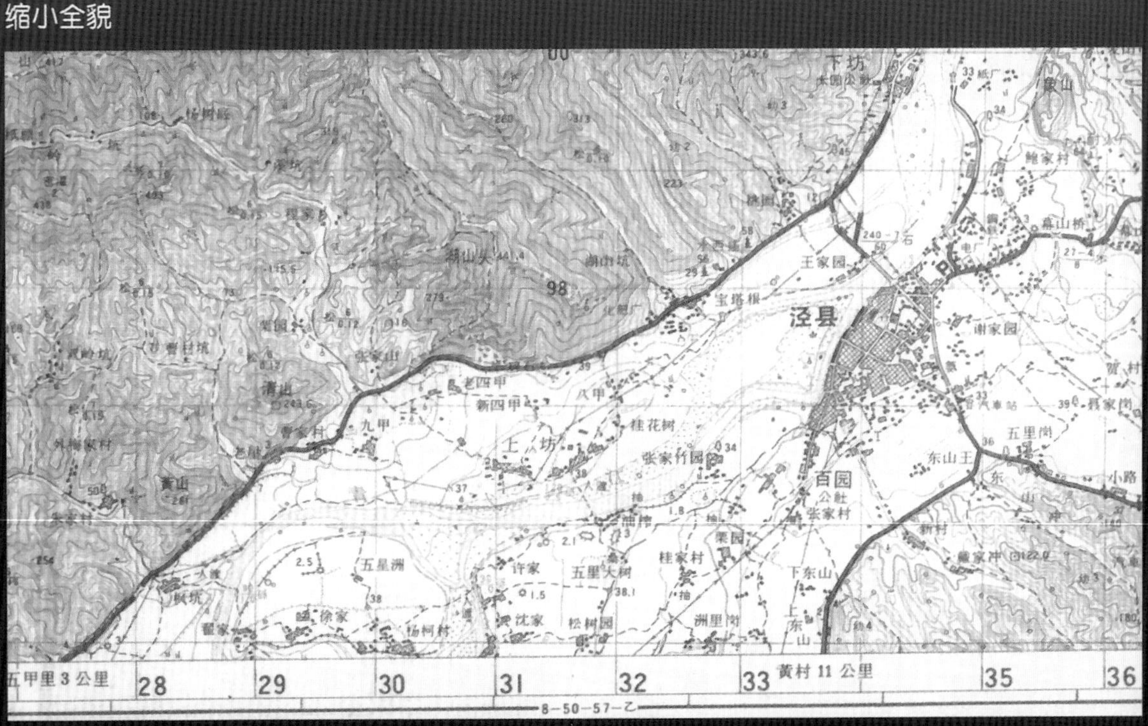

局部原大

彩图 3　1:5万地形图样式彩图

青岛市勘察测绘研究院
青岛快豹信息科技有限公司
地址：青岛市山东路189号
电话：0532-83766402
传真：0532-85660900
网址：www.qdkcy.com.cn
邮编：266033

地图具有信息丰富，直观易读、定位准确的特性。随着社会的飞速发展，人们生活水平的不断提高，地图正在全方位、多层面的渗透到社会生活中。

为了做大做强地图产业，成为地图创新的引领者，我们将边缘科学与先进的制图技术相结合，相继开发、生产了上千个品种。现在展示的是我们自主研发的一小部分地图产品，大部分在国内外都是绝无仅有。希望我们的创新能为今后地图产业的发展提供新思路。

我们目前已经做成“中国一流的地图产品研发基地”，我们的目标是“做21世纪地图产品的引领者”，为此我们将不懈努力！

地图青花瓷

茶具，日常生活中不可或缺的物品，无论你的身份、地位有何不同，对它的需求是一样的。但是身份、地位的不同对其品味的要求会有所不同。青花瓷地图茶具与以往的禅语、书画美饰有所区别，是以地图文化为主题，加上本地文化特色，看上去祥和而亲切，居家、待客定会与众不同。

地图折扇

又名“撒扇”、“纸扇”、“摺叠扇”。折扇源于南北朝，竹木做扇骨，韧纸做扇面，扇面上还要题诗作画，是古代文人雅士的随身饰物。现在早已是寻常百姓的必备之物。 地图折扇通过借鉴折扇的造型和工艺，以地图元素为主题，以手绘水墨画以及各类绘画形式，将地图完全艺术化，使您消夏之时，休闲之余，把玩欣赏间，既能领略中国文化的魅力，又能品味出地图之美。

地图手帕

获2011年“市长杯”青岛工业设计成果奖。

登山地图系列套装

本系列产品适用于广大的登山爱好者，内含精确标示出最优徒步线路的《崂山登山地图》、多功能求生包等登山辅助用品，让登山之旅更加安全、舒适。

丝艺地图

在2011年“市长杯”青岛工业设计成果展上获奖。

地图丝巾为丝艺地图衍生产品。

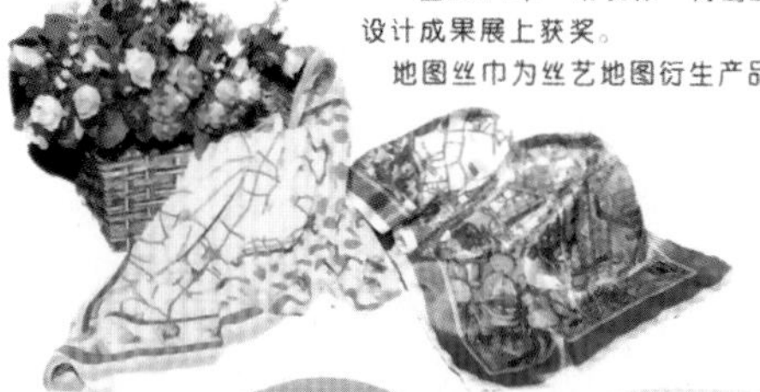

剪紙地圖

剪纸，又叫刻纸，窗花或剪画。剪纸是一种镂空艺术，其在视觉上给人以透空的感觉和艺术享受。 红彤彤的剪纸是中国元素之一，地图上的道路呈网状分布，恰与镂空剪纸的形式相符，美观大方，是增添民俗风味和年节喜庆气氛的绝好饰品。

青岛市勘察测绘研究院（青岛市基础地理信息与遥感中心）

彩图4 地图文化产品设计示例

文化產品

地址：青岛市山东路189号　电话：0532-83766402
传真：0532-85660900　网址：www.qdkcy.com.cn　邮编：266033

竹简地图

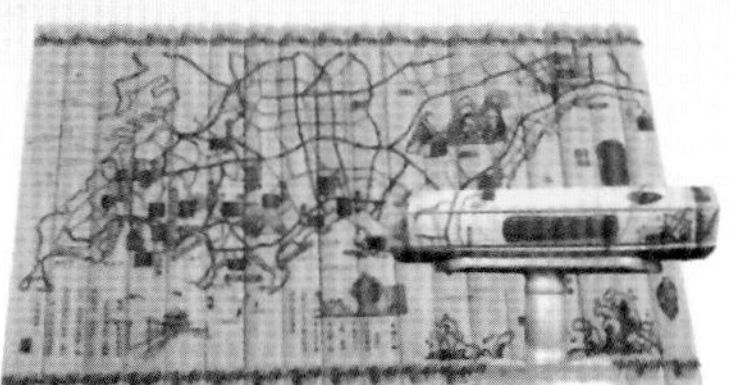

竹简地图，是在祖先曾经书写过辉煌历史的竹片上，用现代科技雕刻出的艺术符号，将青岛的山川河流、人文景观、交通道路以及大量的社会信息用地图化的语言和形式表现出来，再配上竹简古老的装帧艺术，不失为一件值得收藏的艺术品和纪念品。

地图卷轴系列

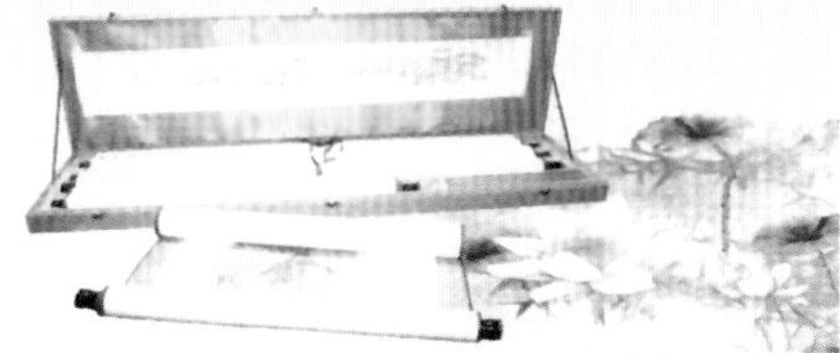

水墨地图是根据中国水墨画的艺术特点和用笔方法，利用现代电脑手绘技术，将地图艺术化的产品。

本产品为四幅一套：青岛市水墨地图、山东省水墨地图、中国水墨地图以及世界水墨地图。用宣纸卷轴装裱，再配以古朴锦盒包装，是一款值得馈赠和收藏的佳品。

叶脉画

叶脉画是利用外形美观的天然树叶，经特殊处理，利用现代打印技术，将设计精美的各类图案打印到树叶上，画面清晰，色彩艳丽，能长久保存，做永久纪念。如：人物肖像、景点画面、艺术地图等，尤其适合旅游纪念品，读书人还可以当书签夹在书里，平添一份雅趣。

地图纪念章

地图纪念章，是将地图元素在某一个主题下经过艺术的高度概括设计而成，具有很强的符号意识和纪念价值。如：突出区域特色、夸张景点形象以及徽标等，充分体现了纪念章这种表现形式，使其更具有纪念和收藏价值。

蜡染地图

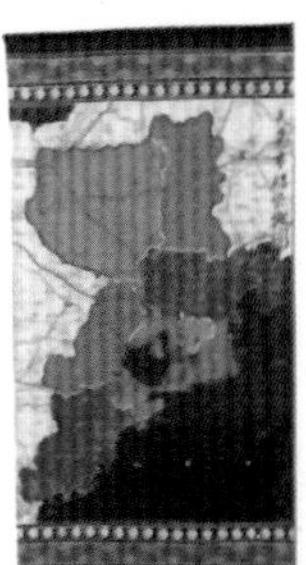

蜡染是我国古老的民间传统纺织印染手工艺，古称蜡，与扎染、镂空印花并称为我国古代三大印花技艺。

我们的蜡染地图，以古老的艺术形式为载体，以先进技术为依托，突出本地特色、宣扬地图文化，强化地图理念，这是又一创新的力作，是您馈赠亲朋的佳品。

地图文化衫

地图拼图

拼图游戏是广受欢迎的一种智力游戏，它变化多端，难易不同，让人百玩不厌。我们把地图与拼图巧妙的结合到一起，既能锻炼儿童的记忆和思维能力，又能在玩的同时了解青岛。家长同时也可参与其中，讲讲青岛的故事，青岛的文化。地图拼图，拼凑的不仅仅是一幅地图，也是一个故事、一段历史。

皮雕地图

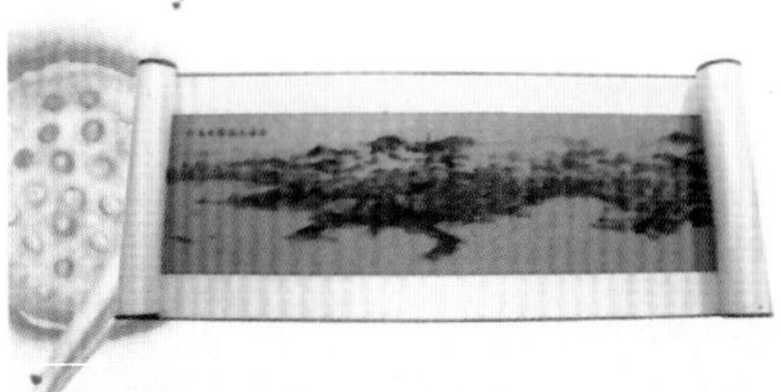

精心设计制作的地图作品，用现代科技手段雕刻在皮革上，可以竖式也可以是横幅，细致精美，清淡雅致，加之中国式的卷轴装裱，配以古朴的锦盒包装，让人爱不释手，驻足流连。挂在您的书房或客厅一定很美。

羊皮卷地图

拓片地图

青岛市勘察测绘研究院（青岛市基础地理信息与遥感中心）

彩图5　地图文化产品设计示例

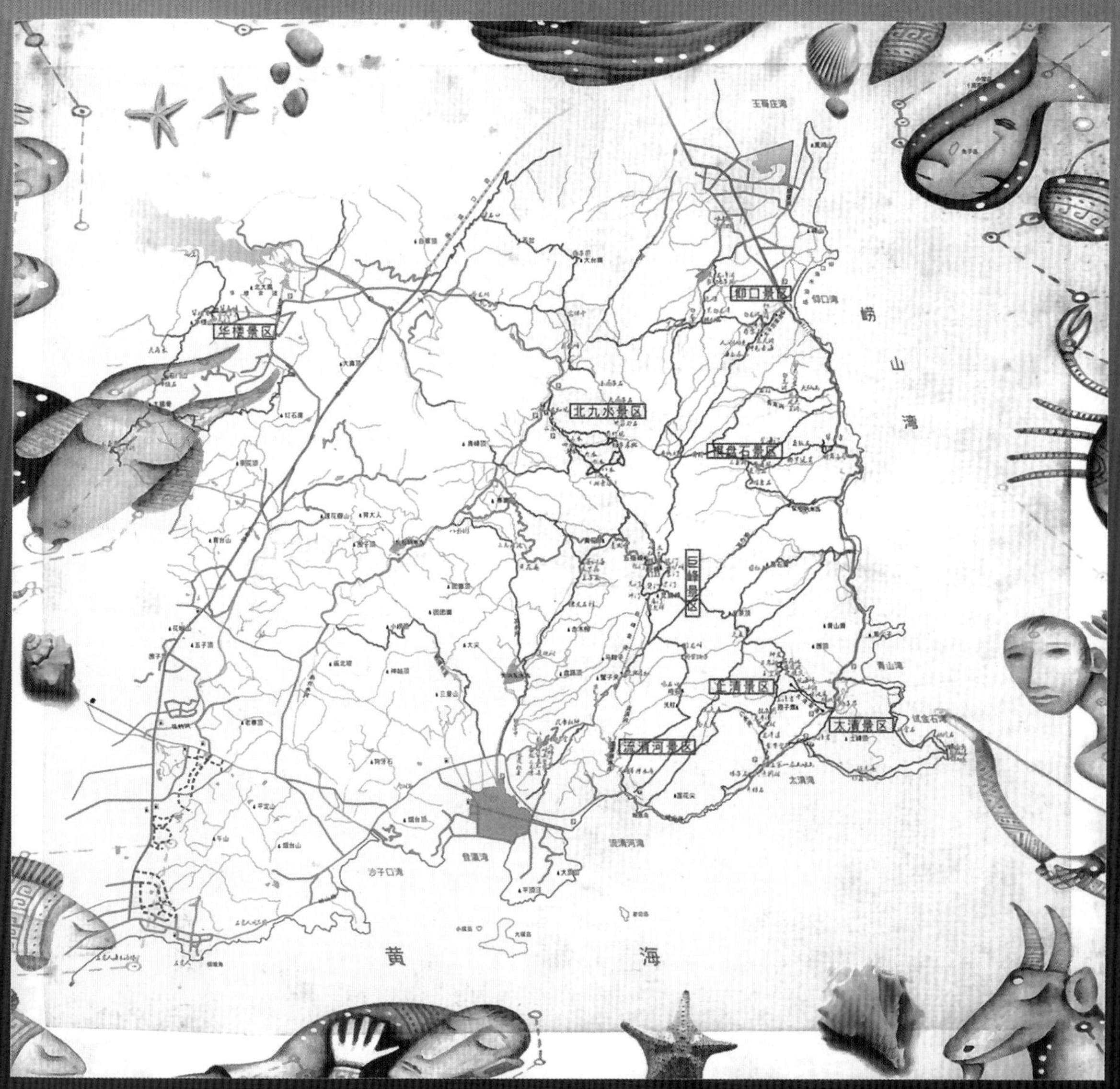

彩图6　羊皮地图

彩图7　扇面地图

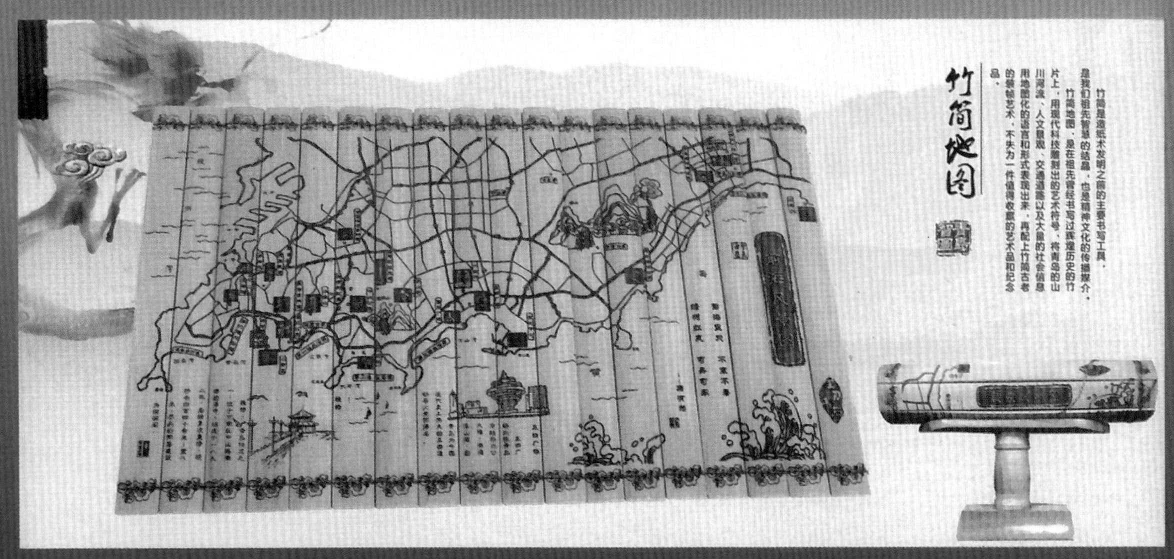

彩图8　竹简地图

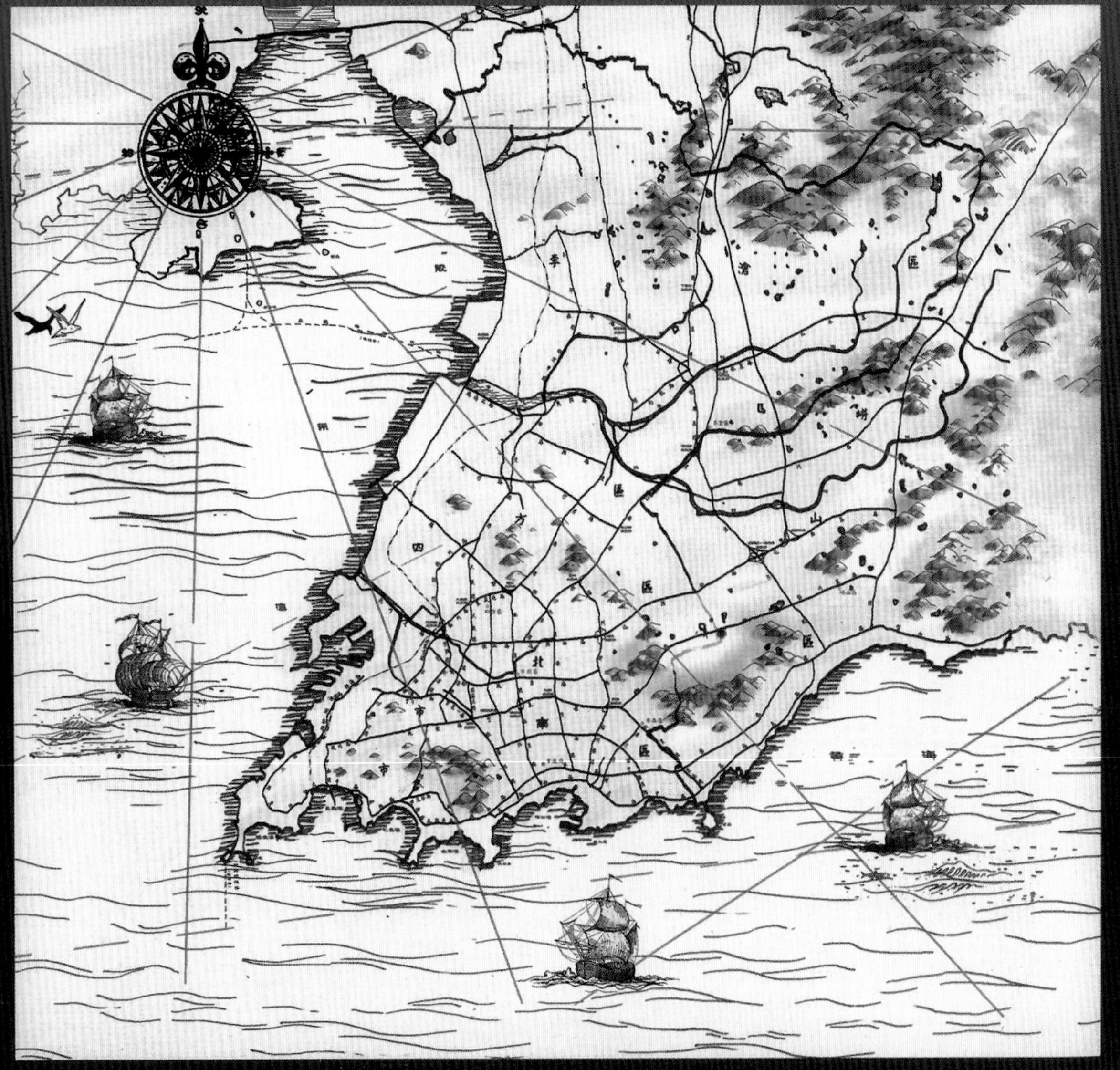

彩图9　仿古地图

彩图10　影像符号应用实例

新疆旅游

彩图11　人工具象符号应用案例

彩图12　设计案例

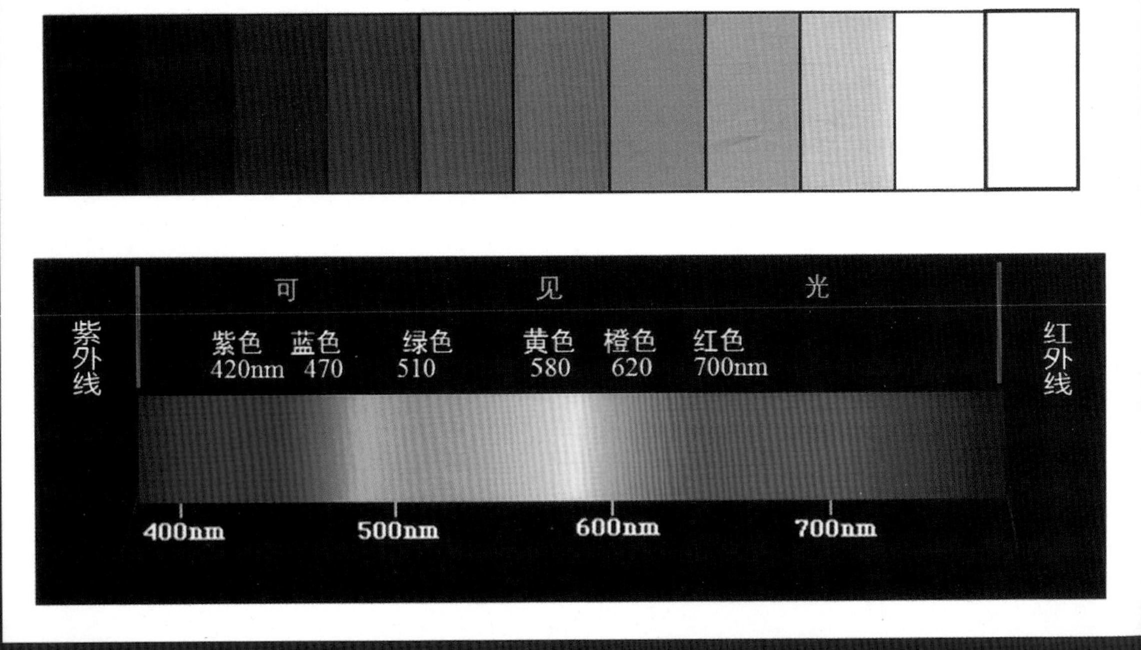

彩图13　有彩色与无彩色

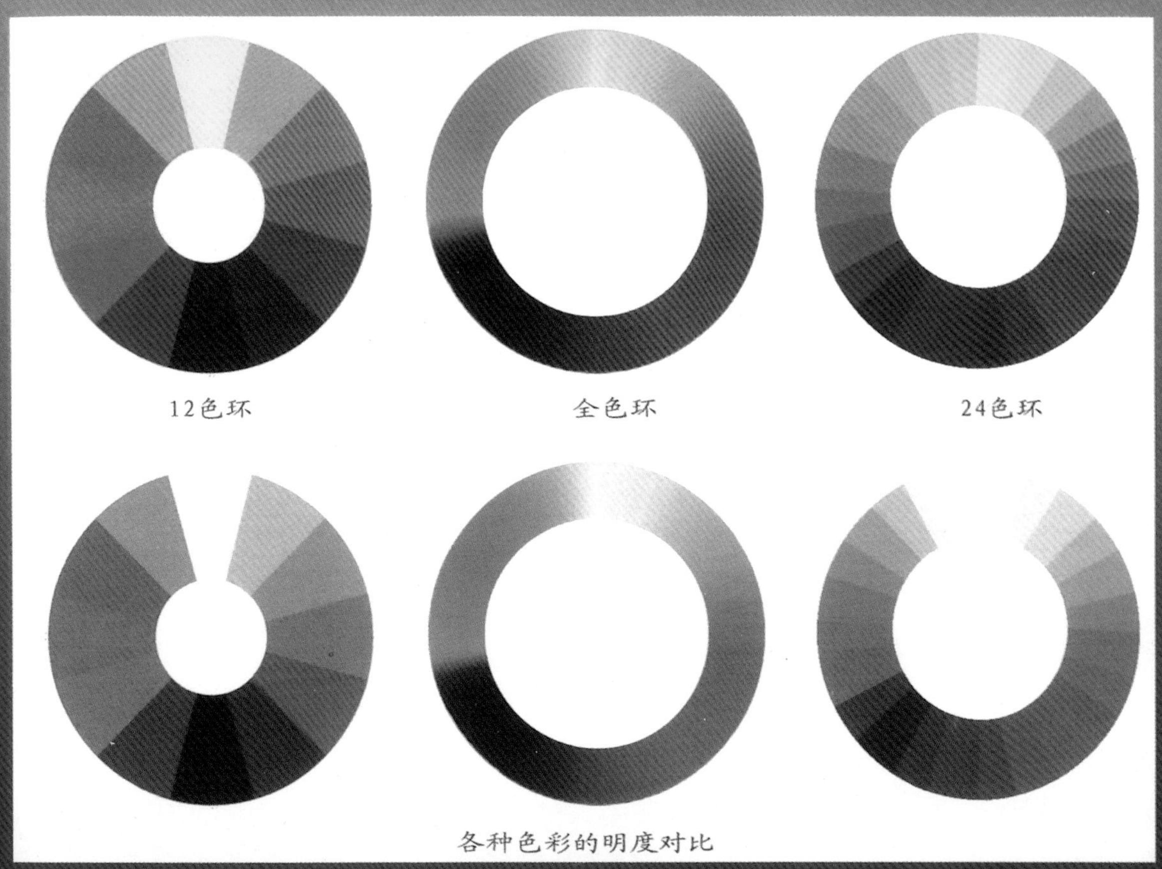

彩图14　色环及有彩色的明度示意

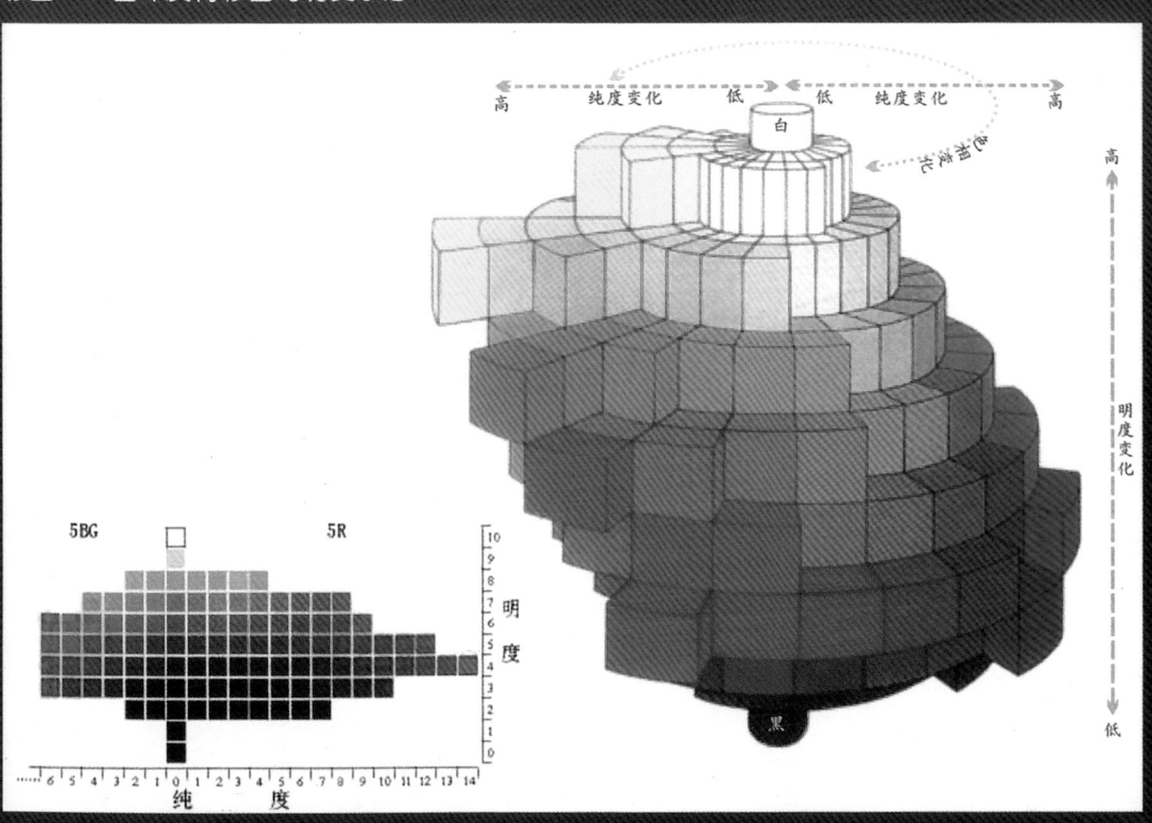

彩图15　孟赛尔色立体

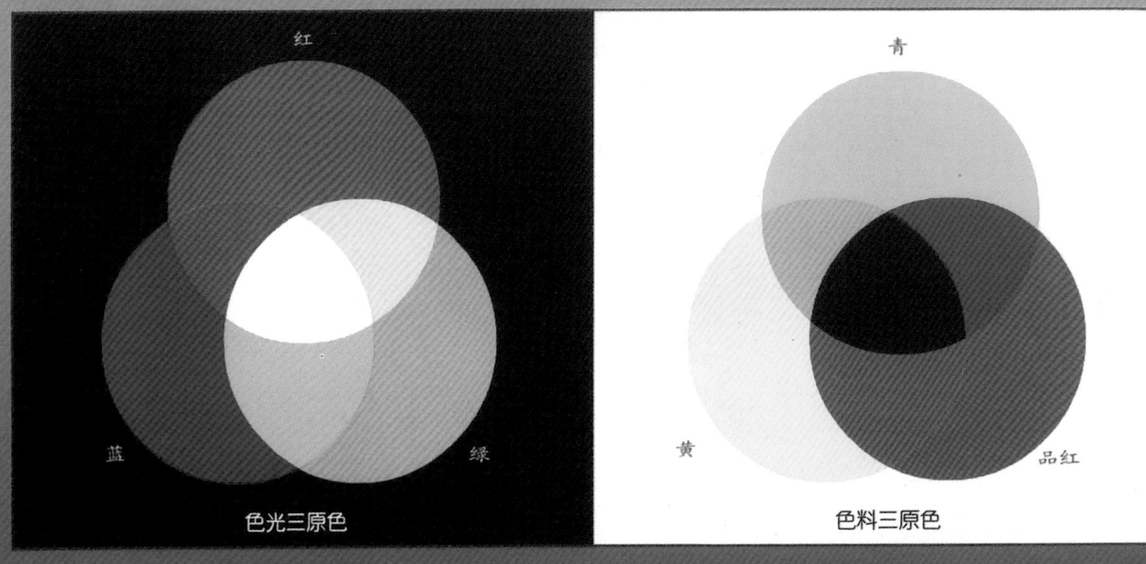

彩图16　三原色

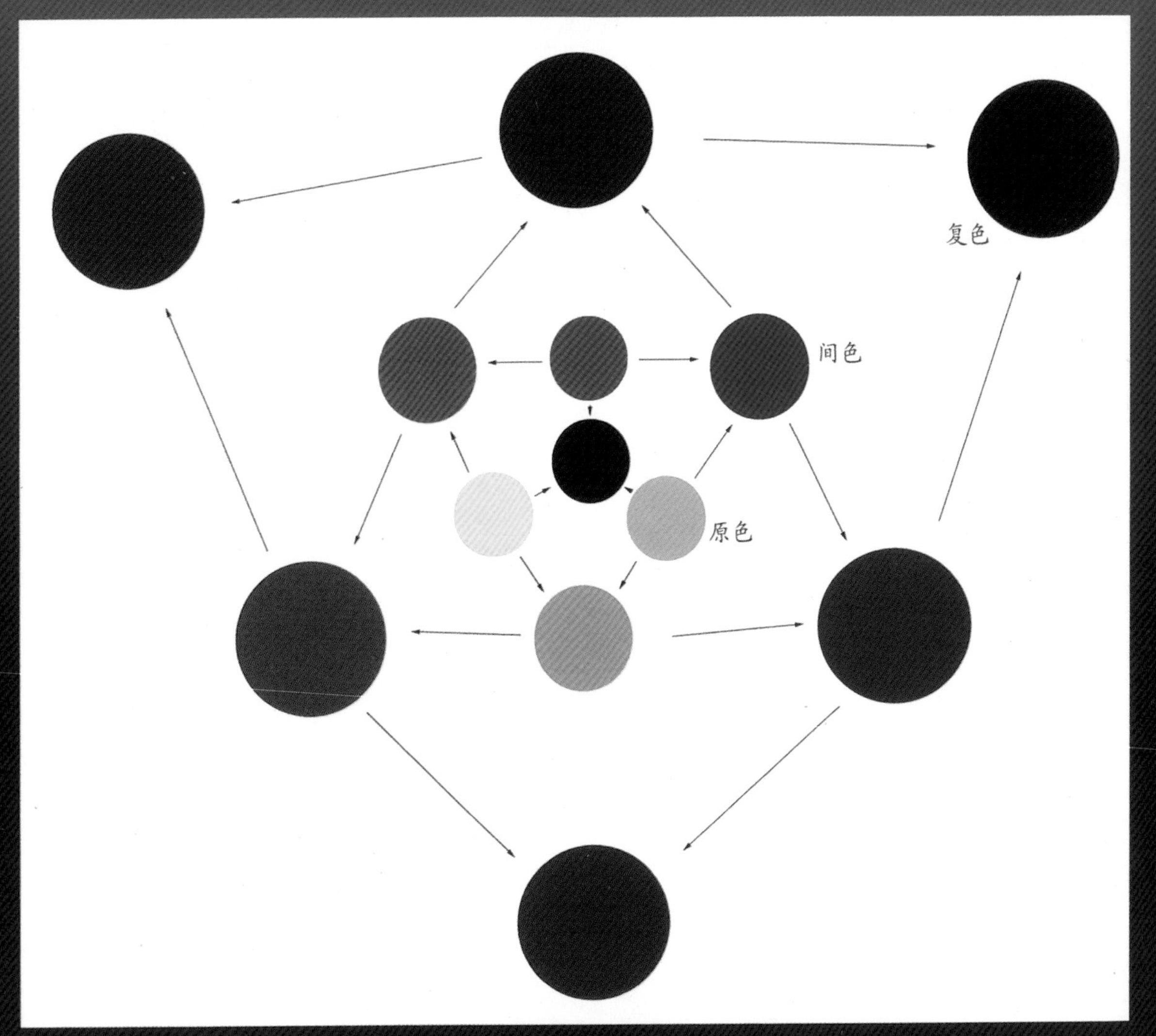

彩图17　色料的混合效果

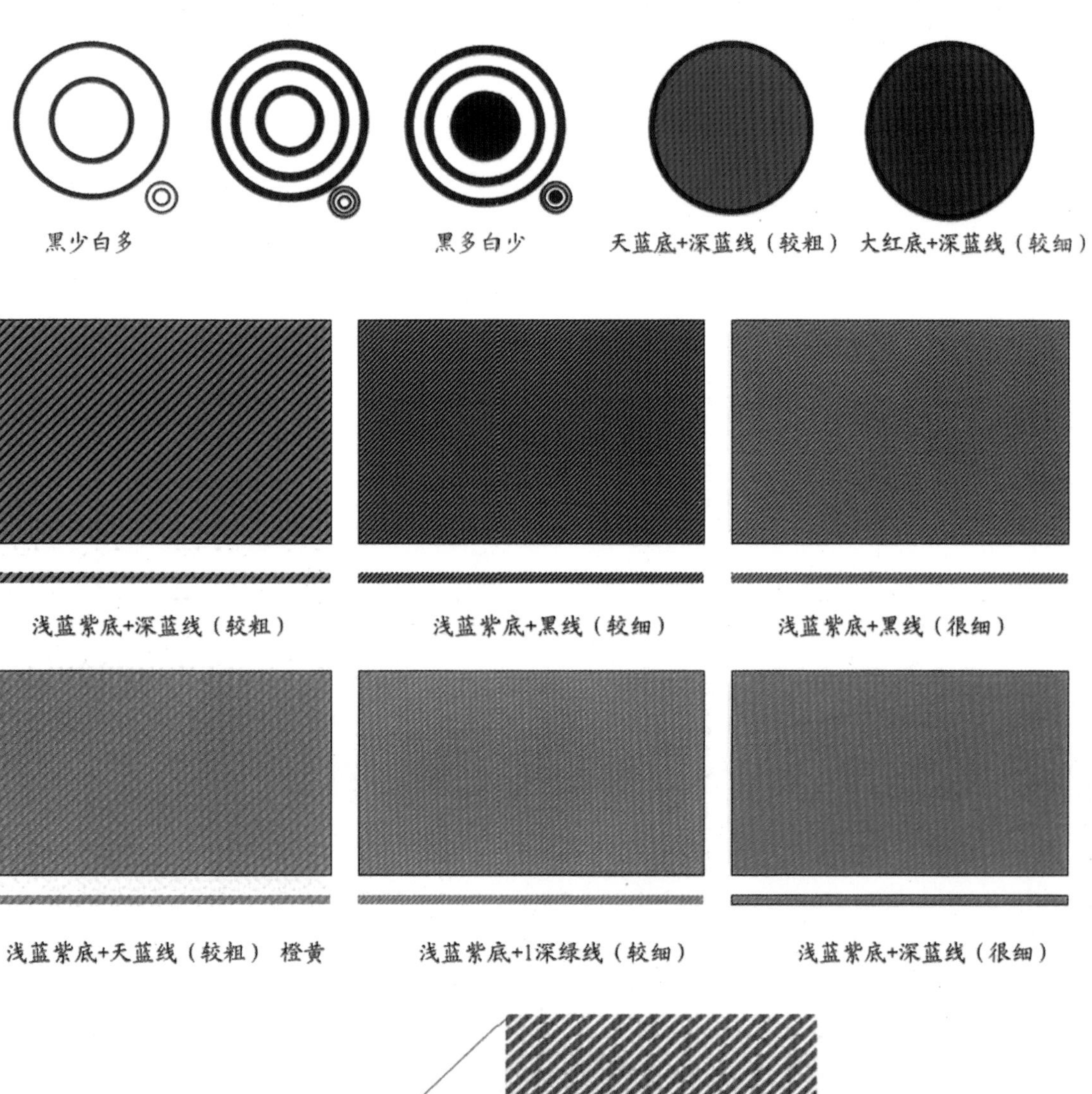

白底+大红线

白底+中蓝线

彩图18 视觉混合效果示例

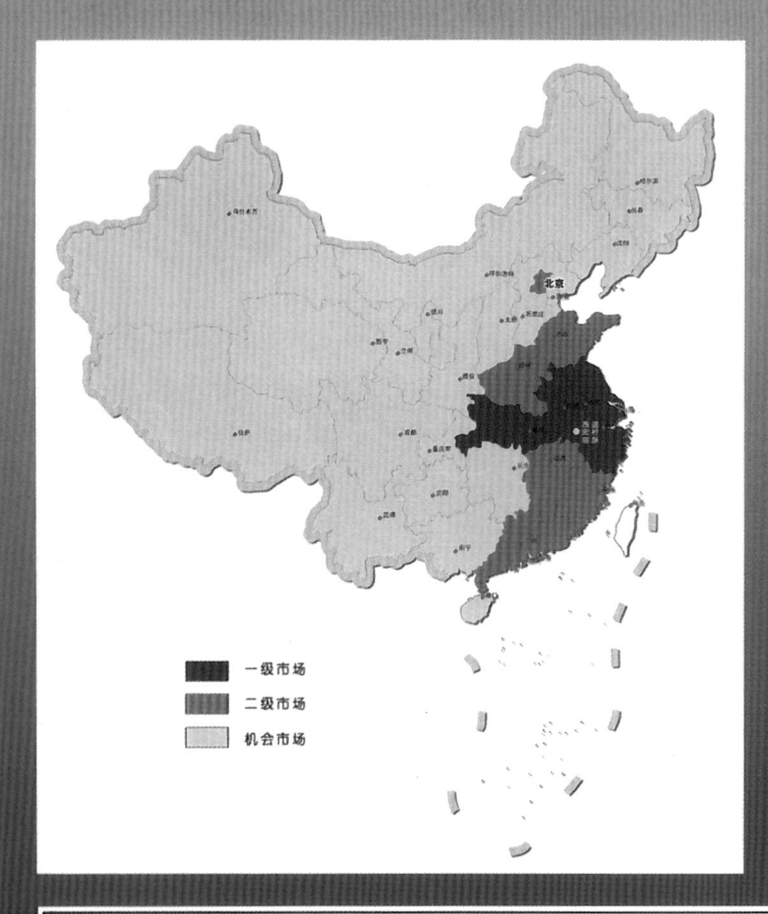

彩图19　色彩亮度变化表达等级信息

彩图20　文字设计案例

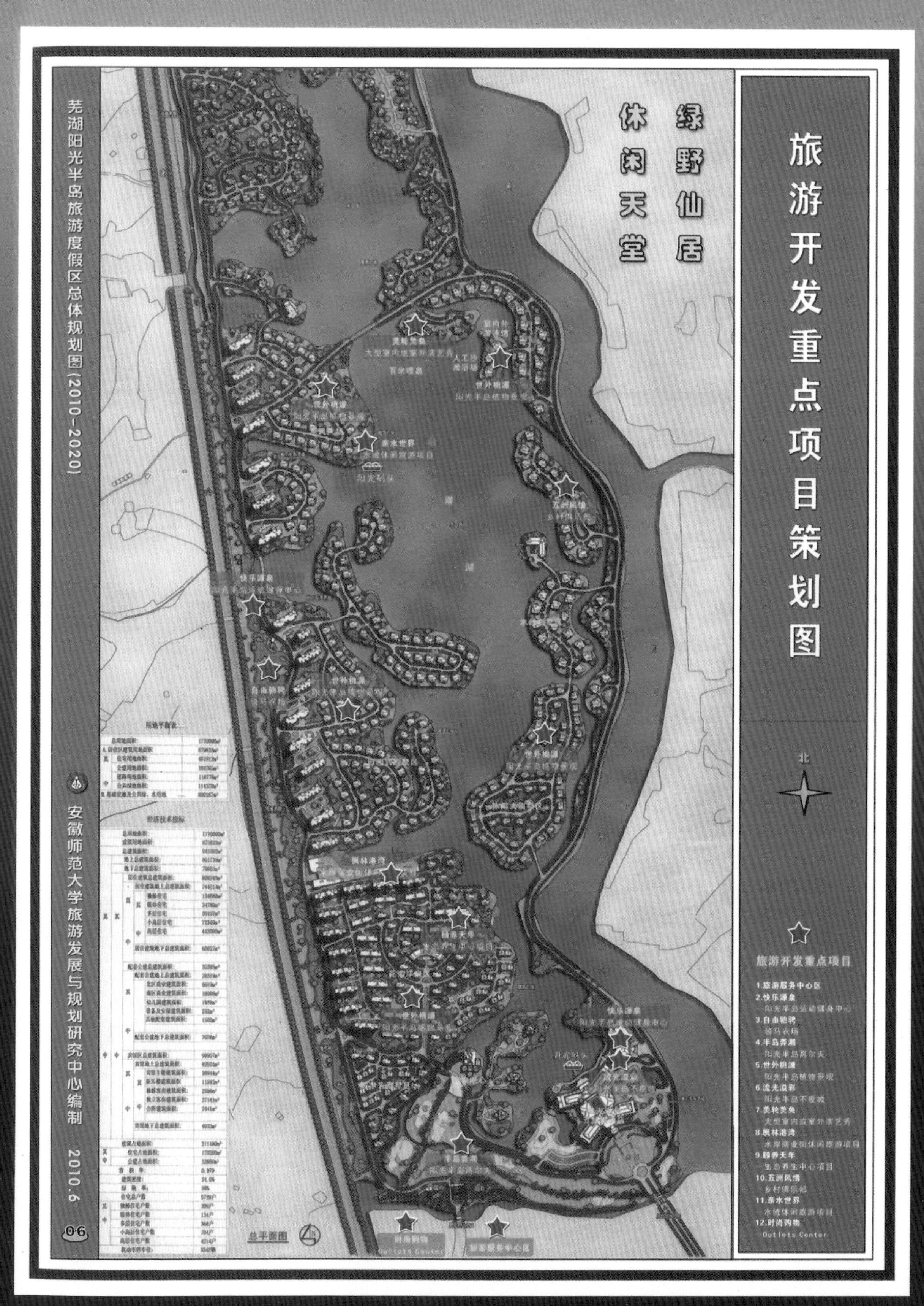

彩图21　点状符号用于表示旅游资源分布示例

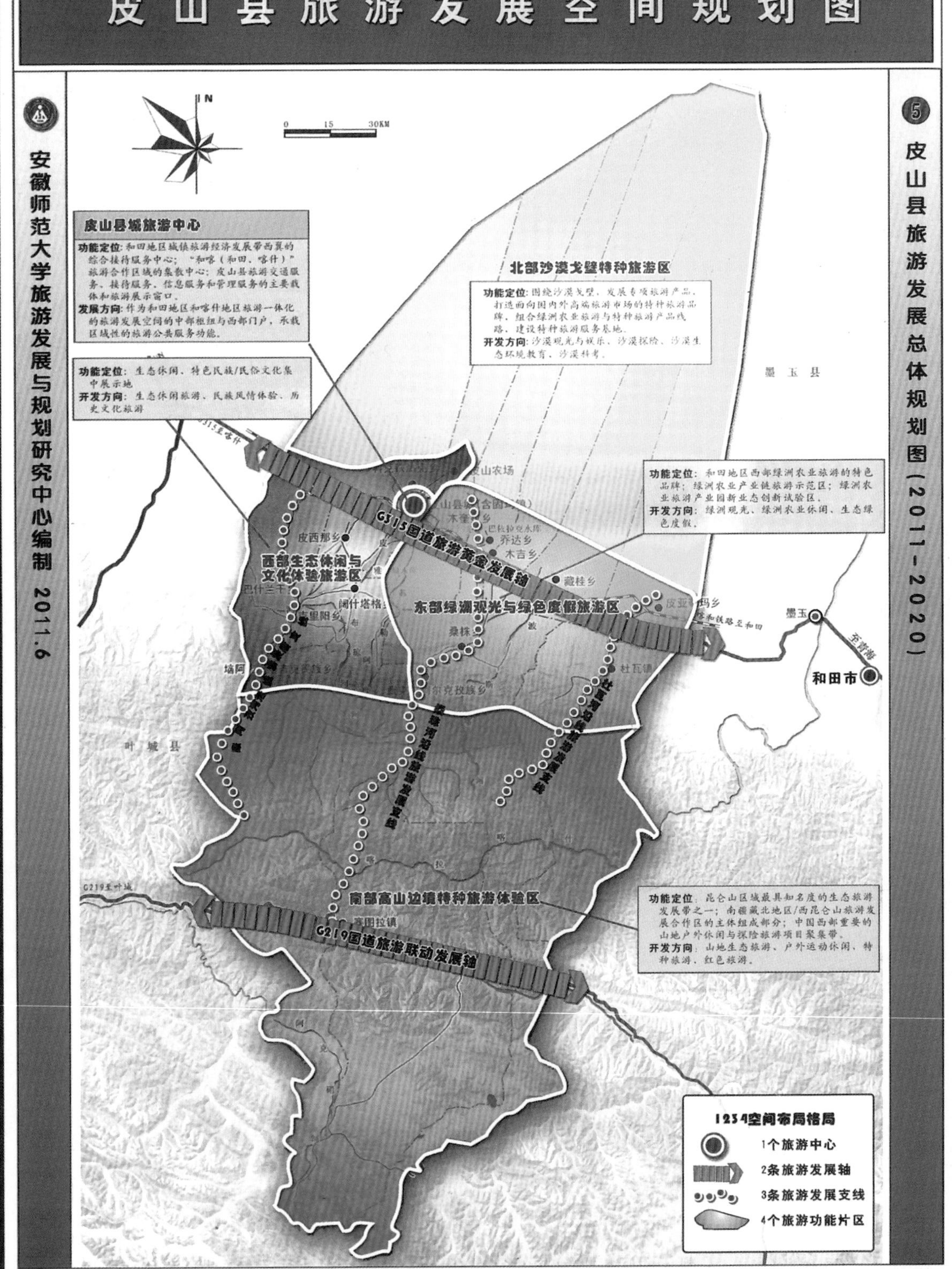

彩图22　质底法用于旅游功能分区示例

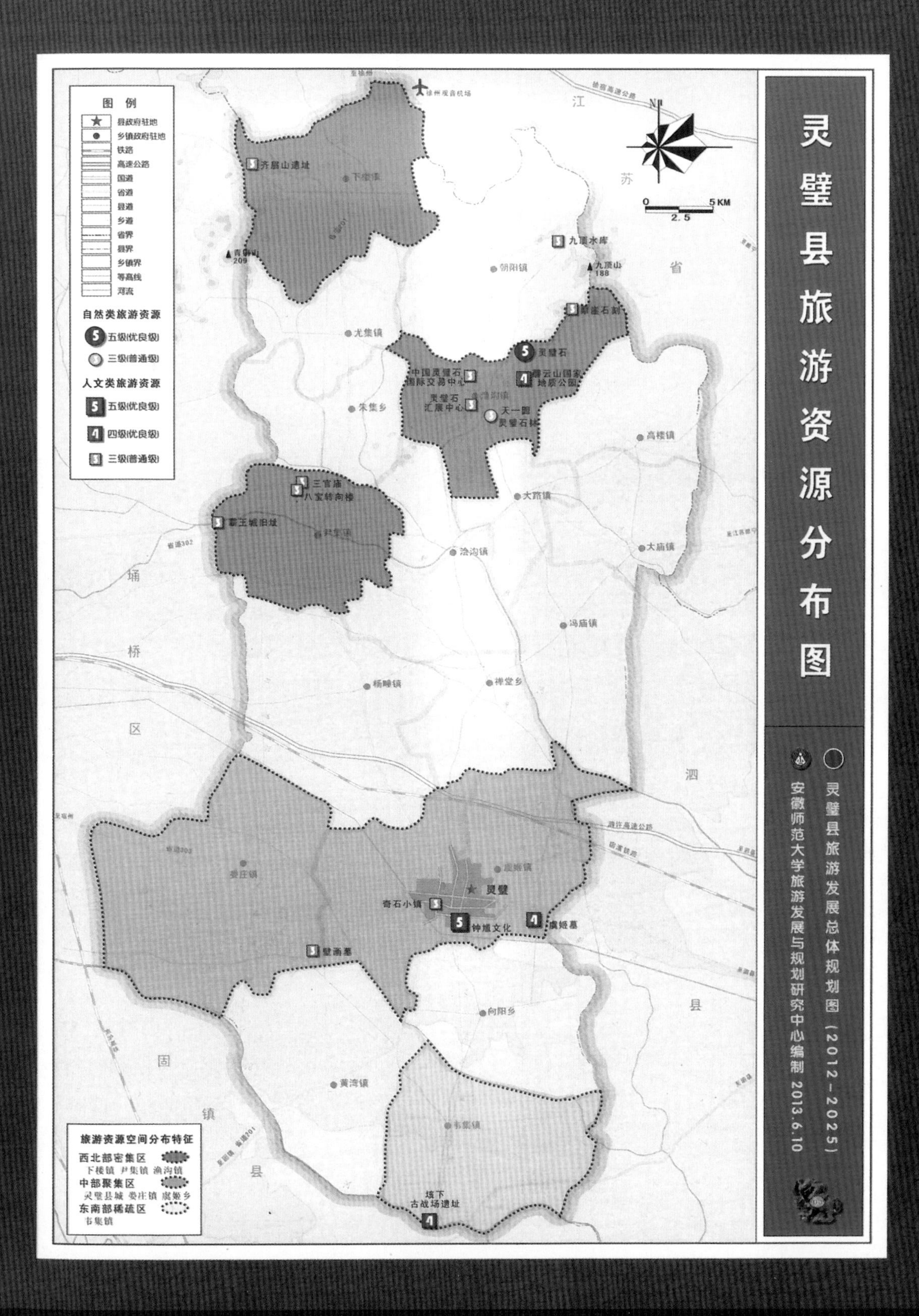

彩图23　范围法用于表示旅游资源聚集区（精确范围）示例

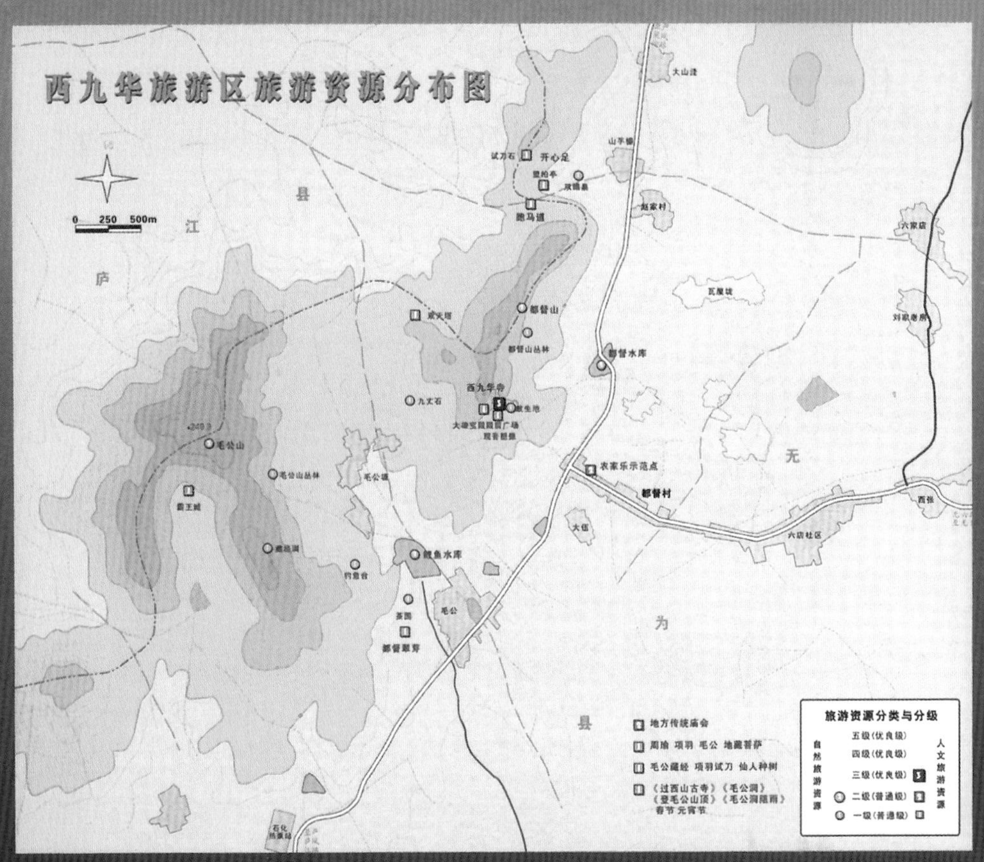

彩图24　分层设色法用于表示地形

彩图25　光影法表示具有一定高度的地物

安徽师范大学教材建设基金资助

21世纪全国高等院校旅游管理类创新型应用人才培养规划教材

旅游地图编制与应用

凌善金　编　著

内 容 简 介

本书系统地介绍了旅游地图编制与应用的原理和方法，内容包括导论，旅游地图的编制过程，旅游地图的选题与工艺过程设计，旅游地图的数学基础设计，旅游地图的内容设计，旅游地图内容的视觉传达设计，旅游地图的图面设计，计算机旅游地图制作技术，旅游地图编制案例，旅游地图的应用。本书站在一个较大的知识背景下，运用多学科理论论述了旅游地图编制中的问题，深入浅出，易于理解。本书的主要特点为：注重内容的思想性、说理性、系统性、逻辑性，知识的综合性与应用性。为了便于理解和掌握，培养学生的应用能力，书中安排了较多的旅游地图案例，每章配有教学要点、技能要点、导入案例、知识要点提醒、本章小结、关键术语、知识链接、练习题、案例分析。

本书适用于高等学校旅游管理专业本科旅游地图学课程教学，也可作为旅游管理及相关专业的本科教材，还可供广大正在或志在从事地图编制相关工作的专业人员参考。

图书在版编目(CIP)数据

旅游地图编制与应用/凌善金编著. —北京：北京大学出版社，2013.9

(21 世纪全国高等院校旅游管理类创新型应用人才培养规划教材)

ISBN 978-7-301-23104-3

I. ①旅… II. ①凌… III. ①旅游图—地图编绘—高等学校—教材 IV. ①P285.3

中国版本图书馆 CIP 数据核字(2013)第 203080 号

书　　名：**旅游地图编制与应用**

著作责任者：凌善金　编著

策 划 编 辑：莫　愚

责 任 编 辑：莫　愚

标 准 书 号：ISBN 978-7-301-23104-3/K・0981

出 版 发 行：北京大学出版社

地　　址：北京市海淀区成府路 205 号　100871

网　　址：http://www.pup.cn　新浪官方微博：@北京大学出版社

电 子 信 箱：pup_6@163.com

电　　话：邮购部 62752015　发行部 62750672　编辑部 62750667　出版部 62754962

印 刷 者：北京虎彩文化传播有限公司

经 销 者：新华书店

787 毫米×1092 毫米　16 开本　17 印张　彩插 16 页　429 千字

2013 年 9 月第 1 版　2020 年 1 月第 5 次印刷

定　　价：38.00 元

前　　言

创新型、应用型大学人才的培养有赖于教材内容与形式的科学设计。根据当前旅游管理专业人才的需求和行业的发展前景，本系列教材以培养创新意识为灵魂，以培养应用能力为根本，以培养毕业后即能操作，上岗就能工作的人才为目标。因此，本书加强了案例教学内容和实际操作训练内容。

由于旅游管理及科学研究中常常会遇到旅游地图的编制与应用方面的问题，因此我国一些高校旅游管理专业培养计划中设置了旅游地图学课程。该课程的教学目标是让学生了解旅游地图设计的基本原理，掌握旅游地图制图的技术，熟悉旅游地图运用等知识，为学生将来更好地从事旅游管理工作和旅游科学研究打下基础。目前该课程缺少成熟的教材，本书正是为满足本课程教学需要而编写。本书是在《旅游地图学》(安徽人民出版社)教材基础上重新编写的，对原来的内容结构体系作了优化，加入了新思想，补充了新观点、新内容。旅游地图编制与应用学科知识的实践性、应用性很强，也是一门文理交叉性学科，需要综合运用多学科知识来解决实际问题。因此，学习本课程，不仅可提高旅游地图编制与应用的技能，同时对培养个人素质及动手能力，拓展知识面均具有重要意义。本书力图通过一些案例，综合运用地图学、旅游学、地理学、设计学、心理学、符号学、传播学、艺术学、美学等多学科理论来阐明旅游地图编制和应用的原理与方法。

本书共分为 10 章。第 1 章为“导论”，主要介绍旅游地图的概念、分类、特征，以及旅游地图编制人员应当具备的知识结构。第 2 章为“旅游地图的编制过程”，主要介绍旅游地图的编制过程，旅游地图设计的原则、内容与依据。第 3 章为“旅游地图的选题与工艺过程设计”，主要介绍选题理念、原则、过程、方法，工艺过程设计的理念、原则、内容。第 4 章为“旅游地图的数学基础设计”，主要介绍地球上的定位方法，地图投影分类、常用投影、投影选择与识别、比例尺。第 5 章为“旅游地图的内容设计”，主要介绍内容设计的理念和原则，影响旅游地图内容设计的因素，底图内容与专题内容的设计。第 6 章为“旅游地图内容的视觉传达设计”，主要介绍旅游地图内容视觉传达设计的理念、原则，旅游地理信息的特性，旅游地图语言的特性，图像语言、文字语言和色彩语言传达设计的原理与方法。第 7 章为“旅游地图的图面设计”，主要介绍图面设计的理念、原则、影响因素，图面美化设计的方法，主图、图例等各种要素的设计方法、技巧。第 8 章为“计算机旅游地图制作技术”，主要介绍计算机旅游地图制图技术的系统构成及制图原理，数字地图的基础知识，地图制图软件的性能，地图制图软件的学习方法。第 9 章为“旅游地图编制案例”，主要介绍运用软件制作旅游地图的具体操作方法。第 10 章为“旅游地图的应用”，主要介绍旅游地图的作用、技术特性，旅游地图应用方法。本书内容丰富，如果课时不足，可以有选择地讲授，但是需要把握系统性，讲清原理，细节问题可以省略。

根据“创新应用型”本科人才培养的需要，本书在体系和结构上进行了一定的创新，将基本理论与发展前沿、理论知识与实践能力、课堂导学与课外自学融为一体，尽力体现实用性，主要具有以下特点。

(1) 系统性：系统、全面地阐明了旅游地图编制与应用的原理与方法。

(2) 应用性：每章都安排了与该章内容紧密相关的能给人以深刻启示的应用案例。

(3) 实战性：根据章节内容设计了模拟题，培养知识应用能力和创新思维能力。

(4) 创新性：吸收近年来旅游地图设计研究方面的最新成果，并对内容结构作了优化创新。

(5) 易读性：本书对设计原理问题的阐述深入浅出，说理透彻、明确，并用实例说明。为了便于学生把握本质问题，利用插入“知识要点提醒”来解释或强调有关内容的本质问题及重要的思想。为帮助学生巩固所学知识，章后都安排了小结、关键术语、知识链接、练习题、案例分析。

本书由凌善金提出写作思路和框架结构，并撰写主要内容。郝天宝、钟锐协助撰写了部分内容。莫愚编辑为本书内容结构框架提出了指导性的意见，并在审稿中付出了辛勤劳动，对提高本书的总体质量发挥了重要作用，在此谨表示衷心感谢！

在本书的编写过程中，编者参阅了大量的教材、专著和论文，但是因为数量太多，无法在书末的参考文献中一一列出，在此谨向这些作者表示感谢！

由于作者学识所限，书中难免存在疏漏之处，敬请广大读者批评指正！

编著者

2013 年 6 月

目　　录

第1章 导　论

本章教学要点

知识要点	掌握程度	相关知识
旅游地图的概念	掌握	地图学、旅游地理学、旅游管理信息系统
旅游地图的分类	了解	地图学、旅游地理学、旅游管理信息系统
旅游地图的特征	理解	符号学、旅游管理信息系统、旅游市场学
旅游地图的功能	掌握	旅游管理信息系统、旅游文化学、符号学、美学
旅游地图的构成要素	了解	地图学、旅游地理学、旅游管理信息系统

本章技能要点

技能要点	掌握程度	应用方向
知识的跨学科融合能力	熟悉	旅游科学研究、其他多种学科研究
学科设立的本质的理解能力	理解	旅游科学研究、其他多种学科研究
学科知识的理解能力	掌握	旅游科学研究、其他多种学科研究

导入案例

彩图 1 是一张庐山旅游地图，它不仅很好地传达了旅游地的景点及交通等信息，并且具有较好的审美效果，兼具实用与审美功能，是比较成功的旅游地图产品。目前旅游地图的编制与应用已经非常普及，人们每到一个景区都能见到这样的旅游地图。在普通旅游者眼里它是指路的工具。然而，作为旅游管理专业人员或旅游科学工作者就不能简单地将它看做是指路的工具，而是要带着专业的眼光去看待它，要有深知其功能，强化其功能，挖掘其功能的想法，甚至还要学会绘制它，利用它来为自己的专业工作服务。本章将带领读者从专业角度去认识旅游地图，使读者在这方面不再是看热闹的人，而将成为一个行家。

第二次世界大战结束以后，现代旅游业开始在世界范围内兴起并迅速发展，到20世纪末它已发展成为世界上最大的产业，并表现出持续增长的发展态势。旅游现象的出现与发展导致了旅游学的诞生与发展，并形成了许多旅游学分支学科，如旅游地理学、旅游管理学、旅游心理学、旅游会计学、旅游市场学等，旅游地图学也被列入了旅游学的学科体系。众所周知，地图是反映地理事物的空间分布、性质、数量、构成、相互关系和发展动态的一种空间信息模型，是人们研究地理环境、表达研究成果、了解世界的一种重要工具。从旅游学角度看，地图不仅是旅游者和旅游管理者的必备工具，也是旅游学研究及表达研究成果的重要工具，因此旅游地图具有广泛的应用价值，旅游地图编制与应用的研究引起了学术界的关注。

1.1　旅游地图的特征、概念和功能

要编制和应用好旅游地图，必须先了解旅游地图的特征、概念和功能等基础知识。

1.1.1　旅游地图的特征与概念

作为一种专业性很强的科技产品——旅游地图有自己的特征。

1．旅游地图的特征

特征是一种事物与其他事物比较而显示的不同之处。旅游地图是地图的一种，具有地图的基本特征，同时它与其他地图相比还有自己的特征。

1) 地图的基本特征

地图和绘画作品、普通照片、航空照片和卫星照片比较，有以下四个基本特性，而且严格地说，这四个特性必须同时存在，才能称之为真正的地图。

(1) 特殊的数学基础。绘画和摄影形式来描述地表物体时采用中心透视投影，但未必都是俯视图，即便是俯视图，同一张图像上随着俯视的角度和距离不同，同样的形状和大小会因所处位置不同而显示尺度不同，物体之间缺少尺度的可比性。绘画和侧视照片不仅存在中心投影造成的误差，而且由于侧视，地物间的可比性更差。航空照片和卫星照片尽管是俯视摄影，但是由于是中心投影，在照片中心和边缘及距离透视中心的同一物体，其距离形状或大小会不同，位于不同高程的物体比例尺也不同(图 1.1)，制作地图时就要对这些误差进行纠正，转化为正射投影。另一方面，由于地球椭球体表面是一个不可展平的曲面，而地图是一个平面，要制作精确的平面地图就需要实施地图投影，将地球自然表面垂直投影到地球椭球体面上，然后用一定的数学方法按照一定比例转绘到平面上，这就是地图的数学基础，它可以有效地保障所表达的事物在平面图形上的精确性、可测性和可比性。可以说，没有数学基础，非正射投影的地图就不是严格意义上的地图。

(2) 特殊的视觉语言。符号是地图用于表达地理信息的语言，广义上的地图符号包括图像符号、色彩、注记等，广义上的地图符号是一种综合性的视觉语言。运用符号系统表示地理事物具有比真实事物存在形式更加便于认知和理解的优点，它不仅能表示可见事物，而且能表示没有外形的、抽象的或地下的现象；它不仅能表示事物的位置、范围、性质和数量，而且能表示事物的外貌特征，还能达到主次分明的效果、内容明确的效果，能增强地理信息的直观性和易读性。可以说，没有人工符号的图像就不是地图。

(3) 简化的内容和形式。地表信息复杂多样，而地图的容量却极为有限，如果将所有信息毫无选择地显示出来，反而会影响重点内容的把握，影响地图阅读目的的实现。地图不是机械地照搬客观事物，而是围绕一定的主题，有选择、有层次、有重点地传达某些信息，舍去与主题无关或不重要的信息。除了内容选择以外，在地图语言形式方面也采取一定措施来体现概括性。这种处理方法在地图学中称之为地图概括或制图综合。地图概括是根据一定的地图主题来选取所要表达的信息，提取或强调能反映地表事物规律和本质特征

的信息，舍去次要的、非本质性的事物，经过科学概括，可以更准确、合理地反映事物特征，保留重要信息，达到地图内容详细性与清晰性、精确性与合理性的对立统一。

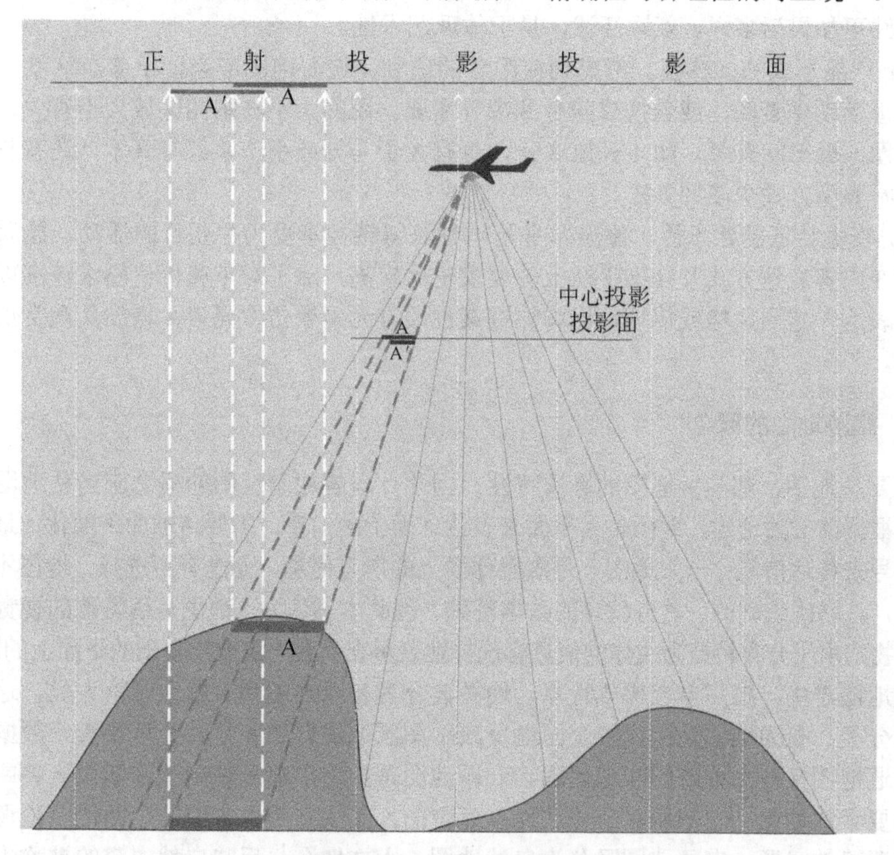

图 1.1 中心投影造成的水平位置不准和比例尺不统一

(4) 表达水平空间信息为主。地图是专门用于表达地理信息的工具，尽管地理信息的属性多样，但是地图以表达水平空间信息为主，兼顾其他信息。这是地图载体不同于其他信息载体的突出之处。比如，剖面图也表示空间信息，但是它不是地图。

2) 旅游地图的特征

与其他地图相比，旅游地图有自己的特征，主要表现在以下方面。

(1) 地图语言的直观性。旅游地图主要是为了满足旅游需要和旅游科研与管理而编制的，但是其使用对象并不局限于游览用，它已经成了多数出行者必备的大众化用品，读者群体多样。因此，旅游地图的使用对象包括旅游者、导游者、旅游管理者、旅游科研工作者，还有其他出行者或查询信息的公众。在旅游地图中，使用面最宽、发行量最大的是面向旅游者的旅游地图。旅游者和出行者由不同行业、不同层次、不同年龄、不同文化程度的人组成，针对这些读者对象编制的旅游地图应该通俗易懂。因此，旅游地图的设计需要兼顾多种读者群体的阅读能力，以提高使用价值。为了达到这个目的，旅游地图的符号系统需尽可能采用具象符号，形象直观、生动，易于被读者接受，能更好地传输信息，如用形象的符号、色彩来表达旅游事物，生动活泼，有联想性，会易于阅读。

(2) 表示方法的灵活性。旅游地图没有全国统一的规范，在表示方法上具有很大的灵活性，可以根据内容特征、容量、读者对象等来选择适当的表示方法。因此，旅游地图的表示方法更加灵活多样、新颖活泼，易于体现艺术性。

(3) 产品形式的多样性。考虑到使用者的便利，旅游地图应当便于旅游活动、导游工作、管理活动中查阅，或悬挂或随身携带等需要。图的大小与制图区域大小有关，图的形状与制图区域形状有关，如 4 开或 8 开，也有大于 4 开或小于 8 开等开本，还有长卷形，采用的折叠型方式也多种多样。

(4) 视觉特征的艺术性。旅游本身是一种获得精神享受为主要目的活动，旅游者对旅游地图在内容表达方式及装饰手法上的要求也比较高，除了对审美价值要求较高以外，最好要能表达一定的风格或情调，比如加进某种地方元素或仿古元素，增加其观赏价值和收藏价值。

2. 旅游地图的概念

只要是地图，都具备地图的基本特性，因此，理解旅游地图的概念应当从地图的概念入手。根据前文的论述，地图是用平面来表达球面上的信息，需要将球面平面化；地图是用视觉符号来传达信息；一张地图不是照搬球面上的所有信息，而是有所选择；地图不是随意绘制的，是精确绘制的，具有特定的数学基础。因此本书认为，**地图是用特殊的视觉符号将地表事物的水平分布特征为主体的信息有选择地表示在具有一定数学基础的平面上的图像。**

在地图学中，按照内容构成特点，地图被分为普通地图和专题地图两大类，这是重要的地图分类。普通地图是指比较全面地反映制图区域的自然和社会经济要素一般概貌的地图。普通地图又分为地形图和地理图。专题地图是指突出地反映制图区域内一种或少数几种专题要素的地图。它是相对于普通地图而言的，其特点是内容的非全面性，强调少数内容，有明确的主题。专题地图又分为自然地图、人文地图。反映自然内容的被称为自然地图；反映人文内容的被称为人文地图。根据上述地图分类可以看出，旅游地图属于专题地图。

根据地图学理论及旅游地图的特点，**旅游地图可定义为：一种以旅游信息为主题内容的专题地图。具体地说，它是突出表示制图区域内旅游要素(旅游客体、主体和媒体)的水平空间特征信息为主要内容的专题地图。**

从广义上说，凡是以旅游信息为主题而编制的地图都是旅游地图，不论是旅游用图、旅游管理用图，还是科研用图，均可称之为旅游地图，例如旅游景点分布图、旅游市场分布图、旅游交通图、导游图、旅游食宿图、旅游功能分区图、旅游市场规划图等。但是，习惯上人们将旅游用图称之为旅游地图，它是通俗意义上的旅游地图，不妨称之为狭义的旅游地图。事实上，从发行数量上看，旅游用图是旅游地图的主体。

知识链接

关于地图的定义，中西方学者提出了多种观点，至今尚未统一。比较著名的观点有：“地图是地球或天体表面上经选择的资料或抽象的特征和它们的关系，有规则按比例地在平面介质上的描写”(国际地图制图协会)；“地图是周围环境的图形表达”(罗宾逊(A.H.Robinson))；“地图是为某种目的或若干目的，需要传达的地理现实的全面表象和智能的抽象，将有关地理数据换成视觉的、数字的或触觉的最终产品”(鲍德(C.Board));“地图是信息的载体，传输的通道”;“地图是信息的传输工具，存储形式和表达形式”。中国学者在观点上比较接近，比如:“地图是根据一定的数学法则，将地球(或其他星球)上的自然和社会经济现象通过地图概括所形成的信息，运用符号缩绘于平面上的图形，以传递它们的数量和质量在时间上和空间上的分布和发展变化”(田德森);“根据构成地图数学基础的数学法则和构成地图内容的制图综合法则记录空间地理环境信息的载体，是传递空间地理环境信息的工具，它能反映各种自然和社会现象的空间分布、组合、联系和制约及其在时空中的变化和发展”(王家耀);“地图是遵循相应的数学法则，将地球(也包括其他星体)上的地理信息，通过科学的概括，并运用符号系统表示在一定载体上的图形，以传递它们的数量和质量在空间和时间上的分布规律和发展变化”(蔡孟裔等)。从上述的各种定义表述来看，国内学者对地图的定义描述地比较具体、明确。

1.1.2 旅游地图的功能

认识旅游地图的功能，对提高旅游地图设计质量，科学合理地使用旅游地图，充分发挥旅游地图的作用都有重要意义。旅游地图具有以下基本功能。

1. 模拟旅游地理事物的功能

从描述地表水平分布现象方面看，地图具有很好的模拟功能。世界上很多事物不便于进行直接观察和研究，太大，或太小，或无形的东西，必须要借助于模型来观察和研究。模型是指用来表现其他事物的一个对象或概念。模型分为物质模型、概念模型和数学模型。地图是对地面事物进行模拟的一种模型，是概念模型。有了地图这种模型，做各种模拟量测及分析，就不需要到实地。概念模型是对真实世界中问题域内的事物概括与抽象的描述，又可分为形象模型与符号模型。形象模型是运用思维能力对客观存在进行的简化和概括；符号模型是运用符号和图形对客观存在进行的简化和抽象。地图兼具这两方面的特点，可以视为一种符号模型。由于地图具有模拟功能，能够将所表示的旅游空间信息的分布规律和特征及事物间的联系表示出来。地图在传达空间信息方面的作用是任何自然语言描述都无法比拟的。地表的事物复杂多样，有自然的和人文的，历史的和现代的，具体的和抽象的，可见的和不可见的，表面的和潜在的等，这些现象都可以用地图来再现和模拟。旅游研究者可以运用这种工具来描述旅游事物，而旅游者可以根据地图模型了解旅游事物，获取旅游信息。

2. 承载旅游信息的功能

“信息是用来消除随机不定性的东西”(仙农(Claude Elwood Shannon)，1948)。信息是个涵盖面广泛的概念，通常是指以声音、语言、文字、图像、气味等方式所传达的内容、含义。信息不能脱离物质和能量而独立存在，必须依托于一定的载体，但又不仅仅限于载体。地图是信息的一种图像载体，能承载十分丰富的信息。地图所能传达的信息包括表面信息和潜在信息两部分。表面信息是地图上能直接观察到的信息，例如旅游景点、道路、河流、湖泊、居民点、行政界线等；潜在信息是经过分析、综合、判断、推理、解译等过程才能获得的有关事物的信息，例如，通过对旅游资源空间分布规律的分析可以得出旅游资源空间结构的特征，通过对旅游地交通区位的分析，可以得到该旅游地的交通区位特征及经济发展状况等信息。地图上表达的信息以水平空间信息为主，还有非水平空间信息。地图作者将大量信息用各种图像符号表示在地图上，传播给公众，使人们从中获得所需的信息。在信息传播和接受方式上，语言、电子信号等常以线性方式进行，而地图则不会只是线性地进行，而是通过视觉来接收信息，先总览全图，然后再按照符号的层次性，以从左到右，从上到下的顺序来阅读，或按一定的区域或某个要素分析、研究。换言之，地图信息在传输方式上具有层次特性，它比线性传播方式传输通道更宽，传输效率更高。

旅游地图不仅可以提供旅游事物的空间长度、范围、维数、方向、变化过程等定性及定量信息，而且具有传递审美信息、情感信息的功能，能用于表达作者的思想情感、审美情趣等。

3. 表达和解释旅游事物规律的功能

人类认识世界需要通过一定的工具实现。客观事物有微观的和宏观的，有有形的和无形的，对于有形的、微观的事物通常是用电子和光学的方法放大来观察和研究其形态和结构；对于地球表面的宏观事物也必须将其缩小才便于观察和研究其分布特征，而后者通常是借助地图来实现的。对于无形的事物，则是将其可视化，建立概念模型来认识与研究其特征。旅游地图和其他地图一样，作为表达空间信息的一种方式，它在人类认识地表事物空间分布规律方面具有其他语言不可替代的作用(图 1.2)。尽管自然语言具有很强的表达客观事物的功能，但表达水平空间信息能力为地图所独有。

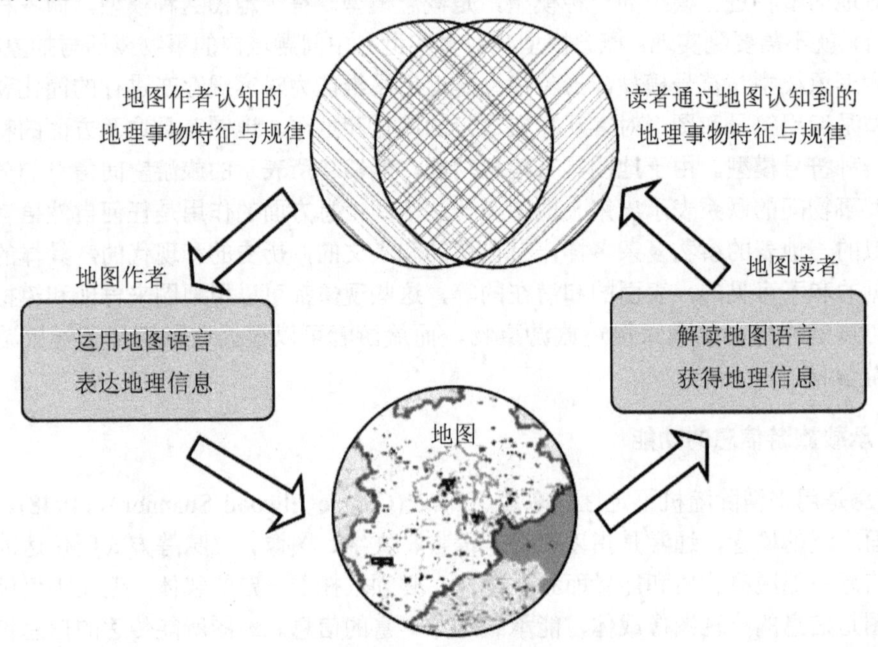

图 1.2 地图表达旅游信息的功能

旅游地图不像遥感影像那样对地面进行机械复制，而是经过设计者精心设计，其内容是经过人的理解、重新组织、取舍的，其符号系统也是人为的，所传达的信息是经过作者理解和加工的，其中赋予了作者对客观事物规律的解说特性。因此，旅游地图不仅能利用自己的语言系统准确显示旅游信息的空间位置及规律，使事物直观化、简单化，而且能在一定程度上解释事物规律，将不易明确的复杂的问题明晰化，能帮助读者认识和理解事物的规律，旅游地图不仅能明确地表达，而且能较好地解释旅游事物规律，比如大洲、大洋、国家、省区域形状、交通格局等。运用地图来认知地物形状、方向和位置是最有效的方法，可以帮助读者建立正确的认知地图的能力，例如，要了解中国世界遗产分布，依靠自然语言描述很难精确描绘空间整体分布状况的概念，而通过阅读“中国世界文化与自然遗产分布图”，便可圆满地解决这个问题。再比如，北纬 30° 附近有哪些重要的城市，可以通过地图很容易来获得，而这些问题用自然语言是难以表达清楚的。空间问题只有用地图才能说清楚，易于被理解和记忆。有人说，一张地图赛过千言万语，道出了地图的功能，也道出了地图语言赛过自然语言的优势。

4. 文化和观赏功能

旅游地图是一种人类文化产品，从旅游文化角度来说，它是一种旅游文化产品，同时还是一种传播文化的工具。一张好的地图不仅具有实用功能，而且还具有观赏价值。当读者面对一张地图时，首先吸引读者的是一种扑面而来的美的气息，而不是具体内容。地图承载着大量自然和人文信息，并且融入了作者的思想情感、审美情趣，是一种“有意味的形式”，仿佛抽象画，或华丽，或端庄，或优美，或壮阔。不可否认，虽然观赏功能不是地图的最重要的功能，但却是不可或缺的功能，这是读者的本质需要的一部分。地图上很多视觉元素本身就具有审美价值，如果能够加上设计者的润色，便会使其具备更高的审美价值，可以令人产生愉悦的审美感受，比如，蜿蜒曲折的河流，繁星点点的居民点，具有韵律感的等高线，千姿百态的自然地理或行政区域图形，这些都是地图美的构成要素。这些具有抽象特征的地图要素给读者以多种美感，可引起读者丰富的美感联想。地图产品的审美价值与设计水平有很大的关系。

1.2 旅游地图的分类与构成要素

了解旅游地图的分类、构成要素，对学习编制和应用旅游地图都有重要的作用。

1.2.1 旅游地图的分类

为便于旅游地图的生产、管理和使用，必须对旅游地图进行科学的分类。旅游地图分类的依据可以有很多，如旅游地图的内容、比例尺、制图区域、用途、性质、表示方法、使用方式、出版方式、感受方式、出版幅面、印刷色数、印刷介质、历史年代、动态变化等。旅游地图的分类可以帮助人们从不同角度了解旅游地图的特征。旅游地图的分类方法主要有如下几种。

1．按用途分类

本书所说的旅游地图的概念与习惯上所说的旅游地图的概念略有不同，现按照后一概念理解，依据用途可以将旅游地图可以分为以下两类。

(1) 旅游用图。旅游用图指的是旅游者使用的地图，即狭义的旅游地图，如导游图、导餐图、导住图、旅游交通图，自驾车旅游交通图、自行车旅游交通图等。

(2) 旅游管理与科研用图。旅游管理与科研用图之间的界限不易明确，但是它与旅游用图的区别较明显。旅游管理与科研用图包括旅游开发图、旅游资源评价图、旅游功能分区图、旅游项目规划图、旅游线路规划图、旅游效益图、旅游资源市场规划图、旅游宣传图等。

2．按比例尺分类

不同研究领域对比例尺大小的划分标准不同，地理专业和旅游专业研究的区域均具有宏观性，对精确度要求相对较低，采用的划分标准与建筑和工程部门不同。由于不同比例尺的地图其量算精确度及所表达的事物详细程度不同，因此编制的要求和用途不同，也就有必要对其进行分类。按比例尺，通常将旅游地图划分为大、中、小三类，其划分标准为：≥1∶10 万为大比例尺旅游地图；1∶10 万～1∶100 万为中比例尺旅游地图；≤1∶100 万为小比例尺旅游地图。

3．按区域分类

按照所表达的区域，旅游地图可以按自然地理区域和人文地理区域进行分类。

(1) 按自然地理区域分类。这种划分方法可以按照大洲、大洋、岛屿、流域、地形区等自然区域制作旅游地图，如北美洲旅游图、关中平原旅游图、青藏高原旅游图、长江流域旅游图、东北旅游图等。

(2) 按人文地理区域分类。按这种划分方法可分为世界旅游图、国家旅游图、省区旅游图、市旅游图、县旅游图、乡旅游图、风景区旅游图等，如中国文化景观旅游图、河北省旅游交通图、皖南古民居旅游图、九华山旅游图、峨眉山旅游图、太平湖旅游图等。

4．按内容的综合概括程度分类

按内容的结构特点和概括程度，旅游地图分为三类，这种分类方法也是地图学中传统的分类方法。

(1) 解析图(分析图)。解析图指的是只显示单一旅游要素，一般不反映多种要素综合特征，也不将多种要素放在一张图上的地图，如旅游交通图、旅游景点分布图等。

(2) 合成图(组合图)。在合成图上可以表示一种或几种旅游要素现象和多方面特征。这些现象及其特征必须有内在联系，但又有各自的数量指标、概括程度及表示方法。编制组合图的目的是为了更全面、深入地说明某明确的主题，显示具有相互联系的几种要素，用多层平面和多种表示方法把有关要素组合在一起。

(3) 综合图(复合图)。综合图表示的不是各种现象的个别特征，而是把几种不同性质但

互有关联的要素进行综合与概括，表示出某种专题现象的综合特征。旅游资源区划图、旅游功能分区图、旅游资源空间结构分析图等均属此类。

5. 其他分类方法

按幅面大小，旅游地图可分为各种开本的旅游图，如全开图、对开图、四开图、八开图等大小的旅游地图。按款式，旅游地图可分为便携式、桌面式、挂图式、屏幕式、网络式等。按照存在形式，旅游地图可分为电子旅游地图(以电子形式存储的可视或不可视地图)和实物旅游地图(纸质、塑料等介质上的地图)。

1.2.2 旅游地图的构成要素

当人们翻开一张地图时，通常都会觉得内容很复杂，其实，总体上看，旅游地图构成要素有一定的规律，其构成要素可分成底图要素、旅游要素、辅助要素三类(图 1.3)。通过构成要素分析，有助于人们加深对旅游地图内容结构的认识，也为编制旅游地图打下基础。

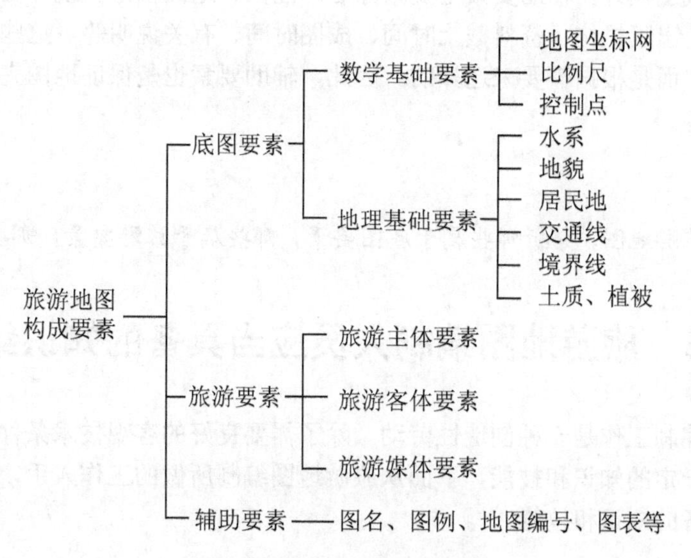

图 1.3 旅游地图的构成要素

1. 底图要素

专题地图有一个共性，即其内容由底图内容和专题内容两层构成。同样，旅游地图属于专题地图，同样要有底图要素作为基础。地理基础不仅是描绘旅游要素的骨架，用于定位，而且能反映旅游要素与所在环境的相互联系、制约的关系，起衬托主题作用。底图内容设计的合理性决定着旅游地图的精确度和对主题的衬托效果。底图要素放在底层平面上，其内容选自普通地图。底图要素包括数学基础、地理内容两部分，但是并非每张旅游地图的底图都包含所有的底图要素。底图要素选取的内容及其数量是根据旅游地图的用途、比例尺和专题内容特点来确定的。

2. 旅游要素

旅游信息的表达方法是旅游地图编制中要研究的主要内容。旅游要素是指与旅游相关的"吃、住、行、游、购、娱"等行为，是旅游地图的专题内容。专题内容是旅游地图的主体部分。旅游要素包括旅游主体、旅游客体和旅游媒体三个方面。主题不同，旅游地图的构成要素也不同，并不是每张旅游地图都要包含全部的旅游要素。以北京市导游图为例，旅游要素包括旅游景点分布、旅游路线、交通路线、车站、饭店、宾馆、大商场分布等内容，旅游客体，即旅游承载体，包括可用于进行旅游活动的自然和文化遗产及其存在地，旅游主体指旅游者——人；旅游媒体也称旅游介体或旅游服务，是连接旅游主体和客体的纽带和桥梁，包括与旅游相关的中间媒体。

3. 辅助要素

辅助要素提供用图时所需要用到的某些有用信息，说明地图编制状况信息，通常被置于主图的外围或图框外。辅助要素主要指图名、图例、地图编号、统计图表、剖面图、照片、编制单位、出版机构、资料截止时间、成图时间、有关说明等。这些内容并非每一张图上都要出现，而是根据需要来选择的。因此，辅助要素也是保证地图完整性及地图使用不可缺少的内容。

即学即用

查看一张旅游地图，分析哪些属于底图要素，哪些属于旅游要素，哪些属于辅助要素。

1.3 旅游地图编制人员应当具备的知识结构

旅游地图编制工作是一种创造性劳动，除了需要良好的客观技术条件以外，还需要地图编制者具有一定的知识和技能，下面从旅游地图编制所做的工作入手，谈谈旅游地图编制人员应当具备的知识和技能。

1.3.1 旅游地图编制需要做的工作

旅游地图编制工作大致可分为设计和制作两部分。只有知道旅游地图编制具体要做什么，才能明确自己需要哪些基本知识。

1. 旅游地图设计需要做的工作

地图设计是为新编地图制定规划，具体涉及的内容包括选题设计、工艺过程设计、数学基础设计、内容设计、内容传达设计、图面设计，此外旅游地图还经常需要设计封面。其中有技术设计问题和艺术设计问题，技术设计指的是产品制作的技术过程和方法，而艺术设计则是指如何赋予产品艺术特性。由此可见，旅游地图设计所涉及的知识面比较宽。

2．旅游地图制作需要做的工作

当代旅游地图制作离不开电脑，也离不开制图软件。在旅游地图制作过程中，首先要对纸质地图资料进行数字化处理；然后要绘制和编辑各种矢量图形符号及纹理，设置色彩和文字字体及其格式，有时还要绘制立体符号；最后要设置打印，送交印刷。

1.3.2 地图编制人员应具备的知识

能力是胜任工作的必须条件，而一个人的能力是以知识、经验和个性特质为基础的，因此，优化知识结构是提高能力的必备条件。众所周知，知识是无限的，人的生命是有限的，人只能根据自己的工作需要和兴趣来掌握相关的知识，密切相关的知识是必学的，不密切的知识只能有选择地学。从旅游地图编制需要做的工作可以看出，旅游地图编制中会用到多种学科的知识，这就要求旅游地图编制人员要有较宽的知识面，并且具有文理兼备的知识结构特点，一般应当具备设计和制作两方面的知识。即使是分工合作，同样需要掌握这两方面的知识，只是侧重点不同而已。

1．与旅游地图设计有关的知识

编制人员只有掌握多学科的知识，才能做好旅游地图设计工作。对于旅游地图编制人员来说，下列学科的知识是密切相关的。

1) 地图学基础理论知识

地图学是研究地图设计、制作和应用的理论与技术的学科。工艺过程设计、地图投影设计、内容设计、内容传达设计、普通与专题地图设计制作、地图应用都是本学科的研究内容。因此，地图学知识是旅游地图编制人员必须掌握的基础知识。如果论其在旅游地图编制人员知识结构中的地位，地图学比旅游学更为重要。

2) 旅游学基础知识

旅游地图要传达的是旅游方面的信息，而旅游学是专门研究旅游现象的学科。为了更好地表达旅游研究成果，反映旅游事物规律，如果旅游地图编制人员掌握旅游学基础知识，将更加有利于做好旅游地图内容及其传达设计的工作。

3) 地理学基础知识

地图是反映地理事物规律的，旅游地图的底图是地理要素，实际上，旅游专题要素也应当归属于地理要素，旅游地图编制人员掌握地理学基础知识，将更加有助于做好旅游地图内容传达设计工作。

4) 艺术学和美学基础知识

缺少艺术性的地图就不是完美的地图，而提高地图艺术性有赖于地图设计者的艺术素养，因为人是主宰地图效果的主要因素。掌握艺术学和美学知识，不仅可获得解决旅游地图艺术化设计的方法，还可以提高自己的鉴赏力。一个设计者仅仅掌握方法是不够的，因为一个鉴赏力不高的人不可能设计出高品位的旅游地图。旅游地图内容传达设计、图面设计必须有艺术和美学理论支持。因此，欲编制出高品位的旅游地图，编制人员仅仅掌握制图技术方面的知识是不够的，还必须掌握艺术学和美学知识。

2. 与地图制作有关的知识和技能

随着科学技术的发展，地图制作工具也在不断变化，现阶段地图的编制工具是计算机及专业制图软件，掌握计算机地图制图的新技术，方能适应需要。目前可应用于地图制图的软件很多，为了使软件能发挥各自的作用，能为我所用，首先必须了解各种制图软件的性能。地图制作过程中，必须要修改或处理栅格图像，绘制矢量图形符号，应当掌握能编辑这两类图像的工具。有选择地学习相关软件的操作，优先选择使用率高的、功能强大的、制图效果好的、易学易操作的软件学习。掌握这些软件的使用方法以后，如果有时间再拓展学习其他软件。地图制作的最后阶段需要打印、复印、胶印，因此了解这些印刷方式的原理及有关知识对做好旅游地图的编制是非常有益的。为了提高工作效率，还要通过实践提高操作技术的熟练程度。

3. 积累旅游地图编制经验

地图编制的实践性很强，如果机械地学习理论，不与实践相结合，就不能真正理解和掌握地图编制的原理和方法。正确的学习方法是在掌握理论的基础上，将相关理论灵活地运用于地图制图实践，在实践中要善于观察、思考、总结，积累实践经验，一个没有地图编制经验的人也是做不好地图编制工作的。

知识要点提醒

一幅高质量的旅游地图不仅蕴含很高的技术含量，同时蕴含很高的艺术含量，要想做好旅游地图编制工作，不但要求作者有较高的素养，而且还要有丰富的地图设计经验。地图作品不仅仅是地理信息的载体，也是反映作者设计思想的符号，从中能看出一个人学识的多少，修养的高低。

本章小结

经济的快速发展带动了旅游业的崛起，对旅游地图在数量、质量、品种等方面都提出了更高的要求。因此，总结与研究旅游地图设计、制作以及应用，以构建相关理论，不仅对旅游地图学的发展有重要的促进作用，而且对旅游业的发展有着重要的实践意义。旅游地图的编制与应用是一门应用学科，主要理论基础包括旅游学、设计学、地理学、心理学和传播学等相关理论。

地图的基本特征：特殊的数学基础，特定的视觉语言，简化的内容和形式，以表达水平空间信息为主。旅游地图是一种以旅游信息为主题内容的专题地图。它是突出表示制图区域内旅游要素的空间、时间分布、相互关系及其动态变化的专题地图。作为一种专题地图，与其他地图相比，旅游地图有自己的特征：地图语言的直观性、表示方法的灵活性、产品形式的多样性、视觉特征的艺术性。旅游地图作为一种实用性很强的工具，具备模拟旅游地理事物的功能、承载旅游信息的功能、表达和解释旅游事物规律的功能、文化和观赏功能。

依据用途、比例尺、区域、内容的综合概括程度等，旅游地图分别可以分为多种类型。

旅游地图构成要素可分成底图要素、旅游要素、辅助要素三类。

旅游地图编制人员要具备多方面知识，主要包括地图学、旅游学、地理学、艺术学等相关基础理论知识和制图软件操作技术，同时还要积累旅游地图编制的经验。

关键术语

普通地图(General Map)
专题地图(Thematic Map)
旅游地图(Tourist Map)
地图设计(Map Design)
地图分类(Cadographic Classification)

知识链接

[1] 马永立．地图学教程[M]．南京：南京大学出版社，1998．

[2] 毛赞猷，朱良，周占鳌，等．新编地图学教程[M]，2版．北京：高等教育出版社，2008．

[3] 王家耀，孙群，王光霞，等．地图学原理与方法[M]．北京：科学出版社，2006．

[4] 尹定邦．设计学概论[M]．长沙：湖南科技出版社，2001．

[5] 杨恩寰，梅宝树．艺术学[M]．北京：人民出版社，2001．

[6] 欧阳国，顾建华，宋凡圣．美学新编[M]．杭州：浙江大学出版社，1993．

[7] 凌善金．旅游地图学[M]．合肥：安徽人民出版社，2008．

[8] 凌善金，陆林．论高校旅游地图学教材内容的组织[J]．安徽师范大学学报(自然科学版)，2008，31(3)：284—287．

练习题

一、名词解释

普通地图　专题地图　旅游地图　地图设计

二、单项选择题

1．下列选项不是地图的基本特征的是(　　)。

A．简化的内容和形式　　B．表达水平空间信息为主
C．特殊的数学基础　　D．特定的制图规范

2．旅游地图是一种(　　)。

A．专题地图　　B．普通地图
C．旅游规划图　　D．纸质地图

3．国家旅游图、省区旅游图、市旅游图、县旅游图等，属于哪种地图分类？(　　)

A．按用途分类　　B．按区域分类
C．按比例尺分类　　D．按内容的综合概括程度分类

三、判断题

1．地图是把球面上的所有信息平面化。
2．旅游用图、旅游管理用图、科研用图，均可称之为旅游地图。
3．旅游地图不是一种旅游文化产品，而是一种传播文化的工具。

四、问答题

1．旅游地图有哪些特征和功能？
2．地图的分类方法有哪几种？请分别加以阐述。
3．简述旅游地图的构成要素。
4．地图编制专业人员应具备哪些方面的知识？

第2章 旅游地图的编制过程

本章教学要点

知识要点	掌握程度	相关知识
旅游地图成图方法	了解	地图学、测量学、旅游管理信息系统
地图编制过程	掌握	地图学、旅游管理信息系统
旅游地图设计的意义、理念、原则	掌握	设计学、地图学、旅游行为学、旅游规划学
旅游地图设计的科学依据	了解	认知心理学、艺术学、美学、旅游行为学、旅游地理学

本章技能要点

技能要点	掌握程度	应用方向
旅游地图设计本质的理解	掌握	旅游地图设计、旅游产品设计、旅游商品设计
知识的跨学科综合应用能力	掌握	旅游地图设计、旅游科学研究、其他科学研究

导入案例

福建省旅游资源分布图的编制方案

福建省旅游资源分布图的编制按照编图计划、资料准备、地图设计、编绘制印等四个步骤进行。

一、编图计划

依据使用需要，确定纵向 A3 幅面为福建省旅游资源分布图的基本规格，使用计算机技术进行地图的绘制。根据地图负载量，确定以福建省所有五级、四级旅游资源为专题内容，以数种符号表示旅游资源的类型。

二、资料准备

以 1∶100 万福建省地图作为工作底图，收集整理旅游资源，并对照实地标注在相应的位置，收集重要的交通信息，再选取主要的河流、山脉等地理基础信息。

三、地图设计

首先是专题设计，对照旅游地图符号设计的形状象征性、位置精确性、分类逻辑系统性、色彩联想性、总体艺术性等要求，确定以计算机中常见的 8 种几何符号表示八大类旅游资源类型，分别以青、蓝、绿、紫、棕、红、黄、橙色来强化符号的类型特征。按照专业习惯选用旅游地图注记的字体、字级和色彩。有些区域资源较为集中，资源符号及其标注容易重叠，则保留最重要的资源位置不变，其他资源通过标线引注。

其次是基础地理信息的选取。确定省、市、县三级居民地和境界线，已建、在建(或规划)的铁路、高速、国道、省道和其他连接重要资源的交通线，主要的河流、山脉等地理基础信息，邻省则选取最重要的相关信息。再根据图名、图例、附图以及指北针、图廓等内容规划地图构图。

最后是色彩设计。按照地图色彩设计的要求，以高纯度的色彩突出表示旅游资源，其他次要内容则选用亮度较大的色调，如福建、邻省省域和台湾海峡等面状符号所占面积相对较大，故分别使用浅黄、浅灰和浅蓝等亮度较大的色彩，使整幅地图色彩对比和协调相统一。

四、编绘制印

利用计算机绘图软件，在扫描底图的基础上转绘地图的数学基础，如地图图廓点、经纬网等。再转绘地图内容，突出表示旅游地图专题要素；对照实地的位置转绘旅游资源；转绘居民地、境界线、交通线、河流、山脉等地理基础信息。然后添加图名、图例、附图、指北针以及图廓等内容。最后根据打印机的打印精度，在计算机绘图软件中缩小地图，并设置为A3尺寸打印页面和至少200DPI以上的分辨率，打印出精美的旅游资源分布图。

任何一张旅游地图在制作之前都需要先制定一个方案，有了设计方案，在地图制作中就有了一个指导文件，可以提高工作效率，避免走弯路。通过本章的学习，你可以初步了解旅游地图的编制原理及主要过程。

旅游地图编制是本书的主要内容，其内容是按照循序渐进的思路来编排的。在学习具体的编制理论之前，首先要从宏观上了解旅游地图编制方法与过程。通过本章内容的学习，要掌握地图设计与制作的主要过程。

2.1 旅游地图的成图方法概述

为了帮助大家理解旅游地图的编制原理，下面从宏观上说明地图的各种成图方法及旅游地图的成图方法。

2.1.1 地图成图方法概述

地图的种类多样，数据来源情况也不尽相同，致使成图方法也大不相同，归纳起来可分为实测成图法和编绘成图法两大类。

1. 实测成图法

实测成图法是通过实地测量获取数据，并利用这些数据制成地图的方法。根据实测的方法不同，又可以将实测成图法分为地面实测成图法和高空实测成图法两种。

地面实测成图是到实地测量获得数据，再通过内业编制成图。过去一直以平板仪、经纬仪等为主要仪器来测量，内、外业的工作量都很大。现在基本采用全站仪来测量，在实测的同时，将数据由仪器内导入计算机储存、计算，然后编制地图使成图工作量大为减轻，精度也大大提高。地面实测成图的过程大致为：首先根据国家控制网进行图根控制测量；再以

此为基础进行细部测量，即用测量仪器测定各地物特征点间的距离、方向(角度)和高差，以确定其平面位置和高程；最后将数据输入计算机，绘制成图，并进行复制供用户使用(图 2.1)。

图 2.1 地面实测成图法的工艺过程

高空实测地图是先通过航空摄影测量仪器摄取地面影像，并通过人工调绘有关实地资料，然后转入室内进行各种纠正处理，编绘成地图(图 2.2)。这是目前专业机构测绘大比例尺地形图的主要方法。

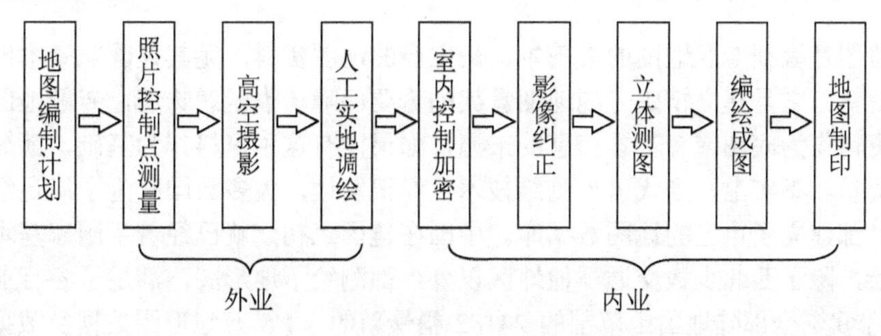

图 2.2 高空实测成图法的工艺过程

开始于 19 世纪中叶的航空摄影测量研究，改变了经历 300 多年发展起来的实地测绘地形图的生产过程，并且为专题地图提供了丰富的资料来源。中国航空遥感制图工作是从 1937 年起在水利部门开始的。1949 年以后，开展了全国规模的航摄工作，到 20 世纪 60 年代基本上完成了全国的地形图测绘工作。航空遥感成图法是利用安装在飞机上的航空摄影机对地面进行摄影，以获得航空照片，并将中心投影照片影像进行透视变换，转换成正射投影，并通过制图过程制作成地图。航空摄影测量成图过程分外业和内业。外业包括：①照片控制点联测，照片控制点一般是航摄前在地面上布设的标志点。②照片调绘，在照片上通过判读，标注影像所对应的地物、地貌等要素；测绘没有影像的和新增的重要地物；调查并标注地名等。③综合法测图，在单张照片或照片图上用平板仪测绘等高线。内业包括：①加密测图控制点，以照片控制点为基础，一般用空中三角测量方法，推求测图需要的控制点、检查其平面坐标和高程。②投影转换、纠正误差。③综合运用各种调查资料编制地形图。此方法是目前测绘大比例尺、内容详细的地形图的主要方法。卫星遥感技术使人们可以从数千米以外的空间来测绘地球，这是测绘技术的又一次飞跃，使测绘工作可以做到不受或者少受政治、自然因素的限制，作业范围可以扩大到国外、地表以下、大气层乃至宇宙空间。目前这种测绘技术可以测制 1∶10 万及 1∶5000 比例尺的地形图。

2. 编绘成图法

编绘成图法是根据已有的地图或其他编图资料，借助一定的工具编制新图的方法。也就是说，这种成图过程不需要经过测量。绝大多数专题地图都是采用这种方法编制的。20 世纪 90 年代，传统手工编绘地图的方法被淘汰，取而代之的是计算机及其制图软件为主要制图工具来编绘地图，但是总体上看，新方法与传统编绘成图法的制图原理基本相同，分为设计和制作两部分。从地图学的角度看，计算机地图制图是一次技术手段很大的革新，从而对制图工艺过程产生了重大影响。随着软、硬件技术的发展，计算机编制地图的过程还在不断变化，目前分为地图设计、数据输入、地图编绘和地图制印4个阶段(图2.3)。

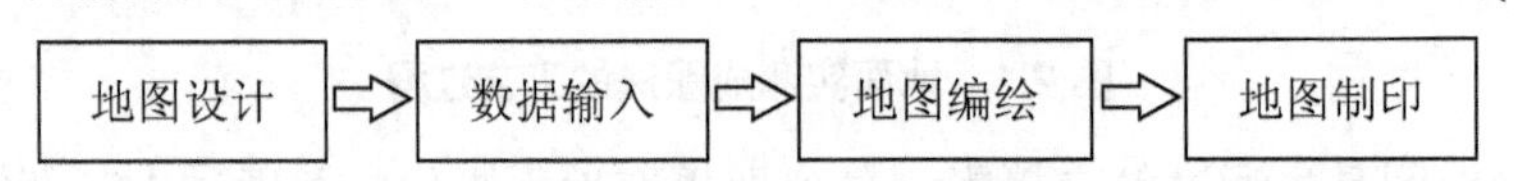

图2.3 计算机地图编制过程

2.1.2 旅游地图的成图方法

普通地图是编制专题地图的最基本、最主要的地图资料，尤其是国家基本地形图更是最重要的资料，它是建立精确专题地图骨架的重要保障。也就意味着，专题地图编制需要普通地图资料作为底图或者基本信息的来源，如果没有这种资料作为基础，就缺少了最基本的编图资料。事实上，当代世界测绘技术已经很发达，大多数国家为了满足经济建设和军事需要，都建立了自己的地图数据库。中国在建国之初，就已经着手国家基本比例尺地形图的测绘，除了西北少数交通不便地区以外，都测绘了地形图，满足了各行业的需要。2011年覆盖我国全部陆地国土范围的24182幅最新的1∶5万地形图数据及数据库全面建成。同时，东南部发达地区已经完成了1∶1万地形图的测绘工作，此外，公开出版的各种小比例尺地图更多，能满足工业、农业、林业、水利、铁路、公路、农垦、畜牧、石油、煤炭、地质、气象、地震、环保、文化、卫生、教育、体育、民航、医药、海关、税务、考古、土地、国防等国民经济各部门勘察、规划、设计、科学研究、教学等方面的需要。此外，各地还有一些测绘部门测绘有大比例尺地形图。有了这些最重要的基础资料，便有了基础底图，利用它可以编制各种专题地图。因此，旅游地图是以这些资料为基础，加上其他新资料编绘而成的，通常不需要做测量工作，除非特殊需要，否则不需要用实测成图法。现在的编绘工具也由过去的手工器械绘制变为现阶段的计算机辅助制图。

2.2 旅游地图的设计

地图编制是地图设计、编绘和印刷的总称。地图编制过程一般包括地图设计、编绘及印刷3个阶段。编绘和制印过程可合称为制作(图2.4)。

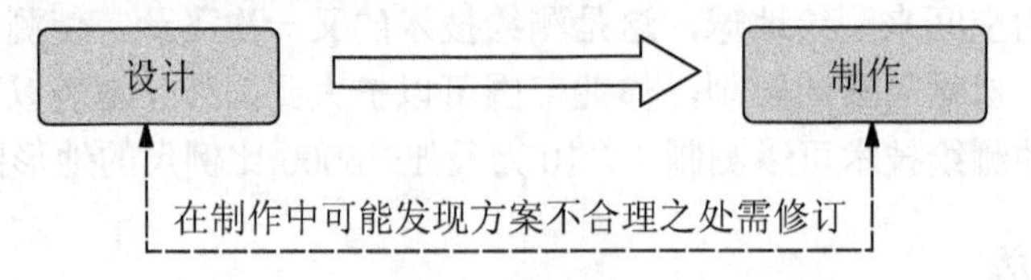

图2.4 旅游地图编制的一般过程

总体上看，旅游地图的编制过程分为两步进行，即先设计后制作，尤其是正式出版或者是大型旅游地图的编制必须如此，而且必须做详细的设计工作，并写出设计书。即便是一张简单的旅游地图，在制作之前，也应当至少从目的、目标、工艺过程等大的方面有所

构思，以便更好地实现编制目标。设计方案与实际制作之间有时需要协调，尤其是细节问题，设计的效果与成图后的效果可能会存在偏差，需要对设计方案做局部调整，也属于正常的现象，但是分两步走是必须的，即使是粗略的设计也是有益的。

2.2.1 旅游地图设计概述

旅游地图设计与制作之间的关系，如同建筑设计与建筑施工之间的关系一样，设计在其中有着特殊的地位，它是关系旅游地图编制质量的决定性因素。因此，设计理论在地图学理论中的地位显得特别重要，是旅游地图编制理论的核心。换句话说，制图者如果不懂得地图设计理论，只是掌握地图制作技术，不可能编制出高质量的地图，或者说，只能从事部分技术性工作。

1. 旅游地图设计的概念

了解旅游地图设计的概念，有助于我们理解地图编制的内涵。

1) 旅游地图设计的设计学特征

从设计学角度看，旅游地图设计具有两种特征：作为一种用品的旅游地图设计属于产品设计，如旅游地图的选题、市场定位、产品形式、功能设计、性能设计、工艺过程的设计均具有产品设计的性质；作为一种视觉信息载体，它应当属于视觉传达设计，如数学基础设计、内容设计、旅游地理信息传达设计、图面设计等，此外还有审美信息、情感信息的传达设计。如果要归类，将旅游地图设计纳入视觉传达设计比较合理，地图的大量设计工作都是放在信息传达设计上的。

2) 旅游地图设计

设计是制订方案，而不是具体制作过程。旅游地图设计与其他实用品设计具有相同的性质。简言之，旅游地图设计是指为编制旅游地图建立一个切实可行的实施方案，并用设计书的形式表现出来的行为或过程。旅游地图设计是一种复杂的创造性劳动，做好旅游地图设计并非易事，一方面要考虑的因素很多，涉及的学科理论很多；另一方面对设计主体有较高的要求，设计者要具有宽广的知识面、较强的能力和丰富的设计经验。

知识链接

设计学是研究产品和人类行为的设计理论和方法的学科。按照设计的目的，设计可大致划分成四大类：为了传达的设计——视觉传达设计，为了使用的设计——产品设计，为了创造美好活动空间的设计——环境设计，为了做好某件事的设计——行为设计。

视觉传达设计是指利用视觉符号来传递各种信息的设计，简称为视觉设计。设计者是信息的发送者，传达对象是信息的接受者。视觉传达包括“视觉符号”和“传达”这两个基本概念。顾名思义，所谓的“视觉符号”就是指人类的视觉器官所能看到的。能表现事物一定性质的符号，如摄影、影像、图案、建筑物以及文字等，都是用眼睛能看到的，它们都属于视觉符号。视觉传达设计是通过视觉媒介表现并传达给观众的设计，客观世界的视觉符号很多，这里所讲的视觉传达设计一般指以印刷物为媒介的平面设计，如字体设计、标志设计、插图设计、版面设计、广告设计、包装设计、展示设计、地图设计等。

产品设计是对生产人们生活所需的产品所进行的人性化设计。在设计过程中，需要研究人的生理、心理、生活习惯等一切关于人的自然属性和社会属性，进行产品的功能、性能、形式、价格、使用环境的定位，结合材料、技术、结构、工艺、形态、色彩、表面处理、装饰、成本等因素，从社会的、经济的、科学的、技术的、人性的角度进行创意设计，处理好科学与艺术、实用与审美、功能与性能、公众需求与企业效益的关系。

环境设计，又称"环境艺术设计"，是为创造理想化的、具有特定功能和氛围的人类生活和活动空间所进行的设计。环境设计的要素包括视觉、听觉、嗅觉、触觉等人类所能感受到的一切事物，一定的构成要素会创造出一定的环境氛围，环境设计所追求的不仅仅是物质性的环境，更重要的是创造特定的氛围。环境设计包含的领域相当广泛，比如建筑设计、室内设计、公共艺术设计、景观设计等。与建筑设计和城市规划设计相比，环境设计更注重建筑的室内外环境气氛的营造。环境艺术设计是艺术与技术、实用与审美有机结合的产物。

行为设计是为做好某件事而事先制定一个切实可行的方案，即在做某事以前，考虑先做什么，后做什么，怎么做，包括社会活动、日常活动、管理活动等行为的设计。例如，教学设计、旅游行程设计、人生道路设计、营销方式设计等。

19世纪美国设计学家莫荷利·纳吉等对设计的概念作了较全面的概括，明确主张："所谓设计，并非表面装饰，而是围绕特定的目的，综合人性、社会性、经济性、技术性、艺术性、心理性与生理性等各要素，对用工业手段生产的产品进行的计划与设计活动才是真正的设计。"这种观点得到了设计界的普遍认可，无数事实证明这种观点非常全面、精辟。对于地图设计，部分学者发表了自己的观点。邹治遂认为，地图设计是"通过研究实验制定新编地图的内容、表现形式及其生产工艺程序的工作"。祝国瑞认为，"地图设计是对新编地图的规划，它的任务主要包括：确定地图生产的规划与组织，根据使用地图的要求确定地图内容，各种地理现象和物体在地图上的表示方法和使用符号的设计，制图资料的选择、分析和加工，制图数据的处理，地图概括原则和指标的确定，地图的数学基础设计，图面设计和整饰设计等。它的最终成果是地图设计书。"陈毓芬认为，"通常把在业务准备阶段的所有思维过程和制定技术规范过程，统称为地图设计。"

2. 旅游地图设计的意义

旅游地图设计对做好编制工作有着十分重要的意义，缺少这个过程或者不懂得设计，就不可能编制出高质量的、符合人们的需要的旅游地图，其意义可以从以下三方面来理解。

1) 决定产品质量的关键

旅游地图编制方案从总体到每一个细节都要体现人性化理念，都需要有科学依据，都需经过反复论证、思考，它是科学的、合理的、可行的、理想化的，是地图编制工作的指导性文件，因此旅游地图设计决定着地图产品的效果、性能，而旅游编制技术是体现设计思想的手段，决定产品质量的关键是设计。

2) 决定产品创新性的关键

创新是设计成功的重要标志。设计是一种创造，在一定程度上决定着旅游地图产品的

生命力。地图产品的创新表现在选题、设计思想、设计效果的创新，并不取决于编绘方法和过程，因此旅游地图设计是决定旅游地图创新性的关键。

3) 决定编绘工作效率的关键

从广义上说，设计是指为了实现某个目的，制定一个科学的方案，并用一定的形式表示出来的过程和系列行为。古人云："凡事预则立，不预则废"。也就是说，人们每做一件事情，必须要事先有计划和准备，不可盲目行事，否则很难成功，或者会走很多弯路。事实上，在人们生活当中，每做一件事都会事先有所思考，三思而后行可以提高成功率。同样道理，有了周密计划以后，旅游地图编制工作的思路、目标、工序就非常明确，后面的工作只要按部就班地实施即可，工作效率会大大提高。如同建筑一样，在正式施工之前必须进行建筑设计，对建筑的风格、造型、结构、材料等制订方案。旅游地图在制作之前也应当设计，旅游地图的编制过程应当先设计后制作。

知识要点提醒

设计在实用品生产中具有相当重要的地位，虽然产品制作过程很重要，但是设计产生的作用远远超过技术制作行为，它决定着产品的风格特性、质量、文化含量，必须引起人们的高度重视。

3. 旅游地图的设计理念与原则

为了把握旅游地图设计的本质，明确设计目标，首先要了解旅游地图的设计理念与原则。

1) 旅游地图的设计理念

任何一件产品都是人类创造性劳动的结晶，是反映创造者思想的符号。设计理念是产品设计的核心指导思想，是一切设计行为的总纲领，它决定着产品设计的方向和目标，因此，树立科学的设计理念是决定产品质量与命运的根本。人类所创造的一切产品都是为了满足人的需要，世界上也不存在任何离开人的科学，任何科学的最终目的都是符合人的需要，设计的目的也是如此。正如美国设计学家那基所说，"设计的目的是人，而不是产品。"由此可见，设计应当以人性化为根本理念。

如果设计理念正确，就不会迷失方向；相反，设计理念错误，就会造成一错百错。旅游地图设计如何去体现人性化，旅游地图的设计理念是什么？人的需要包括物质性需要和精神性需要，对于旅游地图来说，表现为实用、审美、情感等需要。为了体现人性化，在地图设计中设计者需要充分考虑读者的用图目的、视觉生理、视觉心理等多方面因素，并围绕这些问题，充分利用现有的技术条件来实现设计目标。简单地说，旅游地图设计就是要全面满足读者需要，即最大限度地体现读者的本质需要，符合人性化特点。

2) 旅游地图设计的基本原则

产品的设计方案是在一定的设计理念指导下，按照一定的设计原则所作出的。设计理念是作品构思过程中所确立的核心指导思想，决定着作品设计的思维方向、追求的目标及作品的风格特点；原则是围绕设计理念，结合某种作品创作的具体实际条件而设立的一些更为具体化的设计准则，决定着具体方案的形成。设计方案是项目实施的具体目标、要求、步骤、任务分工等(图 2.5)。旅游地图是一种科学产品、实用产品，也是一种艺术品。旅游地图与其他实用产品的设计原则大体相同，都要强调科学性、实用性和艺术性。此外，地图产品还有一点不同于一般的实用产品，它涉及国家主权的政治性问题。

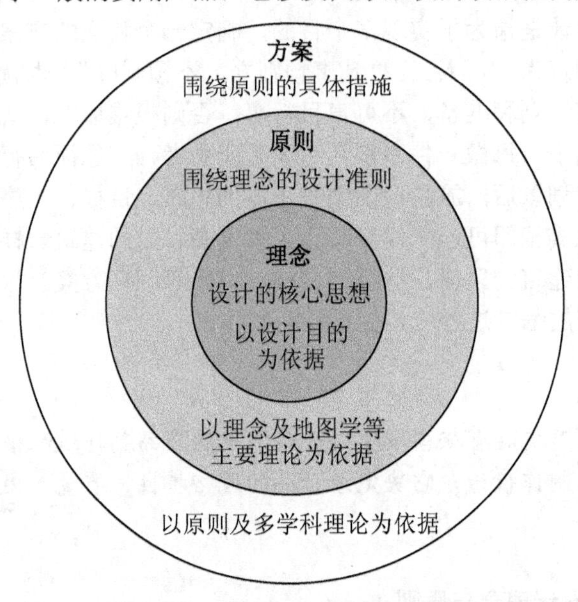

图 2.5　旅游地图设计理念、原则与方案之间的关系

(1) 体现科学性。旅游地图的科学性是指旅游地图在数学精度与地理精度的要求。精确性是地图区别于绘画、摄像和一般示意图的重要特性，如果失去这种特性，就会影响到地图的功能的实现，会影响实用性的体现。因此，保证精确度是地图的基本要求，也是体现人性化设计的一个重要方面。

旅游地图的数学精度主要指旅游地图投影选用要符合用途和足够的精度要求，所绘制的地物位置的几何精度误差的大小等方面要符合用途的要求。旅游地图的地理精度主要包括旅游地图内容的完备性、地理适应性、现势性、统一协调性等。资料数据要精确，不能错漏。转绘旅游要素时，定位要准确。

地图内容应具有科学性，资料翔实可靠，准确无误，现势性强，所反映的规律要有充分的科学依据。形式应具有科学性，表达方式选择要科学合理，要能反映出旅游地理事物的规律和区域特征。地图概括不能简单地机械取舍，要注意显示地理事物的本质特点的分析。符号与表示方法的选择要恰当，层次分明，图面负载量适中。

由于大多数情况下不用旅游地图来做精确量算，对旅游地图的精度要求可以不像地形图那样高，但还应具有一定的精确性，即使是旅游略图或旅游示意图也应有一定的相对精度，并标明比例尺，这样大大方便读者，是人性化设计的体现。地图的数学基础决定了地图的数学精确性，要科学地选择地图投影和比例尺。地形图是精度最高的地图，且国家已基本完成全国的系列比例尺图种。编制旅游地图时应尽量选择地形图作为底图。一则能保证图幅的精确性，二则搜集方便。比例尺的选择计算应尽量接近地形图系列，如 1∶1 万，1∶2.5 万、1∶5 万、1∶10 万、1∶25 万、1∶50 万、1∶100 万等。小比例尺旅游地图应

当以正式出版社出版的地图或国家有关部门提供的地图为底图。

(2) 体现实用性。地图是实用产品，提高实用性是实现地图人性化设计的主要方面。要使旅游地图的功能充分体现，必须强化地图的实用价值，即充分考虑到读者的真正需要，要能为读者解决所需要解决的问题。旅游地图面向的读者是旅游者、旅游地管理者、旅游服务人员、旅游科研人员等，不管面向哪一种使用对象，都要突出实用性，才能使旅游地图产品有较强的生命力。

提高旅游地图的实用性就需要符合读者用途、目的、阅读习惯，可以从以下方面入手：地图精度和内容要素设计与功能相符合；选题与功能相符合，以保证适用性；用适当地图表达方式来准确表达事物的特性，符号设计、色彩要能提高直观性和易读性；地图符号易识性，即考虑到读者群体的阅读能力；地图装帧方式要考虑读者使用上的便利。

(3) 体现艺术性。绝大多数地图使用者都不会只满足于实用性需要，而要求同时能满足多种高级需要。艺术是最能满足人类高级需要的东西。谈到地图的艺术性，人们习惯于与绘画作品相比较，其实它们之间存在很大的不同，虽然它们都是平面视觉图像，有相似之处，但是，它们的视觉形象大不相同。因此，不能用评价绘画作品的评价标准来评价地图作品，而应当从本质的层面来看待地图艺术的问题。也就是说，地图的艺术性要看其符号、色彩、文字、图面等设计是否符合艺术规律，而不是看地图像不像绘画作品，也就意味着，它们之间只能类比，而不能模仿。

从本质上看，艺术品之所以能称之为艺术品，是因为它们能满足人的审美、情感、娱乐等高级的(精神性)需要，同时还能兼顾物质性的需要。换言之，艺术品主要是以能满足人的高级需要为主，以满足基本需要为辅，能在不同的层面全面体现出人性化的产品。地图的艺术化与其他实用品的艺术化在本质上是相同的。具体到地图艺术化，是要使地图符合读者心理，能更好地传达读者所需要的信息，使地图成为公众易于接受又乐于接受的形式，全面体现人性化的设计理念。如果地图设计符合这种理念，就意味着能提高地图艺术性。设计者应当清楚地认识到，地图艺术化也是为了更好地传达地图内容，并不是附属的、可要可不要的。

关于艺术性的概念，目前没有较为明确、全面的解释，通常被简单地理解为审美性。比如，有人认为，艺术性是指人们反映社会生活和表达思想感情所体现的美好表现程度；有人认为，艺术性主要表现在通过线条、色彩、光线效果、布局和对比度等表现艺术家审美意境所达到的程度。这些说法有的不够全面，有的把美当做衡量艺术性的唯一指标。不可否认，美是艺术品的主要特性，但是从艺术品的特性分析来看，它不是艺术品的全部特性，艺术品具有更多的内涵。艺术被认为是“有意味的形式”，其中的意味应当不只是指审美意味，还有更多的其他意味。目前学界对艺术品的特性形成了公认的观点，即艺术品具有审美性、形象性、情感性等特性，这些都是艺术品的特性，但是这里我们认为，技术和技巧性也是艺术的特性。应当这样去理解艺术品的特性才是比较全面的：审美性是艺术品的主要特性，艺术品同时还具备形象性、情感性、技巧性等特性。这也意味着，衡量一件作品的艺术性高低应当从这几方面去考察，如果每一项都做得好，就意味着艺术性高。

总之，提高地图艺术性应当要使单个符号、色彩和字体及其构成、图面等要素都按照艺术规律去设计，提高其审美性、形象性、情感性、技巧性。提高地图艺术性的意义不仅仅在于提升地图的品位，而且还在于它能提高地图语言的视觉传达效果。用形式美和神采美的规律来设计地图，以提高其美感度。地图符号与所表示的对象在形状、质感、色彩及其他性质上有相同或相似之处，将抽象的内容以形象的语言表达出来，以提高其形象性。将作者的情感因素融入地图语言之中或者使地图语言符合受众情感的心理诉求，也就是要使地图符号的造型、色彩等形式元素蕴含人的情感意味，以提高地图的情感性。这里的情感不只是指审美情感，还包括其他情感，这样才能抓住读者的心理。设计者运用自己的知识和智慧精心地设计、巧妙地运用地图语言来传达地理信息，也是强化地图艺术性的途径。若能做到这些，地图就具有较高的艺术性。

(4) 体现政治性。地图编绘中难免会涉及国界问题等国家主权的政治问题，因此政治性是地图设计中不可轻视的问题。地图的政治性主要体现在处理疆域界线、行政区划、经济与军事机密、地名等方面所表现出的政治立场和政治倾向，这在政区地图、军事地图、社会经济地图上显得尤为突出。旅游地图也难免涉及此类问题，如国界的标准画法问题。政治性问题并非每张图都会碰到，但还是有可能的。为了避免不必要的麻烦，凡涉及疆域界线、行政区划界、经济与军事机密、地名等敏感问题，需要慎重对待，要有可靠的依据，符合国家规定。

4. 旅游地图设计的内容与方法

旅游地图设计是为新编地图制定一个方案。在旅游地理信息传达设计中要考虑技术和艺术两方面因素。技术设计指的是产品制作的技术过程与方法，而艺术设计则是指如何赋予产品以艺术特性。

1) 旅游地图设计的内容

旅游地图设计的内容很丰富，经过分析，将其归纳为以下方面。

(1) 选题设计。选题设计是要对市场作调研分析，了解市场的需求现状和趋势、同类地图的出版状况，制定旅游地图的选题方案、地图产品样式的初步构想，以保证所设计的旅游地图产品能产生预期的社会效益和经济效益。

(2) 工艺过程设计。旅游地图工艺流程设计是根据成图效果要求、现有技术条件、资料状况，为旅游地图设计的可行的、合理的方案。必要时还得做比较试验、论证。这样才能有效地保证编制工作的效率，少走弯路。

(3) 数学基础设计。设计或选择适当的旅游地图的地图投影，选择适当的地图比例尺及其形式，可保证旅游地图的精确性、可测性、实用性。

(4) 内容设计。旅游地图内容设计包括底图内容和专题内容设计。选择、分析编图资料，制定地图的概括原则和指标，以符合主题，保证图上内容密度适中，又能满足读者的需要。

(5) 内容传达设计。旅游地理及其相关信息的传达设计包括图像、色彩、文字及其构成设计，以保证旅游地理信息得到有效传播，符号系统及整个图面效果具有艺术性。

(6) 图面设计。从整体出发对地图图面要素(如图名、图例、主图、副图、图表等)按照艺术性要求进行宏观组织，以保证图面构图具有艺术性。

2) 旅游地图设计的方法

旅游地图设计的方法：在分析编图资料的基础上，以设计理念和原则为指导思想，综合多种相关科学理论、相关规范、地图语言运用习惯、现有地图产品成功实例的研究、个人经验、现有技术条件来完成各项内容的设计。具体内容的设计方法在后面有关章节中论述。

2.2.2 旅游地图设计的科学依据

旅游地图的设计理念与原则的确定是基于设计学理论的，而具体设计内容的实施需要更多理论的支持(图 2.5)。按照设计理念，旅游地图必须最大限度地符合读者的本质需要和人性，并围绕此目的，应用技术手段来解决其中的各种问题。这里必须抓住两个关键因素：第一是读者——人的用图目的、视觉生理和心理的特点和规律；其次是技术问题。前者是通过地图选题、数学基础、内容、相关信息的传达方式、图面等方面的设计来实现的；后者是通过工艺过程的设计来实现的。其中比较复杂的因素是视觉心理问题，它关系到地图的易读性、亲和力，也影响用图效果、读图目的的实现，是设计中要重点处理好的问题；技术问题是实现制图目的的手段，是现有技术的科学应用问题。

旅游地图设计是一种复杂的脑力劳动，也是一种创造性的脑力劳动。为了实现设计目的，必须依据多种学科的研究成果来实现设计目的，提高地图设计效果(表 2-1)。所有设计问题的解决都要有科学依据。这些学科的理论或多或少地可以用于解决旅游地图设计中的问题，也有助于提高产品的设计质量。旅游地图设计需要多学科理论的支持，这里只能重点介绍一些关系较为密切的学科理论。

表 2-1 旅游地图设计所要考虑的客观因素及理论依据

设计所要考虑的客观因素		设计内容	主要理论依据
读者因素	用图目的	选题、数学基础、内容、信息的传达方法等方面的设计	设计学、旅游学、视觉生理学、视觉心理学、艺术学
	视觉生理和心理	内容、信息的传达方法、图面等方面的设计	设计学、视觉生理学、视觉心理学、艺术学、符号学
技术因素	编图资料条件	信息的传达方法	地图学、设计学
	制图工具条件	工艺过程设计	

1. 设计学理论

设计学是指导一切产品设计的基础理论。无论是宏观的设计理念、设计原则的确定，还是设计者的具体问题的解决，设计学都能为旅游地图设计提供理论指导。因此，设计学理论是旅游地图设计的重要基础理论。在旅游地图设计中会遇到各种各样的问题和矛盾(如内容丰富性与清晰性、易读性的矛盾，地图实用性与艺术性的矛盾等)，设计学思想及方法都能为妥善解决这些矛盾提供理论的支持。

2. 旅游学理论

对旅游地图设计来说，比较有用的旅游学理论是旅游者分类及其结构研究成果、旅游者行为特征研究成果。

1) 旅游者分类及其结构理论

依据不同的标准，可以对旅游者进行不同的分类，其中有些分类对旅游地图设计有参考价值。

按旅游的目的，可分为消遣型旅游者(如观光、娱乐、休闲度假等)、差旅型旅游者(如会议、商贸、科考、节庆活动等)、朝圣型旅游者和保健型旅游者。如果按照不同的专题设计出各种旅游地的专题旅游图，可以大大方便旅游者分类查询。尤其是在旅游资源多样的一张图上很难容纳的情况下，更有利于进行专题内容的查询。

按客源范围，可分为国内旅游者、国外旅游者。根据国外旅游者的数量、所属国家的统计资料、需求量调查资料，设计者可以策划出适用于不同旅游者群体的旅游地图。

按组织形式，可分为定制式旅游者和自助式旅游者。后者对旅游地图的需求较高。

按计价方式，可分为全包价旅游者、半包价旅游者和非包价旅游者。

按年龄划分，可分为青少年旅游者、中年旅游者、老年旅游者。根据各种旅游者的数量，可以设计出适合不同年龄段的旅游者使用的地图。

按出游交通工具，可分为公共交通旅游者、自驾车旅游者、步行旅游者。研究这些旅游者对地图的需求量及对内容的要求，有利于做好旅游地图选题及内容设计。

2) 旅游行为理论

旅游学认为，流动性是旅游的本质特征之一。旅游学将旅游行为过程分为制定旅游计划、旅游途中和返回原地三个阶段，其中前两者必须借助于旅游地图来实现。制定旅游计划时，需收集和加工有关的旅游信息，然后才能作出决定和制订旅游计划。这个过程可以分成几个阶段，即产生旅游想法，收集有关旅游信息，确定时间，确定旅游目的地或旅游线路，确定出游方式，预算费用，其中后三个阶段是构成旅游方案或旅游计划的主体部分。就个人而言，作旅游决策时所收集和加工的旅游信息，主要是以旅游目的地为核心的旅游产品、交通和媒体信息，其中的很多信息来自旅游地图，而且信息的丰富性与准确性对旅游决策有着重要影响。旅游活动中对“吃、住、行、游、购、娱”缺一不可，设计者应尽力去表达这些信息，靠一种类型的旅游地图和一种比例尺的地图是满足不了旅游需要的。需要收集各种旅游地图才能制订出详细的计划。旅游者大多具有好奇心理、求知心理、怀旧心理，对旅游地图的内容选择、信息表达方式、装饰手法选择都有一定的参考价值。旅途是整个旅游活动过程的主体与核心部分，是实质性的旅游活动过程。期间旅游者首先经历由住地前往旅游目的地的旅行，旅游者需借助一定的交通工具，私家交通工具或公共交通，机动车或非机动车，或步行，自助型或团体型。到达目的地后，以旅馆为基地，从事旅游活动，直至旅程结束。旅游途中人们的行为主要表现为旅游观赏、旅游交往、旅游参与和旅游消费。对大多数旅游者来说，旅游目的地是一个陌生的地方，要靠旅游地图来指路，它是重要的工具。旅游地图的选题、内容如果能帮助他们解决途中所遇到的问题，那么，旅游地图的设计就是成功的。对于自助式旅游者来说，旅游地图显得尤为重要。旅游行为特点主要对旅游地图选题、内容、信息表达效果设计造成影响。火车站、汽车站、码头、地标性旅游景点等重要的交通节点、重要交通线路都必须标出，而且应当运用视觉对比设计对其予以强调。

旅游者在旅游前和旅游中都需要地图的帮助。旅游者的流动规律、旅游资源的分布规律是进行旅游市场拓展、旅游目的地开发研究的重要依据，需要用旅游地图表达出来。

3. 视觉生理学理论

旅游地图是用于传达旅游地理信息的视觉图像，旅游地图上的一切地理事物均用符号来表征，应当符合视觉生理特点和规律，只有以此为依据来设计，才便于阅读。

1) 视觉敏锐度

视觉敏锐度是人眼分辨物体细节的最大能力，即能单独感受最小距离的两个光点的能力，在临床医学上，称之为视力，在数值上等于眼睛刚好可以辨认的最小视角(分)的倒数。在中国以在5m远的标准距离处观看视力表上的"E"形来确定视力。如果视标笔画间隙是1.46mm，5m远处正好与眼睛形成1′视角。刚好能辨认这个视标开口的方向，视力即等于1。如果只能分辨2′的视标开口，则视力等于0.5。正常人的最大视力是一定的，根据研究表明，正常视力能分辨两点的最小视角约为1′角(1/60°)，小于1′视角的两点，一般分辨不清楚。因此，在地图符号设计中，确定一个圆的最小直径或两条平行线的最小间隔，应充分考虑到人眼的分辨能力(表2-2)，低于人的辨别能力的线条会影响阅读效果。由于受到后天伤害或随着年龄的变化，视力会退化，近视和视物模糊的情况会造成个体间的差异。这种视觉变化规律符号形状大小有着重要作用。

表2-2 不同视距的视觉最大辨别能力(mm)

可辨尺寸 / 图形 / 视距	点的直径	单线宽	双线间的空白宽	虚线间的空白宽	汉字边长
250	0.17	0.05	0.10	0.12	1.75
500	0.30	0.13	0.20	0.25	2.50
1000	0.70	0.20	0.40	0.50	3.50

在眼睛视力一定的情况下，加大背景亮度或加强亮度对比能提高视觉灵敏度。人的眼睛有一定的生理特点，掌握这些特点对旅游地图设计有重要意义。

2) 双眼的水平与垂直视阈

视阈是能产生视觉的最高限度和最低限度的刺激强度。据研究，单眼的视阈大约是166°，在两眼中间有124°的中心区域，双眼的视景在这个范围内重叠，形成有深度感觉的视景。在此范围内，有一个很窄的区域称为斑点区，是最精确的区域，出了中心区域，两侧单个眼睛的视阈范围各为42°，称为周边区域。整体双眼的视觉范围是208°。人眼睛的垂直视阈约120°，以视平线为准，向上59°，向下70°，一般视线位于向下10°的位置，在视平线至向下30°的范围为比较舒服的视阈。人的眼球上下移动不如左右移动灵活，而且纵向视野小于横向视野，因而眼睛在垂直方向上的运动比在水平方向上的运动容易产生疲劳；眼睛对水平方向上的尺寸和比例的估计比对垂直方向上的尺寸和比例的估计要准确得多。在地图长宽设计上，需要考虑这些因素，比如，横向地图比纵向地图看起来轻松些，也就是说在综合考虑各种因素的条件下，若能够采用横向构图，有助于减少视觉疲劳。

3) 色彩的视觉敏感度

总体上，人对色彩非常敏感，正常人眼可分辨大约七百万种不同的色彩，但是受着各种客观因素的影响，比如当色彩对比度不足时，就难以区分两种色彩，还有各种色彩视错觉现象的存在都说明了这些问题。此外，人眼不同视觉区域对色彩有不同的敏感度，眼睛中央对色彩和动态十分敏感，但眼睛边缘的色彩敏感度则较差。不同色彩当中，人对红色、绿色和黄色比对蓝色敏锐，这种特性在设计中要充分考虑。

4) 视觉残像现象

当眼睛持续注视某物体后，在眼睛视网膜上的影像感觉不会马上消失，这种现象的发生是由于神经兴奋留下的痕迹作用，称为视觉残像，也称作视觉后像或视觉暂留，它有两种，即正后像和负后像。正后像是一种与原来刺激性质相同的感觉印象。电影就是利用的正后像原理。负后像则是一种与原来刺激相反的感觉印象。光亮部分会在视网膜上留下黑暗的残像，黑暗部分会在视网膜上留下光亮的残像(图 2.6)；看过一种色彩后会在视网膜上留下该色彩的补色(如看了红色留下绿色残像)。同一灰色，当置于紫色中间时，感觉有偏黄的倾向，置于黄色中间时，则产生偏紫的印象。视觉残像是一种人人都存在的生理现象，在地图色彩设计中，要科学利用它，以便获得所需的设计效果。

在白线交叉处会出现黑点

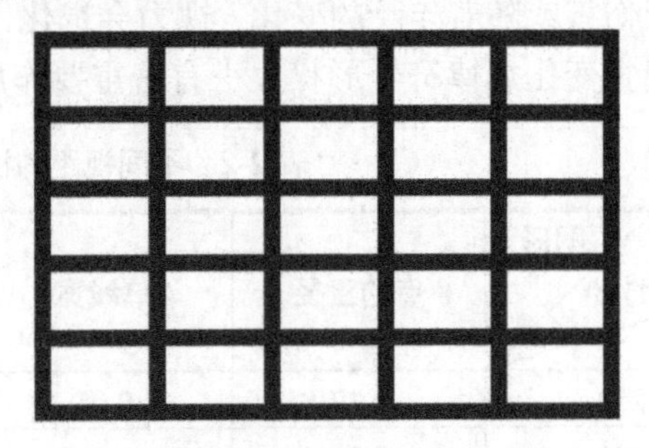

在黑线交叉处会出现白点

图 2.6　视觉残像现象示意图

5) 视觉光渗现象

在黑色或暗色背景上的白色(或浅色)的对象，其反射光具有扩张性的渗出感，这种现象叫光渗，这是一种由视觉生理引起的视觉现象。可见光中包含红、橙、黄、绿、青、蓝、紫 7 种色光，它们具有不同的波长，红色最长，紫色最短。当各种不同波长的光同时通过晶状体后，成像点并非全都能精确地落在视网膜上，因此在视网膜上所呈现的影像的清晰度就有一定差别。长波长的暖色成像点落点不准确，影像模糊，会有扩散感；短波长的冷色成像点落点准确，影像清晰，会有收缩感。所以，人们在凝视红色的时候，时间长了会产生眩晕现象，似有扩张感觉。如果将红色与蓝色放在一起看，由于色彩同时对比的作用，其面积错视现象就会更加明显。另外，视觉膨胀、收缩感不仅与对象的光的波长有关，而且还与明度对比有关。对于两个大小相同、色彩不同的圆形(一黑一白)，由于人眼在明暗图形轮廓界线部分会发生对比加强的光渗现象(马赫效应)，凝视白圈稍久，便可发现白圈的边缘比中部更光亮些，光亮物体的轮廓外似乎有一圈光圈围绕着，显得比实际尺寸大；

相反，白色背景上的黑圈会有比实际尺寸小的错觉(图 2.7)，这种错觉叫光渗错觉。这种视觉现象对地图符号大小及其对比设计有重要的参考价值。

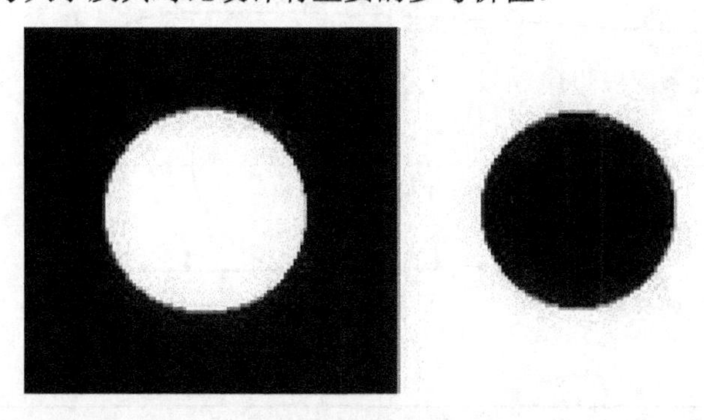

图 2.7　同等大小的圆因色彩不同而引起不同大小的光渗错觉

6) 色彩视觉疲劳现象

色彩会影响人的神经的兴奋度，设计不好也会使人易于疲劳。第一，高彩度色彩可引起人的神经兴奋，因此过多使用高彩度色彩容易造成视觉疲劳。第二，暖色系的色彩比冷色系的色彩使人易于疲劳。第三，明度差或彩度差较大时，也易使人疲劳。色彩的疲劳能引起彩度减弱，明度升高，色彩逐渐呈现灰色(略带黄)的现象，这种现象称为色觉的褪色现象，也叫色彩的疲劳错觉。鉴于这些现象的存在，地图色彩设计时都应充分注意把握好高彩度、高纯度色彩的使用量，减少过强的明度对比。如果图面上满眼是红红绿绿的鲜艳夺目的色彩，会使人感到眼花缭乱、心情烦躁。

4．视觉认知心理学理论

旅游地图是用于传达旅游地理信息的视觉图像，旅游地图上的一切事物均用视觉符号来表征。因此，一张高质量的地图必须符合视觉心理的特点和规律。视觉心理学与地图设计关系甚为密切。视觉心理的影响因素很多，也很复杂。视觉心理研究成果，尤其是图形与色彩视觉心理研究成果，对旅游地图设计有着十分重要的作用。国内外部分学者对此做了大量研究，如鲁道夫·阿恩海姆(Rudolf Arnheim)、约翰尼斯·伊顿(Johannes Itten)、贝尔廷(J·Bertin)。旅游地图是通过视觉符号来传达信息的，把握读者的视觉规律对提高产品的科学性有着重要意义。

1) 视线移动规律

人的眼睛在观看物象时，先看到水平方向的物象，然后看到垂直方向的物象；视线习惯从左向右、从上向下和顺时针方向运动，因此眼睛在偏离视觉中心时，在偏离距离相同的情况下，眼睛视线移动的空间先后顺序依次为：左上象限→右上象限→左下象限→右下象限(图 2.8)，这说明显眼性的高低，一张图中左上最显眼，右下最不显眼，中心也最显眼；人的视觉习惯是先看整体，后看局部，地图的总体效果很重要。按照这些规律，一张图中的重要区域放置主要内容，次要区域放置次要内容，有助于体现各种内容的地位。

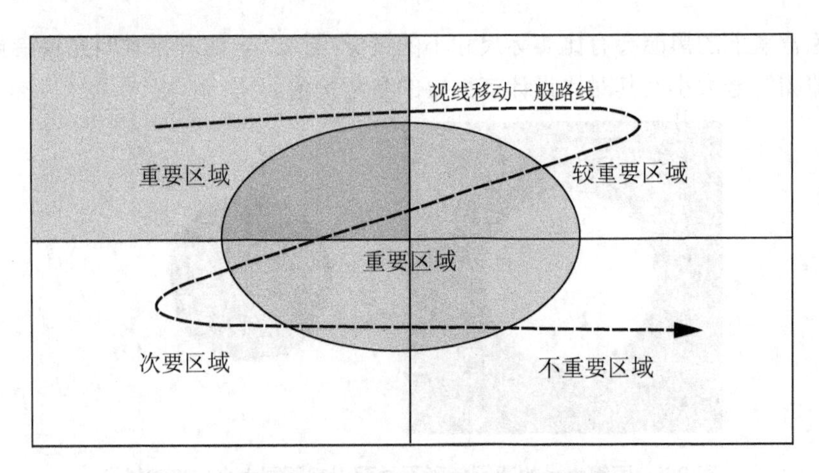

图 2.8　视线在图面上的一般阅读顺序和重要区域示意

除了具有空间移动顺序规律以外，视线移动还有时间顺序。格式塔心理学派艺术心理学家鲁道夫·阿恩海姆说："视觉是一种积极的探索，是具有高度选择性的。"与背景明度对比大的符号首先被视线捕捉到；图形优先于背景；大符号优先于小符号；具象符号优先于抽象符号；暖色优先于冷色；高色优先于低纯度色；动态符号优先于静态符号。郭茂来认为，视觉先后顺序还有以下规律：人物→动物→人为形态→植物→非生物自然形态；明确的形态优先于含蓄的形态；熟悉的形态优先于不熟悉的形态。这些视觉心理规律，对旅游地图重点与层次的设计具有重要的参考价值。

2) 视觉等级差异感心理

符号的尺寸、亮度、纯度等对比要素的不同，会使人产生明显的等级感受，根据这些要素的对比状况，能区分出等级与主次关系。

3) 视觉数量差异感心理

符号的尺寸、亮度、纯度等对比要素的不同，会使人产生数量不同的感受，尽管不能直接读出具体数值，但是能形成多与少的概念。

4) 视觉深度空间感心理

符号设置了阴影或色彩对比能使图面具有深度空间感，使读者从二维平面图上产生三维感觉的效果。例如，依据透视近大远小的原理，符号尺寸变化可产生深度感，明度的变化、色彩纯度的变化也可具有远近效果。

5) 视觉平衡感心理

鲁道夫·阿恩海姆认为："维持人体平衡是人类最基本的需要，观看时会自我关照"；"平衡的构图使人称心愉快"。因此，让个体符号或地图图面具有视觉平衡感是改善设计效果的重要方面，设计中需要根据影响视觉重力的因素——尺寸、形状、明度、方向等来处理好各要素平衡的关系。

6) 自动组织图形心理

鲁道夫·阿恩海姆认为："观看是赋予现实以形状和意义的行为。"这就意味着，人在观看图形的时候，会积极地作出反应，立即调动自己的知觉系统来判断、组织所观察的对象，如归类、组合、连接等，以赋予一定的意义，而不是机械地复制。下面是根据格式塔心理学研究成果对地图符号设计有用的自动组织图形心理的规律。

人面对所看到的对象会自动处理图形与背景的关系(图 2.9)；按熟悉的事物图形来构想图形(图 2.10)；图底对比度大易识别图形。

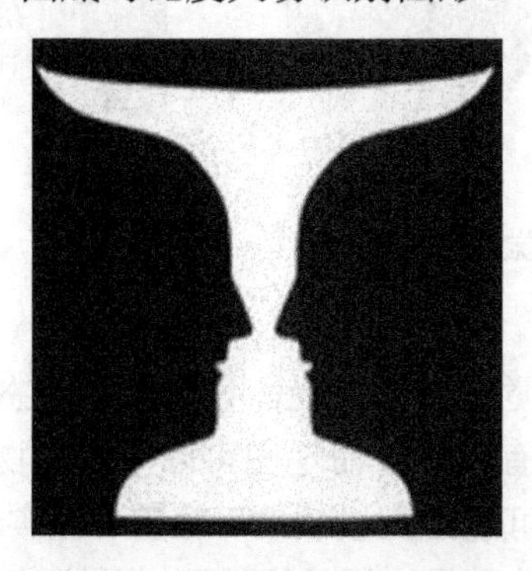

图 2.9 自动处理图形与背景

图 2.10 按照熟悉事物来构想图形

相似归类视知觉心理：属性相同或类似的视觉元素容易被组合成图形(图 2.11)。

邻近组合视知觉心理：互相邻近的视觉对象，容易被视觉组成整体，图 2.12 中相距较近的直线自然地组成双线。

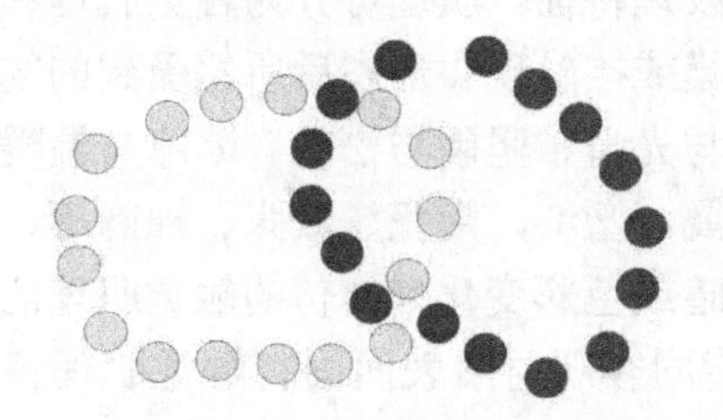

图 2.11 属性相同或相近的对象易被组合成图形

图 2.12 距离相近的对象易被组合成图形

连接图形视知觉心理：一个接近于某个图形但还没有闭合的图形，读者会自动地将其闭合(图 2.13)。

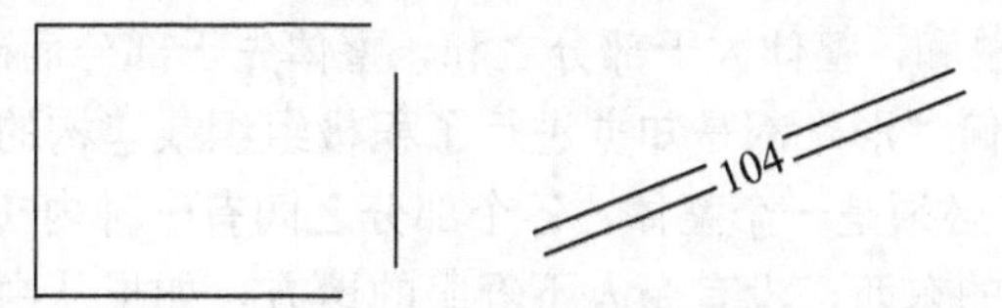

图 2.13 自动连接中断的图形

7) 视觉动感心理

有些构图能给读者一种运动的视觉效果。单一的符号构成要素并不能产生运动感受，但构成要素有规律的排列则会产生运动效果。如由大到小排列的圆，明度逐渐变化会有动感，箭头的方向变化及色彩渐变也可以产生运动感觉(图 2.14)。动态设计能起着活跃图面的作用。

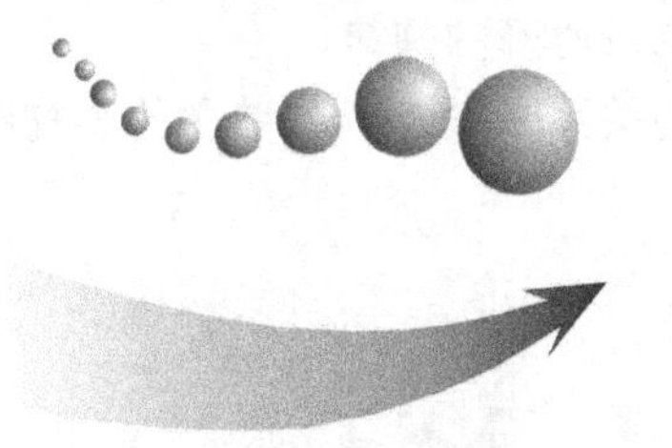
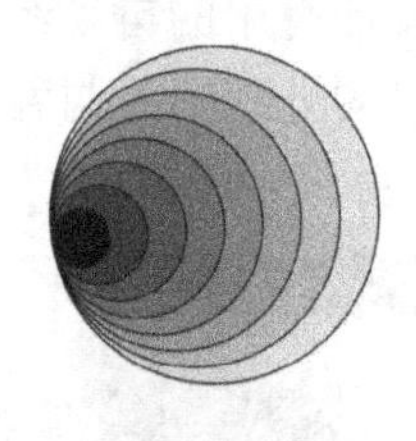
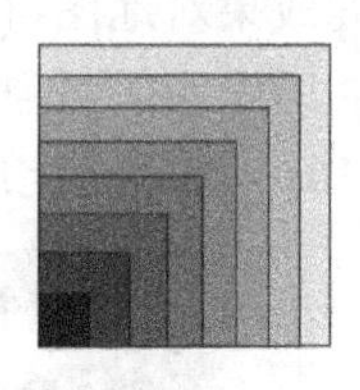

图 2.14　具有视觉动感的图像

8) 视觉质感心理

质感指客观物质的材质、质量带给人的触觉、视觉感受。设置某种形态、色彩、肌理等外观特性，能赋予符号某种质感。实际物体有质感，而地图可以模仿实物质感，也能达到比较好的效果。不同的符号形态及表面处理可能给人以软硬、轻重、虚实、滑涩、韧脆、透明与浑浊等多种质感效果，尽管是一种虚拟的效果，但是依然可以传递这些信息。比如，方形的刚性感，圆形的柔性感；深色的坚硬、沉重感，浅色的柔和、轻盈感；红色的温暖感，蓝色的寒冷感；森林、草地、岩石、沙漠、水面等地表覆盖物给人以不同的视觉肌理。地图可以各种手段造成一定的质感，直观地传达地理的信息，并传达一定的情感信息。

肌理是指现实形态表面的组织构造、材质感和纹理特征。肌理可分为触觉肌理和视觉肌理两类。触觉肌理是指通过人的手或身体直接触摸或接触现实形态后所感受到的物体的表面组织构造、材质感觉和纹理特征，例如，凹凸与光滑、坚硬与松软、冰凉与温暖、轻与重的具体纹理结构特点等。例如木料、石材、金属、塑料、陶瓷、纸张、棉麻等，不同的物质具有不同的肌理特征。视觉肌理是指利用明暗或色彩变化来模仿的触觉肌理的表面特征，再造出可诱导公众在以视觉感知时，产生不同客观材质表面固有触觉肌理特征的错觉。

9) 视觉整体感心理

艺术心理学家鲁道夫·阿恩海姆说："视觉不是对元素的机械复制，而是对有意义的整体结构样式的把握。"由不同符号组成的图像，应当当成一个整体来看待。格式塔心理学认为，整体不等于部分的总和，整体大于部分之和，整体先于部分而确定部分的性质和意义。格式塔心理学认为，任何"形"都是知觉进行了积极组织或建构的结果或功能，而不是客体本身就有的。"完形"必须是一个整体，各个部分之间有一种内在的联系，形成不可分割的有机整体，没有多余的东西，没有令人不舒服的地方。如果从中国画论来看，视觉整体感是整幅地图的神采、风格，也就是它所产生的气韵、包含的意蕴。要想使地图具有好的效果，必须将一张地图当做一个整体来设计，重视整体效果。

10) 视觉联想和想象心理

鲁道夫·阿恩海姆说："观看是事物性质与观看者之间的互作用；观看是赋予现实以形状和意义的行为。"触景必然生情是一种人的不自觉行为，当人看到符号必然会产生联想、想象和情感活动。地图正是利用人的这种心理来设计符号，传递各种信息的。按联想所反映的事物之间的关系，可分为接近联想、相似联想、对比联想、关系联想。地图上的所有符号(图形、色彩、文字、肌理)都能引起读者的联想，如一棵树的图形符号可能使人联想到树木、森林等，蓝色的线条使人联想到河流、大海等。视觉符号的属性不仅会引起具体

联想，还会引起抽象联想。抽象联想的内容与读者成长的文化背景有关，如在中国，红旗让人联想到革命，五角星让人联想到政府机关。视觉符号的属性还能引起读者的想象，例如由地图上的信息结合自己原有的记忆想象出当地的地理环境，由图上的文字调动自己原有的记忆想象出某些形象。符号的这种作用对旅游信息的可视化设计具有参考价值。

11) 视觉审美心理

鲁道夫·阿恩海姆认为："人类用视觉图像对概念作出的一切解释都包含着审美的成分。"美国认知心理学家唐纳德·A·诺曼(Norman.D.A.)说："美观的物品更好用。"事实上，当我们打开地图时，通常首先会不由自主地关注地图的美。这说明，任何一个视觉对象都不应忽略其审美价值，这是人的一种本质需要。正因为如此，地图设计也一贯重视地图的美化，美化是地图艺术化设计的主要内容，是提高地图艺术性的主要目标。那么，如何才能提升地图的美感呢？审美心理学研究表明，美的对象必定符合人的审美心理。

地图中所有的视觉要素都涉及美学问题，美的规律应用情况关系到艺术作品的美感度。地图是表示地理信息的视觉图像，这种视觉形式是否悦目，主要取决于地图的符号、色彩、文字的构成效果。毋庸置疑，如果没有美学理论的指导，就很难设计出美观的地图。从美的对象的普遍特性看，只有形美神美兼备的作品才是最美的。因此，如果能够用形式美和神采美的规律来设计地图，将可以大幅度提高地图的美感度。从美学角度看，地图上的所有视觉元素及其组合都具有审美意义，其设计效果必然关系到地图的审美效果。地图符号的尺度、线的粗细、色彩特征及其组合，都会呈现出一定的审美风格，因此必须关注其中的细微变化对图面效果的影响，只有按照美的规律来设计这些视觉元素才能取得好的效果。

12) 视觉情感心理

中国有句成语叫"触景生情"，意指受到眼前景物的触动，引起联想，产生某种感情。刘勰曾说："情以物兴"、"物以情观，"观物会不由自主地产生情感。情感中，审美情感是其中的一个重要方面，其中还包含其他情感。地图的情感化设计可以使地图在形式上具有更多的意味，也是提高地图艺术性的重要方面。艺术之所以能够打动受众的情感，是由于作者将自己的情感融入艺术语言之中或者形式上，符合人的感受心理，是"有意味的形式"。地图语言情感化就是要将作者的情感因素融入地图语言之中或者使地图语言符合受众的情感心理需求，也就是说，使地图符号的造型、色彩等形式元素蕴含人的情感意味，以便打动受众情感，引起读者情感上的共鸣，使公众乐于阅读。

地图读图情感活动没有影视和戏剧等情感活动复杂，往往也没有那么强烈。使用功能与审美功能的实现能带来喜悦情感，否则，也会令读者产生负面的情感。目前在此方面研究较为薄弱，但是情感在读图心理活动中发挥着定向与动力作用，设计者必须抓住这根连接地图与读者情感的纽带，力求提高地图的亲和力。

13) 视错觉心理

视错觉是当人观察事物时，由于生理或心理原因导致的对观察对象的错误的判断。由于视觉生理原因会导致错觉，由于视觉心理导致的错觉更多。视错觉是人脑对视网膜上分散的刺激进行选择、组织的结果，在这一过程中常常会歪曲客观真实的形状或色彩，得出错误的知觉。视错觉既普遍存在，又复杂多样，其现象主要分为形状和色彩两大类。地图是诉诸人的视觉的，掌握和利用好视错觉规律，对地图符号及其构成设计有重要意义。

(1) 图形错觉。由于视觉对象背景或附加物的干扰，可以造成长短、角度、面积、远近等方面的图形错觉，了解其产生的原因，对地图设计者很有用处。

① 线段长短错觉。由于线段的方向或附加物的影响，便会产生实际长度相等而感觉长短不等的错觉(图 2.15)。

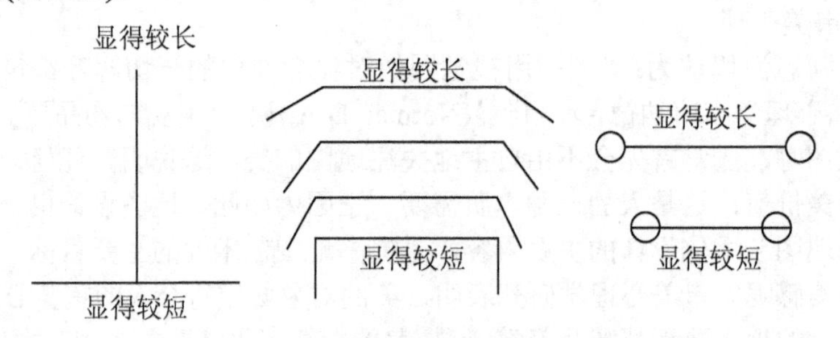

图 2.15　长度错觉

② 面积大小错觉。由于形、色(明度影响为最大)附加线形干扰、方向、位置等的影响，会使同面积的图形给人大小不等的感觉，图形实际面积也影响图形大小的错觉。这种错觉现象普遍存在(图 2.16)。

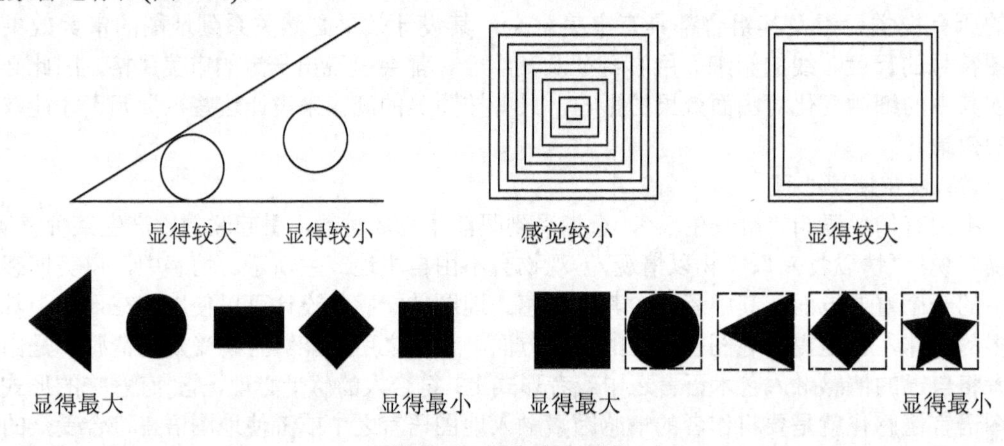

图 2.16　面积大小错觉

③ 远近错觉。所谓远近错觉，一般指视物远小近大以及由于空气透视有远虚近实一类的错觉。绘画就是利用它来表现物体体积、空间深度和距离的(图 2.17)。

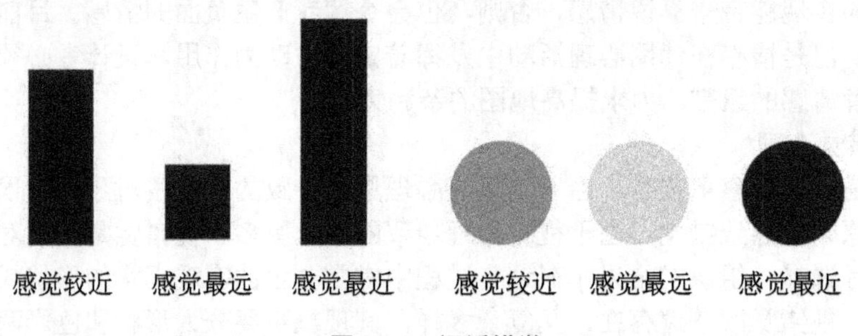

图 2.17　远近错觉

④ 高低错觉。因为人的视野是一个竖向较窄、横向较宽的椭圆形。因此，在观察物体时，尽管它的高度和宽度相同，但总会感到高度要比宽度大些，这就是高低错觉。在高低错觉中，还有一种视觉中心偏高的错觉(图 2.18)。

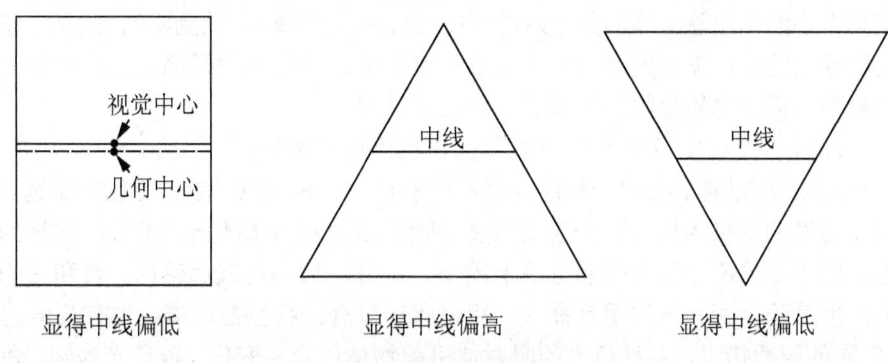

图 2.18 高低错觉

⑤ 分割错觉。形状相同、面积相同的两个几何面，会因为采取不同的分割方法，使人感觉到它们的形状和尺寸不同，这就是分割错觉。一般地，间隔分割越多，几何面会显得比原来宽些或高些(当然不是无极限的)(图 2.19)。

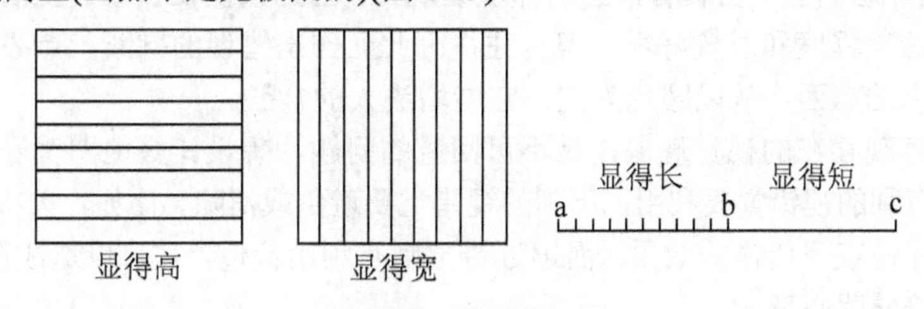

图 2.19 分割错觉

⑥ 图形变形错觉。图形变形错觉是指由于其他线形各种方向的外来干扰或互相干扰，使某线条具有被歪曲的感觉，如本来是平行的线变得不平行，本来是方的也变得不像方的(图 2.20)。

(2) 色彩错觉。色彩学是一门重要而复杂的学问，它是地图设计工作者必须掌握的基础理论。色彩错觉是色彩学研究的重要内容。

① 色彩的对比错觉。在用色时，人们可以体会到色与色之间发生彼此辉映和比较深浅的错觉作用，如同一种黄色，如果在红色背景上带绿味，如果在绿色却背景上又带红味。色彩的对比变化更复杂，各种不同的色并列时，会产生色相、明度和纯度等种种变化，例如，红与绿、蓝与橙、黄与紫等称为“互补色”。

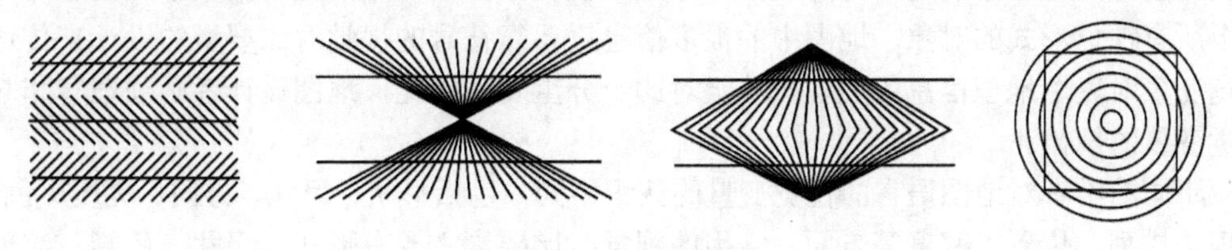

图 2.20 变形错觉

② 色彩的大小错觉。因光渗错觉的作用，同样大的形体，白的显得大，黑的显得小。

③ 色彩的温度错觉。如果将温度计放到由透过三棱镜所成的7种色光里去测定温度，温度在暖色(红、橙、黄)中上升，在蓝、紫色中会下降，这说明色光是有温度差别的。如将几个相同大小的木块涂上不同的色彩(如白、蓝、红、黑等)，放到阳光下照射一段时间，然后用温度计去测定，就会发现白色木块的温度最低，黑色木块最高。这是由于白色物体反射阳光最多，黑色物体吸收阳光最多，而反射最差。

④ 色彩的轻重错觉。黑色色块感觉重；白色色块感觉轻。

⑤ 色彩的远近错觉。在同一距离观察不同的色彩，暖色感觉近，冷色感觉远。距离错觉以色相和明度的影响为最大。一般高明度的暖色系色彩感觉凸出、扩大，故称为近感色或前进色；低明度的冷色系色彩感觉后退缩小，故称为后退色或远感色。黄和白的明度最高，凸出感也最强；青和紫的明度最低，后退感最显著；绿色在较暗处也有凸出的倾向。

⑥ 色彩的照明错觉。各种色光的照射能引起物体色彩的变化。以日光为例，色彩在照度高的地方，明度变高，彩度增强。如中国古建筑的配色，墙、柱、门、窗多为红色，而檐下额枋、雀替、斗拱都是青绿色，晴天时明暗对比很强，青绿色使檐下不致漆黑，阴天时青绿色有深远的效果，能增强立体感。

⑦ 色彩的味道错觉。色彩有很强的味道表现力。因为人们在长期的生活中常常用色彩来判断食品的味美程度和质量好坏，但也往往因此而作出错误的判断。点心食品等营养物是组成人体血肉的东西，故以暖色为主，它能增进人的食欲。

视错觉是客观存在的视觉现象，是不可回避的问题。想设计好地图符号，必须熟悉视错觉规律，对有利的视错觉要利用，不利的视错觉要避免或消除。比如，大小错觉、方向错觉要避免，以保证获得所需的效果；而远近错觉则有利用价值，它可以造成图面的层次感。

14) 视觉差异感心理

视觉对象之所以能被区分是因为有视觉对比，即外观上有什么不同，其中有一些规律。比如人和动物、石头和植物的外观区别就比较大，也就容易区别；人与人区别就相对较小，甚至有时长相相近，令人难以区别。视觉对象的对比度有大有小，对比度越大，越容易区别，相反，就不容易区别。那么，事物在视觉上的对比大小表现在哪些方面呢？通过研究，人们已经发现其中很有规律，这就是视觉对比要素。这些对比要素是对事物从视觉上进行识别和分类的依据。这些对比要素在地图中发挥着很大作用，被广泛用于表达地理事物的对比协调关系，称之为视觉变量。视觉变量是由法国人贝尔廷(J·Bertin)1967年首先提出的，他对视觉符号规律做了较为系统的研究，符号对比主要表现在几个方面，即形状、方向、尺寸、明度、密度和色彩，这些变量规律是对视觉符号认知心理规律的系统总结。必须指出，这里地图符号指的是广义的地图符号，不仅仅指图形符号，还包括文字和色彩，即地图上所有视觉形式的对象。地图中的很多信息需要靠符号的视觉对比要素的设计来传达，视觉变量对表达地理信息的类型与等级对比十分重要，因此，地图设计者必须理解和掌握视觉变量的规律。

不同的学者对地图语言的视觉变量的认识不同，包括形状、尺寸、方向、亮度、色彩、纹理、排列、位置、密度等方面。常用的视觉对比要素主要有形状、尺寸、色彩、纹理、方向等方面(彩图2)，其中色彩对比要素包括亮度、纯度和色相。每一个视觉变量都有一种

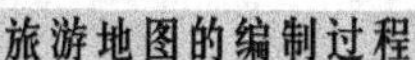

或多种视觉感受特性，但其中都有一个是最适用于某一方面的内容。此外，为了强化对比，往往是几种变量同时用在一种符号上。符号的变量应用于点状、线状符号和面状符号，效果可能稍有不同。因此，地图设计者必须深入领会视觉对比要素的本质特征，学会灵活运用各种视觉对比要素。

(1) 形状差异。形状不同的符号容易引起类型差异感，主要适用于反映旅游信息要素的类型对比。形状包括圆、三角形、椭圆、方形、菱形等抽象几何符号，还包括非几何抽象符号和具象不规则形状。运用几何符号可以使符号系统具有条理性。线状符号有点线、虚线、实线等形状差异。

(2) 尺寸差异。尺寸差异即大小差异。尺寸容易引起等级差异感，适用于反映旅游地理信息要素的数量、级别、强度。尺寸是指点或面状符号面积大小，线状符号主要指宽度。符号的大小、粗细、长短主要适用于表达旅游要素的数量差异或等级差异，如用大圆表示接纳人数多的旅游点，小圆表示接待人数少的旅游点；粗实线表示主要公路，细实线表示次要公路等。分割比例主要用于表示旅游要素的内部组成变化。

(3) 色彩差异。色彩的差异是符号设计中应用最广泛区别最明显的差异之一。色彩的变化主要体现在色相、明度、纯度的变化上。这些属性的对比既可以引起类型的差异感，也可以引起级别的差异感。符号的色相对比主要适用于表达信息的类型对比，如用蓝色表示河流，红色表示道路，但是它也能在一定程度上表达信息的数量、级别、强度差异；纯度、亮度的对比适合用于表达信息的数量、级别、强度的差异，如用红色表示旅游人口密度数值大的区域，用浅红色表示旅游人口密度数值小的区域。这里要注意的是，亮度也就是符号的深浅，它不仅仅指线条的深浅，还包括由于构成符号的黑色线条密度所造成的总体亮度感，即色彩的视觉混合所产生的色彩亮度感。它适用于表现符号的层次关系，反映事物的数量、级别、强度对比。

(4) 纹理差异。纹理可由点或线来构成，也可以由负责的肌理构成(图 2.21)，纹理的种类是无数的。纹理变化适合于表示旅游要素的类型差异。因纹理疏密变化可造成面状符号的亮度差异，可用于表示旅游要素的主、次等级或数量特征。其实，纹理的概念不足以涵盖面状符号之间的对比，如果从符号所表达的意义来看，不仅仅可以表达类型信息，而且可以表达事物的软硬、轻重等信息，肌理这一概念方能涵盖其意义。

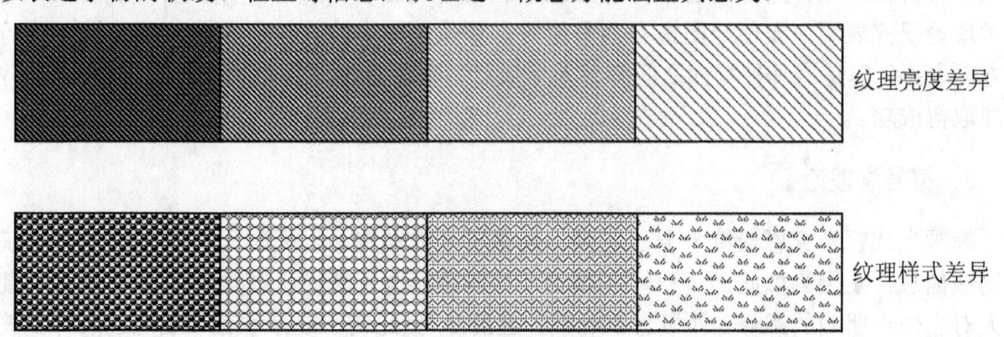

图 2.21　纹理变化举例

(5) 方向差异。方向不同的符号容易引起类型差异感，主要适用于表达旅游信息要素的类型对比。

5. 艺术学理论

学界普遍认为，地图不仅应具备科学性、实用性，还应具备艺术性，赋予地图艺术性是地图设计的主要任务之一。这种思想在几十年前已经提出，但是究竟什么样的地图才有艺术性，如何才能提高地图的艺术性，一直没有找到明确的答案。解决这些问题必须从艺术学理论入手。

赋予地图艺术性是针对实用品而言的，因为真正的艺术本身是按照艺术规律来进行创作的。从传播学角度看，地图上的任何语言都传达着一定的信息，这种信息不仅是地理信息，还可能是情感信息、审美信息，都具有某些意味的形式。从本质上看，艺术都是紧密围绕人的需要来做文章的，艺术品之所以能称之为艺术品，是因为它能满足人的审美、情感、娱乐需要等高级需要，同时还能满足实用性需要，能在不同的层面全面体现出人性化特点。艺术的感染力可以突破人种、性格、年龄等个体因素差异的影响，拥有广泛的受众，显示出旺盛的生命力。传播活动离不开艺术的支持，正说明了艺术在传播信息方面具有符合于人的各种需要的特性，它能达到更好地传播效果。由此看来，地图的艺术性高低，取决于是否能满足人的超功利需要。艺术性同时兼顾功利性需要，全面体现了人性化设计，不仅仅体现在地图的美化设计方面。换言之，地图语言的艺术化就是让地图语言符合读者的视觉心理，能更好地传达读者所需要的信息，不仅要使其成为让公众易于接受的形式，同时必须使其成为让公众乐于接受的形式，全面体现人性化的设计理念。不过作为实用艺术，不能脱离实用，应当是实用和艺术各占 50%左右，如果过分偏颇，不管哪方面超过另一方面，都不是理想的地图产品。实用性强于艺术性的地图，能满足实用需要，但是并不能让读者喜欢阅读；艺术性强于实用性的地图，能让读者喜欢阅读，但是却影响实用功能的实现。因此，这两种地图都是不理想的地图。事实上，大多数情况下实用性与艺术性是相容的，也就是说，只要人们注意，就能够通过设计来实现两者的融合。

艺术学中有很多理论，如艺术本质、特性等理论，多种艺术的理论对地图设计都有指导或参考价值，尤其是平面艺术、视觉艺术理论对地图设计的目标有直接指导作用。地图艺术理论研究表明，要使地图富有艺术特性，要从地图审美性、形象性、情感性、技巧性等方面入手，但是这几种特性之间有时是矛盾的，有时是相得益彰的，若能兼顾各种特性，就能取得成功。

6. 符号学理论

德国当代哲学家恩斯特·卡西尔说，人是符号的动物。人无时无刻都在使用符号获取和沟通信息，正因为如此，“符号”(Sign)一词渊源已久，然而，在很长的历史时期一直没有人对它作出明确的解释，即概念不明确。直到 20 世纪初，符号才有了成熟的解释。被称为“现代语言学之父”的瑞士语言学家费尔迪南·德·索绪尔把语言符号解释为“能指”和“所指”的结合体，自此“符号”一词才有了比较确定的含义，人们对于“符号”的理解逐渐趋于一致。

索绪尔在《普通语言学教程》书中说，符号是“能指”和“所指”的二元关系。“能指”(Signifiant)指的是语言符号的“音响形象”，“所指”(Siglified)是它所表达的概念。索绪尔把“能指”和“所指”比做一张纸的两面，思想(概念)是纸的正面，声音是纸的反面，它们永远处在不可分离的统一体中(图 2.22)。

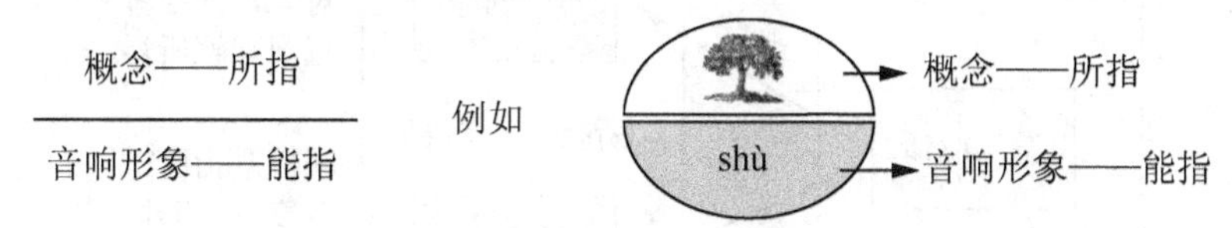

图 2.22　索绪尔对符号的概念解释

索绪尔还认为，“所指”和“能指”是语言符号两个最为重要的特征。他说：“我们建议保留用‘符号’这个词表示整体，用‘所指’和‘能指’分别代替‘概念’和‘音响形象’。后两个术语的好处是既能表明它们彼此间的对立，又能表明它们和它们所从属的整体间的对立。至于‘符号’，如果我们认为满意，那是因为我们不知道该用什么去代替，日常用语没有提出任何别的术语。”索绪尔关于符号的二元关系理论，使人们对“符号”的概念有了清晰的理解。索绪尔所说的“能指”就是符号形式，亦即符号的形体；“所指”即是符号内容，也就是符号“能指”所表征的事物或“意义”。符号就是形式和内容所构成的二元关系。

运用索绪尔二元关系的符号理论，可以很明确地分清什么是符号，什么不是符号。例如天安门是北京的象征，“天安门”是“能指”，“北京”是“所指”。上课铃声符号，表示到了该上课的时间，“上课铃声”是“能指”，“到了该上课的时间”是“所指”的意思。人们生活在一个符号的王国，无时无刻不在识别、制作和使用符号，例如交通路口的信号灯、汽车喇叭声、每个人的名字、人们使用的自然语言、地图上的图像、色彩等都是符号。

在索绪尔提出符号二元关系理论的同时，被称为符号学创始人的美国哲学家、逻辑学家、自然科学家查尔士·皮尔斯提出了符号的三元关系理论。皮尔斯把符号解释为符号形体(Representamen)、符号对象(Object)和符号解释(Interpretation)的三元关系(图 2.23)。符号形体是“某种对某人来说在某一方面或以某种能力代表某一事物的东西”；符号对象就是符号形体所代表的“某一事物”；符号解释也称为解释项，即符号使用者利用符号形体所传达的关于符号所指示的信息，即意义。皮尔斯认为，正是这种三元关系决定了符号过程(Semiosis)的本质。索绪尔的“所指”和皮尔斯的“解释项”的区别在于，后者的含义比前者更为宽泛。

运用皮尔斯三元关系的符号理论，也能够解释所有的符号现象，能够分清楚什么是或者不是符号。例如玫瑰花图形是符号，是符号的形体，它所指的是玫瑰花这种植物，同时还可以象征爱情；奥运会的会旗是符号，白底的五色连环图案是符号形体，它所代表的奥运会这个组织是符号对象，五环徽标象征五大洲的团结，是符号解释；鸽子图形符号不仅可以指代鸽子这种动物还可以象征和平；国旗、国徽、国歌是符号，象征某个国家。

符号是地图用于传达地理信息的工具，地图设计者只有用符号概念来理解地图符号，才能抓住地图符号的本质与特性，才能更有效地利用符号为传达地理信息服务。**语言是一个符号系统**。符号学中的符号分类、语形、语用等理论，对地图符号理论的建立、地图符号的科学运用与设计都具有指导意义。因此，地图设计者认识符号的概念和本质十分重要。

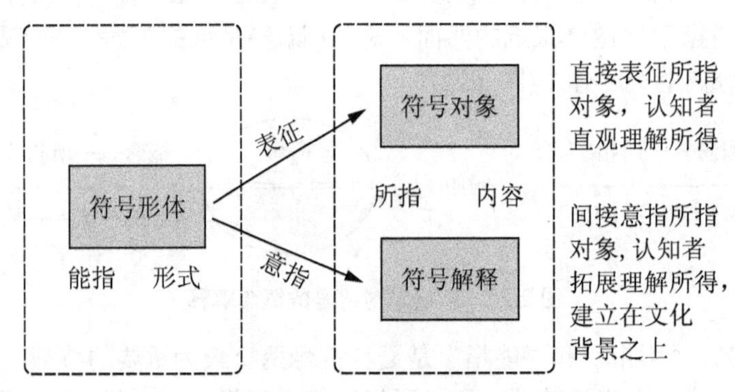

图 2.23　符号概念的理解

(二元论关系论与三元关系论的关系)

根据索绪尔和皮尔斯的观点来理解符号，符号的概念十分宽泛。皮尔斯按表征方式将符号分为肖似符号、指索符号和象征符号。从感受方式上看，符号分为视觉符号、听觉符号、嗅觉符号、味觉符号和触觉符号等。从成因看，符号又可以分为自然符号和人工符号。显然，地图符号是视觉符号、人工符号，可以说，旅游地图是一个视觉符号的世界，从符号学理论来看，旅游地图上所有的视觉对象都是符号，因为它们都具有能指和所指的特性。从广义上说，不仅地图上的图形是符号，文字是符号，色彩也是符号，不过习惯上只把图形符号称之为符号，这算是狭义上的符号。

知识要点提醒

旅游地图设计需要多种理论来支持，这并非故弄玄虚，而是因为它们的确能使产品更加完美，更加符合人的需要。

2.2.3　旅游地图设计书的撰写

旅游地图设计的最终成果需要以文件形式落实，这就是设计书，它是编制旅游地图的指导文件，应当明确、详细地将设计思想和方案记录在设计书中，并且要易于理解和操作，原则上能细则细。旅游地图设计书一般应包括以下内容。

(1) 总体方案。总体方案包括地图用途、主题、应用范围、名称、基本形式、制图区域范围，对地图的基本要求，图面尺寸及配置等。

(2) 工艺过程方案。工艺过程方案应说明从资料处理开始一直到印刷成图的整个技术工艺的环节和方法，一般包括资料的加工和转绘方法，数据输入方法，软件选择及应用于解决的问题，原图编绘的程序和方法，成果输出方式，还包括任务分工、资料的加工和转绘方法。工艺方案可以用框图的形式加以说明。

(3) 编图资料的收集和处理方案。主要内容包括：建立资料分类目录，资料的加工处理方法等。由于旅游地图内容涉及的资料来源广泛，质量不统一，需分析资料的可靠程度，并说明每种资料如何使用。

(4) 制图区域特征的表达方案。首先分析制图区域的特点，包括自然和人文的地理特征和规律，旅游要素的分布特征，说明在编制中如何反映这些特征和规律。

(5) 地理底图内容的取舍及其表达方案。主要内容包括：选用投影的特点、变形规律，坐标网的绘制密度，包括选用地图投影的说明及建立数学基础的规定和方法。明确出版地理底图的比例尺、内容选择和综合程度。同时，要说明编稿时所用的工作底图。

(6) 专题内容取舍及其表达方法方案。围绕地图的主题选择专题内容，说明内容分类与分级原则、选取指标和精度要求。根据旅游内容分布特征，选择图形和表示方法。指出可能选择的几种表示方法及其配合的使用方法、符号及图例设计方案，应当具体到每种符号的尺寸、样式，注记的字体、字号，明确符号、线划、注记、面积、图表等各种视觉要素的色彩方案及量化数值。此部分中内容比较多，能细则细。符号设计应尽可能符合使用习惯，使读者不需查阅图例就可以看懂那些符号。若某些符号无法精确确定其大小、色彩等，可以先制定初步方案，等制作时，再做微调，尤其是计算机辅助制图方便修改的情况下，不影响工作量和最终成图质量。

(7) 原图编绘方案。明确原图编绘程序，各种内容转绘方法，精确度要求，最后成果的形式和要求。主要内容包括：地图投影的种类和基本性质，标准线的位置，投影区域范围变形的分布规律和最大变形值；经纬线网的密度；投影成果表及其说明；建立地图数学基础的方法和精度要求；经纬线网的表现形式和描绘方法等。

(8) 图面构图方案。主要内容包括主图的位置、方向，图名的位置、大小和字体，图框绘制方案，附图、图例等附属内容的位置、大小、形状等。

(9) 印刷原图校对与审查方案。说明印刷原图的要求，印刷原图校对和审查的方法与程序。

(10) 附件及附图。将上述各部分的说明或参考资料及附图附在设计书后面，例如图外装饰规格、各种略图和参考图、色标、彩色样图、工艺流程图等。

即学即用

请根据旅游地图设计理论，对本章导入案例的设计方案的科学性、详细性、合理性、可操作性提出看法。

2.3 旅游地图的制作

在当代，计算机技术应用于制图，使地图制图技术发生了巨大的革新，具有里程碑意义。虽然技术工具发生了变化，但是从大的方面看，地图的编制工艺过程基本相同，主要分为地图编绘和制印两个阶段。此外，不同的旅游地图编制过程在细节上相差很大，主要受资料、地图内容、软件、地图用途等方面因素的影响。由于手工绘图技术已经没有实用价值，因此本书只介绍计算机绘制旅游地图的过程与方法。

旅游地图制作是指地图绘制者按照设计要求，采用一定的技术方法，运用一定的工具(一种或多种制图软件和硬件)，利用有关的地图数据或资料来编绘地图，并输出地图的操作过程或行为。本书将设计独立来讲，目的在于强化设计理论的中心地位和分工的合理性，明确不同阶段的工作目标。本部分工作侧重于具体的操作技术介绍，包括资料搜集、作者原图编绘、印刷原图绘制、地图复制以及制版印刷等相关知识。由于不同地图的资料状况、成果要求、作者所学软件等方面都会有较大的不同，很难制定统一而具体的操作步骤，这里只能提供大致的操作步骤。旅游地图编绘一般要经过资料准备、数据输入、建立数学基础、编绘底图、编绘旅游内容、图幅接边、艺术处理、审校验收、打印输出等程序。

2.3.1　旅游地图编绘资料的准备

旅游地图的编制多采用编绘成图法，从底图资料到其他编图资料都是旅游地图必不可少的基本资料。地图资料的搜集和处理，是旅游地图编制的第一步工作。资料的准备应当是与设计工作同时或在设计之前就已经着手的。

1. 旅游地图制图资料的种类和来源

了解制图资料的种类和来源，为的是更好地搜集到所需的编图资料。编图资料的种类多种多样，归纳起来有四类，即地图类、影像类、数据类、文字类。

(1) 地图类资料。地图资料是旅游地图底图和编图资料的来源，也是最主要、最基本的资料，没有它，就得采用实测地图法，其耗费的时间、经费、人力都会很大。根据地图资料的来源，可以将其分为四类，它们有各自的特性，应当区别对待，科学利用，以保证成图质量(表 2-3)。比例尺稍大或等于所编旅游地图的普通地图底图，即可作为编制底图，也是一些旅游地图的专题要素资料来源，如旅游交通图中的公路、铁路，旅游资源图中的河流、地貌。地形图属于保密地图，不公开发行，并且有专门的管理机构和受法律保护，不得遗失或复制。使用单位可到国家测绘总局、总参谋部测绘局及其所属各省、区测绘部门接洽购买，或从勘察、工程设计等测绘单位联系获取。行政区划地图还可在当地民政部门得到，农业、林业、水利、交通、土地等其他专题地图可到相关部门索取。普通地理图以及有关专题地图可以到有关机构搜集。正式出版的地图如有关的旅游地图、专题地图，可到图书发行部门或网络购买。对于资料不完备或缺少新内容的地图，需拿着比例尺较大的地图到实地补测填绘或调查补充。

表 2-3　地图资料分类及其特性一览表

地图类资料分类	来　源	主要特性			用　途
国家基本比例尺地形图(保密地图)	国家测绘专业机构	精度最高	资料很可信	现势性稍差	可作底图 可作编图资料
政府部门自编专题地图(内部用图)	民政、农业、林业、水利、交通、土地等部门	精度较高	资料很可信	现势性较好	可作底图 可作编图资料
专业机构传播的地图(经国家专业机构批准发布)	图书发行市场或专业网站(专业地图出版社出版或专业网站网络地图)	精度较高	资料可信	现势性较好	可作编图资料 可作底图
自行传播的地图(未经国家专业机构批准发布)	非地图出版社出版、某些报刊上、非专业网站上的地图	精度不可靠	可信度较差	现势性较好	可作编图资料

国家基本地形图特别是大比例尺地形图以及工程图，是内容最详细、全面、精度最好的普通地图，它包括制图区的自然要素和社会经济要素。现代大比例尺地形图基本都采用航空摄影成图，精度高。编制旅游地图，可直接利用地形图，但要经过分析研究后适当选取，如编制旅游交通图，可提取更大比例尺地形图上的交通要素，再选取与交通关系密切的要素作为地理基础，舍去不重要的要素，还要根据其他资料补充新旅游专题内容，从而编成新图。如果编制 1∶10 万的旅游点分布图，可根据最新的 1∶10 万及其以上的相应地区地形图上的内容，经取舍，补充新内容，编制成旅游点分布图，也可以以地形图为底图，利用其他专题地图资料来编制新图。目前，中国已经建立国家基础地理信息系统(NFGIS)，它是中国最大的全国地理信息存储、数据管理、地图生产和数据应用系统之一，是国家测绘局的专业信息系统，是国家空间数据基础设施的重要组成部分。作为重要的基础地理信息数据源，它可以为国家建设提供数据服务。

除了地形图以外，还有很多专题地图都可以成为旅游地图的编制资料，如编制旅游资源图，各种旅游点分布图就是最重要的原始资料。由于旅游地图内容的广泛性和图形的多样性，很多专题地图都可作为基本编图资料。例如编制导游图，交通图和水系图是重要的制图资料。其他专题地图也可以作为编制旅游地图的补充或参考资料，如行政区划图、气候图、地貌图、地形图、交通图、水利设施图、人口图、各种规划图等。在室内编图资料不全或资料较旧的情况下，就要通过实地调查获得资料。实地调查就是到实地踏勘、考察、调绘和地形图补测，进行观察、分析，在地形图上填绘专业内容。它是获取旅游地图编图资料的重要方法之一。

(2) 影像类资料。影像类资料包括航空照片、卫星照片及其他照片资料。目前，遥测遥感技术已经比较发达，航空照片和卫星照片能快速而准确地提供地面上的许多可视地物的信息，可以作为旅游或地理信息的来源之一。较新的影像可以到国家相关部门购买，非最新资料可以从网络地图上下载，其他照片可以根据需要自己拍摄备用。

(3) 数据类资料。某些专题的旅游地图需要用到统计数据，包括相关部门定期统计或实地调查的资料，如编制旅游效益图、旅游人次图，旅游市场分布图等，就需要用到调查、统计资料。统计资料可在统计部门或相关部门索取，某些数据需要自己调查。搜集前，可按制图目的对资料提出的具体要求。

(4) 文字类资料。有些信息能够从科研报告、论文、专著、调查报告、地方志、文史字资料等文字资料中获取。文字资料对某些事物的描述可以用于编绘地图，有些资料可为研究区域特征提供重要依据，因此它是编图资料的一部分。文字类资料获取途径比较多，主要从地方志部门、文化机构、出版发行部门、网络、报刊等获取，也可自己调查。

知识拓展

国家基础地理信息系统是以形成数字信息服务的产业化模式为目标，通过对各种不同技术手段获取的基础地理信息进行采集、编辑处理、存储，建成多种类型的基础地理信息数据库，并建立数据传输网络体系，为国家和省(市、自治区)各部门提供基础地理信息服务。它是一个面向全社会各类用户、应用面最广的公益型地理信息系统，是一个实用化的、长期稳定运行的信息系统实体。它是国家空间数据基础设施(NSDI)的重要组成部分，是国家经济信息系统网络体系中的一个基础子系统。

国家基础地理信息数据库是存储和管理全国范围多种比例尺、地貌、水系、居民地、交通、地名等基础地理信息的数据库，包括栅格地图数据库、矢量地形要素数据库、数字高程模型数据库、地名数据库和正射影像数据库等。国家测绘局 1994 年建成了全国 1∶100 万地形数据库(注：含地名)、数字高程模型数据库，1∶400 万地形数据库等；1998 年完成了全国 1∶25 万地形数据库、数字高程模型和地名数据库建设；1999 年建设了七大江河重点防范区 1∶1 万数字高程模型(DEM)数据库和正射影像数据库；2000 年建成了全国 1∶5 万数字栅格地图数据库；2002 年建成了全国 1∶5 万数字高程模型数据库，并更新了全国 1∶100 万和 1∶25 万地形数据库；2003 年建成了 1: 5 万地名数据库，土地覆盖数据库、TM 卫星影像数据库；现正在建立全国 1∶5 万矢量要素数据库、正射影像数据库等。各省正在建立本辖区 1∶1 万地形数据库、数字高程模型数据库、正射影像数据库、数字栅格地图数据库等，并正在进行省、市级基础地理信息系统及其数据库的设计和试验研究。

资料来源：http://gts.sbsm.gov.cn/article/jcch/gjjcdlxxxt/200709/20070900000441.shtml

2. 旅游地图编绘资料的基本要求

为保证地图编制工作顺利进行和成图质量，搜集的资料应当满足以下要求。

(1) 现势性。不管是底图要素还是旅游要素资料应是最新的，统计资料应是最新的统计数据。

(2) 完备性。制图区的所有地理事物都应有相应资料，不能缺某一部分。统计资料缺少一个地区的数据就影响其他数据的使用。

(3) 精确性。定位资料应符合精确要求。

(4) 适用性。地图是地表的空间模型，所以，制图资料尤其是文字和数据资料要能转绘到底图上去且能进行空间定位，否则制图资料毫无意义。

(5) 等时性。不同来源、不同类型的资料应具有等时性和可比性。等时性资料应当是在同一时刻(如某年或某月)或同一时期(如某年到某年)的统计(或观测)数据。

(6) 可比性。可比性指统计资料应具有统一的统计标准、方法和单位进行统计计算或具有较易转换的指标数据。

3. 制图资料的搜集、分析、评价和处理

制图资料的搜集、分析、评价和处理是地图编制的基础工作，关系到编图工作的顺利进行与成图质量的高低。

1) 制图资料搜集方法

搜集资料前，应明确编图资料的截止时间，以及成图比例尺对资料详细性与精确性的要求，并拟定资料清单。地球表面事物，尤其是人文事物是处在不断变化之中的，可以说是日新月异。读者都希望得到最新的信息，但是这是不可能的，因为地图编制过程需要时间，即便是更新地图，也需要时间，往往是刚刚印出来就成了“旧图”。尽管不可能做到最

新，但是可以做到较新。编图资料的搜集方法具有以下几种。

(1) 查阅文献、统计资料。图书馆、政府机关、旅游企业等拥有历年及最新的地理或旅游资料，而且更新较快，比如，交通管理部门拥有最新的交通信息，旅游管理部门、旅游企业拥有旅游信息资料。

(2) 从网络上搜集方法。网络上信息更新很快，有不少信息可以从网络上获取，包括新的旅游景点、研究成果、新的交通信息，还有一些地图资料可供参考，可用于更新底图地理信息和旅游信息。

(3) 问卷调查方法。对于某些资料需要通过问卷调查方法才能获得，这就需要做有关调查工作，比如出游方式、出游动机、旅游者结构等信息。

(4) 实地调绘方法。有些重要的新信息通过上述方法也搜集不到，这就需要到实地调绘新内容，利用简易测量，把旅游要素填绘到底图上。实地调绘适合于部分信息。

2) 制图资料的分析、评价

资料的分析、评价工作是指按照现势性、完备性、可靠性、精确性、可用性等要求，对资料进行分析，分析所搜集的资料的质量和利用价值。

(1) 制图资料分析。仔细审查、阅读所获取的资料，了解地图资料的区域范围和截止时间，以及它们的形式、利用价值，并对资料进行归类处理，以利于下一步的评价和利用。

(2) 制图资料评价。评价资料质量，以确定其利用价值。评价内容包括资料现势性评价，即了解内容是否是最新内容；内容的完备性评价，分析资料是否包含所编地图的全部要素和区域，单一要素的数据是否齐全；可靠性评价，分析检查资料有无错误，数据之间能否匹配；资料精确性评价，分析资料地理事物的空间定位精度以及底图的精度是否符合要求(地图的精确度与比例尺有一定关系，通常比例尺越大图解精度越高)。评价地图内容转绘的难易程度和统计资料可直接应用的可能性。最后，分类为基本资料、补充资料和参考资料，并指出应补充和完善的资料。

3) 制图资料的处理

编制不同内容的地图，加工、处理资料的内容和方法也不相同，没有固定的模式，但是其目的都是把原始资料加工转化为编绘地图时所能利用的资料。

加工处理包括按需要统一计量单位；按需要建立分类体系；确定数量分级的指标；表示方法的转化。对于统计、文字资料的加工处理，要明确定位，采用统一的可比的形式，以便于利用，如编制某市旅游资源图，要搜集整理某市现有的各种旅游地图、旅游点导游图、城区公交线路图、全市及市区交通图等资料图件。

知识链接

国家基本比例尺地形图简介

人们习惯上将国家基本比例尺地形图和大比例尺地形图简称为地形图。地形图是编制专题地图的重要编图资料，适合于作底图，也是专题内容的信息来源之一，因此旅游地图编制人员必须了解其特性(彩图 3)。

1) 地形图的类型及其特点

按照字面理解，地形图似乎是专门反映地形的专题地图，其实并非如此。由于在这些图上地形是不可缺少的内容，因而习惯上将较大比例尺，内容详细、全面的普通地图称之为地形图。按组织测绘的部门及服务对象的不同，地形图可以分为两大类：一类是由国家测绘管理部门统一组织测绘，可作为国民经济建设、国防建设和科学研究基础资料的国家基本地形图；另一类是由部门或单位针对某一工程建设的规划设计和具体施工的特殊需要，在小范围内通过地面实际测量而成的大比例尺地形图。

国家基本地形图是国民经济建设、国防建设和科学研究不可缺少的重要工具，也是编制各种小比例尺普通地图、专题地图和地图集的基础资料。由于地形图采用了横轴等角椭圆柱分带投影，不仅没有角度变形，同时长度变形和面积变形都非常小，在一般地图量算作业中可以忽略不计。地形图的比例尺都比较大(除1∶100万图以外)，图上所表示的各种地理要素都有精确的坐标位置和与地面之间相应的比例关系，还能详细表现各种地理要素的类型与数量。尤其大比例尺地形图，更具有几何精度高和内容详细的特点，因此其模型功能更加突出，在图上不仅可以实现详细的定性分析，例如提取自然地理要素中的地形、水系、土质植被，社会人文要素中的居民点、交通网、境界线等属性信息，同时又可以实现精确的定位量测，提取自然地理和社会人文要素的定量信息，例如位置、方向、长度、距离、坡度、面积、体积、密度等。但是，对于不同比例尺的地形图，其几何精度和内容详细程度都有很大区别，因此其用途和服务对象也有所不同。

国家基本地形图具有以下特点。①具有统一的大地坐标系统和高程系统。中国的国家基本地形图统一采用“1980年中国国家大地坐标系”和“1985国家高程基准”。②具有完整的比例尺系列和分幅编号系统。国家基本地形图含1∶5000、1∶1万、1∶2.5万、1∶5万、1∶10万、1∶25万、1∶50万、1∶100万8种比例尺地形图。国家基本地形图按统一规定的经差和纬差进行分幅，每幅图的内图廓皆由经线和纬线构成，并在国际百万分一地图分幅编号的基础上，建立了各级比例尺地形图的图幅编号系统。③采用统一的地图投影。国家基本地形图除了1∶100万(小比例尺)采用等角圆锥投影外，其他地形图均采用高斯—克吕格投影，即横轴等角切椭圆柱投影。④具有统一的规范和图式。国家基本地形图是依据国家测绘管理部门统一制定的测量与编绘规范和《地形图图式》完成，能确保由各地方测绘部门分别完成的地形图在质量、规格方面的完全统一。

工程用小区域大比例尺地形图也是旅游地图的重要资料，它具有以下特点。①没有严格统一规定的大地坐标系统和高程系统。有些工程用的小区域大比例尺地形图，是按照国家统一规定的坐标系统和高程系统测绘的；有的则是采用某个城市坐标系统、施工坐标系统、假定坐标系统及假定高程系统。②没有严格统一的地形图比例尺系列和分幅编号系统。有的地形图是按照国家基本比例尺地形图系列选择比例尺；有的则是根据具体工程需要选择适当比例尺。这类地形图多采用矩形分幅和数字顺序编号法。③可以结合工程规划、施工的特殊要求，对国家测绘部门的测图规范和图式作一些补充规定。

2) 地形图的分幅编号与查阅方法

无论什么比例尺的地图，除相对于某一区域的一览图能以一幅涵盖全区外，其余的都因编制、管理和使用的需要而将制图区域按照适当的尺度划分成若干块，并以一定的规律对每幅图设置号码。这种按一定幅面大小将某种比例尺地图所包含范围内的图幅划分成许多幅地图，并编注其序号的做法，称地图分幅编号。

地图的分幅编号在地图的生产、管理和使用等方面都有其重要的实际意义。首先是测制地图的需要。就测制某种比例尺地图而言，按每一分幅地图的范围和图号下达任务，不仅可以避免测制地图过程中的遗漏或重复，节资增效，而且还能使所测地图的幅面控制在适当范围内，避免因幅面过大使绘图作业难以操作，影响绘图质量。其次是印刷地图的需要。若不分幅，地图幅面过大，一般印刷设备难以满足要求，势必要增加成本，而在复照时会给图面带来较大的边缘误差，影响地图的几何精度。第三是管理和发行的需要。地图分幅编号后，便于分类分区有序存储；大小规格一致，易于包装、运输和存放；统一编号，有利于快速检索和发行。第四是用图的需要。快速检索，有利于及时查找，提高工效；图面过大，折叠、携带和展阅都不便，只有将图面控制在一定大小范围内才便于在室内外的应用，分幅可以扩大地图的比例尺，便于更详细地表示各种地理要素，增加地图信息，以便更好地满足社会多方面的需求。

地图分幅有按坐标格网(矩形)分幅和按经纬线(梯形)分幅两种形式。一是矩形分幅，即按一定大小的矩形划分图幅，使每幅地图都有一个矩形的图廓，其相邻图幅均以直线划分的分幅方法。矩形的大小多依据地图用途、制图区域大小、纸张和印刷机规格而定，一般有全开、对开、四开、八开等。大比例尺地图的矩形图幅多采用大四开规格，有40cm×40cm、40cm×50cm或50cm×50cm几种，特殊情况下，可以任意确定。矩形分幅又分拼接和不拼接两种。前者指相邻图幅有共同的图廓线，可以按共用边拼接起来使用。区域性地图、挂图、工矿与农林等部门为规划和施工，局部地区独立成图的大于1∶5000的地图多用这种分幅形式，目前世界上还有一些国家的地形图仍采用这种方法分幅。不拼接的矩形分幅是指图幅之间没有共用边，每个图幅均有其制图主区；地图集中的分区地图多用此种分幅方法，各分幅图之间常有一定的重叠，有时还可以根据主区的大小变更地图的比例尺。矩形分幅的主要优点是建立制图网很方便；图幅间结合紧密，图廓线即为坐标格网线，便于拼接和应用，各幅图的印刷面积相对一致，有利于充分利用纸张和印刷机版面，可以使分幅线有意识地避开重要地物，以保持其图形在图面上的完整；图的幅面大小相同，便于保管和使用。其主要缺点是整个制图区域只能一次投影制成。二是梯形分幅。它是以具有一定经纬差的梯形划分图幅，由经纬线构成每幅地图图廓的分幅方法。这是目前世界上许多国家地形图和大区域小比例尺分幅地图所采用的主要分幅形式。中国基本比例尺地形图，以国际1∶100万比例尺地形图统一分幅为基础，按照一定的经纬差分幅，以1∶100万到1∶5000的序列逐级分幅，使相邻比例尺地形图的数量成简单的倍数关系。如果要查阅国家基本地形图还需了解其编号方法(地图学教材中有论述)。

如果需要地形图，可以到省市管理部门查阅或购买。每个省测绘局都有本省的地形图及其分幅接合图，通常依据分幅接合图便可以推出某地的编号，有了编号，就很容易查到地形图。如果自己不熟悉，供图单位也能帮助查阅。

2.3.2 旅游地图的制作

旅游地图的制作包括编绘和制印过程。如果是用打印机打印输出，地图绘制者需要完成最后一个环节，才算完成任务；如果是要胶印，其制版、分版、印刷不需要地图绘制者直接参与，只需校对好印刷原图，按照印刷厂要求提供相应的文件即可。

利用计算机编绘旅游地图的过程大致可分为数据输入、地图编绘和地图输出三个阶段(图 2.24)。

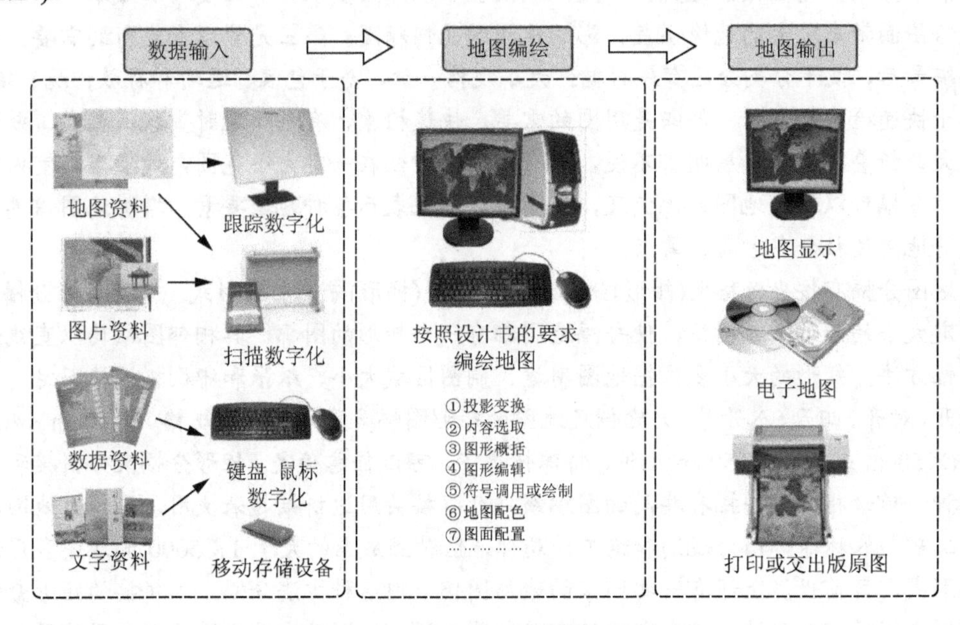

图 2.24 计算机旅游地图制作的一般过程

1．数据输入

计算机制图技术是利用电子数据来编绘地图的，地学、旅游信息必须转变为数字形式(即数字化)，才可为数字电子计算机所存储、识别和处理，故数据输入是计算机制图的重要前提。因此将编图资料数字化输入是编绘地图的准备工作。电子计算机所能接受的数字形式有两种，即矢量格式和栅格格式。当前采取的数字化方法主要 3 种：第一种是用手扶跟踪数字化仪跟踪方法进行数字化。第二种是用扫描仪扫描的方法，它可用于地图和图像资料的数字化。用扫描地图在有关软件平台上进行矢量化，即可得到矢量地图，从设备要求和操作难度方面看，此方法获得矢量地图有更多的优越性。第三种是直接用键盘输入计算机，如统计数据，经过数字化以后建立数据库，供编制地图时使用。

2．地图编绘

本阶段是按照设计书的要求，绘制符号或调用数据库数据来编辑旅游地图。不同的地图其过程大不相同，主要工作包括投影变换、内容选取、图形概括、图形编辑、符号调用或绘制、配色、图面配置等。

旅游地图的编绘可以分两步进行，即编绘底图和编绘专题要素。如果扫描底图能直接作为底图使用，就可以省去底图的编绘工作。如果扫描底图只需要做色彩调整和局部修改便可以使用，则可以用 Photoshop 加工处理，不必再矢量化。计算机制图条件下不再有原图编绘和出版准备的严格界限，两个过程合二为一，从传统意义上讲，经加工、编辑后的编绘原图接近于出版原图效果，因为它们的线条质量没有差别。

1) 底图编绘

底图要素是专题地图的组成部分，如水系、地形、植被、居民点、交通网、政区界线等是旅游地图的基础内容。定位旅游内容，建立区域空间骨架，衬托旅游内容，都有赖于底图。

按照功能不同，底图可分为工作底图和正式底图两种。工作底图通常是地形图或地理图，通常不需要专门编绘，用于转绘资料，或编绘初稿——作者原图。如果找不到合适的普通地图，也可以编绘一张工作底图。而正式底图主要用于成品地图，因此其内容必须通过取舍和概括，以备制作编绘原图和印刷原图使用，也可用于编绘作者原图。

正式底图的编绘过程为扫描已选定的地形图或地理图，将资料底图导入到某软件系统中，配准、描绘底图所需内容，编辑符号、色彩，得到正式底图。

2）原图编绘

通常旅游地图是旅游专业人员和制图人员共同协作编制完成的。原图编绘是旅游地图的具体编绘阶段，其主要任务是编绘作者原图、编绘原图和印刷原图(图 2.25)。

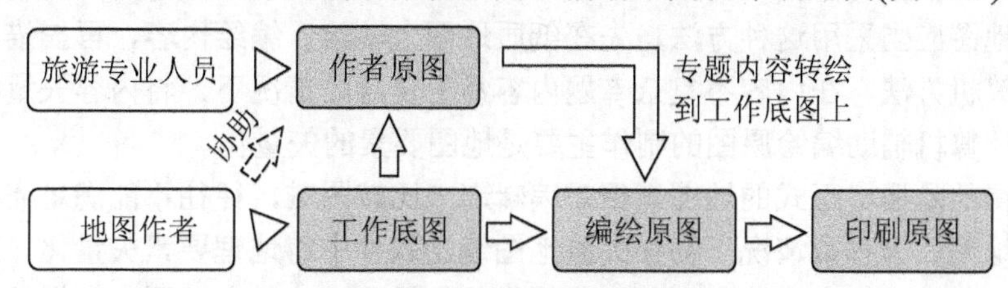

图 2.25 原图的编绘过程

(1) 作者原图编绘。作者原图是指旅游专业人员(或制图人员)按照地图设计书要求，将旅游要素资料绘制到工作底图上所得的图稿，也叫编稿图。有了底图，就可以编绘作者原图。作者原图可由制图人员完成，也可由旅游专业人员提供，或者由制图人员和旅游专业人员共同合作完成。作者原图是由非制图专业人员绘制的，因此通常是纸质图，而且在线条质量上往往不规范。

旅游专业人员所绘制的作者原图，是制作编绘原图的专题内容要素的来源。对于旅游专业人员来说，主要工作是从专业角度设计地图内容，拟定内容表示方法，在图面上能清楚标明各要素的位置及其相互关系，编绘出作者原图。

按照底图性质的不同，作者原图可分为两种形式：①在工作底图上编绘旅游要素。具体做法是在所选定的地形图或普通地图上直接编绘专题内容，然后将专题内容转绘到正式底图上，再制作编绘原图。②在正式底图上编绘旅游要素。在编图过程中，往往是正式底图和作者原图同时进行，也可以在作者原图编好后再编绘正式底图，也可先完成正式底图编绘，在打印的正式底图上编绘作者原图。如果是矢量化的作者原图，可直接将数据作为编绘原图用，不需再转绘一次专题内容，但线划、符号、专题内容的编绘精度要符合编图设计书的要求。

作者原图的编绘中应当注意以下问题：①编绘内容应建立在翔实可靠的制图资料的基础之上；②内容数量应符合地图的用途和比例尺，制图内容要取舍合理；③符号清楚，定位准确；④主题内容和地理基础要素相协调。

(2) 编绘原图及印刷原图编绘。编绘原图是根据编图设计书的要求，将作者原图或其他制图资料的专题内容转绘在正式底图上，并完成内容完整、精确的图稿。地图内容编绘过程中会遇到各种内容的转绘，其常见方法有以下几种。

蒙转法。将作者原图复印缩小至正式底图比例尺，在透图台上将正式底图蒙在作者原图上，根据经纬网格、水系及其他地物的相应位置转绘专题内容。如二者投影不一致，可采取分块或分带转绘的方法，以减少误差积累。此法简单、经济、实用，但精度稍差。当作者原图和正式底图的比例尺相同，且地图投影相近时，采用此法较好。如果此方法采用计算机制图技术，可以改为用软件进行性两种地图的透明套合来转绘。

计算机法。如果作者原图的投影与正式底图投影相同，可以将作者原图扫描、配准、矢量化，再将矢量化数据复制到正式底图上。即使投影不同，也可以通过投影转换来转绘。实践证明，如果作者原图和正式底图的比例尺和地图投影一致，可减少转绘的麻烦。

编绘原图编绘过程中，要按照设计书的要求绘制符号、内容取舍等一系列工作。编绘原图的编绘可以根据内容复杂程度及资料情况，采用两种方法。一是采用传统方法。内容比较复杂的地图应当采用这种方法，先在纸质地图上转绘、编绘内容，再扫描、矢量化。二是采用计算机方法。在内容不复杂专题内容易于转绘的情况下，将内容矢量化，即成为编绘原图。计算机辅助编绘原图的制作主要是地图要素的矢量化。

扫描获得的是栅格形式的地图数据，编辑起来比较困难，往往不能满足需要。为了便于编辑新的地图，大多数情况下需在矢量地图编绘软件中将地理要素矢量化。通过某些支持矢量化的软件的处理在屏幕上用鼠标跟踪进行矢量化。这种方法采集数据的速度快，应用很广泛。矢量化编制地图的软件较多，如 ArcGIS、AutoCAD、MAPCAD、MAP、MapInfo、CorelDRAW 等，不同用途的旅游地图的比例尺及内容差别也很大，对地图效果的要求也不尽相同，没有一个统一的编制模式，可以用一种软件，也可以配合使用两三种软件，取长补短。例如，CorelDRAW 和 MapInfo 分别可以单独编制一张图，也可以利用 Photoshop 来处理栅格底图和栅格化后的地图，也可以用 MapInfo 制作底图，再用 CorelDRAW 来绘制专题内容，以取得理想的效果。专业地图制图软件还能够根据所输入的统计数据自动生成专题地图。

除了图内专题内容绘制以外，还要处理图面配置问题，直到满足设计要求为止。

编绘原图完成后很快就能转变成印刷原图，因为计算机绘制的线条、色彩与印刷原图没有区别。在印刷原图处理中，还要从内容和图面效果方面进行检查或观察，要进行反复校对或观察，以减少错误，提高成品质量。为了获得理想的效果，最好是以实际成品尺寸打印来校对或观察工作。

3. 地图输出

图像输出是自动制图的最终阶段。主要输出方式有电子地图、屏幕显示、打印输出，其中后者较为常用。如果要大量印刷，必须对编绘地图的数据进行印前处理，主要包括数据格式的转换、栅格化处理等；如果要求数量，可以采取打印方式，以降低成本。

本章小结

地图的种类多样，但是编制方法归纳起来可分为实测成图法和编绘成图法两大类，旅游地图的制作多采用的是编绘成图的方法。随着科学技术的发展、计算机的应用以及大量制图软件的开发，地图的制作周期也在不断地缩短。

旅游地图的编制过程分为两步进行，即先设计后制作，在正式制作之前，必须做详细的设计工作，为编制旅游地图建立一个切实可行的实施方案。旅游地图设计对做好编制工作有着十分重要的作用，它影响着产品的质量、产品的创新性以及编绘工作的效率。它是一种复杂的创造性劳动，要求设计者具有宽广的知识面、较强的能力和丰富的设计经验。因此，在地图设计过程中要把握旅游地图设计的本质，明确设计目标，对旅游地图的设计理念与原则有深刻的理解。也就是说旅游地图的设计应当体现以人为本的理念；地图的设计方案要体现科学性原则、实用性原则、艺术性原则、政治性原则等。旅游地图设计的内容十分丰富，采用的方法也是多种多样的。地图的设计与制作作为一门理论性和实践性很强的学科，它有大量的科学依据和理论支撑，如在地图的设计过程中会运用到设计学理论、旅游学理论、视觉生理学理论、视觉认知心理学理论、艺术学理论、符号学理论等。

地图绘制是按照设计要求，采用一定的技术方法，运用一定的工具和有关地图数据或资料来编绘地图。为了突出设计理论的中心地位和分工的合理性，明确不同阶段的工作目标，本书将设计和制作知识分开介绍。根据地图的制作程序，旅游地图编绘一般要经过资料准备、数据输入、建立数学基础、编绘底图、编绘旅游内容、图幅接边、艺术处理、审校验收、打印输出等程序。

关键术语

地图编制(Map Compilation)
地图设计(Map Design)
视觉变量(Visual Variable)
视错觉(Visual Illusion)
地图编绘(Map Compilation)
编绘原图(Compiled Original)
地图编辑(Map Editing)
地图复制(Map Reproduction)

知识链接

[1] 凌善金，孟卫东. 地图语言艺术化的本质与目标分析[J]. 艺术与设计(理论)，2012(8)：42-44.

[2] 苏勤．旅游学概论[M]．北京：高等教育出版社，2001.

[3] 刘万青，刘咏梅，袁勘省．数字专题地图[M]．北京：科学出版社，2007.

[4] 郭茂来．视觉艺术概论[M]．北京：人民美术出版社，2000.

[5] 杨恩寰，梅宝树．艺术学[M]．北京：人民出版社，2001.

[6] [美]鲁道夫·阿恩海姆．艺术与视知觉[M]．滕守尧，译．成都：四川人民出版社，1998.

[7] [德]库尔特·考夫卡．格式塔心理学原理[M]．黎炜，译．杭州：浙江教育出版社，1997.

练习题

一、名词解释

符号　地图符号　地图设计　地图编制　视觉变量　视错觉　编绘原图　作者原图　出版原因

二、单项选择题

1．通过实地测量获取数据，并利用这些数据制成地图的方法是(　　)。

A．实测成图法　　B．编绘成图法

C．原图转绘法　　D．蓝图镶嵌法

2．旅游地图(　　)阶段是决定旅游地图创新性的关键。

A．设计　　B．编绘　　C．印刷　　D．使用

三、判断题

1．设计学思想及方法能帮助解决地图内容丰富性与清晰易读性的矛盾、实用性与艺术性的矛盾等。

2．旅游学将旅游行为过程分为制订旅游计划、旅游途中、目的地游玩和返回原地 4 个阶段。

3．旅游地图设计的最终成果需要以文件形式落实，这就是设计书，它是编制旅游地图的指导文件，应当明确、详细地将设计思想和成果体现在设计书中，并且易于理解和操作，原则是能细则细。

四、问答题

1．简述旅游地图的设计理念与原则。

2．旅游地图的设计主要依据哪些学科的理论？

3. 简述地图艺术化的本质和基本内容。
4. 什么是符号和符号的三元关系理论？
5. 简述旅游地图编制的一般过程。
6. 简述旅游地图的设计理念、原则与方案之间的关系。
7. 说明广义地图符号和狭义地图符号的概念。

第3章　旅游地图的选题与工艺过程设计

本章教学要点

知识要点	掌握程度	相关知识
旅游地图选题的原理	掌握	旅游行为学、旅游规划学、旅游文化学
旅游地图选题过程	了解	旅游行为学、旅游文化学
旅游地图制作工艺设计的原理	掌握	地图设计学、地图制图学、旅游管理信息系统
旅游地图制作工艺设计的内容	了解	地图制图学、计算机制图软硬件技术

本章技能要点

技能要点	掌握程度	应用方向
旅游地图选题的方法	熟悉	旅游地图设计与生产、旅游规划
旅游地图制作工艺的设计方法	掌握	旅游地图编制、旅游规划

导入案例

随着经济的发展、生活水平的提高，实现温饱后的人们有什么需求，是出版者了解市场应该思考的问题，同时还要考虑出版社又能为这层次的人提供什么样的服务。市场反馈的信息是每年我国有大量的人外出旅游度假、出国考察等，而外出的人们总是想寻找既经济又方便的旅游路线，也急于了解旅游景点的分布及文化内涵等情况。有鉴于此，广东地图出版社根据不同的消费层次，不同的读者对象，策划了一些经济实用的旅游类图书选题。这类图书最具特色的是采用地图、文字、图片三结合的版式设计：用地图来表示旅游区(点)的地理位置，用适量的图片来显示其自然、人文景观，用文字来阐述其文化渊源和内涵。这类选题的策划，使该社摆脱了以往只做单一地图选题的局面，变得更加贴近市场。例如，《珠江旅游图册》、《华夏旅游之冠》、《中国名胜精华游》(西安、南京、桂林等)、《双休日自助游》、《澳大利亚旅行图册》等，都因其中穿插着一定数量的地图而有别于其他出版社的旅游类文字图书，具有地图出版社独有的专业特色。

(资料来源：潘琼.地图社怎么做选题策划[J].出版发行研究，2002(7)：21-23)

从本案例可以看出，选题策划对旅游地图生产的发展，满足社会需要具有重要意义。

选好题才能生产出实用的产品，工艺过程设计关系到地图产品生产的效率与地图产品的质量，尽管它们不是旅游地图内部设计的内容，却是旅游地图编制过程必须面对的问题，为此，在介绍的编制理论之前，首先介绍旅游地图的选题和工艺过程设计。由于这两方面问题内容相对较少，因此将它们合在一章来论述。

3.1 旅游地图选题

旅游地图选题是一项创造行为，属于文化创新、产品创新，它是新地图产品产生的前提，成功的选题既可以满足社会需要，创造经济效益，还能为地图文化、旅游文化发展做出贡献。因此，旅游地图设计者掌握选题的方法很有必要。

3.1.1 旅游地图选题的理念与原则

明确旅游地图选题的理念与原则，对于获得具有较高价值、新颖独创的选题具有重要的指导和启发作用。

1. 选题理念

人性化是一切设计行为的根本理念，具体到旅游地图选题应当如何体现这一理念呢？本书认为，要获得理想的选题，旅游地图选题应当以能满足社会需要、创新地图文化、创造经济效益为理念。

1) 满足社会需要

满足社会需要(即人的需要)应成为旅游地图选题的根本理念，只有满足社会需要的产品才是最好的产品，换言之，地图生产的主要目的是方便人们的生活，美化人们的生活。选题要以满足社会需要为出发点和落脚点。只有社会效益好，才能带来消费，创造消费，产生较大的长期的经济效益，社会效益和经济效益两者往往是并存的。相反，如果将经济效益放在首位，不顾社会效益，其产品可能得不到公众认可，反过来影响经济效益。

2) 地图文化创新

地图的设计、制作与使用产生了地图文化现象，仅仅将地图看成是一种简单的商品，以创造经济效益为目的，显然是不够的。作为地图设计者应当站得高看得远，才能设计出高品位的地图产品。选题工作有很强的文化创新性质，也就意味着，选题在创造地图文化中具有重要地位，好的选题就是对地图文化、旅游文化的一种贡献。

3) 创造经济效益

在满足社会需求的前提下兼顾经济效益，对于经济实体来说也是很有必要的，它是地图生产部门自身可持续发展的物质保障。因此，创造经济效益不宜作为选题的首要理念，但是可以作为基本理念，如果能做到社会效益和经济效益的有机结合是最理想的。

2. 选题原则

根据选题理念，针对旅游地图的功能特点，旅游地图选题应当遵循以下原则。

1) 市场性

这里的市场性是指设计者要根据市场需求及其变化趋势，在充分考虑地图生产机构自身条件的基础上进行选题策划，充分反映市场需求。把握旅游地图市场需求状况及发展态势是选题中必须要做好的工作，脱离市场的选题是没有意义的。以市场为风向标，体现市场性选题，才能获得社会效益和经济效益双丰收。为了提高效益，要抓那些市场需求量大，再版率高的旅游地图选题，在考虑本出版机构地图产品的品种结构，突出本社特色的基础上，多出版一些使用率高的经济发达地域的旅游交通图、旅游资源分布图等。

2) 实用性

实用性与市场性存在一定的联系，它们是符合人的需要的表现。旅游地图市场是由读者群体构成的，实用的产品才能拥有广泛的读者，才会拥有市场，读者是具体的、微观的，市场是宏观的。产品越好用越易用，越受用户的欢迎，就越有市场。当今世界，人们的生活水平普遍提高，精神文化生活的需求也日益高涨，不但旅游活动日益频繁，而且经济和社会活动也很频繁，加上交通工具发达，人们的活动范围也日益扩大，地图作为人们出行的必需品，其需求量也越来越大。因此，编制出版多功能、多层次、满足不同消费者群体日益增长的精神文化需求的地图，也是地图出版社选题策划的重点。旅游地图是其中的重要一种，如不同开本的各类旅游交通图、购物指南图、名优特产图、美食旅游图等，能为人们旅游提供很好的指南，同时也能用于出差、走亲访友、商务等社会活动。

3) 可行性

选题策划受多方面因素的影响，好的选题未必都能付诸实施，必须考虑其可行性。可行性分析因具体情况不同而有一定的差异，通常要考虑以下因素：市场需求、编绘和出版周期、经费来源、投资效益、社会影响及意义等。

4) 创新性

创新是选题成功与否的关键，没有新意的旧选题，难以适应读者和市场新的需求，也难以显示亮点，也就难以吸引读者，对地图文化的贡献很小。创新不是目的，而是为了适应市场新需求，满足旅游者旅游出行方式、用图习惯改变而产生的新需要，是对地图文化发展的推进。文化创新的关键是思想的创新。地图设计者不应当成为地图产品的复制者，而应当成为地图文化创新的火车头。地图生产机构不应当成为地图的加工厂，而应当成为地图产业创新的研发基地。在目前电子地图广泛应用、背包客和自驾车旅游盛行的情况下，对地图设计者又有什么启示呢？选题策划是否有创新，不仅影响旅游地图的应用前景，而且直接影响到地图生产机构的生存与发展。选题有创新，不但要在内容选题、结构编排、表示形式等方面创新，而且从符号、用色设计到装饰风格均要有创新。比如青岛市勘察测绘研究院在地图装饰风格创新设计方面有很多值得借鉴的成功经验(彩图4，彩图5)。选题必须要有一定的科学性、实用性、艺术性，才能产生显著的社会效益和经济效益。这就要求地图设计者提高自身素养，不但要精通专业技术，还要有艺术修养以及审美鉴赏力。同时地图设计者要充分了解和掌握当代旅游行为的特点、社会生活时尚、科学文化进步以及读者不断变化的阅读行为等方面的信息，从多方面提高自己的创新能力。

5) 前瞻性

前瞻性是要考虑旅游现象、旅游者用图行为习惯的发展趋势来考虑选题，以保持延续性，保证选题的再版，修订的可能性。比如使选题可以再版、多次印刷等，可以使选题发挥更大的、持久的效益。

3.1.2 旅游地图选题的过程与方法

为了提高选题效率，使选题具有创新性和较高的价值，策划者必须掌握科学的方法，并要有一个思考、调查和论证的过程，然后再做决定。

1. 选题过程

选题策划是旅游地图生产部门必须做好的工作，是实现预期效益最关键的一步，其步骤大体上分四步走：初步构思、市场调查、分析论证、确定方案(图 3.1)。

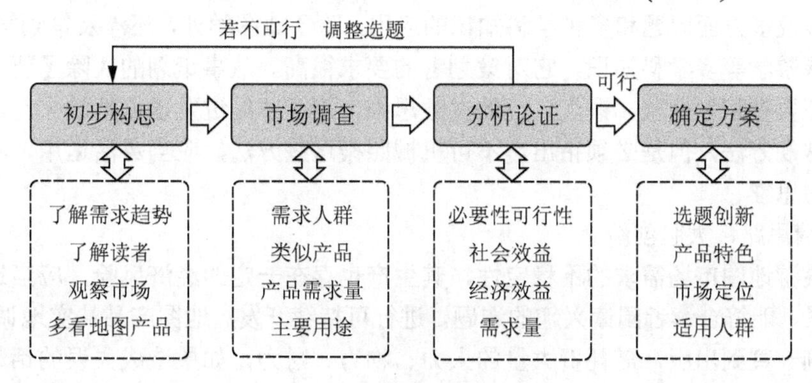

图 3.1 选题策划流程图

1) 初步构思

地图设计者在工作和日常生活中，需要琢磨旅游地图产品的策划问题。地图设计者平常就要注意观察社会现象，多与社会沟通，多与人沟通，尤其是对旅游行为、出行方式的了解，还要多看其他旅游地图产品，观察观察市场动态，了解地图消费需求趋势，总结自身的选题和设计经验。创新灵感的出现往往是在不经意间，但是不勤于思考，不细心观察也就不会有创新灵感。选题策划者的素质也很重要，地图设计还必须有较高的理论素养、活跃的思维。

2) 市场调查

好的想法未必都具有可行性，只有经过深入调查论证，才能做出正确的决定。有了选题构思后，需按照自我潜力和优势，通过广泛的信息渠道进行充分的市场调查研究，并力求寻求合作伙伴和支持，如行业范围的统筹、专项选题的特殊支撑等。社会调查的方法可以采用社会学调查方法，直接接触旅游者，询问或者发放调查问卷。有些信息可以间接利用有关专家的调查研究成果，比如，旅游行为规律、旅游人群结构、旅游图购买率、旅游线路、不同旅游者对地图的要求、人口流动量等研究成果都可以作为选题策划的参考资料。通过这些资料来分析旅游地图的需求人群、产品特色、需求量。

3) 分析论证

根据调查所获得的信息，组织人力对数据进行统计分析和定性分析，以确定必要性、可行性。主要从社会效益、经济效益、发行范围、发行量等方面进行具体分析。需要注意的是，不要只看到经济效益，还要看到社会效益，因为在社会效益中往往隐含着品牌经济效益。在分析市场状况的同时，要对自身的生产条件、资金、人力等做出明确估算。当可行性分析结果不理想时，就需要调整原选题思路，或者重新进行选题，直到满意为止。

4) 确定方案

在经过调查分析之后，对原选题的可行性和调整意见可以做出明确的结论，或者对选题有了新的想法，这时选题创新便明确、有效，产品的产品特色、市场定位、适用人群等都会很明确，选题方案也就明确了。

2. 选题策划方法

选题涉及多方面问题和多种学科知识的应用，除了地图学外，还涉及策划学、市场学、艺术学、旅游学等多学科知识，它对策划者的要求很高。从事策划的人除了要掌握多方面知识外，还要多积累经验，锻炼自己的发散思维，这样才能迸发出创新的火花。下面介绍一些选题常规方法，但是必须指出，不可机械照搬这些方法，应当灵活运用，不能被方法限制自己的思维。

1) 理清思路，大胆创新

由于旅游地图市场需求的不稳定性，其生产也存在一定的经济风险，应当选择那些具有开发前景、能符合读者阅读兴趣的选题，进行可持续开发。地图产品从实地调绘、编辑、制作、印刷一直到出版，需耗费大量的人力、物力、财力，如果造成失误的话，会带来较大的损失。一般来说，旅游地图选题的创新思路为：①纵向选题思路。将旅游地图内容予以深化、分专题，保持读者群体总体定位不变；②横向选题思路。同一内容针对不同需求的读者群而改换装帧方式。③外观创新选题思路。地图艺术风格的创新也可以作为选题的一种思路，可以从符号、色彩、材料、字体进行风格化处理，以获得特殊的意味。如仿羊皮、仿皮纸、仿树叶和树皮、仿编织物、仿竹简等多种材质地图。旅游地图在艺术风格上应当与一般地图不同，不必太追求庄重，而需要活泼、多样。

选题创新可分为两种类型：一种是原创性新选题。这种选题是完全没有人做过的；另一种是继承性新选题，即改造、更新传统的选题，在已有选题的基础上进行创新。第一种选题几乎完全靠作者独具慧眼的创造，还需要灵感的帮助，创新可以从内容主题、款式、艺术风格等方面入手；第二种选题的关键在于部分创新，在模仿的基础上创新，创新的程度越高，特色就会越明显。

2) 关注读者，抓住市场

地图是人们认识世界的工具。特别是在当今时代，地图作为一种特殊的基础地理信息载体，所载的信息量非常巨大，服务领域非常广阔，它的信息传播效能是其他任何媒体都难以替代的。要站在用户和消费者的立场和角度来考虑问题，确定选题方向。只有这样，编制出版的旅游地图才能做到选题、策划与用户需要相吻合，才能获得消费者的认同，才能实现社会效益和经济效益的双丰收，才具有生命力。

地图生产者必须盯住市场，要有敏锐的洞察力，细心观察，实时关注市场状况，调查了解市场需求。因为社会是不断发展的，科技在不断进步，人们的生活方式在不断变化，旅游行为的特点和旅游者的读图习惯也在不断变化，加上出版周期、同行竞争等因素会使市场总是处在动态变化之中。旅游地图策划者必须与时俱进，不能故步自封，否则就不会

有新思想和新产品的产生。作为地图生产者，既要充分认识到自身的优劣势，明确自己在社会发展中的义务，更要充分看到激烈竞争的市场形势，遵循市场经济规律。随着社会经济的快速发展，人类空间活动范围和频率在不断加大，旅游活动日益频繁。由于旅游地图不仅能用于旅游活动，还经常被用于其他旅行，因此旅游地图的需求量也越来越大，旅游地图及相关产品已经渗透到社会的方方面面。地图作为一种特殊的产品，首先面对的问题就是如何更好地为消费者提供优质服务。因此，地图选题与策划时必须要做到心中有读者，要盯住市场，针对不同服务对象，不同层次的消费者，开发不同类型和档次的地图，这样才能够增强市场竞争力，占领市场。比如自驾车旅游图、外文旅游图(图 3.2)。选题与策划只有遵循客观规律，随着市场需求的变化而变化，不断创新，充分发挥地图的优势，更好地将地图与其他学科融为一体，才能抓住机遇，做好做活地图这篇文章。

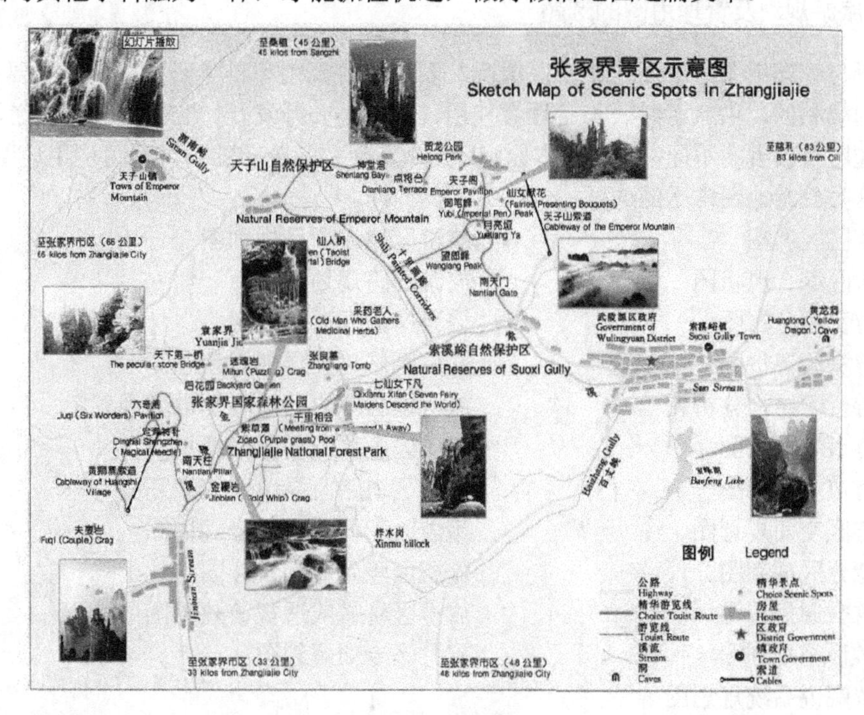

图 3.2　双语地图

3) 把握时机，开拓市场

地图是一种时效性很强的产品，要及时反映空间地理信息和社会各要素的新信息，满足新需要。比如上海世博会期间，参观世博会的人数数量很大，相关专题的旅游地图需求量必然猛增，如果能抓住此机会设计系列图，显然可以产生较大的社会效益和经济效益。此类旅游活动的机会还有很多，一定要果断决策，快速实施。机会难得而易失，错失良机会留下遗憾。

每年我国外出旅游度假、出国考察的人数很多，而人们总是力求寻找既经济又方便的旅游路线，也都想更多地了解旅游景点的分布及文化等情况。因而可根据不同的消费层次，不同的读者对象，策划一些实用的旅游地图选题。

4) 引导消费，创造文化

旅游地图产品可以看做是一种实用艺术品，它不仅有较强的实用性、科学性，而且有一定的艺术性和收藏价值。提高其使用价值可以引导消费，提高旅游地图的艺术价值也可引导消费。传统地图产品在实用性方面已经做得比较成功，但是在艺术性方面做得不够，如果策划生产各种兼具实用和艺术的各种旅游地图产品，如丝绸(尼龙绸)地图、工艺金属(金铂)地图、塑料立体地图、竹简地图等，这些产品便具备了观赏性、装饰性和收藏价值的选题，以满足不同层次的需求(彩图 6～彩图 8)。

地图的制作和应用也是一种文化现象，新选题的诞生是对地图文化创新的贡献。旅游地图编制没有严格的规范限制，使得选题创新具有更大的可能性。

3．旅游规划及管理用图的选题

科研与管理用图用于反映旅游区情况，表达旅游规划和科学研究成果，主要是由旅游科研机构编制的，供旅游科研与管理者使用，通常不公开发行，它的选题与旅游活动所用的地图选题有较大的不同。选题基本原则：凡是反映空间分布的内容尽可能用地图来表达。下面是这类旅游地图常用的选题。

旅游区区位图
旅游区综合现状图
旅游资源分布图
旅游资源评价图
旅游资源结构分析图
旅游市场现状图
旅游市场规划图
旅游区空间规划图
功能分区规划图
旅游交通规划图
旅游设施规划图
旅游解说系统规划图
旅游区建设项目规划图
旅游线路规划图
旅游产品设计规划图
旅游区修建性详细规划总图
旅游区各地块的控制性详细规划图
旅游区各项工程管线规划图
旅游区道路及绿地系统规划图
旅游区工程管网综合规划图
旅游区竖向规划设计图
旅游区鸟瞰或透视等效果图
旅游区专项规划图

3.2 旅游地图制作的工艺过程设计

旅游地图制作的工艺过程设计是指为提高地图成图效果和成图速度，降低难度，在制作之前对每一个工艺环节制定一个计划或技术路线的行为或过程。因此，做好此项工作对圆满完成旅游地图的编制任务很重要。

3.2.1 旅游地图制作工艺过程设计的理念与原则

明确旅游地图制作工艺过程设计的理念与原则，对于获得科学的工艺方案具有重要的启发和指导作用。

1. 设计理念

追求事半功倍、效益最大化，这是人类的本能。旅游地图制作工艺设计正是为了体现效益最大化，实际上这就是设计理念，具体地说，旅游地图制作工艺设计的理念是追求“两高一低”：高质量，高效率，低成本。如果能兼顾这三者的利益，是最为理想的。当这三者相矛盾时，应当分清主次，权衡利弊，统筹兼顾。

1) 追求高质量

旅游地图产品的质量应当体现科学性、实用性、艺术性，地图制作工艺过程在一定程度上决定着这“三性”的高低，因此工艺过程设计应当围绕这种理念来展开。

2) 追求高效率

追求高效率就是要减少无效劳动，少走弯路，加快制作速度。旅游地图制作仅仅考虑质量问题是不够的，还应当考虑工作效率。

3) 追求低成本

追求低成本包括降低人力成本和物力成本，也就是低碳化。显然，不同的工艺方案所需的劳动量，对材料、能源的消耗量是不同的，只有科学的方案才能做到省时省工省费用。这里的低成本是在高质量的前提下的低成本。低成本与高效率存在一定的联系，有时成正比关系，有时成反比关系。

2. 设计原则

依据旅游地图制作工艺设计的理念，针对旅游地图的制作特点，应当遵循以下设计原则。

1) 质量第一

当高效率与高质量相矛盾时，应当首先选择能提高地图质量的工艺方案；如果两者都能兼顾则是理想的方案。比如，不同的软件制作效果是不同的，应当择优而行。两种软件制作效果比用一种软件制作效果好，则应当选择前者的方案，尽管会增加工作量，但是却是理想的方案。当高质量与低成本相矛盾时，应当再考虑其他多种因素来确定方案。

2) 便于操作

旅游地图制作工艺设计应当便于操作，以体现高效率，加快编制速度，减少劳动量，也就相当于降低成本。比如工具(软件，绘图工具)选择，应当考虑编辑速度，在效果相近的情况下，应当优先选择易于编辑的工具。如果采用古代地图的绘制工艺，对于工具、材料、技术方案都应科学合理地设计。

3) 降低成本

工艺设计必须考虑人力和物力成本。降低成本不是无条件的，应当综合考虑其他因素，是在保证质量、效果的前提下降低成本。降低成本的根本意思在于减少不必要的浪费，提高经济效益，只有这样的工艺方案才是最佳方案。这就要求设计者用自己的智慧来改进工艺技术，科学利用现有技术条件，挖掘技术潜力。

4) 科学可行

制图工艺设计者要考虑生产单位所拥有的技术条件，如果现有的设备条件不能满足需要，就要提出解决的办法，或寻求合作，或技术改造。比如软件条件的利用设计中要分析各种操作系统、地图数据库管理软件、地图数据采集软件、地图符号制作与管理软件、图形图像显示软件以及多媒体软件等，在电子地图设计中要考虑这些软件可以利用的程度，以及如何利用这些软件进行应用软件的开发。尤其是特种工艺的旅游地图应当科学设计工艺，使其操作难度降低。

3.2.2 旅游地图制作工艺设计的内容

旅游地图生产工艺方案应包括以下内容：资料的加工和转绘、资料数字化、软件选择、原图的编绘，产品印刷方式及材料选择，以及方案中每个环节的技术要求或标准，必要时还可对每个环节所需的人力、材料和工时进行估计等。其中包括其他设计未能包含的内容。主要在于说明环节、程序，不在于细节问题。制定工艺方案时，必须认真考虑各种因素，便于方案的顺利实施。有了工艺过程方案，才能保障成图质量，少走弯路，快速完成旅游地图的编制任务。目前均采用计算机制图，下面介绍计算机制图的工艺设计。

1．资料的加工与转绘方案

旅游地图编制中需要搜集地图、影像、统计数据、文字等多种资料，应在设计书中说明如何处理、利用和转绘这些资料，资料需要扫描矢量化，哪些卫星影像、航空相片的影像数据需要纠正和图像处理，哪些影像需用于合成影像地图，哪些信息需要从影像上提取来补充地图内容，哪些地图数据需要进行格式转换、投影变换、点位坐标的变换和纠正、拓扑化处理、接边处理等。

2．工具的选择与应用方案

地图制图工具是随着时代变化而变化的，不同的工具其制图效果是不同的，还会影响到地图的艺术风格。计算机地图制图是以制图软件为工具，对它的选择直接关系到成图效果，软件选择应当以所要达到的成图效果为依据。这也就意味着选择软件应当考虑 3 个方面问题：成图效果，图形、色彩的编辑能力，编辑效率。

目前地图制图软件已经比较成熟，有多种产品，一般都具备较强的图形和色彩编辑能力，能满足多种造型和配色的需要，但是不同软件的性能是不同的，甚至差别很大。如果从地图编绘性能及成图效果来看，可以将制图软件分为两类：一类是擅长于表现图像的视觉效果的软件；另一类是擅长于地理信息系统和地图编制自动化的软件。前者指的是 CorelDRAW 和 Adobe Photoshop 等软件，这类软件的符号、线条、色彩表现能力及造型能力强，可以制作透明色、渐变色、阴影、立体效果、多种纹理等，用这类软件绘制的地图具有很好的符号质感、立体感、空间感、光感，但是它们没有地图符号库，编辑工作效率相对较低。后一种软件指的是 MapCAD、MapGIS、ArcGIS、MapInfo 等软件，用这类软件图层管理方便，并配有地图上专用的符号库，能自动生成某些专题地图，有的能生成晕渲图，能提高工作效率，但是此类软件绘制的符号比较呆板、单调。如果能发挥两种软件的优势，取长补短，便符合设计理念。

综合来看，若要兼顾成图效果和工作效率，多种软件结合来编制旅游地图是一个比较好的做法，这样可以取长补短，达到理想效果，因为没有一个软件能同时满足所有的要求。例如，CorelDRAW 和 ArcGIS 分别可以单独编制一张图，也可以利用 Adobe Photoshop 直接绘制或绘制部分要素，也可以用 ArcGIS 软件制作底图，再用 CorelDRAW 或 Adobe Photoshop 来绘制专题内容，以取得理想的图面效果。也可以利用某些地图制图软件能够根据数据自动生成专题地图的功能生成专题地图后，再用 Adobe Photoshop 处理，以便取得较好的效果。地图作者首先应当了解各种软件的绘图功能与效果，然后根据需要来利用其功能。

对于旅游地图工艺设计，不能局限于现代风格，如果有特殊需要，也可以制作仿古地图，就要采用古代所用的工具、材料及相应的工艺技术。

如果对成图效果的某些方面没有十分把握，就应当进行局部制图效果实验，经实验观察，有了把握之后再做出决策，避免因决策失误而发生大的失误和返工，在设计过程中就应进行样图试验。在这里，关键是在软件选择方面要慎重把握，以防软件选择错误而返工，因为这样会增加许多工作量。

3．原图编绘方案

编绘原图是地图编绘的主要工作，具体要求与内容在其他部分的设计方案中均有涉及，这里主要是要说明绘制底图与作者原图、编绘原图、印刷原图的编制工艺先后、要求、责任人、完成时间及协作关系。

编绘原图是地图设计的图解成果，这是地图编绘的关键环节。工艺设计文件要说明地图原图编绘如何分图层，分几个数量、名称设计，上下图层顺序关系等。

印刷原图的审校工作是一项难度较大的工作，容易出错，因此要格外重视印刷原图的审校工作。工艺设计文件要说明印刷原图的打样、检查分工及要求、方法等。

4．产品印刷方式及材料运用方案

产品印刷方式及材料选择也决定旅游地图的效果与艺术风格。

1) 印刷方式的选择

目前印刷工艺有了很大的发展，出现了复印、电子分色制版胶印、静电复印、缩微、无压力印刷、激光打印、喷墨打印等新技术，简化了制印过程，加快了制印速度，提升制印质量，而且提高了地图效果的可控性。设计者必须了解各种印刷技术的优缺点，要依据印刷质量、成本、色彩、用途来设计。表 3-1 是常用印刷方式的产品特性，可供选择印刷方式时参考。从质量上看，现在的地图制印技术大多能满足高质量的要求，不论是激光打印、喷墨打印，还是胶印都能获得好的效果。印刷数量多的情况下，选择胶印单张地图成本最低，但是印刷量少的情况下成本高。激光和喷墨打印成本都高，即使数量多，成本的降低也有限。单色印刷总比彩色印刷成本高。

2) 材料选择及技术处理方法

选择承印旅游地图的介质要考虑其用途、制作成本、材料的美感、艺术风格，还要考虑与地图平面性相适应等多方面的因素。作为纪念品和体现旅游文化的旅游地图的设计制作，设计者不能局限于现代地图的制作，应当选择多样的材料，有必要制作仿古地图(彩图 9)，就采用古代所用的工具、材料及相应的工艺技术。

表 3-1 常用印刷方式的产品特性比较

印刷方式 \ 产品特性	质量	成本	耐用性
激光打印	好	高	一般
静电复印	一般	高	一般
喷墨打印	好	高	好
油墨胶印	好	印量多则成本低	耐用
晒图	不佳	较低	易褪色

地图效果还需要通过工艺技术、材质的运用来表现。一定时期具有一定的地图制图工艺，一定的工艺决定着产品的视觉特性。作为旅游地图尤其需要利用材质来表现某些特殊的艺术效果。承印地图的介质材料的视觉特性也是构成地图美感的一部分，是对地图美的补充，应属于技术美的范畴。设计者可以根据需要来选择合适的旅游地图承印材料，以表达自己的设计思想。

旅游地图不应局限于印制在纸上，如有特殊需要，可以印在或画在布匹、竹简、兽皮上，也可以印在或画在或刻在塑料、玻璃、金属、木料、陶瓷、石材等材料上，以便获得某种特殊的装饰效果。选择的材料要有良好的质感，品位要高。塑料薄膜和布料上的地图比印在普通纸张上的地图显得华贵；刻在或印在金属上的地图显得更加厚重典雅；刻在或印在木质和石质上的地图显得古朴厚重；刻在或印在玉石上的地图则更加富有装饰性，甚至可以让观赏价值超过实用价值。

给纸质地图压制纹理，使之具有凹凸感，对改善地图纸张质感与美感有很大的作用，比如，采用优质纸纹理、布料纹理、皮质纹理等可以取得很好的质感和美感效果。为了改善介质的质感，增加地图介质的材质美，赋予地图较多的内涵，降低材料成本，可以采取印制纹理或压制凹凸纹理的方法来装饰地图。用这种方法处理地图承印纸张可以改善普通纸张材质的视觉效果，并且不增加成本。胶版纸、铜版纸等普通纸张的纹理质感不能显示出较强的韧性、厚度、强度等良好的质感，为了改善地图材质的美感，可以印制能令人产生良好材质感的纹理。这种方法的原理是利用人的视觉联觉心理规律。也就是说，当人们看到印有某种纹理的材料时，就会认为其材料具有相应纹理的真实的材料质感，虽然是视觉感受到的，却往往通过联觉形成如同触觉所感受的材料的质感。例如，仿古地图应当使用古朴图案，现代风格地图应当选用具有时代气息的图案。

本章小结

旅游地图选题的成功与否，直接关系到地图产品能否满足社会的需求，真正实现地图的实用性。因此，旅游地图设计者必须掌握科学的选题方法，用科学的理念与原则来指导地图选题。在此过程中要体现人性化这一根本设计理念，具体表现为要满足社会需要、实现地图文化创新、能够创造经济效益。选题要按照市场性、实用性、可行性、创新性、前瞻性原则来进行。首先，设计者要通过仔细观察、认真思考、精心策划，初步构思选题内

容；其次，要经过深入的调查和市场论证，做出科学的选择；然后，分析论证选题的可行性；最后，确定方案。选题的策划要理清思路，大胆创新；关注读者，抓住市场；把握时机，开拓市场；引导消费，创造文化。

为了提高地图的成图效果和成图速度，降低难度，需要在制作之前对每一个工艺环节制定一个计划或技术路线，这就需要旅游地图制作工艺过程设计。旅游地图制作工艺设计在遵循质量第一、便于操作、降低成本、科学可行等原则的前提下，要追求高质量、高效率、低成本的设计理念。旅游地图生产工艺方案应包括：资料的加工和转绘、资料数字化、软件选择、原图的编绘，产品印刷方式及材料选择等内容。

知识链接

[1] 姚艳霞．地图出版的选题策划[J]．黑龙江测绘，1996(1)：31-34．

[2] 王秀斌．地图出版与选题策划[J]．地图，2000(3)：28-30．

[3] 姬世君．谈地图选题与策划必须遵守的原则[J]．三晋测绘．2003，10(3)：38-39．

[4] 潘琼．地图社怎么做选题策划[J]．出版发行研究，2002(7)：21-23．

[5] 陈毓芬，江南．地图设计与编绘[M]．北京：解放军出版社，2001．

[6] 祝国瑞．地图学[M]．武汉：武汉大学出版社，2004．

练习题

一、单项选择题

1．人性化是一切设计行为的根本理念，旅游地图选题理念不包括(　　)。

A．满足社会需要　　B．创造地图文化

C．创造经济效益　　D．实现地图人性化

2．根据选题理念，针对旅游地图的功能特点，旅游地图选题应当遵循以下(　　)原则。

A．市场性　　B．实用性、可行性

C．创新性、前瞻性　　D．以上全部

3．选题策划是旅游地图生产部门必须做好的工作，是实现预期效益最关键的一步，其步骤大体上分四步走。以下顺序正确的是(　　)。

A．市场调查、分析论证、初步构思、确定方案

B．初步构思、市场调查、分析论证、确定方案

C．初步构思、分析论证、市场调查、确定方案

D．市场调查、初步构思、分析论证、确定方案

二、判断题

1．旅游地图制作工艺过程设计是指在制作之前对每一个工艺环节制定一个计划或技术路线的行为或过程，与地图的成图效果和成图速度无关。

2．当高效率与高质量相矛盾时，应当首先选择能提高地图质量的工艺方案。

3．产品印刷方式及材料选择也决定旅游地图的效果与艺术风格。

三、问答题

1. 简述旅游地图的选题理念与原则。
2. 旅游地图制作工艺设计的理念是什么？有哪些原则？
3. 旅游地图制作工艺设计的内容有哪些？
4. 比较常用印刷方式的优点与不足。
5. 旅游地图的输出方式有哪些？
6. 旅游地图的材质选择有什么意义？

第4章 旅游地图的数学基础设计

本章教学要点

知识要点	掌握程度	相关知识
地面点的定位方法	掌握	测量学、旅游地理学、旅游管理信息系统
地图投影的构成方法	理解	地图投影、旅游管理信息系统
地图投影的分类及其特性	熟悉	地图投影、旅游管理信息系统
常用地图投影的特性	掌握	地图投影、旅游管理信息系统、旅游地理学
比例尺的概念	掌握	地图投影、旅游管理信息系统、旅游地理学

本章技能要点

技能要点	掌握程度	应用方向
地图投影的选择方法	熟悉	旅游地图编制、旅游管理信息系统
地图投影的判别方法	掌握	旅游地图编制与应用、旅游科学研究、旅游管理信息系统
比例尺的应用方法	掌握	旅游地图编制与应用、旅游科学研究、旅游管理信息系统

导入案例

在日常生活中我们会经常会看到像图 4.1 那样的世界地图，相信很多人在看到这张图时会有过这样的问题：地球不是圆的吗，为什么画成这种不方不圆的怪形状？有些大陆还扭曲了很多，能不能不变形呢？对于普通人很难回答这些问题。相信通过本章学习，诸如此类的疑团就会消失，你还能学会为地图选择投影，并学会科学使用地图。

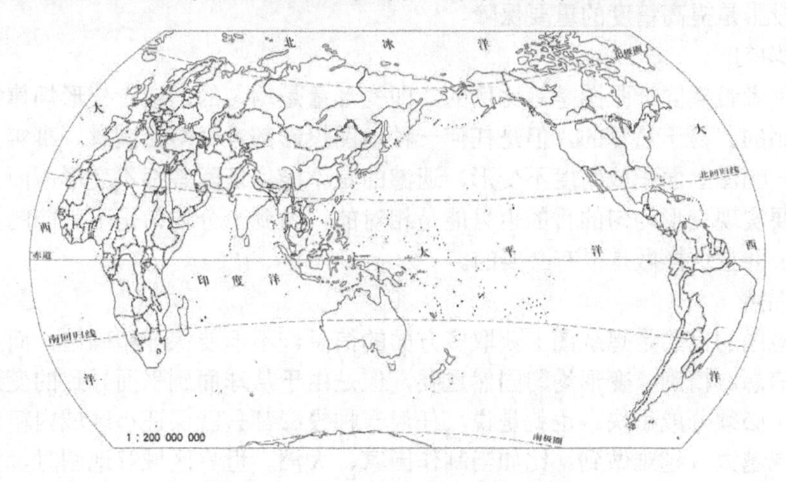

图 4.1 世界地图的数学基础示例

旅游地图的数学基础设计是指为保障旅游地图的精度，提高旅游地图的实用性，为旅游地图建立一个科学合理的数学基础的过程或行为。旅游地图的数学基础指的是用数学方法建立的，能用于精确显示旅游及其相关地理事物在地球表面的位置的地图平面基础。从形式上看，它指的是使地图上各种地理要素与相应的地面事物之间保持一定对应关系的经纬网、坐标网、大地控制点、比例尺等数学要素。有的图上看不见经纬网、坐标网，是被省略了，它仍然是以一定投影为基础的，本质上还是精确的。它的作用是保障地图的精确性、可测性，这正是地图区别于遥感影像、绘画、示意图的根本特性。为了设计好旅游地图的数学基础，必须掌握相关知识。

4.1 旅游地图数学基础设计的理念与原则

旅游地图的数学基础设计中会遇到许多问题和矛盾，为了获得理想的设计方案，必须明确设计理念与原则。根据旅游地图的设计的基本理念，数学基础设计要体现的理念就是让地图精确又实用。至于是否具有美感在这里不是很重要，因为坐标网可以隐去或减少密度，却不影响精确度。精确性是提高旅游地图科学性与实用性的重要方面，主要靠数学基础设计来实现。不过精确性与实用性有时是并存的，有时是矛盾的。精确的地图固然实用，然而精确的地图有时却是不好用的，比如，高斯投影虽然精确，但是作世界地图基础由于不连续，就很难阅读，也就不实用。数学基础设计要体现的理念就是不但要让地图精确而且实用，关键在于如何做到两者兼顾，妥善处理好两者的矛盾，择优而行。

为了做好数学基础的设计，应当遵循以下原则。

1) 精确可测

从地图上获取尺度信息是读者重要的读图目的，而且所得到的数据越精确越好，显然地图精确性是地图生命力所在，不精确的地图的使用价值会大大降低，因此地图设计者应尽力保障地图具有精确性，但是事实上却不能如愿，因为从球面到平面变形很大，而且不均匀，很难保证地图的精确性。可见提高精确性是相对的，只是要尽力减少误差。设计或选择适当的投影是提高精度的重要保障。

2) 变形均匀

地图使用者希望同一张图是等比例的，即变形量是均匀的，或者变形规律很强，制图区域间是可比的、易于量算的，但是任何一种地图投影都难做得很满意。事实上，地图投影能保证同一幅图上面积或角度不变形，遗憾的是不能保证两者都不变形，而且长度变形始终存在。要实现变形均匀的目的也只能是相对的，做到十分均匀是不可能的，只能减少这种不均匀，并且这样做是很有必要的。

3) 连续完整

读者看地图的目的是想从图上获取多方面的信息，不但要保证精确性，而且要得到地物空间关系信息。精确、变形均匀固然重要，但是由于从球面到平面导致的变形，如果满足这些条件，必须分成小块。也就是说，任何一种投影都只能保证小区域内精确和变形均匀，制图区域越大，越难做到。比如当制作国家、大洲、世界区域等地图时，只有将地图切成一块块才能保证地图精确性，这种图是七零八碎的。这样地物之间空间关系的信息也

就无法得到，这种地图显然是影响某些信息传达的。总之，要使一张地图同时做到精确、变形均匀、连续完整几乎是不可能的，只能根据需要，满足部分条件。换言之，为了连续完整，必须能容忍大的变形。

4) 便于使用

考察一下地图投影便可发现，任何一种投影都是有缺点的，没有一个是完美无缺的，通用于各种地图的，这也就意味着要同时满足所有的设计原则是不可能的。从这种意义上说，只要方便使用或符合用途的投影就是好的。比如，需要角度准确时，先要考虑用等角投影；需要面积准确时，先要考虑用等积投影；选择极地地区的投影时，先要考虑用方位投影。

以上设计原则难以全面满足，只能部分满足，或者适当兼顾，想要追求十全十美是不可能的。这就需要设计者权衡利弊，设计相对合理的方案，以满足读者的需要。

知识要点提醒

地图数学基础的设计要完全符合上述原则是不可能的，也就是说不能兼顾所有的原则，而是以满足部分原则为主，兼顾其他原则。

4.2 地球表面点位的表示及大地控制

如果要在地球表面精确测量与制图，首先必须搞清楚地球的形体，并建立一个便于量算的地球球面。

4.2.1 地球的自然形状与定量描述

众所周知，地球的自然表面是崎岖不平的，有高山和峡谷，陆地和海洋。陆地上最高点珠穆朗玛峰的海拔高度有 8 844.43m，海洋中最深处马里亚纳海沟有－11 034m，两者相差近 20km。此外，根据测量，地球总体形状也不十分规则，北极略突出，南极略凹进，无法用数学公式来表达(图 4.2)。为了便于测量与制图，必须建立能用一个简单数学公式表达的规则球体来替代它，这个球体还要接近于地图的真实形体。

太空中看到的地球

地球实际形状的不规则性(经变形处理)

图 4.2 地球的形状

首先设想一个大地水准面，看看是否符合上面的要求。围绕地球不同高度的重力不同，如果将重力相等的点构成一个面，它处处与重力的方向垂直，称之为重力等位面。这样的重力等位面有无限多，将其中与静止海洋面完全重合的重力等位面称为大地水准面(图 4.3)。大地水准面所包围的形体，叫大地体。不过由于地球内部质量分布不均匀，引起重力方向的变化也不均匀，导致处处和重力方向成正交构成的大地水准面仍然为一个不规则的曲面，仍然不能用数学方法来表达。这个曲面能用于高程测量，但是不能用于制作地图投影，需要进一步想办法。

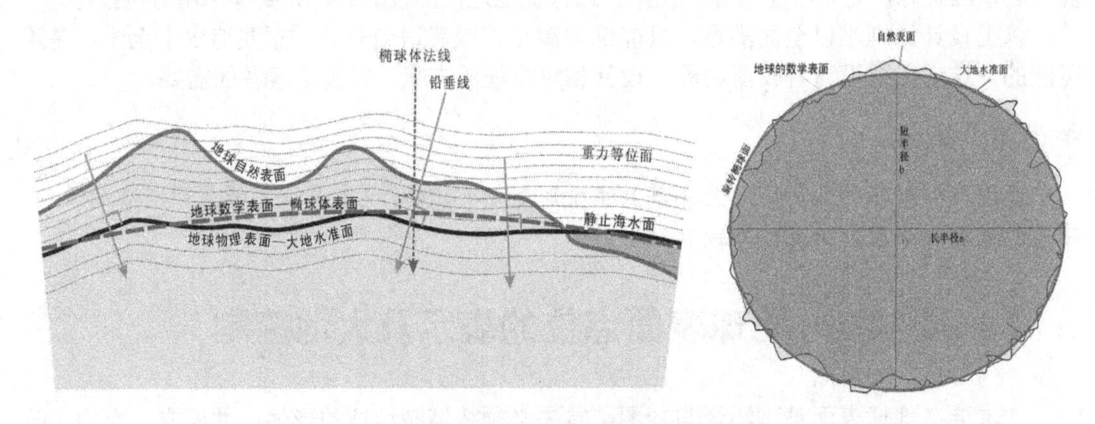

(说明：图中大地水准面及地区自然表面的起伏状况都作了夸张处理)

图 4.3　大地水准面示意

总体上看，虽然大地水准面起伏十分复杂，但是相对于地球的半径尺度来说，这种起伏是微小的，地球可以看成一个接近于由大地体绕地轴高速旋转所形成的椭球体，也就是说，将大地水准面进一步平滑化和规则化，变成规则的椭球体。在测量和制图中就用这个椭球来代替大地体，这个球体称之为地球椭球体，简称椭球体。

地球椭球体表面是一个人为想象的、规则的数学表面，它既接近地球的实际表面大小的真实性，又具有人为想象的虚拟性，这是为满足量算而做出的选择。它的大小、形状取决于长半径(赤道半径 *a*)、短半径(极半径 *b*)和扁率(*f*)。*a*、*b*、*f* 被称为地球椭球体的三要素，三者的关系为：

$$f=\frac{a-b}{a}$$

如果将椭球体的具体要素数值予以明确，便可得到参考椭球体(图 4.4)。由于推算年代、所用技术方法以及不同地区所测定的数据不同，地球椭球体的要素值有很多种，其适用地区(国家)也不同。常用的地球椭球体要素值见表 4-1。

地球自然形态 ⇨ 大地体 ⇨ 地球椭球体 ⇨ 参考椭球体

取大地水准面为地球表面　　使大地水准面平滑化、规则化　　测量、计算求椭球体具体尺度参数

图 4.4　椭球体和参考椭球体的由来

表 4-1 椭球体名称及元素值表

椭球体名称	年代	长半径/m	短半径/m	扁率	国家或机构
贝赛尔	1841	6 377 397	6 356 079	1∶299.152	德国
克拉克	1880	6 378 249	6 356 515	1∶293.459	英国
海福特	1910	6 378 388	6 356 912	1∶297.000	美国
克拉索夫斯基	1940	6 378 245	6 356 863	1∶298.300	苏联
1975 年大地坐标系	1975	6 378 140	6 356 755	1∶298.257	IUGG
1980 年大地坐标系	1979	6 378 137	6 356 752	1∶298.257	IUGG

由于历史原因，中国在不同时期采用了不同的地球椭球体，1952 年以前采用了海福特椭球体，1953—1980 年采用了克拉索夫斯基椭球体。中国自 1980 年开始采用 GRS(1975)新参考椭球体。

4.2.2 地面点的定位方法及大地控制网

1. 地面点的定位方法

确定地面点的位置，就是求出地面点对大地水准面的位置关系，包括确定地面点在参考椭球体上的位置和地面点相对于大地水准面的高度。

1) 地球表面上点的地理坐标

地球上任一点地理位置实质上是相对于原点的空间方向，用经度和纬度来表示。地理极(北极、南极)是地轴与椭球面的交点，如图 4.5 所示，N 为北极，S 为南极。所有含有地轴的平面，均称为子午面。子午面与地球椭球体面的交线，称为子午线或经线。所有垂直于地轴的平面与椭球面的交线，称为纬线。纬线是不同半径的圆。其中最长的纬圈是通过地轴中心垂直于地轴的平面所截的大圆，被称为赤道。

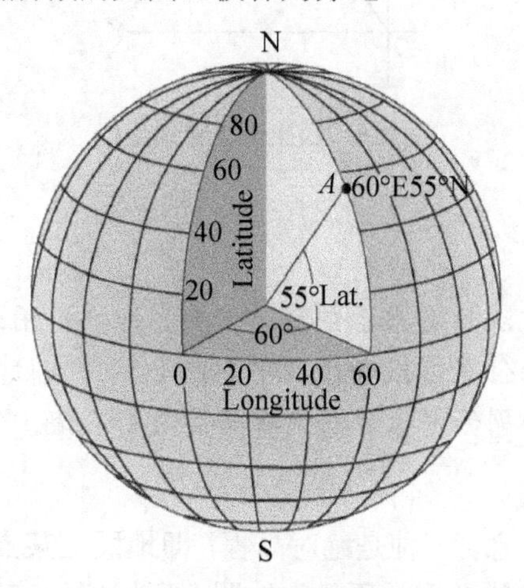

图 4.5 地理坐标

在球面上任一点的位置由该点的纬度和经度来确定。设椭球面上有一点 *A*(图 4.5)，通过 *A* 点作椭球面的垂线，称之为过 *A* 点的法线。*A* 点的纬度是法线与赤道面的夹角，习惯

上用字母 φ 表示。纬度从赤道起算，在赤道上纬度为 0°。纬线离赤道越远，纬度值越大，至极点纬度为90°。赤道以北的叫北纬，赤道以南的叫南纬。A 点的经度是过 A 点的子午面与通过英国格林尼治天文台的子午面所夹的二面角，习惯上用字母 λ 表示。国际规定通过英国格林尼治天文台的子午线为本初子午线(或称首子午线)，作为计算经度的起点，该线的经度为 0°，向东 0°～180°叫东经，向西 0°～180°叫西经。例如，北京在地球上的位置大约为北纬 39°56′和东经 116°24′。

地图平面上任一点的位置是根据该点经纬度转化为平面坐标来确定，用极坐标或直角坐标表示(图 4.6)。设 O 为极坐标的原点，OX 为极轴，则 A 点的位置可表示为 $A(\rho，\delta)$。这里 ρ 为动径，δ 为动径角。如果以极轴为 X 轴，垂直于极轴的轴为 Y 轴，则 A 点的位置亦可用直角坐标表示，即 $A(x，y)$。极坐标与直角坐标的关系可表示为：

$$x=\rho\cos\delta$$

$$y=\rho\sin\delta$$

这里需要注意，在测量和制图中所用直角坐标的 X 轴和 Y 轴的方向与数学中的规定相反。动径角(δ)是极轴(OX)与动径(OA)所夹的角，是按顺时针方向计算的，与数学的算法不同。

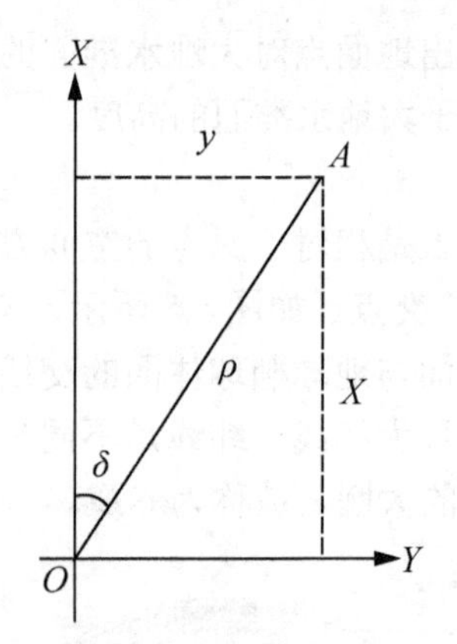

图 4.6　极坐标与直角坐标

知识要点提醒

平面上地面点的表示方法只是出于制图的需要，地图使用者不是要获得地面点在平面上的位置，而是在球面上的位置，或者说从平面图上获得点位在球面上的地理坐标。因此对于地图使用者来说，这种平面定位方法只有间接使用价值。

2) 地面点的高程

地面点的高程有两种概念。一种是绝对高程，即地面上某点到大地水准面的垂直距离，也称为海拔，俗称拔高，也就是平常所见的地图上所标注的高程值；另一种是相对高程，即地面上某点到某一水准面的垂直距离。如图 4.7 所示，P_0P_0 为大地水准面，地面点 A 和 B 到 P_0P_0 的垂直距离为 A、B 两点的绝对高程。A、B 两点至任一水准面 P_1P_1 的垂直距离为 A、B 两点的相对高程。A、B 两点的高程差，叫高差(h)。高差有正、负之分，A 点高于

B 点，*A* 点对 *B* 点的高差为正，反之为负。

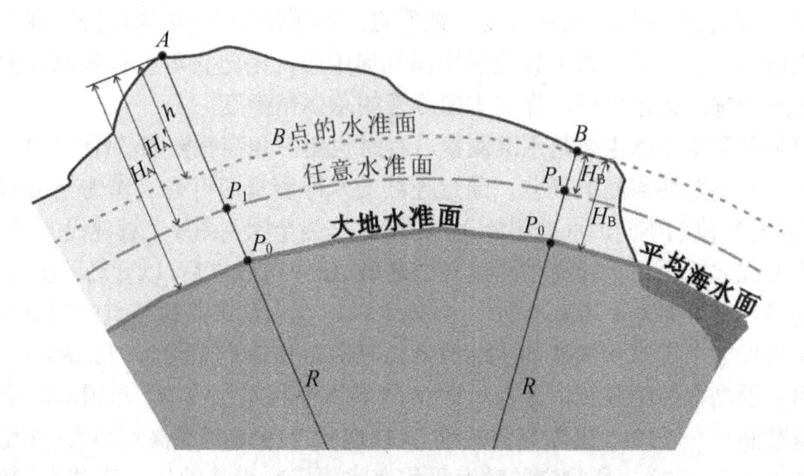

图 4.7 绝对高程与相对高程示意图

2. 大地控制网

大区域测图工作，需要分单元分期分批进行。为了保证测量的精度符合统一要求，且各测图单元又能相互衔接，每个国家都需要建立一个统一的大地控制网，控制网分平面控制网和高程控制网，中国也建立了大地控制网。

中国的平面控制网通常采用三角测量或导线测量完成。三角测量方法的实质是在地面上建立一系列相连接的三角形(组成三角锁和三角网，图 4.8)，量取一段精确的距离作为起算边，在这个边的两端点，采用天文观测方法确定其点位(经度、纬度和方位角)，用精密测角仪器测定各三角形的角值，根据起算边的边长和点位，就可推算出其他各点的坐标。三角测量为了达到层层控制的目的，由国家测绘主管部门统一设置一、二、三、四等三角网。导线测量是将控制点连接成连续的折线(图 4.8)，然后测定这些折线的边长和转角，再推算各点的坐标。

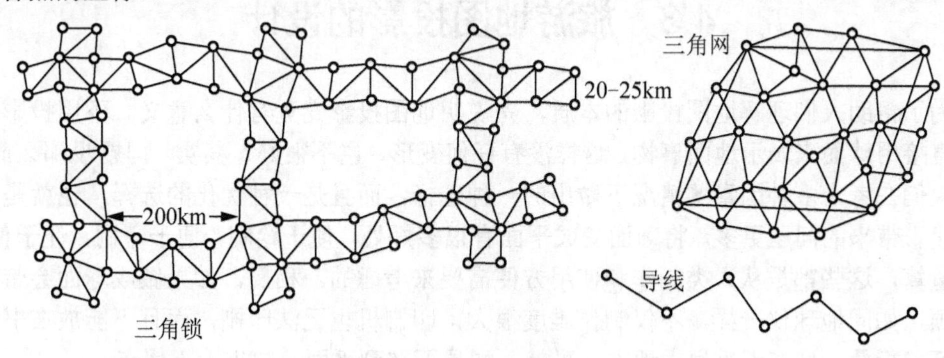

图 4.8 平面控制网示意图

1954 年中国在北京设立了大地坐标原点，并由此计算出各大地控制点的坐标，称为 1954 年北京坐标系。该坐标系采用苏联克拉索夫斯基椭球体，实质上是以前苏联普尔科沃为原点的 1942 年坐标系的延伸。1985 年中国宣布启用新的国家大地坐标原点——1980 年国家大地坐标原点。该点位于西安市附近的泾阳县永乐镇(位于西安市西北方向约 60km)，故称为 1980 年西安坐标系，简称西安大地原点，并采用 1975 年国际大地测量协会推荐的大地参考椭球体，因为其位置大致位居中国几何中心，因此它可以有效地减少测绘过程中由坐标传递所带来的误差累积，提高本国测量的总体精确度。

高程控制网测量方法主要是水准测量，有时也用三角高程测量等(图 4.9)。水准测量是借助水平视线来测定两点间的高差。通过连续的水准测量即可建立作为全国高程控制的水准网。根据测量精度的不同，水准测量分为四等，作为全国测图及工程建设的基本高程控制。

统一的高程起算面是全国高程网建立的基础。新中国成立后，以青岛验潮站 1950—1956 年的验潮资料求得“黄海平均海水面”，并规定以此作为全国高程零点的起算面。同时，在青岛市观象山设立了国家永久性的水准原点，经测量该原点高程为 72.289m。以该水准面建立起来的全国高程控制系统，称为“1956 年黄海高程系”。1987 年国家测绘局公布启用新的高程基准面——“1985 国家高程基准”，以取代“1956 黄海高程系”。该高程基准是以青岛验潮站 1953—1979 年所测定的黄海平均海水面资料为基础计算获得的，较原“黄海平均海水面”下降 29mm，新的国家水准原点高程为 72.260m。

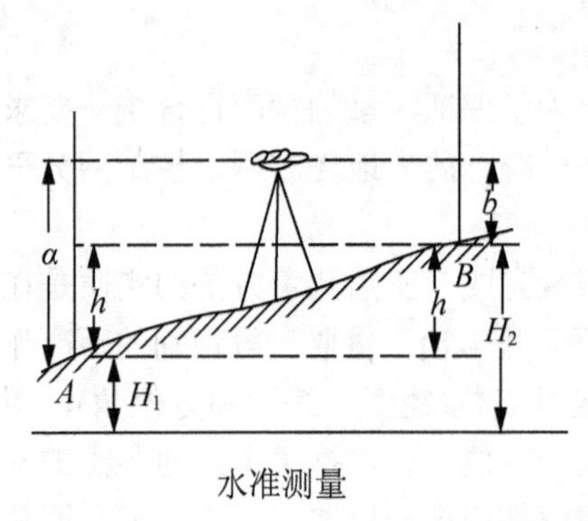

水准测量

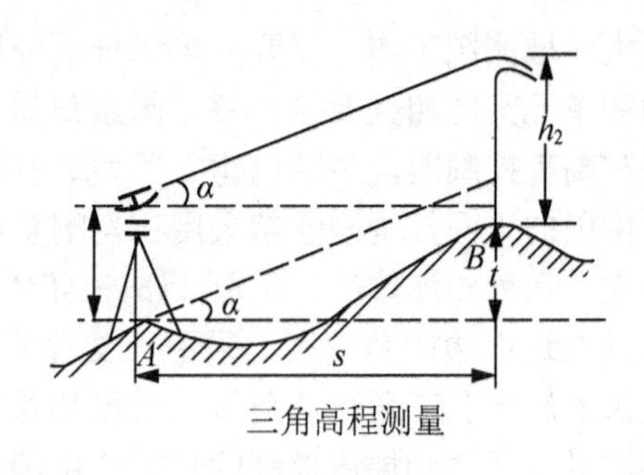

三角高程测量

图 4.9 高程测量

4.3 旅游地图投影的设计

为了帮助人们理解地图投影的本质，先说明地图投影究竟有什么意义。不用投影行不行？直接用球面来表示地面事物，这样没有任何变形，岂不很好？其实，问题没那么简单，这是人们在考虑多种因素的情况下做出的一种选择，而且是一种优化的选择，也就是说，不用投影带来的问题更多。将球面变成平面有很多好处，便于绘制，便于印刷，便于使用，便于量算，这些都是从人类制作和使用方便需要来考虑的。相反，如果做成球面会带来很多麻烦，如同地球仪一样，不仅制作难度很大，印刷机也无法印刷，而且不能放在书里阅读，不能折叠，挂在那里也占地方，显然，如果不转到平面，缺点大于优点。

采取什么样的方法才能将球面的事物精确地转绘到平面图纸上，使球面上点位的坐标与图面上相对应的点位的坐标之间建立起严格的一一对应的函数关系，这是地图投影要解决的问题。出于实用性的需要，地图投影设计需要尽可能减少本制图区域从球面到平面的

转化而造成的误差，使全区投影变形具有均匀性，并保持本区的图形连续性及良好的球形感，这是地图投影设计的基本理念。这些设计理念的实现存在许多问题，同时满足这些要求是不可能的，因此地图学家设计了许多地图投影设计以满足不同的要求。

4.3.1 地图投影的原理与分类

要设计旅游地图投影，必须掌握地图投影的基本概念、变形原理、变形规律、投影分类等基本知识。

1. 地图投影的概念

地球椭球体表面是曲线面，而地图是平面(通常绘制在平面图纸上)，如果要转换必须运用地图投影。直线面是可展的面，但是曲线面不可能用物理的方法将其展成平面，如果要展成平面，必然会产生褶皱、拉伸或断裂等无规律的变形，但是为了制作平面图，不得不展成平面，这就给设计者带来了难题，如何展开才能达到比较好的效果？这就需要科学地设计地图投影。所谓地图投影，即利用数学方法建立地球球面上的点与地图平面上相对应点间函数关系的过程或方法，也就是说，将球面上点的地理坐标，按照一定的数学法则表达到地图平面上。

设球面上某点的地理坐标为(φ,λ)，地图上相对应点的平面直角坐标为(x, y)或极坐标为(ρ, δ)，可用下列函数式来表达它们之间的关系：

$$\begin{cases} x=f_1(\varphi,\lambda) \\ y=f_2(\varphi,\lambda) \end{cases} \quad \text{或} \quad \begin{cases} \rho=f_1(\varphi,\lambda) \\ \delta=f_2(\varphi,\lambda) \end{cases}$$

因为球面上任一点的位置取决于它的经纬度，所以实际投影时是先将一些经纬线交点展绘在平面上，再将相同经度的点连成经线，相同纬度的点连成纬线，构成经纬线网。有了经纬线网以后，就可以将球面上的点，依据经纬度转绘在平面上。

2. 地图投影的变形及其相关概念

1) 投影变形的概念

为了将球面变成平面，人们设计了很多种适合不同用途的地图投影的方法，不同的投影方法的经纬线网形式不同。图 4.10 是几种不同投影的经纬线网形状。从图上可以看出，用地图投影的方法将球面展为平面，虽然可以保持图形的完整和连续，但它们与球面上的经纬线网实际形状大多不相似。这表明投影之后，地图上的经纬线网发生了变形，根据地理坐标展绘在地图上的各种地面图形也必然随之发生变形。这种变形使地面事物原有的几何特性在投影后发生了变化。概括起来，地图投影的变形表现在 3 个方面，即长度变形、面积变形和角度变形。

在图 4.10(a)上，各条纬线长度均相等，而实际中纬线长度从赤道向两极是递减的。在图 4.10(b)、图 4.10(c)上，各条经线的长度不等，而实际中所有的经线长度均相等。这说明同一地图上各地点的缩小比例并非一样，表明地图上具有长度变形。不同投影的变形情况不一样，同一投影上，长度变形不仅随地点而改变，还因方向不同而不同。图上的面积也会因长度变形而发生改变，从图 4.10(a)上可直观地看到图上所有经纬网格面积均相等，在

图 4.10(c)中，同一经度带内各经纬网格面积又不相等，这些显然与实际情况不一致，表明图中有面积变形。不同的投影面积变形情况不一样，同一投影上的面积变形因地点的不同而不同。角度变形是指地图上两条线所夹的角度不等于球面上相应的角度。图 4.10(b)上，只有中央经线和各纬线相交成直角，其余的经线和纬线均不呈直角相交，表明在这张图上发生了角度变形。角度变形的情况因投影而异，同一投影图上的角度变形值因位置而不同。由此可以看出，地图投影的变形是复杂的、多样的，但是可以从长度、面积和角度三方面来观察。

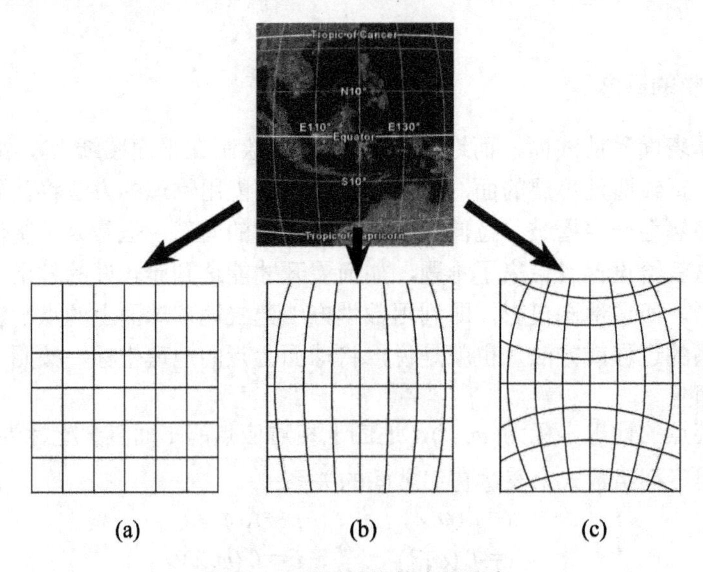

图 4.10　地图投影的变形示意

2) 变形椭圆的作用

地图投影的变形随地点的改变而改变，因此在一幅地图上就很难笼统地说它有什么变形，变形有多大。为了定量地分析和研究投影的变形状况，法国数学家底索于 1881 年提出了变形椭圆理论，他通过实验和数学推导表明，球面上的微小圆投影后将变成椭圆(特殊情况下为圆)，并据此说明地图投影在此处的变形性质和大小，这种椭圆被也称为变形椭圆(图 4.11)。变形椭圆是用于研究投影的手段，是数学意义上的，在图上是不可见的，因此，读者只能用它来理解地图投影的变形，但是无法用于实际判断。

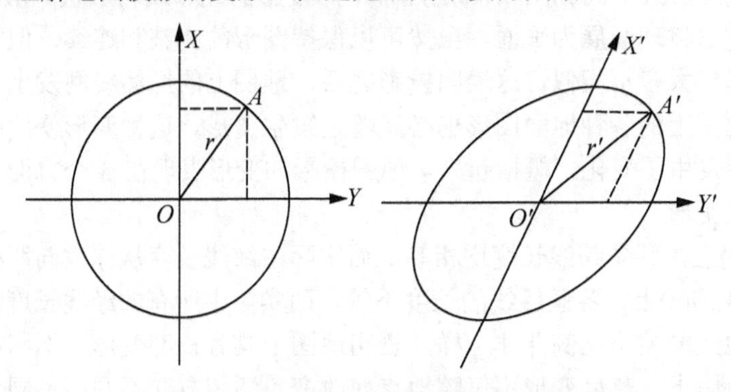

图 4.11　从球面上的微小圆到投影面上的变形椭圆

3) 长度比和长度变形的概念

长度比就是投影面上的微小线段和球面上相对应的微小线段之比。设 ds' 为投影在平面上的微小线段，ds 表示球面上微小线段，μ 表示长度比，则长度比为 $\mu=\dfrac{\mathrm{d}s'}{\mathrm{d}s}$ 。

长度比与 1 的差值称为长度变形。当长度比等于 1 时，长度变形为 0，表示投影后没有变形；当长度比大于 1 时，长度变形为正，表示投影后长度增长；反之，长度变形为负，表示投影后长度缩短。长度比是一个用以描述长度变形的量，与长度比例尺的概念不同。长度比例尺指地图上的长度与地球球面上相应的长度之比。长度比的变化会引起长度比例尺的变化。长度比等于 1 时的比例尺称为主比例尺，即地图上所注明的比例尺。长度比不等于 1 时所维持的比例尺称为局部比例尺。由于投影变形的存在，主比例尺仅能被保持在图上某些特殊的点或线。因为长度比随方向的变化而变化，通常在研究长度比时，很难一一研究各个方向的长度比，而只研究其中一些特定方向的长度比，即研究最大长度比(a)和最小长度比(b)，经线长度比(m)和纬线长度比(n)。投影后经纬线呈直交者，经、纬线方向长度比就是最大和最小长度比。投影后经纬线不直交，其夹角为θ，则经纬线长度比 m、n 和最大、最小长度比 a、b 之间具有下列关系：

$$m^2+n^2=a^2+b^2$$

$$mn\sin\theta=ab$$

4) 面积比和面积变形

面积比就是投影平面上的微小面积(变形椭圆面积 dF)与球面上相应的微小面积(微小圆面积 dF)之比。设球面上微小圆面积 d$F=\pi 1^2$，则投影平面上变形椭圆面积 d$F=\pi ab$，以 P 表示面积比，则

$$p=\frac{\mathrm{d}F'}{\mathrm{d}F}=\frac{\pi ab}{\pi 1^2}=ab \text{ 或 } p=mn\sin\theta$$

面积比是个变量，它随着图上点的位置不同而变化。面积比与 1 的差值称为面积变形。面积变形为正，表示投影后面积增大；面积变形为负，表示投影后面积缩小。

5) 角度变形

投影面上任意两方向线所夹的角与球面上相应的两方向线夹角之差，称为角度变形。过一点，可以做许多方向线，不同方向线所组成的角度产生的变形一般也不一样。在研究角度变形时，无法一一研究每一个角度的变形数量，只研究其角度的最大变形(ω)。

设经线长度比为 m，纬线长度比为 n，投影后经纬线夹角为 θ，则最大角度变形可表示为：

$$\sin\frac{\omega}{2}=\sqrt{\frac{m^2+n^2-2mn\sin\theta}{m^2+n^2=2mn\sin\theta}}$$

当 $\theta=90°$，即投影后经纬网直交时，有 $m=a$，$n=b$，上式可简化为：

$$\sin\frac{\omega}{2}=\frac{a-b}{a+b}$$

3. 地图投影的分类

按照变形的性质和构成方法，地图投影可以划分成若干类型，从分类可以看出投影的性质。

1) 按变形性质分类

按变形性质，地图投影可以分为等角投影、等积投影和任意投影。

(1) 等角投影。投影平面上任意的方向线上的夹角与球面上相应夹角相等，即最大角度变形为零(ω=0)。等角投影中，经纬线直角相交，且最大长度比 a 等于最小长度比 b，球面上的微分圆投影后仍为圆(图 4.12)，在小区域内，该投影能保持投影图形与实地相似，故又称为正形投影。这种投影在不同地点的长度比是不同的，即不同地点上的变形椭圆大小不同，因此从大范围来讲，投影后的图形与实地并不相似。必须注意，投影后经纬线成直角相交不是等角投影的唯一条件，而是必备条件，也就是说，经纬线成直角相交的投影，未必都是等角投影。

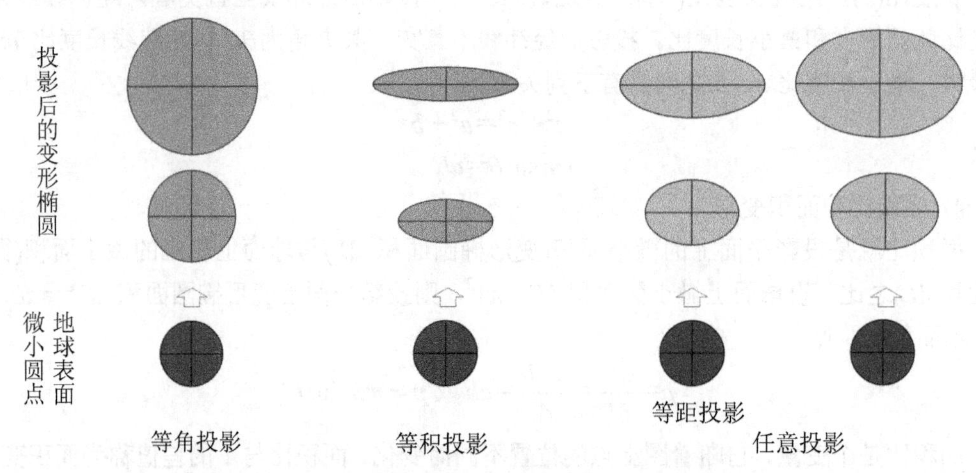

图 4.12 不同变形性质的投影导致的变形椭圆的变形情况

(2) 等积投影。投影平面上任意一块面积与椭球面上相应的面积相等，即面积变形等于零(P=1)。为了保持面积不变形，在等积投影上，不同位置的变形椭圆要延长长轴，缩短短轴，这就会导致形状和角度变形都比较大。

(3) 任意投影：任意投影指投影后既有长度变形，也有角度与面积变形，但角度变形小于等积投影，面积变形小于等角投影。等距投影是任意投影的一种，在这种投影中并不是不存在长度变形，它只是在特定方向上没有长度变形，一般沿经线方向保持不变形。

图 4.12 是表示在各种变形性质不同的地图投影中变形椭圆的形状。在等角投影中，椭球面上的小圆投影为大小不同的圆(仍然为圆)。在等积投影中，椭球面上的小圆投影为面积相同、形状不同的椭圆。在任意投影中，椭球面上的小圆投影为大小不同和形状不同的椭圆。通过对这些图形的分析，可以看出，经过投影后地图上所产生的长度变形、面积变形和角度变形是相互影响的。如果要保持角度不变形，就会导致面积的变形很大；如果要保持面积不变形，就会导致角度的变形很大，这种对立关系可以从图 4.13 看出。

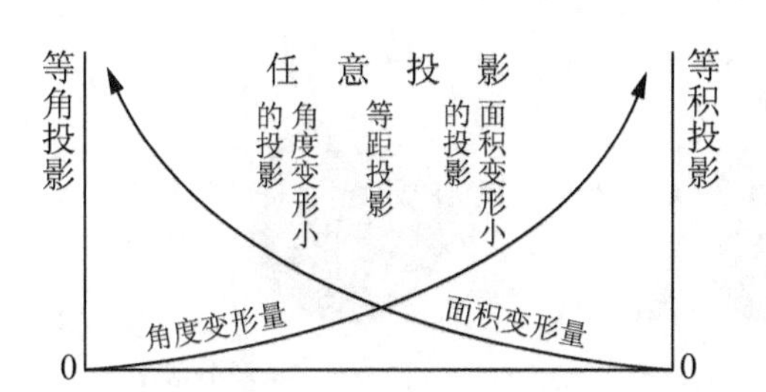

图 4.13　不同变形性质投影的变形情况对比

2) 按构成方法分类

地图投影最初建立在透视的几何原理上，是把椭球面直接透视到平面或可展开的曲面上(如圆柱面和圆锥面)，这样就得到方位、圆柱和圆锥投影。随着科学的发展，为了尽量减小投影变形，或者为了满足某些特定要求，地图投影逐渐跳出了原来借助于几何面构成投影的框子，设计了一系列用数学方法对几何投影进行改造构成的投影。因此，按构成方法，地图投影分为几何投影和非几何投影。

(1) 几何投影。几何投影是采用几何解析方法将椭球面上的经纬线网投影到几何面上，然后将曲面展开为平面的投影方法。

按照投影几何面的形状，几何投影可以分为三类：其一，方位投影，以平面作为投影面，使平面与球面相切或相割，将椭球面上的经纬线投影到平面上。由于在该投影中由中心到任意点方位与实地一致，故名。其二，圆柱投影，以圆柱面作为投影面，使圆柱面与椭球面相切或相割，将椭球面上的经纬线投影到圆柱面上，然后将圆柱面展为平面而成。其三，圆锥投影，以圆锥面作为投影面，使圆锥面与椭球面相切或相割，将椭球面上的经纬线投影到圆锥面上，然后将圆锥面展为平面而成。

根据几何面与椭球面的位置关系不同，又可分为正轴、横轴和斜轴投影。正轴投影的投影面中心轴线与地轴一致；横轴投影的投影面中心轴线与地轴垂直；斜轴投影的投影面中心轴线与地轴斜交(图 4.14)。

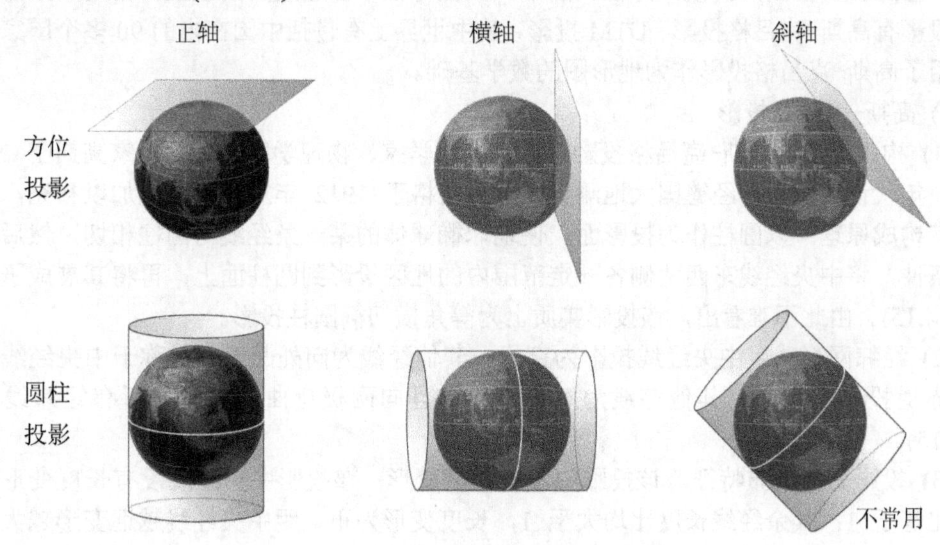

图 4.14　几何投影示意图

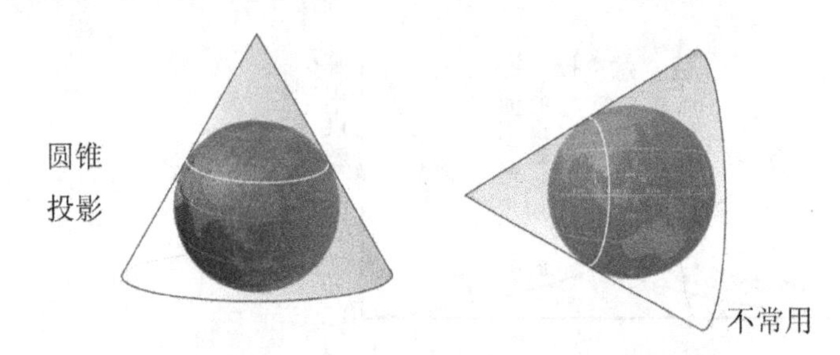

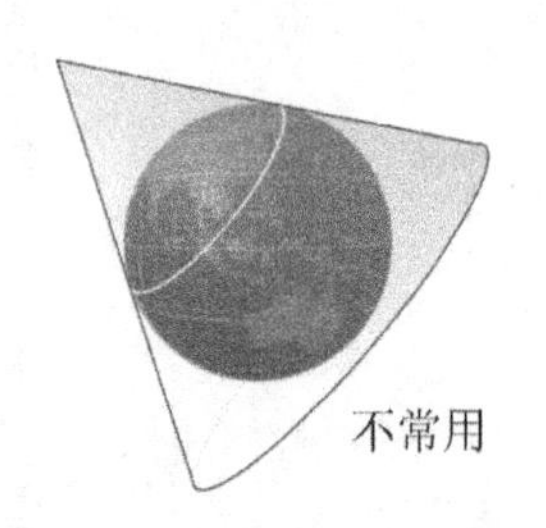

图 4.14　几何投影示意图(续)

(2) 非几何投影。不借助于几何面或者将几何投影用数学方法加以改造，根据某些条件用数学解析法确定球面与平面之间点与点的函数关系，这种投影是无法用几何解析方法来演示的。由于这些投影依然保留了几何投影的某种特征，因此其名称中仍然保留了几何投影的字样，如多圆锥投影、伪方位投影、伪圆柱投影、伪圆锥投影等。

4.3.2　不同大小区域的旅游地图的投影设计

影响地图投影设计的因素有多种，区域大小是重要的因素之一，为了满足数学基础的设计原则，必须综合考虑多种因素，科学选择旅游地图的数学基础。对于旅游地图编制来说，一般不需要专门去设计新的投影，选择某张底图本身就具有一定的数学基础，只要能够科学选择和利用现有的投影即可。

1. 小区域旅游地图的投影选择

根据地图投影原理，制作小区域投影不容易造成区域内部误差太大、误差不均匀及不连续完整的问题，但小区域图成图比例尺大，对精度要求很高，因此，设计小区域地图投影应当专注于降低投影误差或者将重点放在降低误差。如果是制作很小范围的旅游地图，并且不考虑与其他图的拼接，方位、圆锥、圆柱等都不会造成大的误差。常用于小区域地图的投影有高斯-克吕格投影、UTM 投影，其中世界上有包括中国在内的 90 多个国家和地区采用了高斯-克吕格投影作为地形图的数学基础。

1) 高斯-克吕格投影

(1) 构成原理。高斯-克吕格投影是由德国数学家、物理学家、天文学家高斯于 19 世纪 20 年代设计的，后经德国大地测量学家克吕格于 1912 年对投影公式加以补充，故得名。其构成原理：以圆柱作为投影面，使地球椭球体的某一条经线与圆柱相切，然后按照等角条件，将中央经线东西两侧各一定范围内的地区投影到圆柱面上，再将其展成平面而得(图 4.15)。由此不难看出，该投影实质上为等角横切椭圆柱投影。

(2) 经纬网形式。中央经线投影为直线，其他经线为向外凸出并对称于中央经线的曲线；赤道投影为直线，其他纬线为对称于赤道且向两极弯曲的曲线，所有经纬线直交(图 4.15)。

(3) 投影变形分布特征。该投影中没有角度变形；该投影中央经线没有长度变形，即长度比等于 1；其余经线长度比均大于 1，长度变形为正，距中央经线越远变形越大，最大变形出现在边缘经线与赤道的交点上；面积变形也是距中央经线越远，变形越大。为保

证地图精度，采用分带投影，并且设置了经差 6°和 3 的两种分带投影方法，以满足不同大小比例尺成图控制精度的需要。1∶2.5 万、1∶5 万、1∶10 万、1∶25 万、1∶50 万比例尺地形图采用 6°分带，1∶5 000、1∶1 万比例尺的地形图采用经差 3°分带。分带方法：6°分带是从 0°经线自西向东，每 6°一带，全球共分 60 个带；3°分带是从东经 1°30'经线起自西向东，每 3°一带，全球共分 120 个带(图 4.16)。高斯-克吕格投影中，6°带内最大长度变形不超过 0.138%，最大面积变形小于 0.27%。

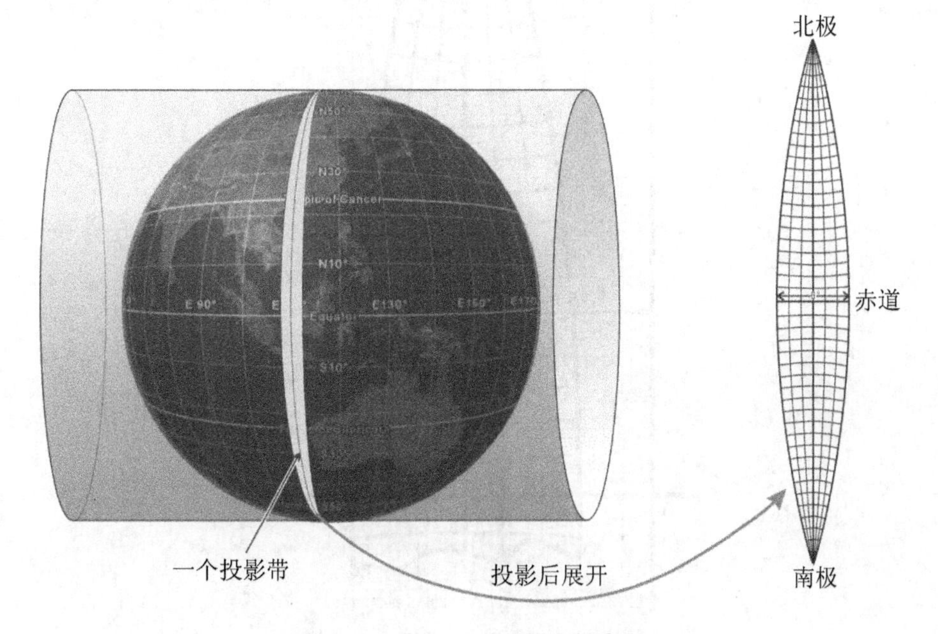

图 4.15　高斯-克吕格投影示意图

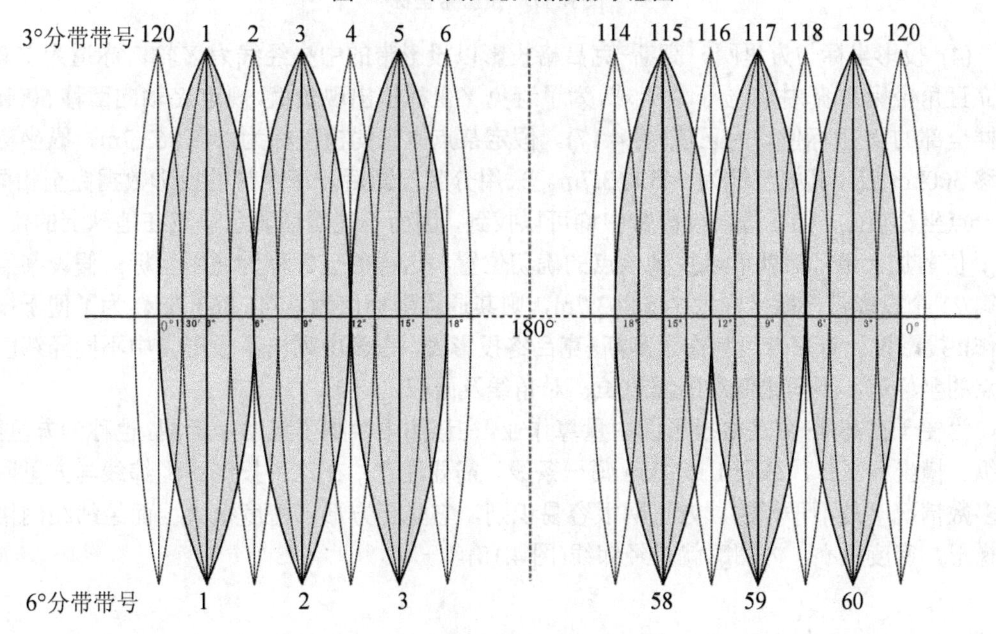

图 4.16　高斯-克吕格投影的分带

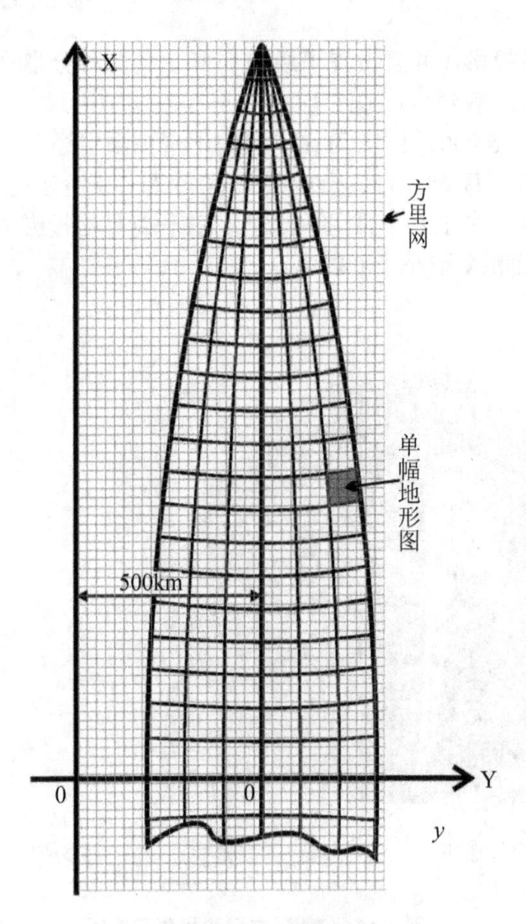

图 4.17　投影带坐标

(4) 投影坐标与方里网。高斯-克吕格投影以投影带的中央经线为 X 轴，赤道为 Y 轴，建立直角坐标系统。中国位于北半球，为了避免 Y 坐标值出现负值，规定 X 轴向西移 500km，这样全部的 Y 坐标值均为正值(图 4.17)。假定某点原来的横坐标为 245 863.7m，纵坐标轴西移 500km 后，其横坐标为 745 863.7m。采用分带投影后，每个带的投影数据完全相同，任一点坐标值(x_i，y_i)在每一投影带中均可以找到，因而不能确切表示该点在地球上的位置。在 y 值前加上带号后就可以找到该点的确切位置，这样的坐标称为通用坐标。假设某点位于第 21 个投影带，横坐标为 745 863.7m，则其通用坐标值为 $_{21}$745 863.7m。为了便于投影制作，投影设计专家专门制作了高斯-克吕格投影表，在表中列出了投影带中不同经纬度交汇点的坐标值，不同比例尺图幅边长、对角线及面积。

为便于在高斯-克吕格投影图中量算作业，在该图中绘制了直角坐标网，也称为方里网，与纵、横坐标平行，每隔 1 或 2km 画一条线。需要注意，在这种投影中经纬线与方里网绝大多数情况下是不平行的，方里网很容易识别，它呈正方形，密度很大；而经纬线网格近似梯形，密度很小，内图廓就是经纬线(图 4.18)。

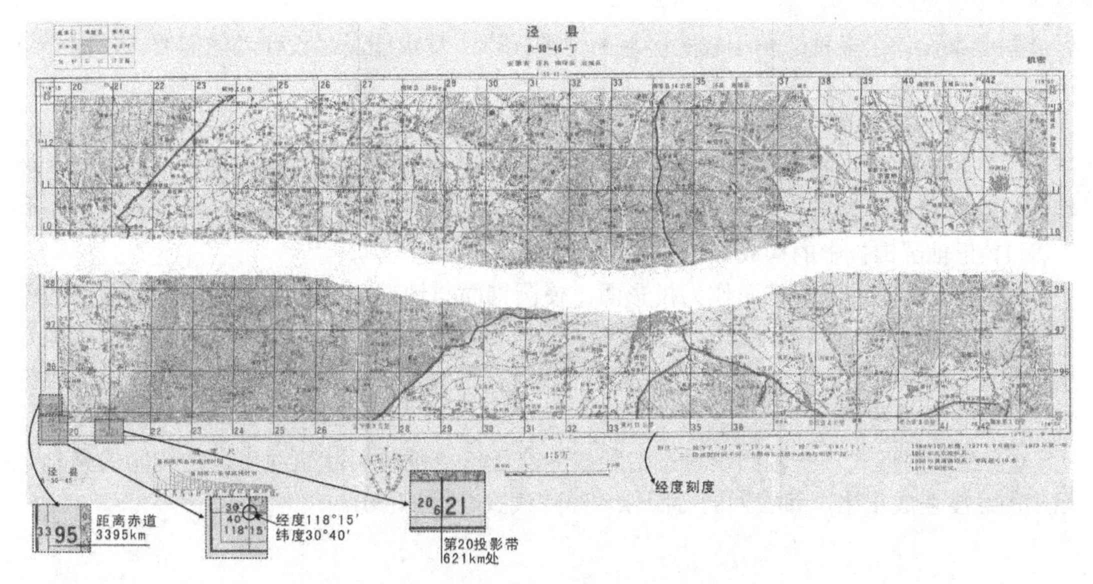

图 4.18 地形图上的坐标标识示意图

(5) 适用范围。从投影方法及分带可以看出，本投影只能用于小区域的制图，这样可以减少两带拼接问题。如果某制图区经度跨度超过 3°，跨带的问题就很容易出现。如果不想拼接，必须加宽投影带，但是这样精确度会降低，如果不影响使用，未尝不可。因此，高斯—克吕格投影适合于小区域，大、中比例尺地图制图。中国国家基本比例尺地形图中，1∶5 000～1∶50 万地形图采用了该投影，可以满足精度需要。该投影适用于制作市、县、乡(镇)或者相当尺度区域的旅游地图，省级以上区域不宜采用此投影。

2) 通用横轴墨卡托投影

通用横轴墨卡托投影又称 UTM(Universal Transverse Mercator)投影。欧美一些国家的地形图多采用该投影。UTM 投影构成方法：以圆柱面横割于地球椭球体的两条等高圈，按等角条件，将中央经线两侧各一定范围内的地区投影到椭圆柱面上，再将其展成平面而得。该投影实质上为等角横割圆柱投影。

UTM 投影经纬网形式与高斯-克吕格投影相似，投影中也没有角度变形，与高斯-克吕格投影相比较，中央经线长度收缩，长度比为 0.999 6，中央经线两侧的标准割线没有变形，边缘经线到标准割线的距离更近，这样可以有效地控制投影中长度变形的绝对量。在投影方式上该投影同样采用分带模式，其中，在 6°带内最大长度变形不超过 0.04%。

3) 小景区旅游地图的投影选择

直径小于 10km 的小景区旅游地图可以不考虑地球的曲率，当做平面来看待，因此此类地图就不涉及投影选择问题。

2．大区域旅游地图的投影选择

根据地图投影原理，投影区域越大越难保证本区内变形小且均匀，而且制图区域面积越大，精确性与连续完整性之间的矛盾越突出，需要设计者设计出理想的投影来解决这种矛盾。大区域地图通常不做精确量算，为妥善解决这种矛盾创造了有利的条件。目前已经有一些专家设计了多种适用于较大区域的地图投影，基本能满足设计者的需要。下面介绍一些常用的投影，以便在需要时选择使用。

1) 正轴圆锥投影

圆锥投影中很少有斜轴和横轴投影。正轴圆锥投影的经纬线形式很规整，与球面上的经纬线结构相似，具有良好的视觉效果，适用范围较广。

(1) 正轴圆锥投影的构成原理与特征介绍如下。

① 构成原理。以圆锥面作为投影面，使圆锥面与地球球面相切或相割，且圆锥的中心轴线与地轴重合，然后将球面上的经纬线投影到圆锥面上，再沿圆锥面的一条母线剪开展为平面而成(图 4.19)。当圆锥面与地球相切时，称为切圆锥投影；当圆锥面与地球相割时，称为割圆锥投影。

② 经纬网形式。正轴圆锥投影的经线为交于一点的放射状直线束，经线间的夹角与相应的经度差成正比，纬线为同心圆弧，经纬线直交(图 4.20)。

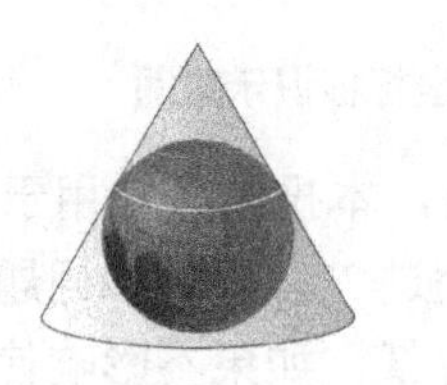

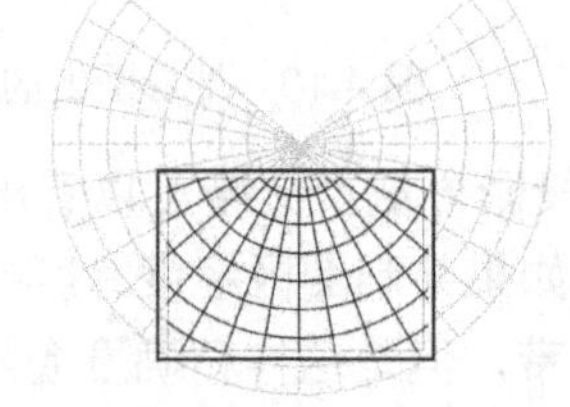

图 4.19　正轴切圆锥投影

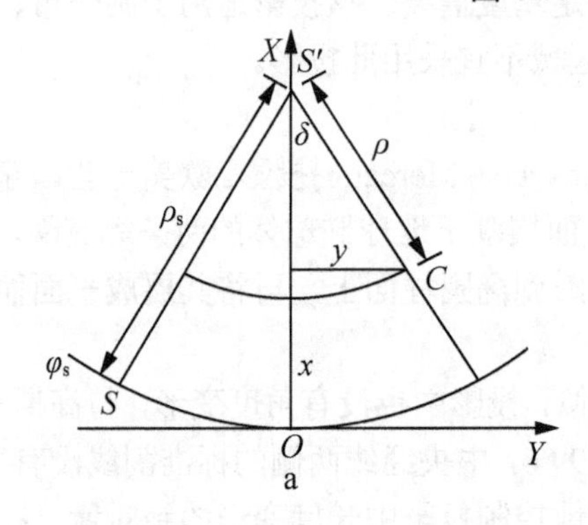

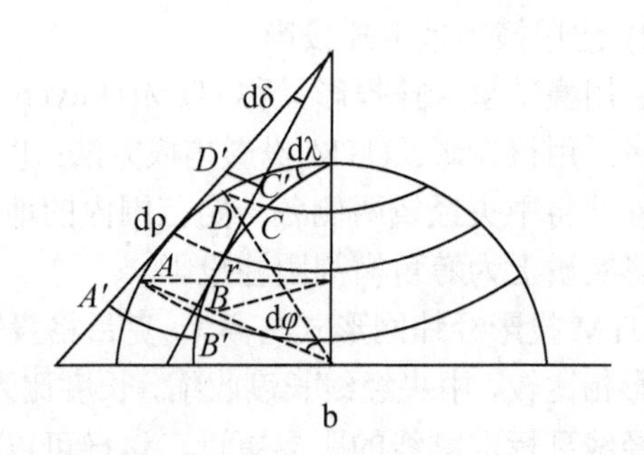

图 4.20　正轴切圆锥投影

③ 投影公式及变形分布规律。设球面上两条经线间的夹角为λ(图 4.20)，其投影在平面上为 δ，δ与λ成正比，即 $\delta=c\lambda$。这里 c 为常数，也称为圆锥系数，它的值与圆锥的切、割位置等条件有关。对于不同的圆锥投影，c 值是不同的；但对于某一个具体的圆锥投影，c 值是固定的。总的来说，$0<c<1$。$c=0$ 时，圆锥面变成了圆柱面，即为正轴圆柱投影。当 $c=1$ 时，圆锥面变成了平面，即为正轴方位投影。因此，正轴圆柱投影和正轴方位投影也可理解为正轴圆锥投影的两个特例。正轴圆锥投影中，纬线投影为同心圆弧，设其半径为ρ，它随纬度的变化而变化，即ρ是纬度φ的函数，$\rho=f(\varphi)$。所以，正轴圆锥投影的平面极坐标公式可表示为：

$$\rho = f(\varphi)$$
$$\delta = c\lambda$$

如果以圆锥顶点S'为原点，中央经线为X轴，通过S'点垂直于X轴的直线为Y轴，则圆锥投影的直角坐标公式为：

$$x = -\rho\cos\delta$$
$$y = \rho\sin\delta$$

通常在绘制圆锥投影时，以制图区域最南边的纬φ_S与中央经线的交点为坐标原点，则其直角坐标公式为：

$$x = \rho_S - \rho\cos\delta$$
$$y = \rho\sin\delta$$

式中，ρ_S为投影区域最南边纬线φ_S的投影半径。

从上述公式中，不难理解正轴圆锥投影的各种变形都是纬度φ的函数，与经度无关。圆锥投影的各种变形随纬度变化，在同一纬线上各种变形的数值各自相等，等变形线与纬线平行，呈同心圆弧状分布(图 4.21)。在切圆锥投影上，相切的纬线是一条没有变形的线，称为标准纬线。从标准纬线向南、北方向变形量逐渐增大。在割圆锥投影上，球面与圆锥面相割的两条纬线是标准纬线，在两条标准纬线之间的纬线长度比小于 1，两条标准纬线以外的纬线长度比大于 1，离标准纬线越远，变形越大。

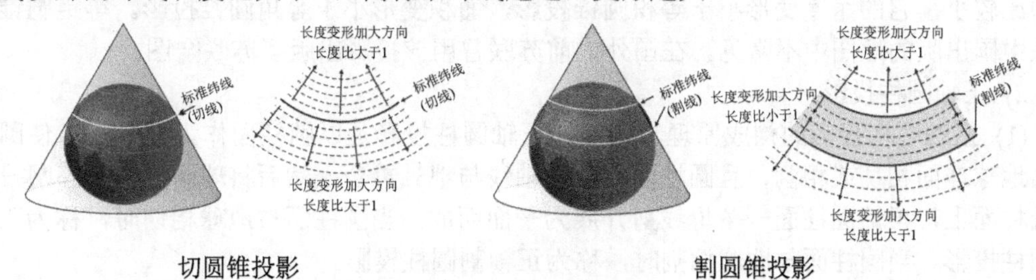

图 4.21 正轴切圆锥投影及其变形的分布特征

④ 应用范围。根据正轴圆锥投影变形的分布情况可知，该投影适合于制作中纬度沿东西方向延伸区域的地图，如中国地图(南海诸岛以插图形式出现)、俄罗斯地图。

⑤ 不同变形性质正轴圆锥投影的分析。按变形性质，正轴圆锥投影可以分为等角、等积和等距 3 种投影，它们分别又可以采用切圆锥与割圆锥两种方式投影。

(2) 常用的正轴圆锥投影有以下几种。

①正轴等角圆锥投影。正轴等角圆锥投影也称为兰勃特(Lambert)投影。该投影中没有角度变形($\omega = 0$)。为了保持等角条件，必须使图上任一点的经线长度比与纬线长度比相等，即 $m = n$。当采用切圆锥投影时，相切的纬线为标准纬线，其长度比等于 1(无变形)；从标准纬线向南、北方向纬线长度比均大于 1，并且纬线长度比和经线长度比相等。当采用割圆锥投影时，相割的两条纬线为标准纬线，其长度比等于 1；两条标准纬线之间，纬线长度比和经线长度比相等并小于 1；两条标准纬线之外，纬线长度比和经线长度比相等并大于 1。这种投影在中国应用很广泛，中国 1∶100 万分幅地形图采用了该投影，全国性普通地图、专题地图也多使用该投影。

② 正轴等积圆锥投影。正轴等积割圆锥投影亦叫亚尔勃斯(Albers)投影。等积圆锥投影的条件是使地图上没有面积变形，即 $P=1$。为了保持等积条件，必须使投影图上任一点的经线长度比与纬线长度比互为倒数，即 $m=1/n$。在切圆锥投影上，相切的纬线为标准纬线，其长度比等于 1；从标准纬线向南、北方向纬线长度比均大于 1，因而经线长度比要相应的小，其值是纬线长度比的倒数。如果采用割圆锥投影，相割的两条纬线为标准纬线，其长度比等于 1；两条标准纬线之间，纬线长度比小于 1，因而经线长度比要相应的大；两条标准纬线之外，纬线长度比大于 1，经线长度比要相应的小，同时使任一点上经线长度比与纬线长度比互为倒数。角度变形随离标准纬线越远越大。该投影常用于中国编制的全国性自然地图、社会经济地图及环境地图等，其他国家也常使用该投影。

③ 正轴等距圆锥投影。正轴等距圆锥投影的条件是沿经线方向长度没有变形，即 $m=1$。等距切圆锥投影，相切的纬线为标准纬线，没有变形；从标准纬线向南、北方向纬线长度比大于 1，经线长度比等于 1，面积变形和角度变形均随离标准纬线越远越大。如果采用等距割圆锥投影，相割的两条纬线为标准纬线，没有变形；两条标准纬线以内，纬线长度比小于 1；两条标准纬线以外，纬线长度比大于 1，经线长度比等于 1；在两条标准纬线之内，面积变形向负的方向增加；在两条标准纬线以外，面积变形向正的方向增加，角度变形离标准纬线越远越大。

等距圆锥投影属于任意投影的一种特殊情况，虽然有长度、面积和角度变形，但变形值却比较小，它的角度变形小于等积圆锥投影，面积变形小于等角圆锥投影。等距圆锥投影在中国出版的地图中不常见。在国外，前苏联曾用该投影出版了苏联全图。

2) 正轴圆柱投影

(1) 正轴圆柱投影的构成原理与特征。正轴圆柱投影是以圆柱面作为投影面，使圆柱面与地球球面相切或相割，且圆柱面的中心轴线与地轴重合，然后将球面上的经纬网投影到圆柱面上，再沿圆柱面一条母线剪开展为平面而成。当圆柱面与地球相切时，称为正轴切圆柱投影。当圆柱面与地球相割时，称为正轴割圆柱投影。

正轴圆柱投影可被理解为锥顶位于无限远处的圆锥投影，它是正轴圆锥投影的特例之一。根据正轴圆锥投影的构成结果，不难理解该投影经纬网形式：经线和纬线为平行直线，经纬线直交(图 4.22)。

与正轴圆锥投影一样，正轴圆柱投影的各种变形也都是纬度 φ 的函数，与经度无关。正轴圆柱投影的各种变形随纬度变化，在同一纬线上各种变形量相等，等变形线与纬线分布一致，呈平行线状分布(图 4.23)。

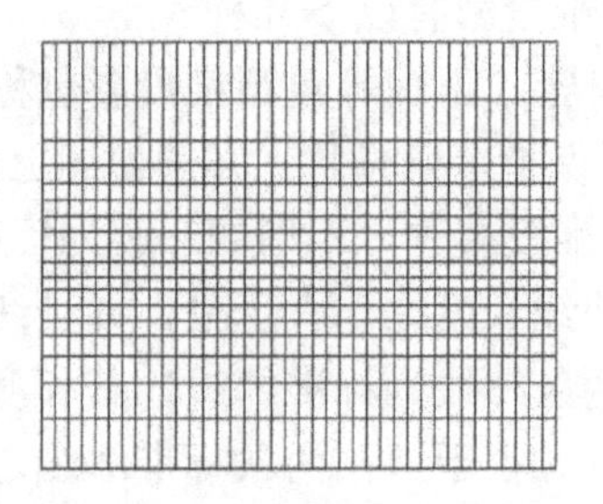

图 4.22　正轴切圆柱投影的示意图

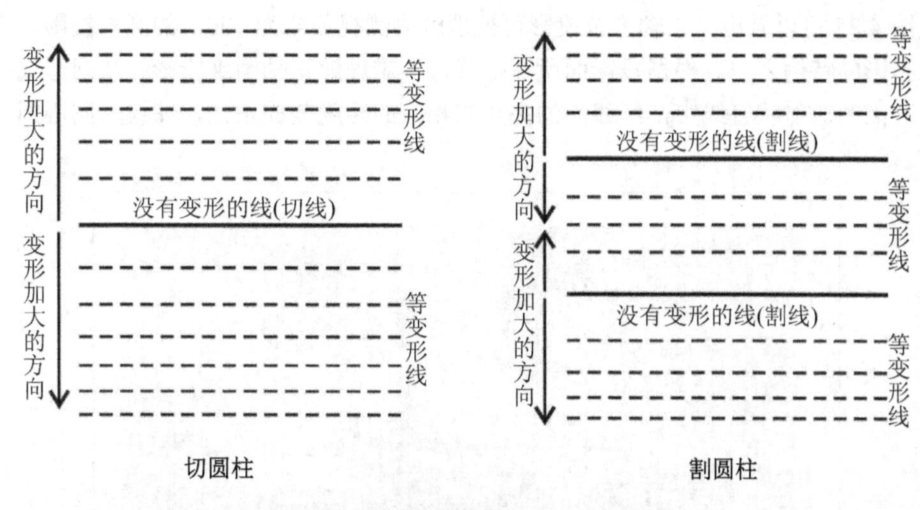

图 4.23 正轴圆柱投影的变形分布特征

在切圆柱投影上，赤道是一条没有变形的线，即长度比等于 1，称为标准纬线。从赤道向南、北方向纬线逐渐被拉长，长度比大于 1。在割圆柱投影上，两条相割的纬线($\pm\varphi_k$)是标准纬线，在两条割线之间的纬线长度比小于 1，两条割线以外的纬线长度比大于 1，离开标准纬线越远，变形越大。图 4.23 中箭头表示变形增加的方向。根据正轴圆柱投影变形的分布规律，该投影适宜于制作赤道附近沿东西方向延伸区域的地图，如印度尼西亚国家地图。

(2) 常用正轴圆柱投影。正轴圆柱投影按其变形性质也可以分为等角、等积和任意三种情况。其中等角圆柱投影应用较为广泛。

① 正轴等角圆柱投影。又称为墨卡托投影，由荷兰制图学家墨卡托于 1569 年创建。该投影中没有角度变形，即$\omega=0$。为了保持等角条件，必须使图上任一点的经线长度比与纬线长度比相等，即 $m=n$。在等角正轴切圆柱投影中，赤道没有变形，随着纬度的增高，变形增大。在割圆柱投影中，相割的两条纬线没有变形，是两条标准纬线。在两条标准纬线之间是负向变形，在两条标准纬线以外是正向变形，离开标准纬线越远，变形越大。本投影中尽管没有角度变形，但面积变形较大，尤其在高纬度地区面积变形很大。本投影除常用于赤道附近的区域制图外，还用于制作世界航海图、时区图等，谷歌地图就是采用了本投影(图 4.24)。

② 正轴等距圆柱投影。又称方格投影。赤道为没有变形的线。其特性是保持经距和纬距相等，经纬线成正方形网格；沿经线方向无长度变形；角度和面积等变形线与纬线平行，变形值由赤道向高纬度逐渐增大。该投影适合于低纬度地区制图，也适合于制作世界地图，国家测绘地理信息局建设的天地图就采用了此投影。

3) 方位投影

(1) 方位投影的构成原理及特征。以平面作为投影面，使平面与地球球面相切或相割，且平面的中心轴线与地轴重合，然后将地球表面上的经纬线投地影到平面上所得到的图形。图 4.25 为正轴切方位投影及其经纬网示意图。

从图 4.25 可以看出，正轴方位投影可被理解为侧视顶角为 180° 的圆锥投影，它是正轴圆锥投影的特例之一。根据投影面所在位置，不难理解正轴圆锥投影经纬网形式：经线为交于一点的放射状直线束，经线间的夹角与相应的经度差成正比，纬线为同心圆，经纬线直交。

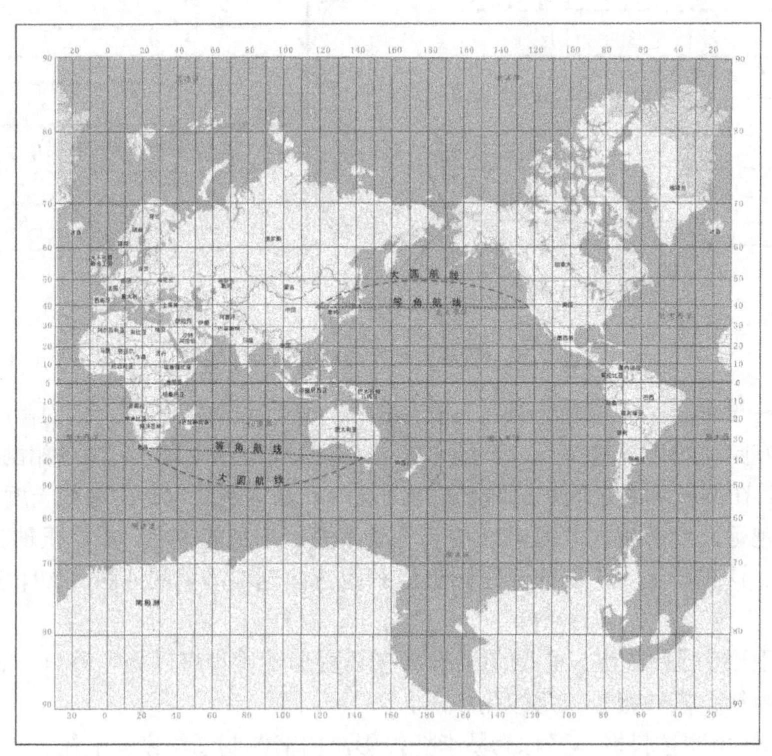

图 4.24　墨卡托投影示意图

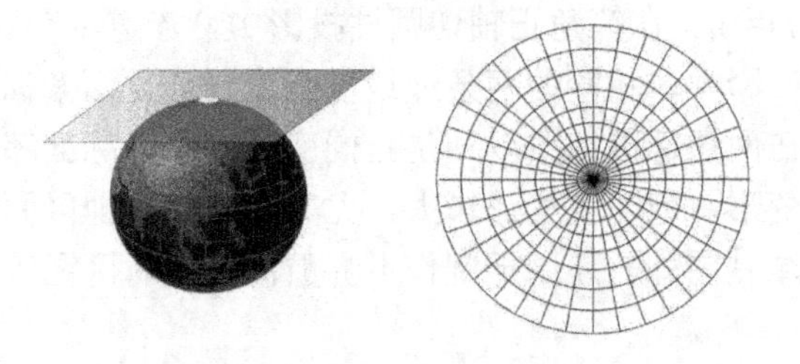

图 4.25　正轴方位投影示意图

与正轴圆锥投影一样，正轴方位投影的各种变形也都是纬度的函数，与经度无关。正轴方位投影的各种变形随纬度变化，在同一纬线上各种变形的数值相等，等变形线与纬线分布一致，呈同心圆状分布。

图 4.26 上的同心圆是等变形线，箭头所指方向为变形增加的方向。切方位投影中，中心切点即极点，没有变形，从投影中心向外围变形增大，离开中心切点越远，变形越大。割方位投影中，割纬线没有变形，离开割纬线越远，变形越大。按变形的性质，方位投影

分为等角、等积和任意 3 种情况，而且都有应用。

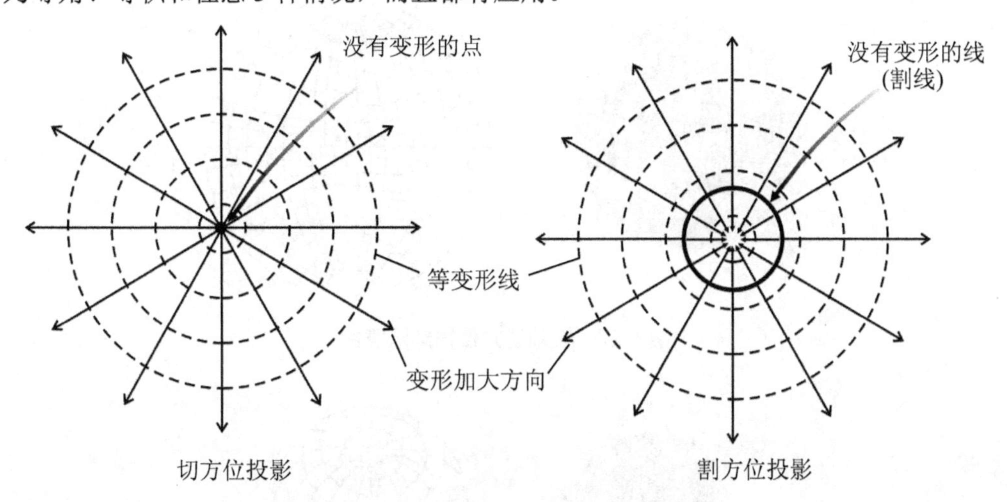

图 4.26 正轴方位投影的变形分布特征

(2) 常用方位投影。方位投影具有较好的视觉效果，因此现实中不仅等角、等积和任意方位投影都有应用，而且正轴、横轴和斜轴方位投影也有应用。

① 正轴方位投影常用的是正轴等角方位投影和正轴等距方位投影。

正轴等角方位投影：该投影中没有角度变形，$\omega=0$，但长度及面积变形明显。该投影中心附近变形小，但离开中心点后，变形很快增大。在制图区域较大时，为了提高投影区域变形的均匀度，宜采用正轴等角割方位投影，如美国的“通用极球面投影”(UPS，Universal Polar Stereographic Projection)。该投影中，标准割线的纬度约为 81°，投影中心的长度比为 0.994，主要用于两极地区的地形图制图。

正轴等距方位投影：该投影既不等角又不等积，属任意投影。该投影中，经线方向长度没有发生变形，即 $m=1$。这种投影变形比较适中，它的面积变形小于等角投影，角度变形小于等积投影。由于从投影中心到任意一点的距离及方向均保持与实地距离和方位一致，用它来编制供确定由某地(将它作为投影中心)至任何一地的距离和方位角的地图十分有用。该投影多用作两极地区图。联合国徽标亦使用了该投影。

② 横轴和斜轴方位投影介绍如下。

横轴方位投影指以平面作为投影面，使平面与地球球面相切或相割，且平面的中心轴线与地轴垂直，然后将地球表面上的经纬线投地影到平面上所得到的图形。图 4.27 为横轴切方位投影及其经纬网示意图。横轴方位投影中，中央经线投影为直线，其他经线为对称于中央经线的曲线。赤道投影为直线，其他纬线为对称于赤道的曲线。

斜轴方位投影指以平面作为投影面，使平面与地球球面相切或相割，且平面的中心轴线与地轴斜交，然后将地球表面上的经纬线投地影到平面上所得到的图形。图 4.28 为斜轴切方位投影及其经纬网示意图。斜轴方位投影中，除中央经线投影为直线外，其他经纬线都是曲线。

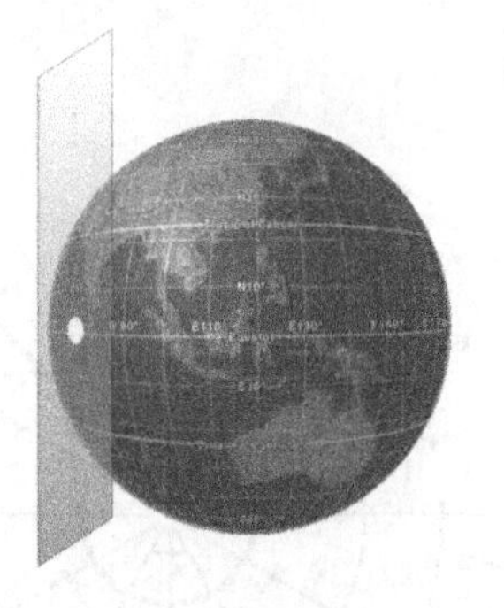

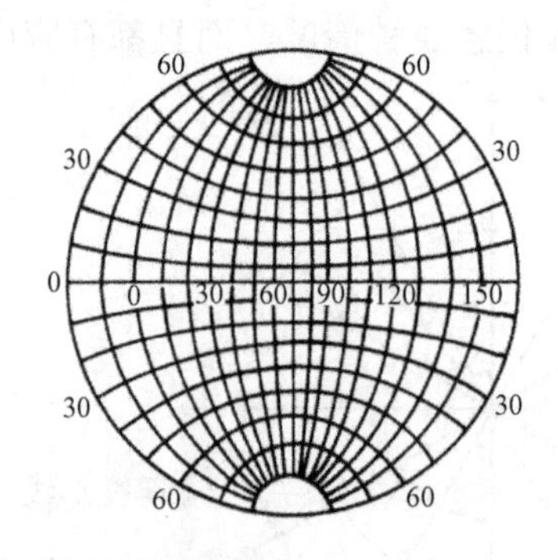

图 4.27　横轴切方位投影示意图

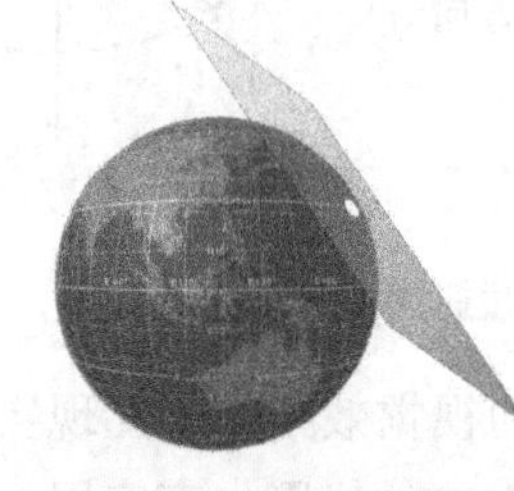

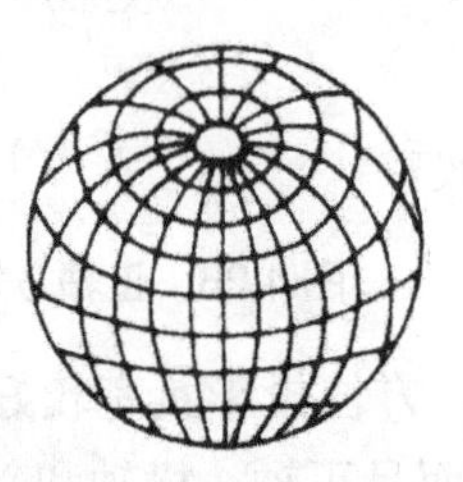

图 4.28　斜轴方位投影示意图

无论是横轴，还是斜轴，切方位投影中，中心切点均没有变形，从中心切点向外围变形增大，离开中心切点越远，变形越大。割方位投影中，割线没有变形，离开割线越远，变形越大，等变形线均为同心圆。

从投影的应用看，在横轴、斜轴方位投影中，等积、等距两种变形性质常用。横轴方位投影适合于制作赤道附近近似圆形的区域制图或东、西半球图。斜轴方位投影适合于制作中纬度地区近似圆形的区域制图，如北美、南美、大洋洲等经常采用斜轴等积方位投影。

4) 常用多圆锥投影

在切圆锥投影中，离开标准纬线越远，变形越大。如果制图区域包含纬差较大时，在边缘纬线处将产生相当大的变形。如果采用双标准纬线圆锥投影，就比采用单标准纬线圆锥投影变形要均匀些。如果有更多的标准纬线，则变形会更加均匀，多圆锥投影就是基于这样的思路设计的。假设有许多圆锥与地球面上的纬线相切，将球面上的经纬线投影于这些圆锥面上，然后沿同一母线方向将圆锥剪开展成平面，如图 4.29 所示。由于圆锥顶点不是一个，所以纬线投影为同轴圆弧，其圆心都在中央经线的延长线上，除中央经线为直线外，其余的经线投影为对称于中央经线的曲线。由于多圆锥投影的经纬线为同轴圆弧，具有良好的球形感，所以它常用于编制世界地图及南北跨度很大的区域地图。

该投影中除了中央经线和每一条纬线的长度比等于 1 外，即 $m_0=1$，$n=1$，其余经线长度比均大于 1。该投影属于任意投影，中央经线是一条没有变形的线，离开中央经线越远变形越大。该投影适于作南北方向延伸地区的地图，另外还可以用该投影绘制制作地球仪用的图片。把整个地球按一定经差分为若干带，每带中央的经线都投影为直线，各带的投影图在赤道相接并贴于预制的球胎上，就成为一个地球仪。

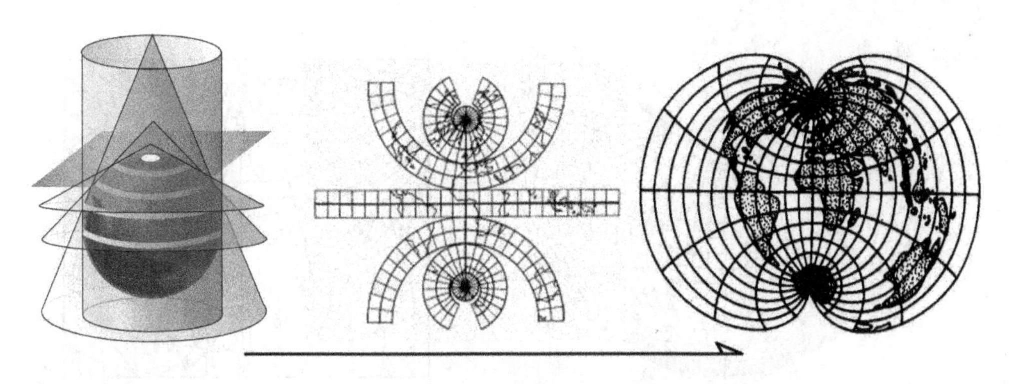

图 4.29　多圆锥投影构成原理

1963 年，中国地图出版社在该投影的基础上设计了一种任意性质的等差分纬线多圆锥投影：赤道和中央经线是互相垂直的直线；纬线为对称于赤道的同轴圆弧，其圆心均在中央经线的延长线上；经线为对称于中央经线的曲线；各经线间的间隔随离中央经线距离的增大而逐渐缩短，按等差递减；极点为圆弧，其长度为赤道的 1/2。

本投影常用于编制世界地图。该投影中中国绝大部分地区的面积变形在 10%以内，面积比等于 1 的等变形线自东向西横贯中国中部；中央经线和纬度±44°交点处没有角度变形，中国境内绝大部分地区的角度最大变形在 10°以内，少数地区在 13°左右(图 4.30)。

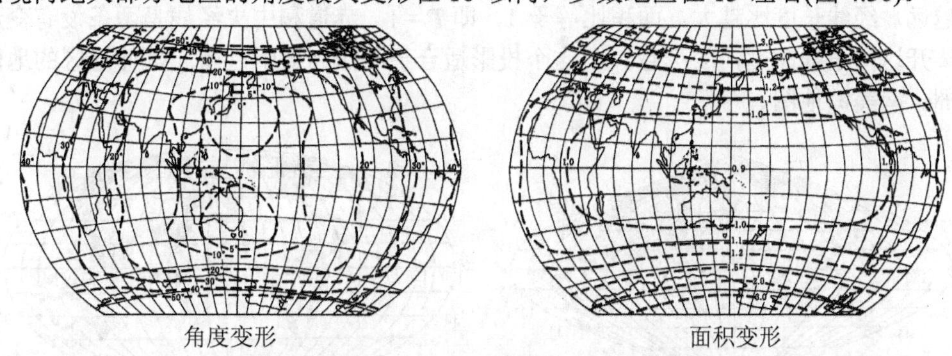

图 4.30　等差分纬线多圆锥投影变形分布特征

5) 常用伪圆锥投影

最常用的伪圆锥投影为彭纳投影，它由法国水利工程师彭纳(Rigobert Bonne)于 1752 年首先提出并应用于法国地形图而得名，是伪圆锥投影的一种。它是在正轴圆锥投影的基础上，根据某些条件改变经线形状而成的。彭纳投影属于等积伪圆锥投影。该投影中中央经线投影为直线，其他经线均为对称于中央经线的曲线，中央经线没有变形，其长度比等于 1；纬线为同心圆弧，所有纬线长度比均为 1；该投影中没有面积变形，即 $P=1$。中央经线和中央纬线是两条没有变形的线，离开这两条线越远，变形越大(图 4.31)。彭纳投影适用于编制大洲图，例如，中国地图出版社出版的《世界地图集》中的亚洲政区图，英国《泰晤士世界地图集》中的澳大利亚与西南太平洋地图等。

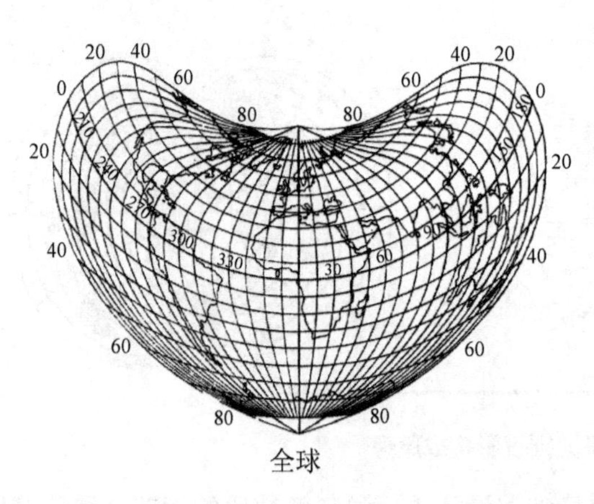

全球

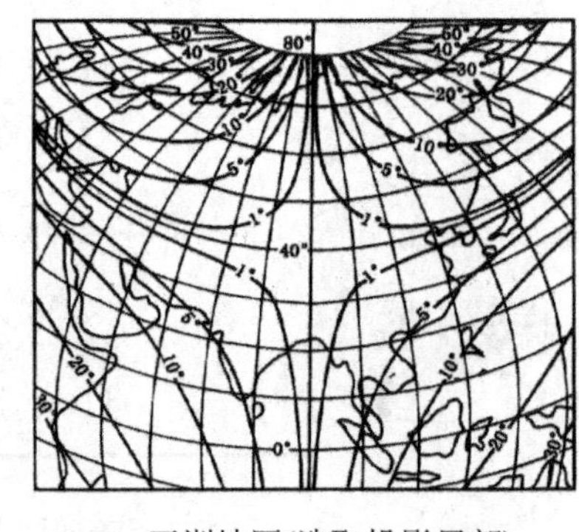

亚洲地区(选取投影局部)

图 4.31　彭纳投影及其角度变形

6) 常用伪圆柱投影

(1) 桑逊(Sanson)投影。它是一种经线为正弦曲线的等积伪圆柱投影，由法国人桑逊(Nikolas Sanson)于 1650 年用它绘制地图而得名。这个投影的纬线为间隔相等的平行直线，经线为对称于中央经线的正弦曲线。在每一条纬线上经线间隔相等(图 4.32)。这个投影的所有纬线长度比均等于 1，中央经线长度比等于 1，其他经线长度比均大于 1，而且离中央经线越远，经线长度比越大。面积比等于 1，即 $P=1$。赤道和中央经线是两条没有变形的线，离开这两条线越远，变形越大。这个投影适合于制作赤道附近南北延伸地区的地图，如非洲、南美洲地图。

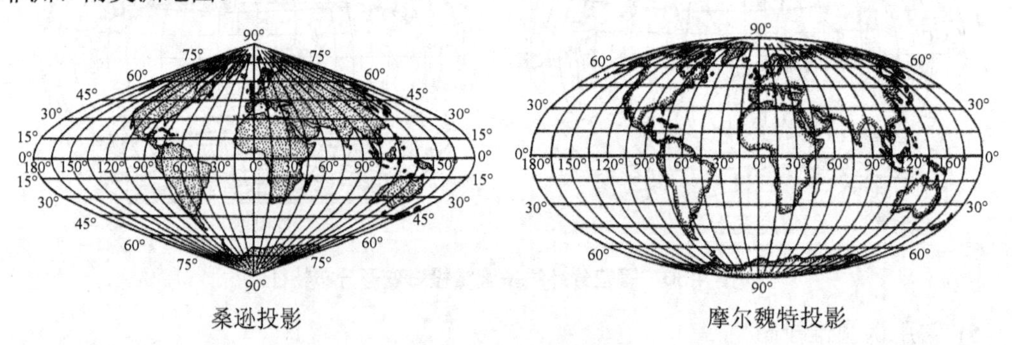

桑逊投影　　摩尔魏特投影

图 4.32　几种伪圆柱投影

(2) 摩尔魏特投影。摩尔魏特投影是德国人摩尔魏特(Karl Brandan Mollweide)在 1805 年设计的，是一种等积伪圆柱投影。摩尔魏特投影的中央经线为直线，离中央经线经差为±90°的经线为一个圆，圆的面积等于地球面积的一半，其余的经线为椭圆曲线；赤道长度为中央经线的 2 倍。纬线是间隔不等的平行直线，在中央经线上从赤道向南、北方向纬线间隔逐渐缩小，同一条纬线上经线间隔相等(图 4.32)。摩尔魏特投影没有面积变形。赤道长度比为 0.9。中央经线和南北纬约 40°的两交点是没有变形的点，从这两点向外变形逐渐增大，向高纬比向低纬角度和长度变形增大的速度快。摩尔魏特投影适用于编制世界地图或东、西半球地图。

(3) 古德投影。伪圆柱投影的变形往往是离中央经线越远变形越大，为了减小远离中

央经线部分的变形量，美国地理学家古德(J.Paul Goode)1923年提出一种分瓣投影方法，即在整个制图区域的几个主要部分的中央都设置一条中央经线，分别进行投影，则全图就分成几瓣，各瓣沿赤道连接在一起。这样，每条中央经线两侧投影范围不宽，减少了最大变形量。这种分瓣方法可以单独运用，还可以将摩尔魏特投影和古德投影结合在一起投影(图 4.33)，即北极附近采用摩尔魏特投影，低纬地区采用古德投影。在国外，美国和日本出版的世界地图集中的世界地图经常采用这种投影。

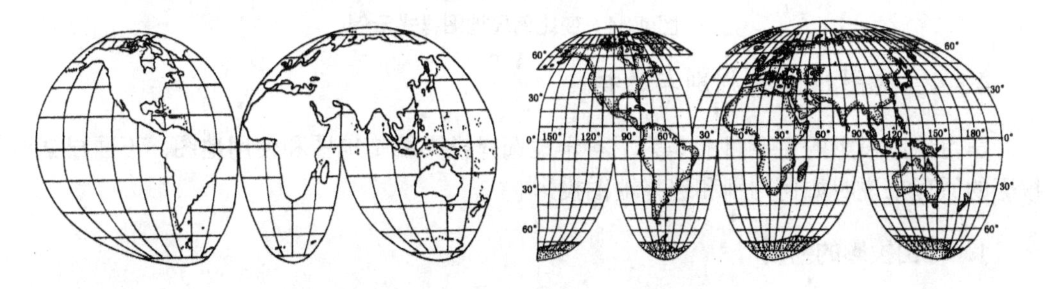

图4.33　古德投影和摩尔魏特-古德投影

知识要点提醒

在学习地图投影问题时，应当明确以下问题。

(1) 任何一个地图投影不可能不变形(长度、角度、面积变形)。

(2) 除了极少数地方以外，长度变形始终存在，而且变形量分布很复杂。

(3) 一种投影上只能保证等角或等积或两种变形都有，但是不能同时保证既等角又等积。

(4) 经纬线正交才有可能是等角投影，但不是充分条件，只有经纬线方向长度比相等时，才能等角。

(5) 没有一个通用的投影。不同的投影变形特点不同，适用范围不同。

4.3.3　变比例尺地图设计

当制图的主区分散且间隔的距离比较远时，为了突出主区和控制图面大小，可将主区以外部分的距离按适当比例相应压缩，而主区仍按原规定的比例表示。

这种设计与上述投影的意义截然不同。该设计不是为了将球面转化为平面，而是从平面到平面的变换，出于某种需要才这样做。一般以小区域(如城市)平面图为基础，例如旅游景区比较分散的旅游图，或街区有飞地的城市交通图等，就可用变比例尺表示。另外，还可能出于保密原因等，将制图区域内部有些事物之间的比例关系人为地加以改变，这也是变比例尺投影的具体应用。这种投影经常用于城市旅游图，运用这种投影可以有效地利用图上空间，突出表现中心地区的事物(图 4.34)。为了避免误解，在运用这种投影时必须加以说明。

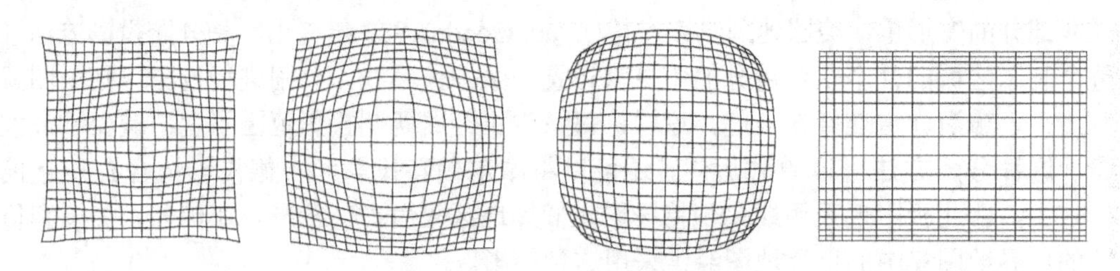

图 4.34　变比例尺地图样式示例

4.3.4　地图投影的判别与选择

学习地图投影的主要目的是为了科学地选择投影编制地图和使用地图，下面根据地图投影的原理来说明如何判别和选择地图投影。

1. 地图投影的判别

地图投影是地图的数学基础，不同投影有不同的变形性质和变形分布规律，如果地图使用者不了解投影的特性，在观察和量算时往往会得出错误的结论。国内外出版的大多数地图上均注明了地图“投影”的名称，有利于正确使用地图。但是，也有一些地图未说明投影名称，此时可以运用地图投影的知识，根据经纬线形状特征、制图区域所在的地理位置、轮廓形状及地图的内容和用途等因素，综合分析、判断，必要时通过简单量算来判别。

大比例尺地图多属于国家基本地形图，投影资料易于查到。需要进行地图投影的判别大多是小比例尺地图。判别地图投影一般分两步进行，先根据经纬线网形状确定投影种类，如方位、圆柱、圆锥等，然后判定投影的变形性质，如等角、等积或任意投影。判断方法有如下两种。

1) 根据经纬线判断投影类型

根据经纬线判断投影类型是既准确又有效的方法。

(1) 判断投影构成方法类型。投影类型的判别最重要的依据是经纬网形状(图 4.35)。经纬线形状的判别方法：如果判断直线，只要用直尺量度，便可确定；判断曲线是否为圆弧，可以将透明纸蒙在曲线之上，在透明纸上沿曲线按一定间隔定出 3 个以上的点，然后沿曲线移动透明纸，使这些点位于曲线离开原来画点较远的位置，如果这些点仍然全部与曲线吻合，则可以断定曲线是圆弧，否则就是其他曲线。判别圆弧同心圆弧还是同轴圆弧，则可以量测相邻圆弧间的垂线距离，若处处相等则可以断定是同心圆弧，否则是同轴圆弧。

(2) 判断投影的变形性质类型。依据经纬网形状可以判断投影的变形性质类型。例如已确定为圆锥投影，那么只需测量任一条经线上纬线间隔从相切的线(点)或相割的线向南、北方向的变化趋势就可以判别变形性质：如果间距相等，则可断定是等距投影；如果间距逐渐扩大，则为等角投影；如果间距逐渐缩小，则为等积投影。有些投影的变形性质，从经纬线网形状可以直接判断出来。例如，经纬线不成直角相交，肯定不会是等角投影；如果在同一条纬度带内，经差相同的各个梯形面积差别较大，不可能是等积投影；如果在一条直经线上检查相同纬差的各段经线长度不相等，肯定不是等距投影。当然，上述判断条件只是问题之一，如果参考其他条件更容易得出结论。例如，等角投影经纬线一定是正交

的，但经纬线正交的投影不一定都是等角的。因此，单凭经纬线网形状判别投影的变形性质是不够的，在判断比较困难时可以结合区域位置、形状等其他条件，也可以通过量算来判断。

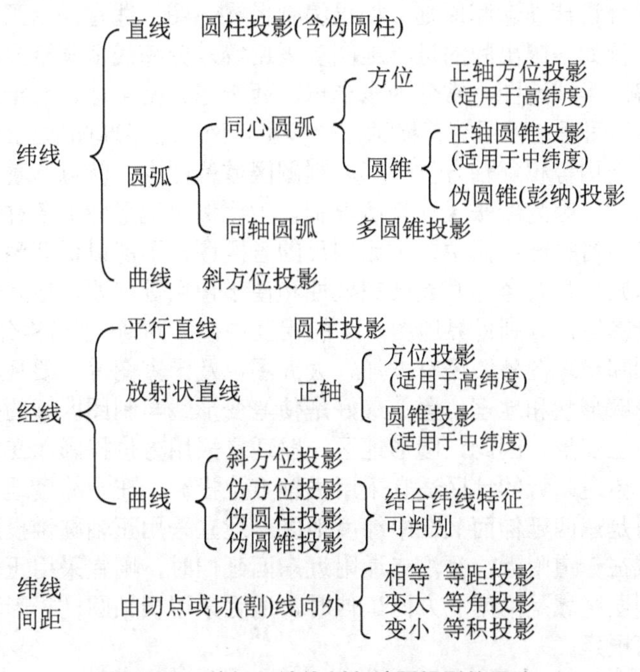

图 4.35 依据经纬线判断地图投影的思路

2) 根据区域形状判断投影类型

现实中有些地图没有绘制经纬线，判断地图的投影类型也很有必要，虽然看起来似乎不科学，但是在特定条件下还是可以准确地判断。因为常用的投影不多，加上读者对世界陆地或本国形状、大小都比较熟悉，通过对比便可以判断投影类型。这种判断必须有前提，要掌握投影知识，熟悉海陆形状、政治区域形状和相对大小，否则容易产生错误。

(1) 依据区域形状判断投影类型。依据地图上区域形状与其未经变形的地球上的形状作对比可以推断投影类型。先观察球面上或变形很小的图上区域的形状，再观察地图上对应区域的形状，看形状长短变化，就可以判断出投影类型。例如，我们所熟悉的中国地图的形状，如果发现在某张图上左右拉长，估计是圆柱投影，如果北边放大许多，很可能是等角圆柱投影，如果世界地图整体呈方形，估计是圆柱投影；如果呈包围状那就可能是多圆锥或伪圆柱投影；

(2) 依据某些熟悉区域的面积对比变化状况判断投影类型。依据区域面积对比变化状况也能判断出投影类型。比如，澳洲大陆与格陵兰岛，真实尺度是前者比后者大得多，假如在图上这种对比关系发生了变化，那就说明可能是等角或任意圆柱投影，如果变化特别大，那就很可能是等角圆柱投影。

2．地图投影的选择依据

地图投影的选择关系到地图的精度和使用效果。因此，在进行地图设计时要综合考虑各种因素选择最适宜的投影，通常要考虑以下因素。

1) 制图区域的大小、形状和地理位置

制图区域的范围、形状和地理位置是投影类型选择需要考虑的重要因素，它关系到数学基础设计是否符合设计理念和原则。如果编制世界地图，适宜采用正轴圆柱、伪圆柱和多圆锥三类投影，例如中国出版的世界地图多采用等差分纬线多圆锥投影，谷歌地图采用等角圆柱投影。编制半球地图，常分为东半球、西半球、南半球、北半球、水半球、陆半球地图；东、西半球图适宜采用等积横轴方位投影，南、北半球图适宜采用正轴方位投影，水、陆半球图一般选用等积斜轴方位投影。制图区域范围大，就意味着比例尺小，并难以保证变形量的均匀性，因为纸张尺寸有所限制。大比例尺地形图上各种精确量算及定位，适宜采用高斯—克吕格投影；而中、小比例尺的省区图，不能以保证整个制图区域的精确性及均匀变形为原则，只要考虑其连续完整性和便于使用等问题，适宜采用正轴等角、等积、等距的圆锥投影等，编制世界地图，不能相互拼接，高斯-克吕格分带投影就不适宜。

除了世界地图和半球图外，还有大洋、大洲图以及国家图等，要视具体情况来选择投影，主要考虑其轮廓形状和地理位置，最好是使等变形线与制图区域的外形延伸方向基本一致，以便减少图上变形。因此，圆形地区一般适宜采用方位投影，在两极附近则适宜采用正轴方位投影，赤道附近的地区适宜采用横轴方位投影，在中纬度地区采用斜轴方位投影。如果制图区域是东西延伸而又在中纬度地区，适宜采用正轴圆锥投影，如中国、美国等。如果制图区域在赤道附近，且沿赤道附近东西延伸时，则宜采用正轴圆柱投影，如印度尼西亚。如果制图区域是沿南北方向延伸时，适宜采用横轴圆柱投影和多圆锥投影，如南美洲的智利和阿根廷。

2) 地图的主题

投影的选择需要考虑地图的主题，不同变形性质的投影会影响主题的表达。如行政区划图、人口密度图、旅游经济地图等，一般要求具有面积可比性，因此应选用等积投影。旅游图交通图、航空旅游图等，一般多采用等角投影，因为它能正确地表示方向，且在小区域内可保持图形与实地相似，便于使用。如果对角度、面积精度要求不高，如旅游宣传用地图、大区域旅游图等，可选用任意投影。为了使城市中心区更为突出，城市旅游图还可采用变比例尺设计。

3) 出版方式

地图在出版方式上有单幅图、系列图和地图集之分。单幅图的投影选择比较简单，只需考虑前几个因素；系列图或地图集中的一个图组，虽然表现内容较多，地区不同，但应该选择同一变形性质的投影，以便于相互比较；如果是地图集，情况就比较复杂了。一部图集，虽然是一个统一的整体，但由于它是由若干不同主题内容的图组所构成的，因而在投影选择上不能千篇一律，必须结合具体内容予以考虑；但又因图集是一个统一协调的有机整体，故投影选择又不能过多，应尽量采用同一系统的投影，如果有个别特殊需要，在变形性质方面可以适当变化。

即学即用

上网查看谷歌地图和天地图，根据陆地变形情况，并对照有经纬网的地图判断一下这些图选择了什么投影？这种投影存在哪些变形，变形分布特征如何？为什么选择这种投影而不用其他投影？

知识要点提醒

任何正规的地图都会有地图投影为数学基础的，尽管有些地图没有绘出经纬线，看不出什么投影，但是依然是建立在一定投影基础之上的，只是隐去了经纬线而已。

4.4 旅游地图比例尺设计

地图是地面事物的缩小表示。为了便于使用，将地球表面事物缩绘在有限的二维图纸平面上，必须说明两者的比例关系。为了使地图的使用者能够了解地图上的长度与实际长度之间的比例关系，地图设计者必须明确制定制图区域缩小的比例，在成图之后也应在图上明确说明缩小的比例。

4.4.1 地图比例尺的概念及应用

地图比例尺是地面事物在地图上缩小程度的标志。地图上一个线段的长度与地面上相应线段的水平投影长度之比，称为地图比例尺。根据地图比例尺，可以进行图上尺度与实际尺度的换算。

图上长度与实地长度的关系为：

$$\frac{\text{图上长度}}{\text{实地长度}}=\frac{1}{M}$$

图上面积与实地面积的关系为：

$$\frac{\text{图上面积}}{\text{实地面积}}=\frac{1}{M^2}$$

式中，M为比例尺分母。

不同比例尺图上的量测精度是不同的，即使是在同一张图上，不同区域的量算精度也是不同的，学过地图投影以后，都能理解这一点。

当制图区域比较小、地球球面曲率对制图产生的影响也就比较小，加之采用了合理的地图投影，如高斯—克吕格投影，该图上的投影变形可以忽略不计，可直接根据地图中标注的主比例尺在图上量算。例如，在1∶10 000地形图上，量得两点间距离为5cm，则实地地面距离为5cm×10 000＝50 000cm，即0.5km。

当制图区域相当大时，需要考虑地球球面曲率对制图产生的影响。在这种情况下所采用的地图投影比较复杂，地图上的长度也因地点和方向的不同而有所变化。这种地图上所注明的比例尺实质是在进行地图投影时对地球半径缩小的比率。地图经过投影后，体现在地图上的只有个别的点或线才没有长度变形。换句话说，只有在这些没有变形的点或线上，才可以用地图上注明的主比例尺进行量算。因此，作为读者，切不可随意在小比例尺地图上用地图上提供的主比例尺进行各种图上量算，尤其不可随意进行长度量算。

由于世界各国的文化背景不同，使用的长度计量单位也不尽统一，因此，各国地图有各自的比例尺分级标准。根据中国的实际情况，并结合国防军事与国民经济建设中的用图需要，制定了中国地图比例尺的分级系统：大于或等于 1∶10 万的地图，称为大比例尺地图；小于或等于 1∶100 万地图，称为小比例尺地图；两者之间，大于 1∶100 万至小于 1∶10 万的地图称为中比例尺地图。

在图面允许的情况下，旅游地图比例尺越大越好，因为这样可以使地图要素显示得更清楚。但是，由于纸张的限制，很难做到这些。不过，地图用途对比例尺的要求是一定的。如果需要从图上量算精确数据，应当是比例尺越大越好；如果仅仅是显示相对位置，对比例尺大小的要求就没有那么多讲究。因此，地图的用途是确定地图比例尺的首要因素，然后考虑允许的纸张大小，此外，比例尺还应方便计算，一般应尽可能使用整数。

4.4.2 地图比例尺的形式及设计

常用的比例尺有以下几种表现形式：数字式比例尺、文字式(又称说明式)比例尺和图解式比例尺。

数字式比例尺可以写成比的形式，如 1∶20 000、1∶50 000、1∶10 000 等；亦可以写成分式形式，如 1/20 000、1/50 000、1/10 000 等。

文字式比例尺分两种：一种是写成“五万分之一”、“十万分之一”、“七十万分之一”等；另一种是写成“图上 1cm 等于实地 5km”、“图上 1cm 等于实地 8km”等。

图解比例尺可分为直线比例尺、斜分比例尺和复式比例尺(图 4.36)。直线比例尺：画一直线线段并在上面标明线段长度所对应的地面距离，这种比例尺使用最广泛。斜分比例尺：一种根据相似三角形原理制成的图解比例尺，目的是为了方便量测，它具有替代尺子的作用。利用这种比例尺，可以量取比例尺基本长度单位的百分之一。例如比例尺基本长度单位为 2cm，在 1∶50 000 图上代表实地 1km，如果在图上量取 1.21 长度单位，它的实地距离为 1.21km。不过这种比例尺不常见。复式比例尺：又称投影比例尺，是一种根据地图主比例尺和地图投影长度变形分布规律设计的一种图解比例尺，用于小比例尺地图。由于地图投影引起的种种变形中，长度变形是主要的变形。因此，不仅要设计适用没有变形的点或线上的地图主比例尺，同时还要设计能适用于其他部位量算的地图局部比例尺。通常是对每一条纬线(或经线)单独设计一个直线比例尺，将各直线比例尺组合起来就成为复式比例尺。这种复式比例尺实际上是一种纬线比例尺，这种比例尺也不常见。

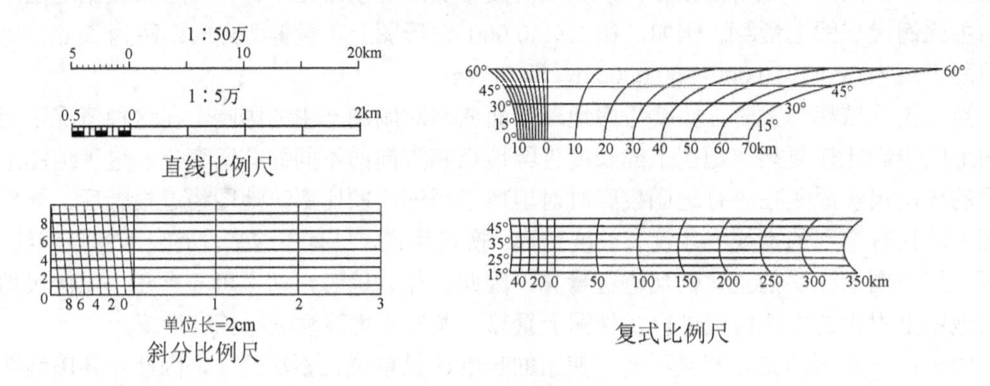

图 4.36 图解比例尺

自从电子地图出现后，地图可以随意缩放，使人们对比例尺有了新的理解。当地图按照一定比例尺成图后，可以在一定比例范围内(缩小或放大一倍)使用，基本不影响使用效果。尽管网络地图可以随意缩放，但是也是分几种比例尺制作以后，分档显示的。一张地图不可能用一种比例尺制作后，被无限制地缩放使用。

旅游地图上的比例尺在表现形式上没有统一的规范，设计者主要考虑便于使用以及图面布局。一般来说，图解比例尺较为直观，便于使用，而数字或文字比例尺需要借助于量算工具才能得出尺度的概念。因此，选择比例尺应当首先考虑使用图解比例尺，然后考虑使用数字或文字比例尺，或者两者同时使用。图解比例尺还有一个优点，就是当地图进行缩放时，它跟着地图一起缩放，比例尺可以不作改动，特别适用于电子地图。

知识要点提醒

严格地说，任何一张地图上都没有统一的比例尺，只是差别程度不同而已。制图区域越大，越难保证区域内比例尺的一致性。因此比例尺较大的、区域范围较小的图上量算精度相对要高些。

小思考

假如让你制作一张中国旅游交通地图，请你选择一个理想的地图投影，并说明理由。

本章小结

旅游地图的数学基础指的是用数学方法建立的，能用于精确显示旅游及其相关地理事物在地球表面的位置的地图平面基础。其设计理念就是让地图精确而且实用，要体现精度可测、变形均匀、连续完整、便于使用的设计原则。

地球是一个北极略突出，南极略凹进，并高速旋转的椭球体。将椭球体的具体要素数值予以明确，便可得到参考椭球体。地面点的定位就是确定地面点的位置，求出地面点相对于大地水准面的位置关系，包括确定地面点在参考椭球体上的地理位置和地面点相对于大地水准面的高度。

大区域测图工作需要分单元分期分批进行。为了保证测量的精度符合统一要求，且各单元的相互衔接，需要建立一个统一的大地控制网，控制网分平面控制网和高程控制网。

地图投影是将球面上点的地理坐标，按照一定的数学法则表达到地图平面上。选择地图投影的不同，地图会产生不同程度的变形，其变形主要表现在长度、面积和角度等三方面。按变形性质，地图投影可以分为等角投影、等积投影和任意投影。按构成方法，地图投影分为几何投影和非几何投影。几何投影包括方位投影、圆柱投影和圆锥投影。非几何投影主要有伪方位投影、伪圆柱投影、伪圆锥投影、多伪圆锥投影。

制图区域的范围、形状和地理位置是投影类型选择需要考虑的重要因素。应该根据各种投影变形的规律，选择制图区域变形最小的投影方法，并根据地图用途选择不同变形性质的投影。

旅游地图比例尺确定的依据是使用的方便性。

关键术语

地理坐标(Geographic Coordinate)
海拔(Above Sea Level)
地图投影(Map Projection)
投影变形(Distortion of Projection)
等角投影(Conformal Projection)
等积投影(Equivdent Projection)
等距投影(Equidistant Projection)
任意投影(Arbitrary Projection)
方位投影(Azimuthal Projection)
圆柱投影(Cylindrical Projection)
圆锥投影(Conic Projection)
墨卡托投影(Mercator Projection)
通用横墨卡托投影(Univemal Transverse Mercator Projection)
高斯-克吕格投影(Gauss-Kruger Projection)
多圆锥投影(Polyconic Projection)
比例尺(Scale)

知识链接

[1] 孙达，蒲英霞．地图投影[M]．南京：南京大学出版社，2005．
[2] 祝国瑞．地图学[M]．武汉：武汉大学出版社．2004．
[3] 马永立．地图学教程[M]．南京：南京大学出版社，1998．

练习题

一、名词解释

地理坐标　海拔　地图投影　投影变形　等角投影　等积投影　等距投影　任意投影　方位投影　圆柱投影　圆锥投影　墨卡托投影　高斯-克吕格投影　多圆锥投影　比例尺

二、单项选择题

1. 根据旅游地图的数学基础的设计理念以及数学基础的有关知识，为了做好数学基础的设计，应当做到(　　)。

A．精度可测、连续完整　　B．变形均匀、便于使用
C．以上全部　　D．以上都不是

2. 地面点的定位，就是求出地面点对大地水准面的位置关系，下列哪个选项不包括在内？(　　)

A．确定地面点在参考椭球体上的位置

B．地面点相对于大地水准面的高度

C．地面点的绝对高程和相对高程

D．建立大地控制网

3．按变形性质，地图投影可以分为等角投影、等积投影和任意投影。若微分圆投影后形状不变，仍为圆形，指的是(　　)。

A．等角投影　　B．等积投影　　C．任意投影　　D．圆锥投影

三、判断题

1. 等角投影是投影平面上任意方向线上的夹角与球面上相应夹角相等，即最大角度变形为 1。

2. 任意投影指投影后既有长度变形，也有角度与面积变形，但角度变形小于等积投影，面积变形小于等角投影。

3. 中央经线投影为直线，其他经线为向外凸出并对称于中央经线的曲线；赤道投影为直线，其他纬线为对称于赤道且向两极弯曲的曲线，所有经纬线直交，指的是等差分纬线多圆锥投影。

四、填空题

1．一般情况下，在等积投影上________变形都很大；在等角投影上________变形都很大；在任意投影上，________和________都有变形，但是不太大。

2．伪圆柱投影的纬线形状通常是________线，伪圆锥和伪方位投影通常是________圆弧，多圆锥投影纬线除了赤道以外，都是________圆弧。

五、问答题

1．地图投影变形表现在哪几个方面？为什么说长度变形是主要变形？

2．说明长度比与长度比例尺的区别与联系。

3．高斯—克吕格投影的学名是什么？它的构成、经纬网形式、变形分布特点及适用范围如何？

4．说明正轴圆锥投影的构成、经纬网形式、变形分布特点及适用范围。

5．说明正轴圆柱投影的构成、经纬网形式、变形分布特点及适用范围。

六、应用题

1. 请从网上搜搜网络地图或图片式地图，选择其中几种，判断它们属于什么投影类型。

2．查看网络地图——天地图，说明它采用的是何种投影，这种投影有什么好处。

3．为你所在的省份选择理想的投影，并说明理由。

4．中国地图适合采用什么投影，为什么？

第5章　旅游地图的内容设计

本章教学要点

知识要点	掌握程度	相关知识
影响旅游地图内容设计的因素	熟悉	地图学、旅游地理学、旅游规划学
旅游地图内容的设计方法	掌握	地图学、旅游地理学

本章技能要点

技能要点	掌握程度	应用方向
旅游地图内容设计的思维方法	理解	旅游地图编制、提高解决问题的能力
旅游地图内容的组织技巧	掌握	旅游地图编制、旅游管理信息系统

导入案例

图 5.1 为一张山东省旅游地图，该图内容选择得比较理想，既充分利用了图面空间，又承载了较多的内容，不显得拥挤。为满足实用需要，科学选择旅游地图的内容非常重要，如何才能做得更好呢？通过本章的学习，读者就能理解地图内容选择的本质问题，并能学会如何去做。

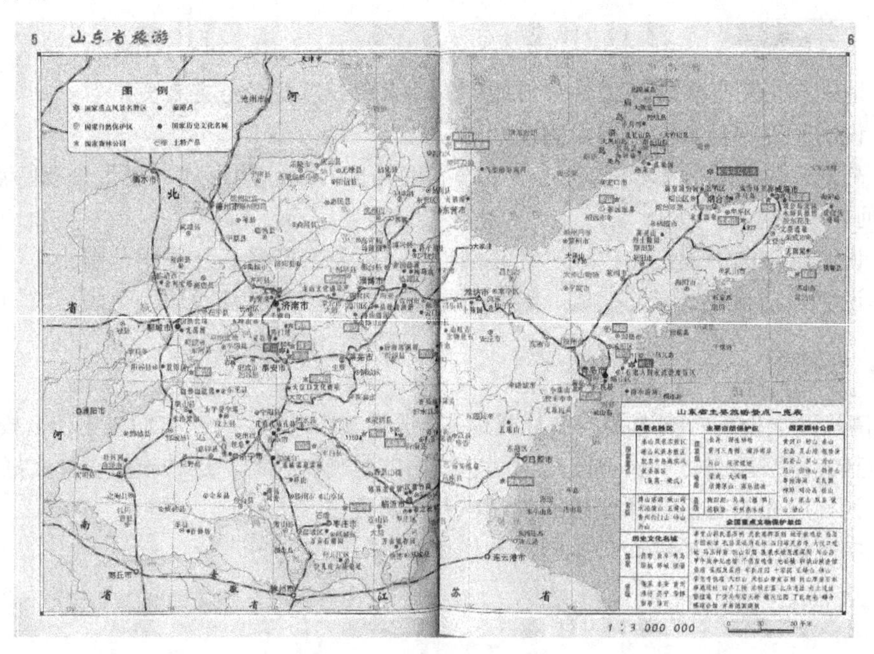

图 5.1　山东省旅游图

旅游地图的内容设计是指为了保障新编制的旅游地图的内容结构合理，密度适中，对地图内容进行组织的过程或行为。旅游地图的内容是指所要编制的旅游地图上要显示的要素，总体上分为旅游专题内容和与此相关的底图内容。例如，旅游景区(点)、旅游服务信息、水系、居民点、交通线、境界线等内容。为了解决复杂多样的地表信息与有限的地图容量的矛盾，保证图上内容密度适中，在内容设计中要制定所要选取的内容方案，哪些内容需要显示，哪些内容不需要显示，哪些内容要多选，哪些内容要少选，都需要依据相关原则进行科学合理的设计。它关系到地图的实用价值、图面的清晰性。

5.1 旅游地图内容设计的理念与原则

旅游地图内容设计中存在各种问题和矛盾，为了做好此项工作，需要建立正确的设计理念。根据地图设计的总体思想和旅游地图的实际情况，确定旅游地图内容设计的理念：既要体现实用性，又要保证图面清晰性。第一，地图内容设计要符合地图的用途。每一张地图都有其适用范围，不同主题的地图有不同的用途，不同比例尺的地图有不同的用途，在内容设计中应当考虑这方面的因素。第二，地图要具有适度的图面负载量。地图的空间是十分有限的，需要使地图负载更多的内容，同时又能使图面清晰、美观，并非多多益善。

根据这种设计理念以及相关理论，旅游地图内容设计要遵循以下设计原则。

1) 符合用途

没有一张地图能够满足各种需要，每一张旅游地图都能用于解决某些现实问题，如果想兼顾各种目的，这种图的实用性未必就强，符合读者某些需要的内容体系就是合理的，这样的地图更具有实用性，这才是人性化的设计。比如，旅游地区位图只要表明区域位置，对内容的详细性没有多少要求，具体的内容多了，反而会影响阅读；而旅游交通图对地名和交通的详细性就需要作详细的描述。旅游地图的应用范围往往超出旅游者群体的范围，普通异地社会活动者也是读者群体，应当将这种情况考虑进去。

2) 紧扣主题

地图内容设计如同写文章，紧扣主题的内容就是有用的内容，与主题内容关系密切的内容就应当尽力选取，比较相关的适当选取，不相干的不选取，提取或强调能反映地表事物规律和本质特征的信息，舍去次要的、非本质性的内容，这也是提高实用性的一个方面。比如，假如图名是“自驾车旅游图”，对沿途旅游景点、交通细节内容、加油站、餐饮服务点、维修站、标志性居民点需要详细表示，对于一般居民点可以少选或不选。

3) 数量适中

从认知心理规律看，一张地图内容并非多多益善，往往内容少反而会获得更好的阅读效果，正如老子所说，“少则得，多则惑”。如果一张地图内容太多，堆积得密密麻麻，很可能影响阅读，使读者难以找到所需要的信息；另一方面，从地图的审美角度来看，内容太多，就会使图面透不过气来，读起来不轻松，没有节奏感。内容数量适中，才能清晰易读。因此，保证图上内容密度适中颇为重要。有时美观易读与符合用途两者会相互矛盾，需要设计者妥善解决。

5.2 影响旅游地图内容设计的因素

地图内容设计的本质就是要解决内容的取舍问题。地图在不同用途和尺度地图中需要删繁就简、舍末逐本，达到地图内容详细性与清晰性、几何精确性与地理适应性的对立统一。在地图学中，将地图内容取舍的解决方法称之为地图概括或制图综合。影响旅游地图内容设计的因素可以从制图技术和地图读者两方面分析。

5.2.1 制图技术因素

制图技术因素指的是与地图制图技术有关的各种因素，影响地图内容设计的技术因素主要包括地图主题、图面尺寸、区域地理特征。

1. 地图主题

地图的主题是由地图选题所决定的地图蕴含的中心思想，它决定着各种内容在图上的重要程度，因而影响地图内容的设计。例如，比例尺相同的同样地区但主题不同的两幅地图，一幅是旅游资源图，一幅是旅游交通图，前者主要表示旅游资源，其他内容较少，后者重点表示行政区划、铁路和主要公路、各级行政中心以及作为交通枢纽、具有定位意义的居民点，对于水系则只表示主要的河流和湖泊，一般不表示地形。

2. 图面尺寸

地图图面尺寸决定着地理事物取舍的多少，因为人的视觉敏锐度有所限制。一张图做成多大尺寸(例如 A0、A1、A2、A3、A4 等)是根据使用需要来确定的。当区域范围确定后，图面小，比例尺就小，可容纳的内容也就少。随着比例尺的缩小，同一制图区在图上的面积相应缩小，所显示的地理事物的面积也随着缩小，地图内容的详细程度必然不会相同，只能有选择地表示事物，并对选取的内容进行必要的概括综合。比例尺越小，概括的程度越大，相反，比例尺越大，概括的程度越小。比如，实地 $1km^2$ 的面积，在 1∶1 万地图上为 $100cm^2$，而在 1∶10 万地图上为 $1cm^2$。由此可以看出，在如此悬殊的面积内表达同样详细的内容是绝对不可能的，故比例尺较小时，仅能表示实地的主要事物并作必要的概括。比例尺不同，同一地物的重要程度也不同。大比例尺的地图，因其所包括的地面面积较大，地理事物也较多，本来是次要的要素变得重要。比如在 1∶1 万旅游交通图上，旅游步道可以显示，而在 1∶50 万旅游交通图上，因其单位面积容纳的地理事物增多，仅能表示主要的要素，旅游步道不可能显示。所以，随着比例尺的变化，对同一要素的评价也发生变化，地图内容数量也随之变化。

3. 区域地理特征

在地图内容设计中，为了反映区域特征和保留重要的信息，提高地图的实用性，需要依据区域地理特征来制定要素的取舍标准，即使是相同的要素，在不同的区域要采取不同的取舍标准。如江南水乡，其特点是水系发达，交错纵横，居民地密集等，在该地的旅游图上，可以多舍弃一些水体，仅选大的、重要的水体；而在西北干旱区，水系较少，居民地相对稀疏，且多沿水系分布等，在该地水系显得尤为重要，要多选取水系，除选大的、重要的水体外，一般的甚至较小而重要的水体都要选取。在道路选取方面，交通发达地区需要舍弃一些低等级的交通线，对于旅游区可以多选取一些低等级的交通线。

5.2.2 地图读者因素

地图读者因素指的是与地图读者有关的各种因素。影响地图内容设计的地图读者因素主要包括用图目的、视觉生理、视觉心理。

1. 用图目的

旅游地图的用途对内容选取的原则和指标的确定有着决定性的影响。因为一幅地图能表示的内容总是有限的，仅能满足一方面或几方面的目的要求，所以地图内容的选择和表示首先应考虑到读者的用图目的。如导游图和美食旅游图，前者着重反映旅游点、旅游路线和必要的服务设施；而后者要反映美食方面的内容及其相关的地理要素。由此可以看出，同一地区相同比例尺的旅游地图，因其用途不同，图上内容的多少、主次和概括的程度有很大差别，不同的主题对底图要素和旅游专题要素设计都有影响，例如旅游交通、旅游资源、旅游设施和旅游线路设计等不同主题的地图内容大不相同。如果内容太少，也可能难以满足读者对信息的需求。

2. 视觉生理

各种地理事物在图上均以符号表示。符号和文字均占据一定的空间，其尺寸直接关系着地图的负载量，因而也影响着地图概括的程度。例如，一条弯曲的海岸线，用细线描绘能保留较多细小的弯曲，而且图面仍清晰易读；若用粗线描绘，则无法表示细小的弯曲。因此图形尺寸规定的小一些，选取的内容就可以多些，概括程度就小些，地图的内容就会详细些，图面负载量就大些；反之，地图内容必然简略，图面负载量就小。由于人的视觉敏锐度是有一定限度的，细的线条不能细于0.05mm，小的字号不宜小于4磅，否则会因为看不清楚而影响阅读效果。地图内容容量正是受到这种明锐度的限制。

3. 视觉心理

旅游地图的内容选取要考虑读者的阅读心理。一张图内容太多或太少都会影响阅读效果。这可以从两方面看，其一，内容太多，可能会打乱读者的阅读视线，使读者不容易迅速检索到所需要的信息，心情也烦躁。其二，地图内容的多少会影响地图审美效果。如果内容太多，会让人透不过气来，令人产生压抑感和混乱感，不能产生节奏感；如果内容太少，不仅影响读图目的的实现，而且让人感觉单调，不易产生参差错落、多样统一的美感。

5.3 旅游地图的内容设计

地图内容设计的工作是为了解决在有限的图面空间上如何概括地表示地面信息的问题。地图概括是一个复杂的过程，不同内容、不同条件下，做法不同，应当从内容概括和图形概括两方面来进行。旅游地图内容设计是地图设计的主要内容之一，可以分为底图内容和专题内容设计。

5.3.1 旅游地图内容设计的方法

内容设计的意义是要让地图有适当的内容容量。内容的取舍是指选取较大的、主要的内容而舍去较小的、次要的或与地图主题无关的内容。主要与次要是相对的，它随地图的主题、用途、比例尺的不同而异。旅游地图的编制大多以地形图资料为基础，若以等大比例尺地形图为底图编绘时，内容取舍工作量较小；若以较大比例尺地形图为底图编绘时，内容的取舍工作量较大；用统计资料制图，数据处理不一定仅在编绘地图时实施，大多都是在设计中进行的。内容概括表现为类型和等级的取舍和概括，也就是分类、分级的或取或舍，或合并。

1. 类型取舍与概括

旅游地图的内容设计需要从类型上考虑，选取就是选取与主题相关的、作用大的内容，舍去与主题没关系或关系不密切的类型；概括就是将类型加以归并。例如，在旅游资源图上，主要选取水系、地形，而居民地、交通线、境界等适当选取，交通线不是主要的，可以弱化；而在旅游交通图上，旅游景点、交通线和居民地是主要内容，应详细表示，境界线和水系是次要内容，可适当表示，地形要素可不表示。心理物理学中类型量表的方法是一种地理数据分类处理的方法之一。运用类型量表法可以保留面积大的类型，舍去面积小的类型。

2. 等级取舍与概括

等级的取舍就是选取高等级的事物，等级概括就是用概括的分类代替详细的分类，即按事物的性质合并类型或等级相近的事物。等级的概括可以降低图面信息的复杂性，也可以强化地理事物的特征。等级的概括可以归纳为以下三个方面。

1) 舍弃低等级的事物

根据需要选取重要的事物，舍弃低等级的事物。例如，交通图上的水系要选取干流及较重要的支流，以表示水系的类型及特征；政区图上的居民地可按行政级别选取，根据比例尺来确定选取级别，依次为首都→省会→地级市→县(县级市)→乡→村委会→自然村。资格排队法是以一定的指标作为选取标准进行筛选内容的方法，符合标准的就选取，其余删除。例如，规定图上保留长度大于 1cm 的河流，面积大于 $2mm^2$ 的湖泊，人口数量 500 人以上的居民地，这就是河、湖、居民地的选取资格，达到此数量的则选取，不够的则舍

去。这属于以数量指标作为选取资格。若以居民地的行政等级、河流的通航情况作为选取资格，规定乡、镇政府驻地以上的选取，以下的舍去；通航的河流选取，不通航的舍去，这属于以质量指标作为选取资格。资格法标准明确，简单易行，但若以一个指标作为选取条件，有时不能正确反映区域间的差异，或不能保证具有重要意义的小事物被选取。因此可按区域情况规定不同的选取标准。

2) 合并低等级的类型

对于有隶属关系的分类现象，合并低等级的类型，可以简化图面内容。例如，编制旅游资源图时，可以根据比例尺大小来确定保留级别。当比例尺较小时，可仅保留主类——自然旅游资源和人文旅游资源；当比例尺较大时，可保留亚类，甚至保留基本类型。再如将针叶林、阔叶林和混交林合并为森林；将甘蔗、棉花、油菜的作物区合并为经济作物区；将喀斯特山地、喀斯特丘陵、喀斯特台地、喀斯特溶蚀堆积盆地合并为喀斯特地貌；将棉纺织工业、麻纺织工业、丝纺织工业等合并为纺织工业等。

等级的概括还表现在图上不表示同类事物的等级差别，如在气象图上可不表示居民地的行政意义，以减少事物的类别。

3) 减少等级数

等级的概括包括通过增大数量指标内部变化的间距来减少事物的数量等级数和删除较低等级两方面，以减轻图面负担。例如，在用等值线表示数量特征的地图上，化简时就要扩大等值线间距值。如地形图上的等高线，其等高距在1∶5万图上为10m，在1∶10万图上为20m，在1∶25万图上为50m，在1∶50万图上为100m。在小比例尺普通地图上等高距不是常数。如气温图上等温线间隔，可由2℃化简为4℃等。在用点值法表示数量特征的地图上，化简时就要扩大点值。在用符号尺寸大小(如圆形符号大小、线状符号的粗细)表示数量特征的地图上，化简时可将连续的变为分级的，进而减少分级级数。如按人口数量将某一地区的居民地划分为7级，化简时，将级数减少为5级。

进行等级取舍时，不仅要考虑地图比例尺和用途，而且要特别注意考虑事物数量分布的特点及保持具有质量意义的分级界限，并且以相关学科的理论为依据。扩大气温图的等温线间距时，必须保留带有特征意义的等温线，中国划分亚热带、暖温带、温带和寒温带是根据最冷月16℃、0℃、−8℃、−28℃等几条等温线，显然这些等温线是具有地理学意义的，必须保留。心理物理学中顺序量表、等距量表和等比量表的方法可用于地理数据分级和排序，对设计地图内容有一定的应用价值。

3. 数量取舍

由于图面面积限制，即使同一类型或同一等级的事物也无法全部表示出来，必须有所舍弃和简化内容数量，进行总量控制，以保证图面的清晰性。内容数量简化通常是针对低等级的、数量最多的内容，例如大多数地图需要对自然村、小河流、小公路的数量简化。

地物数量的选取需要根据图面空间大小和地物的重要性，对常用数量简化的定量方法有定额法和开方根法，规定单位面积内应选取的事物总量。

1) 定额法

定额法是一种在确定单位面积内应选取对象数量的定量方法，它可以保证地图上既具有相当丰富的内容，又不影响地图的清晰性。例如，规定每 dm^2 内居民地应选取的个数、线条密度。确定选取定额时，要考虑制图对象的重要性、区域面积、分布特点、符号大小和注记字体规格等因素的影响。例如，规定居民地选取数量时，要考虑居民地分布的特点，一般都以居民地密度或人口密度的分布状况为基础。对于密度大的地区，单位面积内选取的数量多，密度小的地区，选取的数量少，这才比较合理。定额法的缺点是选取结果难以反映分布规律。例如，编制省(区)旅游图时，要求将乡级以上的居民地均表示在图上，但是由于不同地区乡的范围大小不一，数量多少不等、密度不等，若按定额选取，将会出现有的地区乡级居民地选完后还要选入很多自然村才能达到定额，而另外的地区乡级居民地却超过定额数，以至无法保证全部选取，这就形成了各地区质量标准的不统一。因此，必须采取适当的方法来解决这个问题，常用的方法是规定选取范围——最高指标与最低指标，以更好地反映分布规律。

2) 开方根法

开方根法是德国地图学家托普费尔在多年制图经验的基础上提出的。他认为，资料图上某一要素要编到新图上时，其数量变化与这两图比例尺分母的平方根有关。这个关系可用下列公式表示：

$$N_F = N_A\sqrt{\frac{M_A}{M_F}}$$

式中，N_A——资料图上有关要素的数量；N_F——新编图上要选取的有关要素的数量；M_A——资料图比例尺分母；M_F——新编图比例尺分母。

上式适用于同一种符号尺寸(或稍缩小)的同一类地图(如大比例尺地形图)。它只能确定选取的限额，而具体选取哪些事物还要由制图人员根据事物的意义确定。

定额法和开方根法都只能确定选取数量，在实际工作中，均要与资格排队法配合使用，同时还要从地理学角度考虑有标志性意义的居民点或其他要素，才能显得更加科学、合理。

4．按事物的地理学意义取舍

地图的最大优势是表达信息的水平空间规律，因此某些具有定位意义的地物的选取具有优先权，或者可作特殊的夸张，保留重要的、有用的信息。这些信息可以打破等级、尺度资格的限制，予以表示。比如交通定位意义重要的居民点，虽然没有重要的行政级别，按照正常条件是不够条件上图的，但是可以适当选取。某些重要的岛屿，按照面积大小，虽然不能按比例绘出，但是由于它们具有地理意义，依然可以象征性地夸张表示出来。

5．内容选取顺序

按下列顺序选取地图内容，可保证内容的重点突出与内容结构合理。

1) 从整体到局部

从整体到局部要从整体高度进行宏观把握内容。如河流的选取，先从制图区域整体出发进行河网密度分区，规定不同密度区的选取标准，然后按分区进行局部选取，由主流到支流逐级进行，最后再从全局看，各个部分的河流是否反映了全区和各区的不同河网密度及结构特点。即使对一些大河的选取也要先整体后局部，首先保留构成该河主流的基本结构特点，舍弃一些小的、次要的弯曲，然后按指标和平面结构类型选取支流和其他小河，这样才能使地图上的河网密度分布规律和结构特点得以显示。

2) 从主要到次要

根据地图的主题和用途，不仅地图上所表示的不同要素有主要与次要之分，而且即使是同一要素也有主次之分。例如，旅游交通图上的交通线是主要的，地形相对来说不重要；同样是交通线，却有主次之分，铁路、高速公路、国道、省道、县道、乡道的重要性是不同的，选取时都要遵循先主要后次要的顺序进行，才不至于重点不突出，层次不分明。例如，在普通地图上，对居民地的选取应按行政等级次序选取，先选首都(或首府)，其次是省级政府所在地，第三为县级政府所在地。这样可以保证较高级的要素不致遗漏。同一种要素有大小之分，为保证大的事物首先入选，应当先选取大的，后选取小的。如在地图上选取湖泊、水库时，先选取大的，后选取小的。

总之，选取时要从总体出发，首先选取主要的、高级的、大型的事物，再依次选取次要的、低级的、小型的事物，最后还要从整体上进行分析，观察是否反映了制图区域的总体特征。按照一定的方法和顺序进行选取，既可以保证地图上内容丰富、重点突出、层次分明，又能使地图负载量适当，清晰易读。

5.3.2 旅游地图内容的组织

前文论述了旅游地图内容设计的理念、原则、方法，如果要设计一张图，依靠这些理论，结合具体的情况，便可以处理好其中可能碰到的问题和矛盾。旅游地图由底图内容和专题内容构成，不仅要设计好各自的内容，还要处理好两者之间的关系，才能构成理想的内容体系。

1. 旅游地图的内容结构体系

总体上看，旅游地图内容构成要素可分成底图内容、旅游内容。底图内容包括数学基础、地理内容两部分，其中地理内容可能不止一个层次和类型，但是并非每张旅游地图的底图都包含所有的地理要素，而是根据需要来选择的。旅游专题内容是旅游地图的主体内容，可能不止一个层次和类型(图 5.2)。

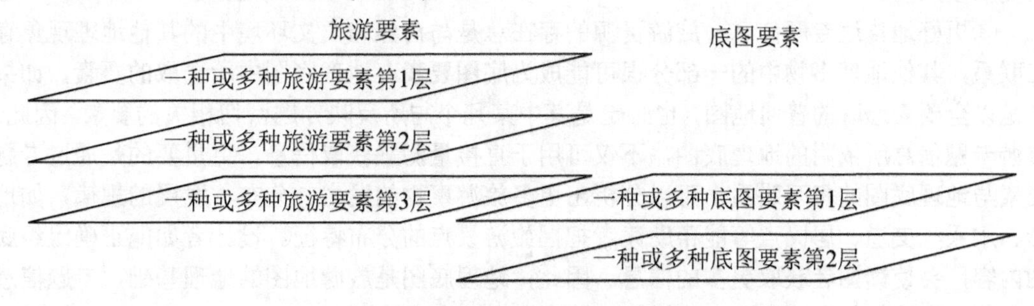

图 5.2 旅游地图的内容层次结构

2．专题内容的取舍与组织

旅游地图的专题内容应当按照前文的设计原理，综合考虑各种因素对内容进行取舍、概括、组织。专题内容是旅游地图的主要内容，应当放在第一层面，占据图中的主要地位，要在内容数量上占据优势，并加上色彩设计的配合，与底图内容形成层次对比。

以编制某地旅游交通图为例，既然该图的图名是“旅游交通图”，也就明确了主题，其内容的组织应当突出旅游内容和交通内容的设计。根据用途确定交通方面需要反映哪些信息，比如，交通方面的铁路、高速公路、国道、省道、县道、公交线路、街道、车站、观赏河段、码头等，旅游景点以及具有地方特色的自然景观、文化景观方面的内容，只要地图的容量许可都尽量反映出来。大比例尺和中小比例地图所能容纳的内容的类型、等级、数量大不相同，需要根据地图容量，从高等级到低等级，从重要到次要进行筛选。

3．底图内容的取舍与组织

底图内容设计与专题内容设计的原理是相同的，但是底图要素放在第二层面，必须处理好它与专题要素的关系，不可喧宾夺主。处理的方法除了内容的数量上适度减少外，还应当配合色彩设计来弱化底图的地位。地理底图是以普通地图为基础，根据专题内容的需要重新编制的。专题内容不可能孤立地存在，必须依附于一定的地理基础。

1) 地理底图

地理底图是专题地图的重要组成部分之一，是旅游地图的基础，它与旅游专题有一定的照应关系，不同专题内容的旅游地图其底图内容也不尽相同。为了做好底图内容设计，首先要了解底图的作用与类型。

(1) 地理底图的作用。地理底图在专题地图中具有三方面的作用。

①专题地图的骨架。旅游地图是反映某旅游信息的空间特征及分布规律的空间模型。只有将旅游信息与地理底图信息对照起来看，才能显示出专题信息的空间特征。

②转绘专题内容的控制系统。从编制专题地图的具体步骤看，要把大量各种类型的专题内容落实到相应的空间位置，并且要具有较高的几何精度，以保证专题内容的可测性与可比性。地理底图的数学基础，如地理坐标或平面直角坐标系，以及地理底图所选取的地理要素，如水系、居民点、交通网、境界线和等高线，不论哪种，都可以为专题要素的定位提供参照物。

③更好地传达专题信息。旅游资源的存在总是与自然和人文环境中的其他地理现象存在联系，其他地理事物中的一部分很可能成为底图要素。地理底图中所选取的要素，如果不是以全要素选取的普通地图，也必定是其中某几个与所反映专题密切相关的要素。因此，旅游专题信息所依附的地理底图，不仅可用于直接量测来获取信息，更重要的是通过专题要素与地理底图的相互联系，可以分析出更多旅游事物的发生、分布、发展的规律，如地形、水系、交通、居民点等能帮助读者把握旅游景点的分布特征。设计者如能正确组织底图内容，会使读图者获取更多的信息。因此，地理底图是旅游地图的地理基础，专题信息的存储、表达、传递、获取、分析都必须借助底图来实现。

(2) 地理底图的类型及其内容。地理底图可分为工作底图与正式底图两种。两者不仅精度要求不同，内容的详略要求也有不同。

工作底图的内容要比较详细，以便于转绘专题内容，通常以国家基本地形图作为工作底图。工作底图都要用于转绘内容，如果新编工作底图，图上的内容应当能满足专题内容定位的需要。由于地图表示方法的不同对底图要素选择的要求也不一样。例如，定点符号法需要参照的定位事物比较多；等值线法需根据大量观测点数据精确定位，需要较多的底图要素帮助定位；点值法中的定位布点法也需要较多的底图要素帮助定位。显然，表示方法对底图要素的详细性有较高的要求，尤其是与旅游要素关系比较密切的底图要素更为重要。除上述几种表示法外，对于精确表示的线状符号法、质底法、范围法和运动线法等对底图的要求较高。相反，只要求概略表示事物特征，则对地理基础要素要求也相对降低，如概略线状符号法、分区图表法、分级统计图法、运动线法等。

正式底图的内容往往比工作底图简略，因为这时的底图已不用于转绘内容，只需要对专题内容起定位的作用，能体现专题内容与有关地理要素的相互关系。旅游要素和底图要素既密切联系，又相互制约，故地理底图内容设计必须以能显示两者关系、突出表示主题内容为目的。目前旅游地图的底图内容设计常采用两种做法。一种是底图要素非常详细，以稍加取舍的地形图为地理基础。这种形式多见于一些欧洲和非洲国家，如奥地利、英国、德国、瑞士、匈牙利、保加利亚以及埃及、乌干达出版的旅游地图。另一种是底图要素相对较简单。由于用途和比例尺不同，对底图要素的要求必然不同，一种主题要素仅与几种底图要素相联系而不是全部地理要素。

2) 正式底图内容设计的原则

旅游地图地理基础内容的选取需要考虑的因素主要有：地图的主题、用途、比例尺和区域特征。如自然旅游资源图中的水系应当比人文旅游资源图中的水系更为详细；旅游功能分区图中的道路可以简化；用分区统计图法表示旅游收入的旅游发展图上，底图上可以更加简略。

地理底图是专题地图的地理基础，底图内容选取过少不能发挥应有的作用；底图要素放在第二层面，如果内容过于繁杂，会干扰主题内容的显示。因此，合理设计底图内容很重要。底图要素地图选取的基本原则：①能表明主题内容发生发展的环境，选取和主题内容关系密切的地理要素，能帮助读图；②不能选取过多的底图要素，防止喧宾夺主，干扰主题内容的表示。中国及前苏联等国家出版的旅游地图，其底图地图概括常采用第二种形式。

地理基础内容和旅游内容数量没有绝对的界限，在有些情况下，同一种要素既是地理基础又是专题内容，如旅游资源图中的水系、地形和特色村落等，旅游交通图中的道路、河流，旅游航运图中的河流等。有的只是用专题内容的符号代替地理要素的符号，如在人文旅游资源图中，以旅游景点符号代替居民点符号。有的则对地理基础要素进行强化，如旅游交通图上在原有的道路上加注有关信息和里程标记。作为正式底图，只需表示和旅游要素联系最紧密的基础要素。如在人文旅游资源图上，可以不表示等高线。正式底图的基础要素选取的主要原则是既能解说旅游内容所存在的环境，又不干扰主题内容。

3) 正式底图内容的设计

地图底图内容的设计没有固定的模式，只有一定的原则，主要依据地图的精确度以及其内容与专题内容的相关性而定。

(1) 数学基础。数学基础关系到旅游地图的精确性与适用性，要在设计正确的地图投影和比例尺的基础上，恰当选取经纬线网。一般地，大比例尺图，如城市旅游图、旅游点放大图，一般不需要表示经纬网，其余的都应选取经纬网，但密度不宜过大。

(2) 水文要素。水文要素有助于反映出主题要素的相对位置及分布规律，它是旅游地图的骨架，是常用的定位参照物。尽管旅游地图的主题、用途、比例尺不同，但是或多或少要选取一些水文要素。尤其是工作底图的水文要素应尽可能详细，以便于主题要素的定位。

(3) 地貌要素。旅游内容与地貌的关系也很密切，地貌既能显示各种专题要素空间分布的规律性，也能作为一些主题要素的定位基础，经常作为底图要素。由于地貌呈立体分布，用等高线法和阴影法会增加图面负担，对主题要素的显示影响很大，要慎重对待。为了增强旅游地图的立体感，增强直观性，在不影响地图清晰性的前提下，根据地图用途、主题的需要，可以用阴影法来显示地貌的旅游地图，效果良好。如旅游资源图、旅游点分布图、导旅图等，均可采用此法。也有以影像地图作为底图，在立体形态上叠加主题要素的旅游地图。如用等高线或分层设色法显示地貌，则要对等高线进行适当取舍，线条要细，还要用低纯度高明度的色彩，以免影响主题的表现。

(4) 居民地要素。居民地有定位作用，是底图的基本要素。在工作底图上，尽量保证居民点有足够的密度，以满足主题要素的定位要求。在正式底图上，可适当选取居民点。对于有重要定位意义的居民地，一定要保留。

(5) 交通要素。交通线是主要的旅游要素，但是有些专题的旅游地图(功能分区)，交通要素无关紧要，也可以将其作为底图要素来看待，其详细程度可根据地图用途、比例尺作适当取舍。交通线包括铁路、公路、大车路、人行路、航空线、航海线、城市公交线路、旅游路线、飞机场、车站、码头等，在可能情况下，通常要尽量选取。大比例尺旅游地图应尽可能多地反映交通信息，因为交通与旅游活动非常密切，有时交通要素与旅游要素之间的界限不明确。

(6) 境界线要素。境界线涉及行政区域归属问题，要严肃认真地对待，特别是有争议的国界的处理，更要有可靠依据。境界线的资料要用最新最可靠的，对于转折点、关键地段、未定界线，必须按照标准描绘和处理。境界线选取的级别，要根据专题内容性质及地图空间大小来确定。

(7) 独立地物及其他要素。独立地物指底图上一些具有地理意义的地物，如古树、古建筑、古今名桥、亭子等。对于旅游主题的表达具有重要意义的，要注意保留。另外，对于一些反映主题要素轮廓界线的要素，如植被界线、区划界线、旅游区界线等，它们既是主题内容，又可作为底图要素，具体取舍要根据编图要求进行。

知识要点提醒

地图内容的选择没有固定的模式，只有一定的原则，只有好与不好之分，也没有对与错之分。在不同情况下，应对措施不同。设计者应当在掌握原则的基础上，灵活应用。

应用实例

依据旅游地图设计设计理论，尝试为某张旅游地图设计内容。

本章小结

旅游地图内容设计中存在各种问题和矛盾，为了做好此项工作，需要建立正确的设计理念和原则。设计理念：要求内容要符合地图的用途；使地图具有适度的图面负载量。设计原则主要有以下三点：符合用途、紧扣主题、数量适中。

地图内容设计的本质就是要解决内容的取舍问题。影响旅游地图内容设计的因素有制图技术和地图读者两方面。制图技术因素需要注意地图主题、图面尺寸、区域地理特征 3 个方面；而读者因素则主要包括用图目的、视觉生理和视觉心理三点。

旅游地图内容设计是地图设计的主要内容之一，是为了解决在有限的图面空间上如何概括地表示地面信息的问题。旅游地图内容设计的方法主要就是内容的取舍，包括类型取舍、等级取舍、数量取舍以及内容选取的顺序。旅游地图的组成部分是底图内容和专题内容，所以除了要设计好各自的内容外，处理好两者之间的关系也是重中之重。底图内容设计与专题内容设计的原理是相同的，但是底图要素要放在第二层面，必须处理好它与专题要素的关系，不可喧宾夺主。

关键术语

制图综合(Map Generalization)
地图主题(Map Theme)
地理底图(Geographic Base Map)

知识链接

[1] 陈毓芬，江南．地图设计与编绘[M]．北京：解放军出版社，2001．

[2] 祝国瑞．地图学[M]．武汉：武汉大学出版社．2004．

[3] 毛赞猷，朱良，周占鳌，等．新编地图学教程[M]，2 版．北京：高等教育出版社，2008．

练习题

一、名词解释

制图综合　地理底图

二、单项选择题

1．以下不属于制图技术因素的是(　　)。

A．地图主题　　　　B．视觉生理

C．图面尺寸　　　　D．事物的地理意义

2．在制作一张交通图时，发现本区水网过于密集，无法全部在图上表现出来，这时候应该采取的方法是(　　)。

A．等级取舍与概括　　　　　　　B．类型取舍与概括

C．数量取舍　　　　　　　　　　D．按事物的地理意义进行取舍

三、判断题

1．在专题地图中要尽量包含区域内的所有地理要素。

2．旅游地图最重要的是实用性，地图的美观不在地图制作者的考虑范围之内。

四、问答题

1．旅游地图设计的理念和原则有哪些？

2．影响旅游地图内容设计的因素有哪些？

3．图面尺寸对旅游地图内容设计会有什么影响？试举例说明。

4．试述等级取舍与概括的具体方法。

5．简要描述定额法与开方根法之间的异同。

6．选取中等比例尺，水网密度不同的两张地形图相互比较，总结区域特征对河流选取标准的影响。

7．简述正式底图内容设计的原则。

案例分析

从底图内容和专题内容两方面分析图 5.3 所示地图内容设计的合理性，并提出改进意见。

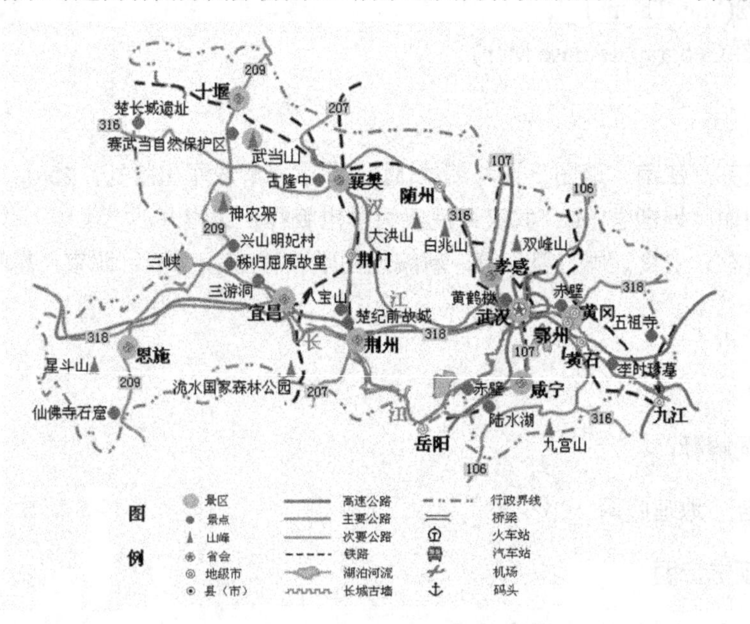

图 5.3　湖北省旅游地图

第 6 章　旅游地图内容的视觉传达设计

本章教学要点

知识要点	掌握程度	相关知识
视觉传达设计的概念	掌握	视觉传达设计、认知心理学、旅游管理信息系统
旅游地图内容的视觉传达设计的原理	理解	地图学、认知心理学、旅游管理信息系统
符号与地图符号的概念	理解	符号学、地图学、旅游管理信息系统、传播学
旅游地图符号设计的原则	掌握	地图学、认知心理学、旅游管理信息系统、美学
地图语言的特性	了解	符号学、认知心理学、旅游管理信息系统
旅游地图符号的分类及其特性	掌握	符号学、地图学、旅游管理信息系统
地图符号视觉变量的本质	理解	符号学、地图学、认知心理学
旅游地图符号的设计方法	掌握	地图学、认知心理学、旅游管理信息系统
色彩的三原色和三要素	掌握	色彩学、认知心理学、色彩美学
旅游地图色彩的设计方法	掌握	色彩学、色彩美学、旅游管理信息系统
旅游地图文字的设计方法	掌握	地图学、书法、旅游管理信息系统
点、线、面、体的地图表示方法及其适用对象	熟悉	地图学、旅游地理学、旅游管理信息系统

本章技能要点

技能要点	掌握程度	应用方向
符号学知识的应用能力	掌握	旅游信息传播、旅游形象设计、社会交往、科学研究
旅游地图符号的设计能力	掌握	旅游地图设计、旅游形象设计、旅游信息传播
色彩学知识的应用能力	掌握	旅游地图设计、旅游形象传播设计、旅游信息传播
地图语言的理解和应用能力	熟悉	旅游地图设计、旅游地图应用、旅游信息传播设计
地图符号视觉变量的应用能力	掌握	旅游地图设计、旅游形象传播设计
地图文字的传达设计能力	掌握	旅游地图设计、文稿字体设计、旅游信息传播设计
地图符号、色彩及其构成的审美鉴赏力	掌握	旅游地图设计、旅游审美、旅游形象传播设计
综合运用多学科知识来解决问题的能力	理解	提高个人素质和能力

导入案例

图 6.1 是中华人民共和国国家标准《旅游资源分类、调查与评价》(GB/T 18972—2003)中规定的旅游资源图符号使用标准。这套符号是否符合视觉认知规律，是否传达了想要传

达的信息，应用效果如何，这是地图设计者所要思考的问题。通过本章的学习，就能为这些问题找到明确的答案。

旅游资源等级	图例	使用说明
五级旅游资源	■	1. 图例大小根据图面大小而定，形状不变。 2. 自然旅游资源(旅游资源分类表中主类A、B、C、D)使用蓝色图例；人文旅游资源(旅游资源分类表中主类E、F、G、H)使用红色图例。
四级旅游资源	●	
三级旅游资源	◆	
二级旅游资源	□	
一级旅游资源	○	

图 6.1　旅游资源图符号的规范

旅游地图内容的视觉传达设计是指为保障新编旅游地图能够将内容信息有效地传达给读者，而制定一个视觉符号设计方案的过程或行为。地图符号设计实质上是内容的视觉传达设计，换言之，地图符号的设计目的就是要通过设计视觉符号来传达地理信息，也可以称之为地图可视化。旅游地图内容确定以后，接着就需要对地图内容进行视觉形式上的传达设计，才算完成地图要素的设计工作。“视觉传达设计”一词是设计学中的专业术语，指的是设计者通过设计视觉符号向公众传达信息的行为或过程。旅游地图是一种平面视觉产品，是由各种符号所构成的综合图像，是设计者向读者传达信息的媒体，是旅游地图内容的形式。为了传播信息的目的，旅游地图设计中，不仅要科学地组织内容，而且要能用地图语言将内容来直观地、准确地表达出来，将自己“想要说的话”准确地“说”出来，将自己要表达的意思用视觉语言表达出来。尽管其他语言也能表达旅游地理信息，但是在空间信息传达方面，地图语言是最佳的语言，其功能具有不可替代性。将旅游地理信息用适当的方法表达出来，准确、直观地传达给读者，是地图设计者的主要任务。因此，地图内容及其表示方法的选择是设计工作的关键，它关系到旅游地图内容的传达效果。可以说，旅游地图内容的视觉传达设计是旅游地图设计的核心内容，它决定着旅游地理信息的传达效果，甚至是一张图成败的关键。因此，本章内容显得尤为重要。

6.1　旅游地图内容视觉传达设计的理念与原则

为了提升旅游地理信息的地图视觉传达效果，根据旅游地图设计的总理念，结合旅游地图内容传达设计的实际，旅游地图内容视觉传达设计理念可确定为做到准确地传达、直观地传达和艺术地传达。准确地传达就是要准确地将旅游地图所要传达的信息准确地传达给读者；直观地传达就是要发挥地图语言的优势，运用地图符号(此处指的是广义的地图符号)系统直观地传达信息；艺术地传达就是增加语言的艺术含量，即提高地图符号的艺术性，提升地图的观赏价值。只有这样才能达到最佳效果。

旅游地图符号(此处为广义的符号)决定着地图负载信息量的大小和信息传达的效果以及艺术性的高低。不同的旅游地图常采用不同的视觉符号系统，这与旅游地图的主题、内容、比例尺、用途、使用方式及读者心理等多种因素均有关系，前文所述的设计依据中的多种学科知识或多或少在这里都有应用价值。根据符号设计的影响因素及相关学科理论，旅游地图符号的传达设计应遵循以下原则。

1) 准确性

旅游地图设计的重要一点就是要利用地图符号准确传达所要传达的信息，不能曲解信息，更不能错误地传达信息。能准确直观地传达地物空间位置信息是地图的主要功能和优势，在地图中最能直观说明地物空间位置的是图像符号，应当利用充分利用符号的这种功能来表明地物的准确位置。因此，在设计中应当尽力使符号图像具有较准确的定位或量度中心，以便读者确定物体在图上的相应位置。不管地图的用途、要素、要求相同或不同，都应当使定位符号中心点或线的位置易于明确。如普通地图上，对直接影响地图精度的居民点和其他独立地物、道路、河流、境界线等符号，面状物体的轮廓线等，不论符号形状如何，尽力使之有较明确的定位中心点或线，以保证物体位置准确，便于进行各种量算，提取有关数量信息。在这方面，抽象符号具有明显的优势。不仅要精确地传递位置信息，同时要合理地传递信息。比如，为了表明地物间的空间关系，有时需要做适度位移，虽然这样做似乎不科学，但是却很合理。信息的准确性不仅仅是指位置，还有时间、地物的分类、形态、质地、物理等属性，也应当予以考虑。

2) 直观性

信息的传达语言越是直观，传达效率越高，效果越好，既有利于读者快速获得信息，又易于接受信息，这也是一切传播符号设计需要实现的目标。因此旅游地图的符号设计应当重视直观性。实现地图符号直观性的设计有多种途径。

首先，形象化的语言具有直观性。语言形式与描述对象物理或相貌特征有相像之处。换言之，地图图像符号与所表示的对象在形状、质感、色彩及其他性质上有相同或相似之处。形象性越强，语义越明确，也就越易于阅读。作为地图符号，如果具备采用直观的具象符号的条件，则尽可能使用具象符号。具象符号可以使人很快产生与之相关的事物的联想，不受语言障碍和文化程度的限制，可以增加地图的易读性。但是，由于种种因素的制约，允许使用具象符号的情况并不多，主要是图面空间的限制，在设计时只能综合考虑各种因素，权衡利弊而为之。语意明确是地图符号设计的重要原则。同时，抽象的事物应当形象化，以便于理解。

其次，符号形态和色彩属性与所表达的事物间的联想关系也具有直观性。地图符号应当与所表征的对象形态和特性有形态上的联系，使其具有联想性，以利于读者快速获取有关信息。例如，虚线图形用于表示不可见的(地下隧道、规划交通线、境界线等)、不稳定的(时令路、时令湖)、不准确的(未实测的、草绘的)要素，而实线图形用于表示地上的、稳定的、准确的和可见的要素。地图的色彩运用也能增加直观性，地图设色的意义有三方面：反映事物的物理属性，反映要素之间的对比协调关系，用于改善图面的整体效果。其中，第一方面能用于增加地图内容的直观性。地图设色一般应按这种事物的特征来“随类赋彩”，有利于提高地图的直观性。

其三，符合使用习惯的符号也具有直观性。地图大量长期使用后，很多地图符号如同自然语言的词语一样，已经为广大读者所熟悉，某些常用符号与所指已经建立了一种约定性，不用图例说明，基本上能知道其所指，例如，铁路、行政区划界、行政中心符号，还有很多公共标识符号。因此，设计者应当照顾到某些符号的社会约定性，这样有利于提高阅读效率。

3) 简洁性

简洁不等于简单，而是要在不减少信息量的情况下去追求简洁，也就是不繁琐，没有多余的视觉符号。

首先，符号要简洁。一般情况下，地图上的空间总是不够用，无论点状、面状、线状符号能简则简。为了传达更多的信息，地图符号要尽可能以最简洁的符号提供较多的地理事物的信息，反映事物特征，建立典型而有代表性的符号图形。如目前地形图中用以表示树种的针叶林、阔叶林符号，以树的外形和叶形特征概括所表示的树林种类，既将树林总的特征概括其中，但又不是树林实际形状的真实写照。对某些形体较小或不可见的要素，如水井、泉、境界线等，则多采用会意性(或记号性)符号，以正方形、矩形、圆形等简单几何图形作为构图的基础，加以适当的变化和组合而成。在地图空白允许的情况下，应首先考虑选择具象符号。抽象几何符号最简洁，可扩大地图要素的容量，强化秩序性。

其次，色彩要简洁。色彩运用的一个基本法则是用色简洁和组合适当。地图作品色彩效果的优劣，不在于用色的多少，而在于色彩的选择与组合是否适当，若运用得巧妙，二色、三色就能获得完美的色彩效果。色彩构成要有一定距离的“视觉冲击”，但是用色过多，容易打乱视线。从视觉体验来说，单纯明确的东西要比复杂琐碎的东西更容易加深人们的印象。地图上的色彩并非越多越好看，要能简则简。地图中色彩的数量主要根据内容的复杂程度而定，即使数量比较多，也要做到多而不乱。限制用色的意义不能简单地理解为减少印刷工序和印刷成本，更重要的是避免杂乱，提高地图的装饰性。这里讲的节制用色，是限制色相的数量，而同一种色调的深浅变化不包括在内。

第三，文字要简洁。虽然表面看起来文字在图中是附属的，但是在很多情况下它所占的面积并不小，因此减少文字显得很有必要。文字要简洁就是要少占空间，需要通过减少文字数量和科学设计字体字号来实现，少压盖地物，意思就是要控制注记的大小，减少不必要的空间占据，让地图留有“呼吸”的空间。简化图中的内容注记，在不影响意思表达的情况下用简写，或用阿拉伯数字，或英文字母，或符号，然后用图例加以说明，以减少图面注记的数量。这种方法不得已时再用，因为它会给读者带来阅读上的不便。地图中的注记与图像符号不同，图像符号不可以随意放大缩小，而注记没有对事物空间定位的尺度、位置的要求，因此注记的伸缩性是最大、最自由的。

4) 系统性

一张地图的内容是一个完整的体系，具有系统性，地图符号也应当具备系统性。如果不将内容的系统性转化为视觉的系统性，读者依然不能获得地图设计者所要传达的信息。地图符号设计，不仅要重视单个符号，还要重视符号系统的设计，因为它们所传达的是不同的信息。为了提高内容的视觉传达效果，要科学地运用符号的视觉变量规律，包括图像与色彩的视觉对比规律的科学运用，使不同符号在视觉上具有既有联系又有区别的体系感，即符号的横向对比与纵向对比符合视觉规律，使得视觉符号对比特性和对比度与地图内容对比特性和对比度相一致。不仅要使不同的旅游专题要素表现出种类、等级的差异，而且底图地理要素也要表现出种类、等级等差异。例如，居民点，有首都、省会、县级行政中心、乡级行政中心等之分；旅游资源不仅有分类还有分级。设计旅游资源符号时，要用不同形态的符号区分不同类型的旅游资源。在同类符号中，各个符号之间既要有明显的区别，又能在形式上保持某种联系，结合事物的性质、数量建立一定的符号系统。比如，在地图上重点内容要采用较大较重的符号，加上高纯度、高浓度色彩来强调，次要内容要采用较小较轻的符号，加上低纯度、低浓度色彩来弱化，并且依据内容的重要程度用符号和色彩的对比手法分出几个层次，使地图作品成为主从相依、重点突出、层次分明的协调统一的整体。如形状相近的符号或色环上相邻色相的配合或同一色的深浅的层次变化，可以取得和谐的效果。对不同类型的要素应当用外形差异较大的符号分别表示，或用对比度较大的色相区分不同要素，比如同样是线状地物的公路、河流、行政界线应当用不同形态的线条配合色相的变化来强调类型差异；而对同一类型的要素应强调调和，用类似符号或类似色去表示。这样的地图看起来井然有序，易读性强。地图中点、线、面对色彩的设计要区别对待，尤其是明度关系的处理要具有条理性。总体上线的色彩不宜太深，为的是衬托线和面；线的色彩应处在中等层次，太深的线条尤其是密度较大的情况下，会使人感到烦乱。点的色彩要有一部分较深的，有利于层次的形成。注记文字也是视觉符号，与符号一样要分出层次与类别，用不同字体反映不同的类别内容，用文字笔画的粗细、轻重来强化注记的层次。经系统化设计的地图符号组合具有较强的视觉条理性，有利于改善读图效果。

5) 艺术性

要增强地图的吸引力，提升阅读效果，必须要注意符号设计的艺术性。

首先，要创造美的形象。地图符号设计应当符合形式美和神采美的规律。美化是地图艺术化设计的主要内容，是提高地图艺术性的主要目标。地图美不美，是要看其符号、色彩、文字、图面等设计是否符合美的规律。从美的对象的普遍特性看，只有形美神美兼备的作品才是最美的。也就是说，如果能够用形式美和神采美的规律来设计地图，将可以大幅度提高地图的美感度。如果地图符号和色彩设计符合多样与统一、对比与协调、对称与均衡、比例与尺度、整齐与错落、节奏与韵律、重点与层次等规律，就具有美感。神采美是一个笼统的概念，可以意会，难以言表，如气韵生动、格调高雅等描述，也都比较抽象、笼统，只要善于观察体悟，有没有神采还是能感受到的。色彩设计对地图审美风格的影响十分明显，应当高度重视。单色设计中，往往写实性与装饰性有矛盾之处，过分计较色彩的写实性会影响装饰效果，如能兼顾两者，则能取得比较好的设计效果。

第二，要能打动读者情感。有的学者认为，艺术的基本特征是把人的情感形象地传达给其他人。艺术之所以能够打动受众的情感，是由于作品融入了作者自己的情感或者在形式上与情感心理产生共鸣。地图语言情感化就是要将作者的情感因素融入地图语言之中或者使地图语言符合受众的情感心理诉求，也就是要使地图符号的造型、色彩等形式元素蕴含人的情感意味，以便打动受众情感。对于地图来说，主要应当唤起人的积极情感，比如满意、愉快、审美情感、热爱故乡情感、爱国情感、亲切感、自豪感、尊敬感、友善感、热爱社会与生活事物的情感、热爱自然与文化的情感、热爱自由的情感。地图中的所有的点、线、面以及色彩都会呈现出一定的表情，尤其以线和色彩的表情最为丰富，能使人产生夸张、含蓄、趣味、愉悦、轻松、神奇等感受。如木材、竹材、草地、森林、沙地、水面等肌理可以表达自然、朴素、人情意味等。

第三，巧妙地运用语言来传达地图内容。提高技巧性就是要求设计者充分利用地图图像语言的表达能力、各种技术条件，运用地图设计者的专业技能和智慧精心地设计，巧妙地运用地图图像语言来传达地理信息。显然，符合图形视觉认知及情感心理规律，符合视觉审美规律的符号设计，会增强地图的条理性、层次性、易读性、审美性、情感性，增加地图的魅力，不仅让读者易于阅读，而且乐于阅读。

6) 清晰性

地图符号的设计应当考虑到人的视觉敏锐度，符号的直径、线条宽度、字号的设置要考虑到视力最小可视尺度，不能小于这个尺度。此外不同视力条件的人对符号尺度还有特殊的要求，因此，在考虑最低尺度的情况下，还要考虑多数读者的视觉条件。

7) 创新性

“设计”一词本身就包含创新的意思，地图符号及其构成设计和色彩设计等一切设计行为都蕴含着创新，没有创造性就没有鲜明的个性，也就没有多样化的地图产品。为获得具有创新性的旅游地图产品，首先要有创新意识，然后加强理论学习、积累丰富经验，努力提高自己的创新能力。在实践中要努力做到不落俗套，设计出具有鲜明个性、新颖独特的产品。

知识要点提醒

旅游地图的设计者除了掌握有关设计理论以外，还要提高自己的审美鉴赏力，否则，很难设计出高品位的地图作品来。审美鉴赏力如同一根标杆，如果标杆定得很低，就很难达到高水平的目标。鉴赏力的提高有赖于理论学习，多欣赏，多体悟。

6.2 旅游地理信息的属性及地图语言的表达能力

旅游地理信息是旅游地图的专题内容，只有了解它们的特征和地图语言的表达能力，才能进一步研究如何进行传达设计。

6.2.1 旅游地理信息的属性

旅游地理信息是旅游地图的专题内容，从资料来源看有两类，一是将普通地图内容中的一种或几种地理信息显示得比较完备和突出，而将其他地理信息放到次要的位置或省略，如旅游交通图中的交通要素等；二是普通地图上没有的和不可见的或不能直接量测的旅游地理信息，需要通过其他途径来获取，如各种专题地图、遥感资料、文字资料、统计数据，实地调查等。旅游地理信息种类繁多，但总体上有一定的分布规律，设计者只有把握不同信息的分布规律，才能为其选择适当的表示方法。从地图设计角度看，旅游地理信息的属性可以分为 3 种：空间属性、时间属性、其他属性。

1. 空间属性

旅游地理信息的空间分布具有 4 种属性：一是呈点状分布或在实地占面积不大，无法依比例来表示，可以看成点状分布的事物，如小比例尺图上的旅游景点、旅游节点、旅游城市等。二是呈线状或带状分布，如旅游路线、旅游交通线、航线、客流路线等。三是呈面状分布，能够依比例表示其范围的事物，可分为连续而布满旅游区的，如旅游区划等；间断呈面状分布的，如旅游区、公园、旅游林地等；大范围内呈分散分布的，如旅游者分布等。点状分布和面状分布是相对而言的，如旅游城市，在旅游点分布图上可能成为点，而在大比例尺城市导游图上又变为面。四是立体分布，如地形起伏、建筑物等。

2. 时间属性

旅游地理信息的时间分布属性主要有两种：一是某时刻的，如今天或某日的旅游收入值、旅游人数等，可包括过去的、目前的和将来的。二是表示某一时段的，如月份、季度、年、2005～2008 年的旅游人数或变化情况、旅游总收入等。

3. 其他属性

旅游地理信息的其他属性也是旅游地图要传达的，但是这种属性比较复杂，很难归类。比如，形状、色彩、表面肌理、软硬、轻重、透明度等事物物理属性；还有社会属性，社会制度、经济水平、人口状况、环境水平、民族风俗、旅游人数统计数据、旅游收入、旅游效益、旅游资源的等级、旅游资源的分类、旅游者的职业、旅游者的年龄或学历构成、消费结构等。

6.2.2 地图的语言及其能指特性

地图是水平空间信息的最佳表达方式，因此利用地图语言来表达旅游信息的水平空间属性是最佳的选择。地图符号(广义的地图符号)是地图表达地理信息的工具，也可称之为地图语言。地图设计的主要内容是地图符号的设计。符号是地图用以传达地理信息的语言。按照索绪尔的符号二元关系理论，旅游地图中不仅图像是符号，文字、色彩也是符号，因此，按照广义的符号概念，旅游地图上的所有视觉要素都是符号，主要包括图像、文字、色彩；按照狭义的符号概念，也就是通常人们所说的符号，专指图像符号。由于这三种符号的特性和功能不同，应当将它们分开研究。从广义语言学来看，凡是能用于表达信息的一切符号都可当做语言来看待。因此，旅游地图语言分为图像语言、文字语言和色彩语言三部分，它们构成一个地图语言体系，其中图像与注记是地图中最主要的图面构成要素。只有同时运用图像符号和文字注记，旅游地图才能更好地对地理信息进行定位、定性和定量表示，二者相互配合，相辅相成，互相依存，缺一不可。地图语言究竟能表达哪些信息，表达效果如何，这是地图设计必须弄清楚的。地图的每一种语言都有其自身的优势和缺点，下面分别加以说明。

1．图像语言及其能指特性

地图图像语言是指地图图像符号，它也是地图语言的主体。图像符号具有直观、简明的特征，能使不同年龄、具有不同文化水平和使用不同语言的人都容易接受和使用。图像符号最能表达地理信息空间特征，不仅可以很好地传达事物平面空间属性，而且还能在一定程度上传达地物的立体空间属性，还能表达地物的形态、结构，并具有形象直观、一目了然的特点。它是地图最重要的语言，比文字语言易于认识、理解，不同国度、不同文化程度的人均可以识别，但是，图像符号的语义有时没有文字语言明确。图像符号既可显示地理事物的空间结构特征，表示各事物的空间位置和相互关系、性质与数量特征，还能显示各事物在空间和时间上的动态变化规律。如果进一步细分，可以将其分为具象符号和抽象符号。

2．文字语言及其能指特性

在人类历史发展中形成、自然地随文化演化的语言被称为自然语言，如英语、汉语、日语等为自然语言，而世界语则为人造语言。文字是自然语言的视觉替代符号。现代文字绝大多数为表音文字，也就是说，它的图形与所表达的内容之间没有形式上的相像之处。尽管汉字被称为表意文字，但是严格地说，现代汉字绝大部分已经音化。因此，文字是一种高度抽象的符号，只不过这种符号已经形成了严格的语法体系，能指所指规律很明确，它具有简洁精练、语意明确、蕴蓄丰厚等特点。它所表达的语义准确，承载的信息丰富，但是文字语言有其不足之处，它适宜表示非空间信息、抽象信息，不擅长表达定位信息。文字语言能用于表达：地物名称、地物性质、地物数量、图名等其他说明信息。此外，由于受语言障碍的限制，通用性不强。绝大多数地图不能省略注记，而且很多地图中注记的密度还相当大。地图文字注记与通常所讲的地图符号虽然同属于符号范畴，但是从内容意义上说，它们在地图上的作用是截然不同的。文字还扮演着另外一个角色，即阐释符号含义的作用，由于图像符号语义上不够明确，需要用文字在图例中对图像进行说明，明确其含义。这种信息的传达方式受语言障碍的影响，理解文字所传达的含义必须懂得相关语言。从视觉意义上看，地图上的文字也是一种抽象图形符号，具有类似于符号的视觉作用，设计中不应忽略这种作用。

3．色彩语言及其表达能力

色彩经常配合符号和文字来传递某些信息，说明一些问题，它也是一种地图语言。由于色彩具有独立的属性和作用，因此可以将其当做一种独立的语言来看待。色彩语言在功能上具有与图像符号相似的特点，能直观地表达地理事物的色彩、表面肌理、软硬、轻重、冷暖、干湿、分类、分级等属性。由于人对色彩的视觉敏感性比图像和文字强，因此它具有很强的表现力，尤其在传达情感方面具有很强的优势。它对表现对象的特性、地图内容的层次与类型具有很重要的作用，比文字语言易于认识、理解，不同国度的人均可以识别，不受语言障碍的限制。色彩在表达旅游地图内容中发挥着重要作用，色彩的构成还可以表现一定的审美趣味，其功能主要表现在以下方面：第一，可以提高地图表现力。一方面，

彩色地图与单色地图相比多了色相与纯度对比要素，用色相区别不同事物的色彩、质地、冷暖、轻重以及分类属性，以色彩明度及纯度来分层，可使人一目了然；另一方面，色彩还具备表现地理物象刚柔、强弱、主次等本质特性的能力，可以帮助读者理解地图内容。第二，有助于突出地图主题。运用色彩的对比可以突出主题内容。例如，在名胜分布图上，以浅淡的低纯度色彩作为图区域背景，名胜符号用高纯度的色彩，形成强烈对比，使得名胜分布的主题特别突出。第三，可以提高地图信息负载量。内容较多的单色地图，在阅读时往往发生困难。善于运用色彩区分要素，按事物重要程度用浓淡色彩分层，就会改变这种状况。因为用色彩区别各要素，以色彩浓淡及纯度来分层，可使人一目了然，既可增加旅游地图的信息，又能让特征明显、具有重要意义的景观要素突出地显示出来。第四，色彩还能用于传达美的信息。色彩在表现审美风格方面有着十分重要的作用。

6.3 旅游地图内容的图像符号传达设计

地图上用于表达地理信息的主要语言是符号、注记、色彩，从符号学意义上说，它们均可称为符号，通常所说的地图符号不包括文字注记和色彩。本节所讲的地图符号指的是狭义的符号——图像符号，也是地图符号的主体，地理信息的定位主要是用图像符号，这是地图产品不同于一般视觉产品的特别之处。旅游地图内容的符号传达设计是指为了更好地传达地图内容，为旅游地图中的各种符号的图形、尺度等方面制定一个科学合理的方案。旅游地图符号关系到地图负载信息量的大小和信息传达的效果以及艺术性的高低。不同的旅游地图常采用不同的符号系统，这与旅游地图的主题、内容、比例尺、用途和使用方式密切相关，但只要按照地图内容视觉传达设计的原则去做，都能取得较好的效果。

6.3.1 地图符号的分类及其特性

地图符号应用的历史悠久，地图学经历了几十年的发展，在各种地理信息的表示方法方面已经形成了一些成熟的理论，地图符号分类是其中的一个方面。按照分类方法的不同，地图符号有不同的分类结果，主要有3种常用的分类方法：按符号和事物的大小比例关系，符号所表示事物的空间分布状态，符号的图像特征分类。这些分类方法对于人们认识地图符号的本质和特点，科学设计地图符号和科学使用地图都有着重要意义。

1. 按符号和事物的大小比例关系分类

按符号和事物的大小比例关系，地图符号可分为依比例符号、半依比例符号和非依比例符号。从这些分类能看出符号与实物之间属于何种尺度关系，对地图量算有着重要的指导作用。

1) 依比例符号

依比例符号是能真实表示地面事物平面轮廓形状的符号，又称真形或轮廓符号。凡是地面事物按比例尺缩小后仍能绘制出平面轮廓形状所用的符号，都是依比例符号。可以利用这种符号量算实地面积，结果基本准确或比较准确；此类符号通常用轮廓线表示真实范围，在轮廓线内填绘其他符号、注记或色彩，以表明该地物的范围、类别与数量，如大比例尺地图中的街区、湖泊、林区、草地、自然保护区等。

2) 半依比例符号

半依比例符号是只能显示地物的长度，不能显示其宽度的符号(即宽度上有夸张)，如线状符号。它用于表示在实地狭长分布的线状地物，如中、小比例尺图上的道路、堤、城墙、部分河流等，按比例尺缩小后其长度仍能依比例表示，而宽度不能依比例，为了让其比较醒目，往往夸大其宽度。例如单线铁路，标准轨宽只有1.435m，加上路基宽度也只有6.6m宽，在1∶5万地形图上只有0.1～0.12mm，如果依比例表示很不明显或者基本看不见，不能显示其重要性，只好将其宽放到0.6mm表示。此类符号只能量测其位置与长度，不能量测宽度。

3) 非依比例符号

非依比例符号是不表示地物平面轮廓形状与大小的符号，又称点状符号、独立符号。它用于表示在实地占有很小面积的重要物体，当地物按比例尺缩小后仅为一个小点，无法显示其平面轮廓，通常用非依比例符号夸大表示。此类符号仅显示地物的位置和性质，不能量测其范围大小，如宝塔、水井、独立树、小比例尺图上的旅游景点等。同一要素因地图比例尺不同，可以有不同的表示方式，例如同样是居民地，面积较大或地图比例尺较大时，可以依比例表示；面积较小或地图比例尺较小时，则用不依比例或半依比例符号表示；这三种符号也可以同时并存。同一地物随着地图比例尺的缩小，表示方法会发生变化，即依比例符号可能转化为不依比例符号。

2．按符号所表示事物的空间分布状态分类

按符号所表示事物的空间分布状态，地图符号可分为点状符号、线状符号和面状符号。从这些分类能看出地图符号的外在形态与所指事物的特征，以及对定位与量算的意义。

1) 点状符号

点状符号是不表示事物实际范围大小的符号。当所表示的事物不能依比例表示平面范围时，只能用此类符号标明所在位置。如古亭、独立树、宝塔、温泉、井、测量控制点、旅游景点、比例尺较小时的旅游村镇等。点状符号类似于非依比例符号。

2) 线状符号

线状符号是用于表示在实地呈线状或带状延伸的事物的符号。在图上常用线状符号表示的有旅游线路、道路、河流、境界线等。线状符号有粗细、虚实、单双、复杂、简单、单色、彩色等类型。线状符号通常是半依比例符号，但是大比例尺图上的线状符号也可以表示实地宽度。

3) 面状符号

面状符号表示实地呈面状分布的事物。地面事物按成图比例缩小以后仍然可以表示出范围时，就可以采用面状符号表示，如旅游区、旅游资源范围、旅游市场分布、湖泊、水库、林地、草地、居民地平面图形等，它们的平面轮廓按比例尺缩小，其间填充符号或色彩。面状符号均属依比例符号。

3．按符号的图像特征分类

按照图像特征，地图符号可以归纳为具象符号和抽象符号两大类，其中，具象符号又分为影像符号和人工具象符号，抽象符号分为几何形态符号、自由形态符号以及文字符号(表6-1)。从这些分类能反映符号与所表达的事物在形状、色彩、表面肌理外观属性的相像程度。

表6-1　地图符号按图形分类

符号的类型			点状	线状	面状
具象符号	影像符号				
	人工具象符号	写实符号			
		写意符号			
抽象符号	几何形态符号	平面几何符号			
		立体几何符号			
	自由形态符号				
	文字符号		P		松　松

1) 具象符号

具象是指具体的形象，一般是指客观存在的形态，对装饰艺术来说，具象是指自然形态，包括生物(动物、植物)和无生物(矿物、化合物)以及人为形态(建筑、家具、器物)，是客观存在着的或认识中反映出来的事物的整体，是具有多方面属性、特点和关系的统一。具象符号的特点是，无论如何加工符号，或多或少都保留有所描绘事物的形态特征，总能看出像什么。具象符号是从自然界各种物象提炼而来的，例如人物、鸟兽、鱼虫、花果、草木、山水、云霞、雨雪、物体和天体等。地图符号把自然界中物象的特征、规律和结构进行艺术加工。根据形象特征，具象符号又可分为影像符号和人工具像符号两种。

(1) 影像符号。影像符号保留了事物的原始形象，通过摄像获得，稍加处理后就可以变成地图符号。影像符号又叫自然形态符号，具有物象色彩、形状、质地、空间存在的自然性。

(2) 人工具像符号。人工具像符号是根据自然界中物象的特征、规律和结构，通过写生、抽象、概括、变形、简化、符号化等艺术加工而成的具象符号，能简洁地反映事物的形态特征，并具有艺术美。经过设计加工的形象，从设计的概念来说，人工具像符号已不是原始的自然形态这个概念，但它还保留了自然形态的特征、个性、特质及典型性。因此这种符号能较好地传达对象的多种属性信息。

人工具像符号又可分为写实符号和写意符号两类。写实符号是按照物体的透视规律如实绘制而成的，符号形态与实物相似，描绘比较细腻，给人以真实、亲切的感觉。写实符号可以有不同的视角，为的是使所绘出的符号能为读者提供较多的信息量，最能反映事物特征，最具美感。写意是中国画的画法，采用简练的笔墨线条，注重物象神态的描写。写意符号的来源类似于绘画中的写意画，实物形态是其最基本的形象元素。从实物形态到符号成型要进行变像。变像的手法较多，如夸张、省略、强化、变形等，往往一个符号中包含几种变像手法。变像是向抽象转化，不注重原始形态的如实描绘，妙在似与不似之间，但不管怎么变，它有个原则，它仍保持自然形态的主要特点、神态。对于某些难以直接用形象来表达的事物，可以采用象征和寓意等手法。总之，写意符号重在主观意象的表达，是具有一定抽象性的具象符号。

2) 抽象符号

抽象符号与被表达的事物自然形态没有形态上的相像之处，只是反映自然现象的某些规律。抽象符号可分为几何形态符号、自由形态符号和文字符号三类。

(1) 几何形态符号。几何形态符号可以分为平面几何符号与立体几何符号。平面几何符号在地图中很常见。立体几何符号具有长、宽、高的视觉效果，可以增强图面空间感、实物的真实感，是在地图平面上表现立体形态的手法。

(2) 自由形态符号。自由形态符号包括自由形态的图案和线条。凡是非几何图案都是自由形态符号。地图中的线状符号大多呈自由形态，地图中的面大多呈自由形态，但是它们不存在设计问题，只是构成线状符号或构成面状符号的单体符号(构成面的纹理)需要进行设计，也就是说单体符号可以设计成自由形态符号。在地图上最多的是自由曲线，如河流、交通线、境界线、水岸线、等高线。地图上线的类型不是由作者决定的，而是由内容性质决定的。在由各种线组成的图形中，箭头具有运动感和方向感，在气象图、作战图、经济图等地图中常用它表示某些事物的移动轨迹与方向。

(3) 文字符号。地理事物符号化的方法多样，但是有些抽象事物难以用一个简单的图像符号来描述，用几何符号又不能明确其含义，有时就借用文字来表征。从形态上看，文字属于自由形态，它是一种特殊的抽象符号，比较简洁，而且比几何符号含义明确、深刻，只要读者懂该种语言，就能大致了解其含义。由于文字的形态不规则，不利于定位，因此，设计点状符号时，通常借助于几何图形来弥补其缺陷，同时还避免了与一般文字注记的混淆。面状符号的文字如果不用于定位，可以直接采用文字排列。文字符号很难单独用于表示线状地物。

6.3.2 旅游地图符号设计

为了便于理解和掌握，这里从个体符号和符号系统两个层面来讨论地图符号设计，因为它们所要传达的信息不同。个体符号设计是解决地图符号设计的造型问题以及着重表达对象的个别性质，符号系统设计是解决地图符号之间的关系问题。

1．旅游地图的个体符号设计

个体符号是构成地图的基本部件，是地图符号设计的组成部分。

1) 个体符号设计的基本思路

这里的设计应当包括符号库中符号的调用和作者自己的设计。这里所讲的个体符号不仅仅指点状符号，还包括线状、面状符号。依据旅游地图设计的原则，个体符号设计可以按照下面的基本思路进行。

(1) 准确传达信息。首先要能准确直观地传达地物空间位置信息，对地物空间位置的表达来说，抽象符号比具象符号更能说明地物所在位置。这是因为几何符号、抽象线条有较准确的定位或量度中心，定位就很精确；而具象符号的几何中心不是很明确，很难说明其精确位置，但它能表达地物的分类、形态、质地、物理等属性信息。在设计中需要考虑各自的优缺点，能兼顾当然更好；若无法兼顾，则应取其所长。

(2) 传达更多的信息。如前文所述，旅游地理事物具有多方面的信息，具象符号除了在传达定位信息方面不具有优势以外，在表达事物其他属性方面具有优势，因此人们还是偏重于喜欢用具象符号，或者用具象符号与抽象符号结合来解决这些信息传达问题。比如，阴影法与等高线结合来表示地形，就是很好的例证。

(3) 考虑图面空间大小。个体符号设计应当考虑图面空间大小。如果图面要素比较少，可以多用具象符号，因为这种符号占的空间较大，但是如果图面要素比较多，应多采用抽象符号。这样既不影响图面的整洁，同时能提高地图的直观性，还能传达更多的信息。

(4) 多用直观的符号。为了增加直观性，在设计或选择符号时应多用形象的符号，如半抽象符号、影像符号、立体感符号。比如，用影像来作为面状符号填充，水面用水波影像、草地用草地影像。在其他因素已经确定的情况下，能用具象符号则不用抽象符号，能用地图符号则不用文字语言，以便增加地图的直观性。

(5) 考虑符号的清晰性。地图符号的符号直径、线条宽度大于视力最低可视尺度，同时还要考虑多数读者的视觉条件，比如高龄人群使用的地图，其符号尺度需要比正常情况大。

(6) 强化个体符号的艺术性。应当将美的规律应用于个体符号设计，通过调整线划长短、粗细、曲直、疏密，形体的方圆，以便获得适度对比，增加要素的协调性，改善符号的美感。对称的符号设计可以获得平衡、安稳、沉静、庄重的效果；均衡形式的符号设计能获得动中有静，静中有动的效果，比对称更有活泼的美感。按照比例与尺度美的规律处理好符号中各部分之间或部分与整体之间在大小、长短、粗细、间距等方面的尺度关系，可以增强个体符号的美感。应当善于将黄金比应用于符号设计中，但是又不能被黄金比所限制，还要从各种比例中找到美的规律，以获得丰富多彩的符号。整齐的符号形式可以引起单纯、典雅、有序、统一的美感。但是为了增加符号韵味，不能拘泥于整齐，应当让个体符号形式要素既有整齐又有错落，以获得“不齐之齐，齐而不齐”的美感。在点状符号设计中要注重美的神态，有端庄、飘逸、典雅、严谨、潇洒等风格之差别。如果能够注意符号的风格特点，会使个体符号更具魅力。在线状符号设计方面，要强化线在显示图面节奏、韵律、动感方面的作用，可以利用飞动、饱含情意的线条来增加气韵生动感。

赋予符号情感元素可以强化地图的艺术性。地图上所表达和所能表达的信息很丰富，给予了地图传达情感的机会。图形符号是能够传达实用信息与情感的语言。比如，当地图上出现与自己生活相关的或与自己情感经验相对应的图形符号，就会唤起人的联想和想象，产生情感共鸣。地图中的所有的点、线、面仅具有审美性的一面，而且具有一定的表情性，尤其以线的表情性最为丰富。不同的线条会表达出不同的情感意味。每个地图图形符号都呈现出一定的形态，“形”是符号形体，“态”则指外观情状和神态，也可传达一定的表情。图形符号作为地图传递信息的第一语言，其形状、尺度、比例及层次关系等，能使人产生夸张、含蓄、趣味、愉悦、轻松、神奇等感受。设计者可以利用这些符号的表情性来传达审美等情感内容。此外，图形符号的各种质感肌理特征能传达某些情感，给人以各种视觉和触觉感受。通过肌理特征的调整和改变可以赋予自然野趣或温情脉脉的情调，使人产生强烈的情感共鸣。

(7) 与符号的系统化设计配合。个体符号是符号系统的一部分，应当融入系统中，因此它的设计应当与全图符号系统化设计相协调。主要通过尺度和形状相似与之相融合。例如交通线有高速公路、国道、省道、县道等级别之分，应当从形状上保持关联性和差异性；旅游资源也有分类和分级系统性。

2) 旅游地图符号形式的设计

(1) 具象符号的设计。具象符号的设计包括影像符号和人工具象符号的设计。

影像符号设计是利用影像来设计地图符号。摄影技术和计算机制图技术用于地图编制，使制作影像符号变得简单易行。它的最主要特点是能真实反映客观对象的形态、质地的属性。确切地说，影像符号制作通常不需要过多的加工，将图像稍加处理就可以获得(图 6.2)，在使用中要注意以下几方面问题：其一，反映物体的特征。取材时要注意物体的角度、部位、构图，以反映物体的特征及构图的艺术性。其二，加边框。所用图像加边框可以增加厚度感，又能加大与背景的对比，不至于被埋没。边框形状可以自行选择，一般来说，用长方形比正方形富于变化，正方形容易导致呆板，而且横放比竖放更符合视觉生理规律。方形边框可用方角也可用圆角，圆角方框更具有和谐感和装饰意味，但圆角的弯曲度不宜太大，要在不方不圆之间。若用椭圆，也要注意长宽比，太短了不美观，椭圆横放比竖放更符合人的视觉特征。图形边线必须要有足够的粗细度，太细了没有力度，也不醒目，图片会显得没有分量。为更好地衬托图片色彩，边线的色彩以黑白灰较理想，在浅色背景上宜用黑或深灰色，在深色背景上宜用白或浅灰色。此外，不同类型几何形的边框可以用于区别不同的地物类型，以表现地图内容的条理性。所用图片除了加边框外，还可以加阴影，以强化图面的空间感。其三，注意使用场合。影像符号必须在体量较大的情况下才能看清晰，因此，它的缺点是占用较大的图上空间。因此，它的适用范围比较小，只有在特殊需要或者图上内容密度较小的情况下才可使用(彩图 10)。

人工具象符号是以客观事物为模本，经过人工提炼、加工、变像，描绘出来的符号，例如人物、动物、植物、风景、静物(器皿)等，都是描绘得到的对象。具象符号能较好地反映客观事物的特性，在地图中用途广泛。人工具象符号设计可以采用两种手法：其一，写实。写实指将地理事物按透视画法则画成地图符号。按此法则画成的符号形状与实物相似，能给人以形象逼真的感觉，非常直观(表 6-1)。其二，写意。写意是中国画的画法，用简练的线条来表现物象的神态意趣，地图符号的设计类似于绘画中的写意。人工具象符号

设计不是对对象的机械复制，需要变像、夸张、省略、强化、寓意、象征，以表达对象的特征为目的(图 6.3)。在旅游地图上应用很广泛(彩图 11)。

图 6.2 影像符号

图 6.3 写意符号

(2) 抽象符号的设计。抽象符号设计包括几何符号、自由形态符号和文字符号的设计。

地理事物有的是有形的，有的是无形的。有形的物体可用具象符号表示，也可用抽象符号表示；无形的事物的符号，适合使用几何符号或者是象征符号，例如行政界线、等高线、首都、政府机关、科技内容。平面几何形符号，如方形、三角形、梯形、圆形、椭圆形等几何图形及其变化或组合。立体几何体是具有长、宽、厚并在实际中占有空间的实体。立体几何符号并不是真的实体，而是在平面上表现几何体的透视效果，可以产生位置、排列、凸凹、形状等视觉效应，造成图面的空间深度感(图 6.4)。这种符号对增加地图的深度空间感和图面质感有一定的意义。

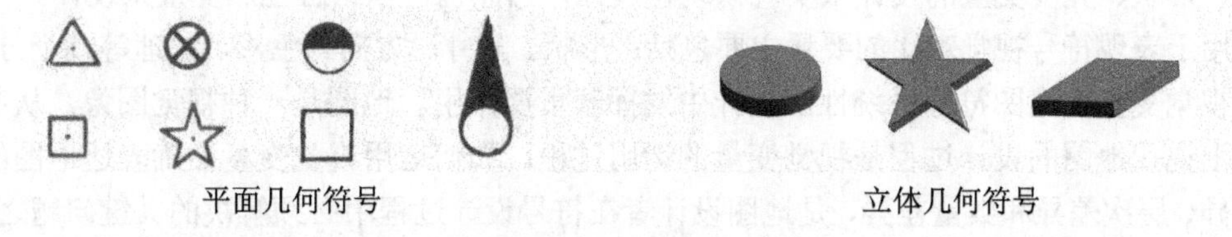

图 6.4 几何符号

地图中的线状符号大多呈自由形态，如河流、交通线、境界线、水岸线、等高线。地图中的面大多呈自由形态。它们不存在设计问题，只是构成线状符号或构成面状符号的单体符号(构成面的纹理)需要进行设计，也就是说单体符号可以设计成自由形态符号(图 6.5)。要重视线条的质感。细线条匀整、流动多姿、典雅含蓄。圆转柔韧的线条，则富于弹性，表现出地物的质感，刚柔相济，有血有肉，能表达出物体的质感、量感、空间感，有生命力。有力量、有弹性的线条有利于形成气韵生动的气象。还要防止折线过多，多用平滑曲线。

地理事物的符号化方法多样，但是有些事物难以用一个简单的形象符号来概括表示，而用几何符号又不能明确其含义，这时就可以用文字符号。文字是一种特殊的抽象符号，不仅简洁，而且比几何符号含义明确、深刻，只要读者懂该种语言就能了解其意义。由于文字的形态不规则，定位性差，因此，设计点状符号时，通常借助于几何来弥补其缺陷，同时还避免了与一般文字注记的混淆。面状符号的文字不用于定位就可以直接采用文字排列(图 6.6)。

点状

线状

面状

图 6.5　自由形态符号

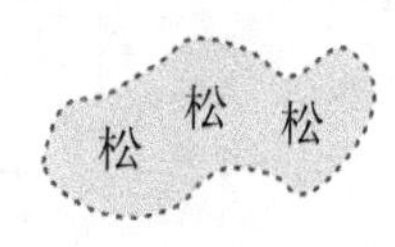

图 6.6　文字符号

2. 旅游地图符号的系统化设计

地理事物的分布主要表现为点状、线状、面状、立体 4 种主要特征，此外，地理事物还有其他一些特性，如可见的和不可见的，有形的和无形的，历史的、现在的和未来的。同时，一张地图中各种要素是一个既有联系又有区别的体系。地图符号设计的任务不仅是要科学表达地理事物的个体特征，还要反映要素间相互联系的总体特征，并使地图符号及其构成具有较强的艺术性。

1) 系统化设计的基本思路

系统化设计是站在宏观角度来看问题，主要是为了处理好各种符号之间的关系，不强调或者不顾地物的其他属性。

(1) 利用视觉变量准确表达内容的对比协调关系，使符号系统化。旅游地图的内容除了专题内容与底图内容对比之外，这两者还存在着对比协调关系。它们之间的对比度是大是小，需要用符号的视觉变量规律来表达。点状、线状、面状符号及其组合，可利用符号尺寸、形状、亮度变量的设计来实现系统化设计，当然也可以结合色彩变量来设计。

用于表现符号视觉对比的要素主要包括：形状、尺寸、方向、色彩、纹理等几个方面。这些视觉变量在地图符号系统性的设计中发挥着重要作用。地图是一种视觉图像，从某种意义上说，地图的设计过程是视觉变量的运用过程。如何运用视觉变量准确表达地图的类型差异、层次差异和数量差异，是地图设计者在符号设计过程中必须解决的关键问题之一。视觉变量的差异感有一定的规律，每一种视觉变量都有其最适宜表示的旅游要素特征，例如，符号大小适合于表现层次差异和数量差异，形状适合于表现类型差异。视觉变量往往是多种要素综合运用，以达到视觉图形和色彩的对比度。彩图 2 是视觉要素的感受效果，可以根据需要来合理运用。有时采用一种变量，有时要采用多种变量配合。

其一，选择视觉变量。旅游地图设计，当制图内容确定之后，视觉变量选择极为重要。

它决定要素的参与数量。选择既包括对全部制图内容的要素选择，也包括当一个旅游要素可用几个要素表示时选择最佳要素。如景点分布图，用个体符号定位表示景点分布，用蓝、红色分别表示自然、人文景点，用形状对比表示景点类型。

其二，变量视觉配合。配合是两个以上的视觉变量同时运用，包括组成同一符号的要素配合和组成不同符号的要素配合，以强化类型或层次或数量或强度对比。例如形状与色彩配合来区分自然与人文两类旅游资源，亮度与尺寸配合来加大层次对比。

其三，强化与弱化对比。旅游地图具有层面性，旅游要素有主要、次要、一般等区分。层面感需用强化符号视觉对比来调节。强化指改变符号视觉变量，增大符号对比性，造成差异感。可用扩大符号、线划变粗、提高色彩纯度、降低亮度、增大字级等方法。如点、线符号，若突出点符号，可强化色彩和尺寸，即用鲜艳、较大点符号示之；若突出线符号，则用纯度最大、较粗的线符号示之。弱化可用缩小符号、线划变细、改变色相、降低纯度、增加亮度、缩小字级等方法。如在旅游人文资源图上，水系等底图要素用灰色，就是用色彩减弱来增强图面对比性、扩大差异感。

其四，细化与简化符号系统。细化是指符号视觉变量所表示的旅游要素有详细、复杂的分类分级，和制图内容处理密切相关，常表示重要的专题内容，可用加大视觉变量变化幅度的方法。如旅游资源图，可用增加色彩变化数，表示详细旅游资源类型。和细化相反，简化所表示的旅游要素有概括、简单的分类分级，可用缩小视觉变量变化幅度的方法表示旅游要素的概括性。如旅游人口密度图，可以用减少色彩变化数，表示概括人口密度分级。

符号视觉变量设计的基本原则是最大限度地利用每个要素的最佳表达效果，寻找优化组合模式，能系统、充分地显示旅游要素，并和制图目的、用途、主题相一致。设计的步骤是：首先，根据地图内容特征、地图用途、比例尺等选择视觉变量，选择多少，取决于旅游要素多少和其复杂程度。其次，根据所设计点、线、面符号的图面相互关系，即邻接、并置和包含、交叉的关系，确定用匹配或配合模式。若符号间为邻接或并置(并列)关系，用匹配模式；若符号间为包含(一个符号中含另一个符号)，或交叉(一个符号和另一个符号交叉)关系，用配合模式。两个点或线符号各自包含或交叉，用压盖配合，重要的压次要的，小符号压大符号；两个面符号包含或交叉，用压盖叠置；点与线符号、点或线与面符号的包含或交叉，多用压盖配合。一般地，主压次、点压线符号，点或线压面符号。组成同一符号的要素，一般用配合模式，且多为真配合形式。然后根据所示旅游要素的详略，确定用拉伸或压缩模式。如内容详细用拉伸模式，内容概括用压缩模式。最后，根据所设计旅游要素的主次层面，确定用强化或减弱模式，重要内容用强化模式，次要内容用减弱模式。

在符号设计模式中，“选择”确定变量的运用；“配合”确定变量的组合形式，“强化”、“弱化”——确定符号在图面上的层次，“细化”与“简化”——确定符号所反映旅游要素的详略。

(2) 使地图符号系统的构成具有艺术性。地图的个体符号都是组合起来使用的，地图符号配合的视觉效果比个体符号单独的视觉效果更为重要。地图的构成的美化设计就是要将点、线、面等基本构成要素，在二维平面上按美的规律进行视觉性、心理力学性的组织，构成二维平面上的完美形象，使得构成整体的各个部分在形式上具有某些统一因素，使它们之间建立某种关联、呼应、协调、衬托的关系，使每个个体符号都成为一个有机的统一体中不可缺少的要素，使图面形成丰富而不杂乱、统一而不单调之美感。对比与协调的关系的处理是通过形状、尺度、色彩、纹理等视觉对比要素的设计来实现的，应造成适度对比度。由于绝大多数地理事物的分布都是不规则的，很少有对称的情况，因此均衡美的规律在地图符号构成中经常要用到，对称美的规律在地图上运用较少。均衡美的规律大有用处，当遇到左右或上下内容密度不平衡时，为了获得均衡美，需要作合理布局。比例与尺度美的规律适用于图形尺度对比，地图符号构成中表现得比较隐匿，比如，各种色彩之间的比例关系，不同大小、明度符号之间的比例关系，图面空白所占比例都应当符合比例与尺度美规律。地理事物很少有整齐分布的或整齐规则形态，倒是错落分布或形态非常普遍，错落之形在地图上比比皆是，颇能体现地图美的特色。面状符号中的点状符号，有整齐排列和错落排列两种，其中后者更加活泼。在地图符号构成中，通过符号与色彩轻重设计给予地图图面以适当节奏，有助于强化地图美感。主要是通过点状符号、色块、分层设色、色带渐变色、不同要素间交替分布的设计，以体现轻重变化节奏感。地图韵律感的形成有赖于地图线条特性及其组织。地图上的线条大多为抑扬顿挫的自由曲线，富含韵味和情趣。从韵律感的需要来看，折线的平滑是很有必要的，可以使线条变得优美，更具韵味。此外，等值线的组合能产生很强的韵律感。地图内容需要显示重点与层次，地图美化也需要显示重点与层次，如果两者建立对应关系，则可相得益彰。无论是专题地图，还是普通地图，在内容上都有重点和层次。重点与层次的形式体现有依赖视觉对比要素的科学运用。在地图设计中，重点与层次应当用符号尺寸对比来体现。

点、线、面之间的关系应综合全图效果及每张图的主题来进行协调，不同的地图其图幅大小、内容密度、专题内容与底图内容大不相同，千变万化，设计者必须因图制宜，将每一张图当做一个系统工程，按照美的规律去设计，使所有地图要素构成一个既有对比又能协调的有机的整体，总体上给人以多样统一之美、秩序之美。为了显示气韵生动，地图上的线条设计应当把握两点：一是重视以线立骨，二是地图上线的组织要分清主次。对线条进行艺术概括和提炼，不宜繁琐。对于主要的线，如轮廓线、结构线都应当充实而且明确；次要线条不宜过分强烈、突出，以免干扰主要线条。线条的组织要有聚散关系，即疏密关系。聚与散，密与疏，是相对关系。对线条纵横关系的处理，要相互穿插，尽可能避免平行、对称、长短相似或距离相等。

2) 点状符号的系统化设计

点状符号的系统化设计表现在符号类型的选择和符号间对比协调关系处理两方面。

(1) 点状符号类型的选择。点状要素不仅适合于用抽象符号，也适合于用具象符号来表示，往往是两者并用，取长补短。至于什么情况下用具象符号，什么情况下用抽象符号，应考虑两个因素。

① 读者对象。具象符号语义相对较为明确，比抽象符号直观，容易识别，不受语言障碍限制，适合于不同文化程度的人群阅读，如用作旅游图、儿童地图符号。文化程度较高者或者专业人员适应能力较强，给专业人员使用的地图适宜采用抽象符号和半抽象符号，以提高地图的负载量和符号定位的精确性。

② 图上内容密度。具象符号一般不宜在内容复杂的地图上使用，适用于大比例尺地图或者是内容简单的地图。抽象符号较简洁，适用范围较广，尤其适用于内容复杂的地图，但它的直观性较差。但是，不能一概认为只有具象符号才有美感，抽象符号就没有美感。同时，观察地图的美，不能只关注个体符号的美，更重要的是要重视整体的美，要有全局观念。

(2) 点状符号的对比协调关系处理。点状要素差异主要表现在类型与层次两方面，可称之为横向对比和纵向对比。

① 横向对比设计。内容简单的地图，无论用具象符号还是抽象符号，均比较容易表现出要素的差异。但是，如果内容很多，类型很复杂时，使用具象符号就不容易表现得很有条理性。例如旅游资源图图例就适合于用几何符号，用曲线系列表示自然类，用直线系列表示人文类，这样就容易阅读和记忆。几何图形的 3 种基本形态方形、三角形、圆形被称为三原形，是最典型的形状对比，它们具有各自的特点：方形的特点是平行和垂直，而三角形是斜线，圆形则表现为圆周循环。几何形的对比适合于表现地图要素横向对比关系。根据三原形设计者可以设计出各种协调或对比的图形符号(图 6.7)。具象符号之间的视觉对比比几何符号之间的对比来得复杂。

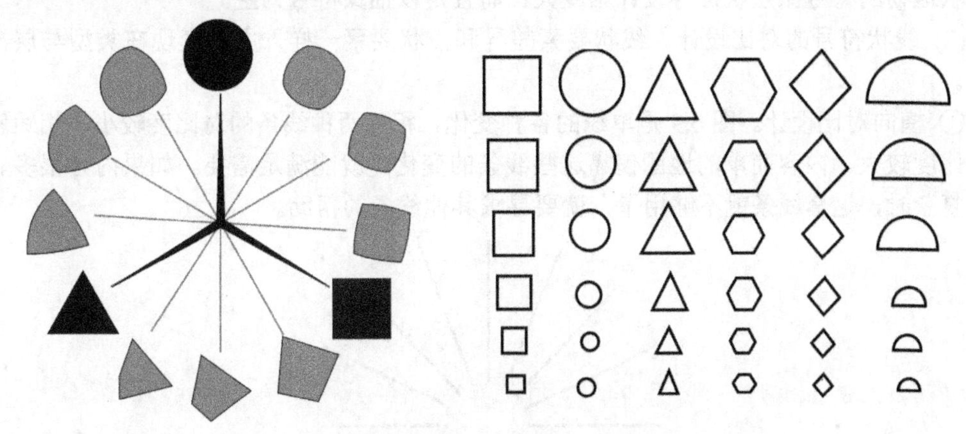

图 6.7 几何图形的视觉对比度比较

② 纵向对比设计。点状符号的纵向对比可以是不同要素层面之间的对比，也可以是同一要素内部的层次对比。纵向对比与横向对比属于不同性质的对比，如果将这种关系通过符号设计体现出来，可以使符号系统变得很有条理。纵向对比适合于用内部尺寸、虚实、明度等对比要素来反映。

(3) 点状符号设计范例。图 6.8 是 3 种居民点系列符号的样式，每一系列的符号同时运用了尺寸和亮度对比要素来反映级别的高低，具有明显的层次感。系列符号适用于多种要素的专题地图，每一种形状可代表要素，符号尺寸的变化可表示每一种要素数量或级别的差异。

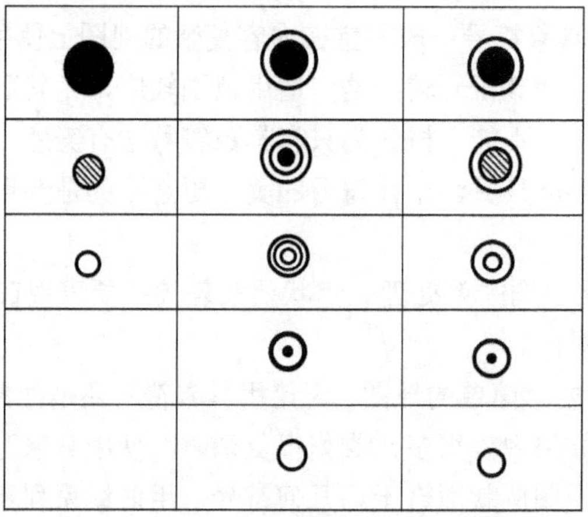

图 6.8 点状符号设计范例

3) 线状符号的系统化设计

(1) 线状符号类型的选择。由于宽度有限，一方面线状地物难以用具象符号表示，另一方面即使用抽象符号，其形态与结构的变化也比较有限或者用具象符号效果不理想，因而线状地物的符号比点状符号设计难度大，而且是以抽象符号为主。

(2) 线状符号的对比设计。线状要素差异和点状要素一样，主要表现在类型与层次两方面。

① 横向对比设计。图 6.9 是单线的各种变化，相邻两种线条的对比度较小，相距较远者对比度较大。内容简单的地图仅靠这些线条的变化，就能满足需要。如果内容很多、类型很复杂时，这套线条就不够用了，就要寻求其他线条的帮助。

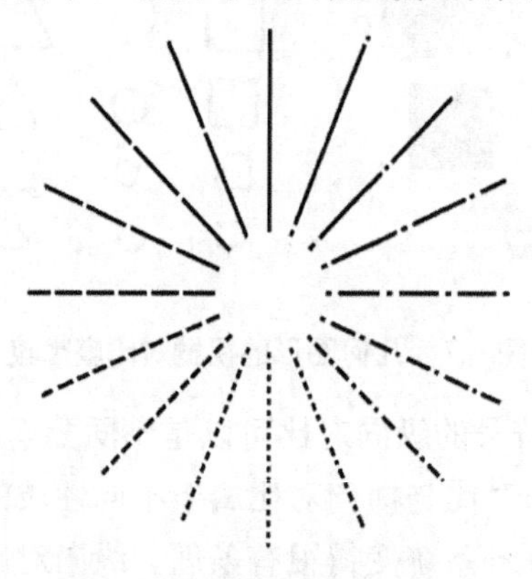

图 6.9 单线的线型的变化

② 纵向对比设计。与点状符号相似，适合于采用同一线型的宽度、明度、虚实等对比要素来反映。如果同一线型难以区分，再考虑采用其他对比要素。例如，重要的、等级高的线状物体用实线、粗线表示，次要的、等级低的线状物体或无形的现象用虚线(或细线)表示。

图 6.10 是几种公路、铁路符号的示例。各国公路的分类标准不尽相同，主要有主要公路、一般公路、高速公路等之分。公路符号用单线和双线的都有，高速公路用双线和三线

较多，公路及以下的其他道路符号，通常以单实线或虚线表示。专题地图的符号应用并没有严格限制，应当视具体情况而定。道路符号设计时还要考虑色彩配合，需要反映路面材料、车行道数等信息。

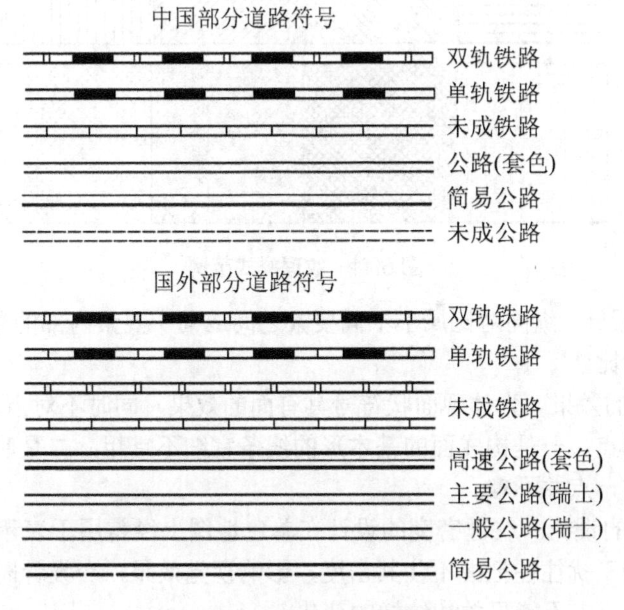

图 6.10 公路、铁路符号范例

4) 面状符号的系统化设计

面状符号是地图符号系统的一个重要方面。面状符号的特点是面积大，对图面效果影响也很大。

(1) 面状符号类型的选择。由于构成面的基本形可选择的余地较多，既可以用抽象符号，也可以用具象符号，因此面状符号相比线状符号的设计难度要小。但是，用具象符号作为基本形图面会显得繁琐，使简单的地图变得复杂，不符合简洁的要求。一般情况下应采用抽象符号，只有在特殊情况下才使用具象符号。一是读者对象特殊，文化程度较低或者是文化程度差异较大的人群阅读。二是图上内容密度很低。抽象符号较简洁，适用范围较广。

(2) 面状符号的对比设计。面状要素差异和点状、线状要素一样，主要表现为类型与层次两方面。

① 横向对比设计。面状符号的横向对比应以纹样对比为主。几何纹可以设计出相当多的纹样，但是对于地图来说只要能表达出地图内容，原则上是纹理越简单越好，因为地图是实用产品，复杂的纹理会影响地图内容的阅读，增加图面的复杂性。好在一般情况下面状符号的分类不太复杂，复杂的地图就用色块来替代面状符号。图 6.11 是几种纹理。一般来说，地图上的纹理的种类不宜太多，内容简单的地图无论用具象符号还是抽象符号的形态设计均比较容易表现出要素的差异。如果内容很多、类型很复杂时，使用具象符号就不容易表现得很有条理性。

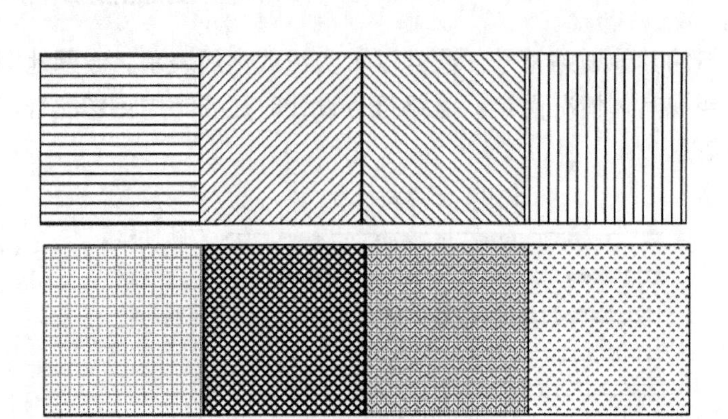

图 6.11　纹理样式范例

② 纵向对比设计。纵向对比属于不同要素之间或同一要素内部的层次对比，要强调纹理密度、明度的对比。

(3) 面状符号的效果。为体现面状符号具有面的效果，同时不对点、线符号造成干扰，它的设计要注意两点。一是构成面的基本形的线条宜细不宜粗，二是明度一般不宜太低。计算机制图做到这一点并不难。

(4) 纹理密度的设计。纹理密度的设计在单色地图上经常用于表示区域间某种数值的对比。由于网线的干扰往往把握不住其密度，影响视觉效果，在设计时一定要注意观察纹理的明度对比的大小，不能只关注纹样的变化。

6.3.3　基于地理信息有效传达的图形特殊处理方法

人的视觉敏锐度是有一定限制的，只有达到符号的尺度才能看清楚。当地图比例尺较小的时候，狭小的地图空间与符号尺度之间的矛盾就产生了。为了让某些符号能看得明确、清楚，或者减轻图面负担，需要放大某些符号，或者舍弃某些细节，这就带来了精确性与准确性及清晰性的矛盾。如果按照精确性要求，应当按照几何精度要求如实反映地物位置，但是有时这样做会丢失其他的有用的或规律性信息，或者看不清楚。比如，河流和紧靠河流的公路在小比例尺图上，如果河流的几何中心线不变的话，肯定会粘连或重叠，为了反映这种关系，又能看清楚，都需将公路作位移，并留出视觉能看见的宽度。当遇到这种矛盾的时候，地图学中采取的是人性化的设计思想，对部分符号作特殊的技术处理方法，叫做地图概括。其实这种处理方法包含取舍和概括两种情况。地图图形简化不是机械地简化事物，而是要科学合理地处理，目的是保留某些重要信息。为了反映地理事物的特征，针对不同的情况，采用适当的、特殊的处理方法，常用的方法有删除、合并、夸张、位移。这几种方法的运用有时是有关联的，比如夸张伴随着位移，删除伴随着合并。

1．删除

删除就是去掉那些因比例尺缩小而无法清楚表示的碎部，如河流、等高线、居民地外部轮廓线等的小弯曲。删除包括三方面，其一，删除小的弯曲，以降低曲率，使线条较为平直(图 6.12)；其二，删除小图斑，保留大图斑，减少图斑数量(图 6.13)；其三，精简文字

注记，以腾出较多的图面空间。这种图形处理的基本原则是保持图形和线划弯曲的主要特征，保持弯曲转折点的相对精确性，保持不同地段弯曲程度的对比。但有时为了显示和强调事物平面图形的特征，将部分本来按比例应删除的小弯曲，夸大表示出来。如多小弯曲的河流，若将小弯曲全部删除，这样的河流就变为平直的线段，失去了原来多弯曲的特征。为此，应在删除大量小弯曲的同时，适当夸大其中某些小的弯曲，既要做图形简化，还要兼顾弯曲的特征。地图图形的概括工作大多是具体的工作，是在编制过程中进行的，而在设计阶段关键是要解决原则、方法及具体量化指标的制定问题。

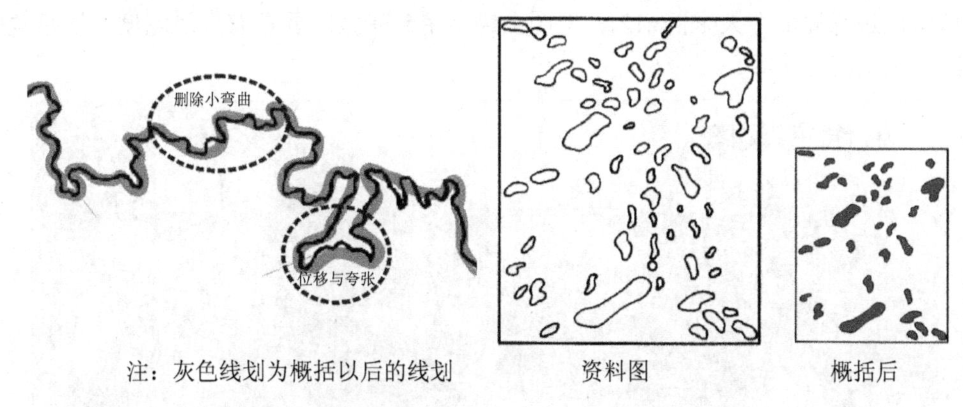

注：灰色线划为概括以后的线划

图 6.12　删除小弯曲、位移与夸张

图 6.13　删除小图斑

2. 合并

合并是将邻近的、间隔小到难以区分的同类事物的图形加以合并，以强化事物的总体特征。例如简化居民地平面图形，可合并街区(图 6.14)；又如两块林地间隔很小，可合并成为一片林地等。对某种事物进行形状化简时，要考虑到与其他事物的关系，使彼此之间能协调一致。例如对湖泊进行形状化简时，要注意与地形、水系的关系。如山谷水库概括时，注意和等高线协调，删除不协调的碎部。

图 6.14　合并

3. 夸张

夸张并不是随意的夸张，夸张的目的是为了表现事物的特征，或者保留某些因太小而无法保留而需要保留的重要信息，或者强调某些信息，否则就不能夸张。夸张与位移往往是伴随发生的。夸张表现在面积、线宽和弯曲三方面。例如，小比例尺地图上的一个湖群地区，在比例尺缩小以后，不对一些主要的湖泊适量放大，就显示不出这个湖区的地理特征，虽然这张新编地图的部分内容可能不适于量测，然而保留了这些有意义的信息。城市旅游图的街道以及中、小比例尺的公路往往都要进行宽度的夸张，使其在视觉上更加明显，以突出其重要性(图 6.15)。一些有许多微小弯曲的河流，如果按比例尺机械地化简，这些弯曲将被全部删除，多弯曲河流将变成笔直的河段，反而歪曲了河流的特征，因此，必须对一些弯曲进行局部夸大(图 6.12)。地图上经常用到夸张的要素有街道宽度、道路宽度、居民点、重要的弯曲等。

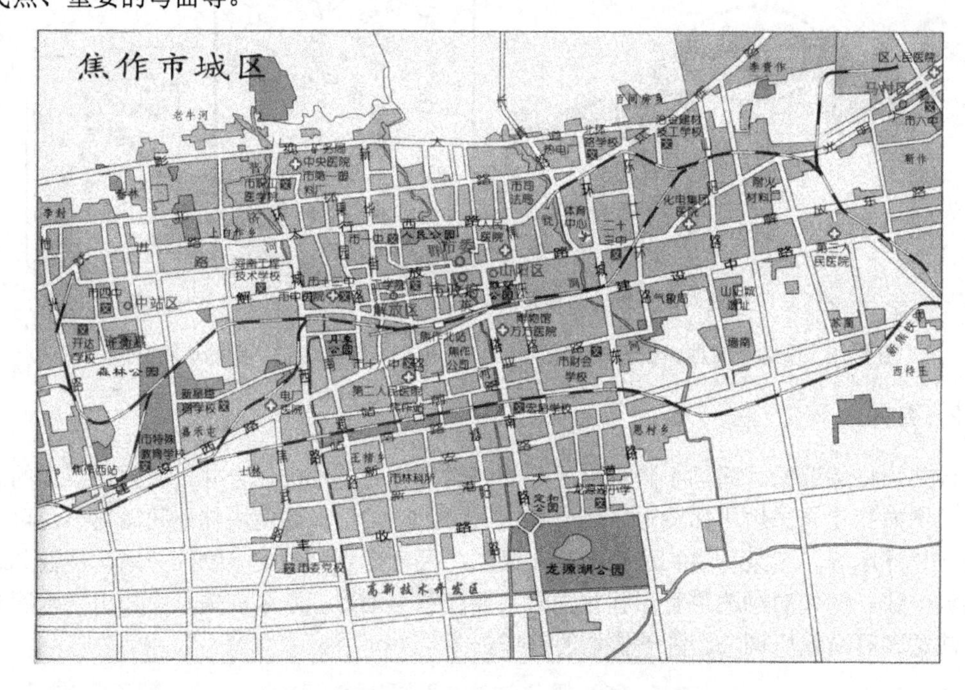

图 6.15　街道宽度的夸张(突出了街道的意义)

4．位移

地图可以缩得很小，但是人的视觉的最大辨别能力非常有限(符号都有最小尺寸，如果符号小于 0.1mm 便难以看清)，况且有些内容还需要加符号大尺寸才能突出显示，这就使得某些符号之间会产生重叠，或者部分重叠，如果不作处理，会看不清楚，影响读者对事物间原来的空间关系认知。地图学中对这些问题都提出了妥善的解决方法。中小比例尺道路，城区道路宽度往往进行夸张(即边线位移)，才能很突出显示；当符号发生重叠时，也需要位移(图 6.16)。

由于内容的关系，地图上还会遇到线与线相重叠的情况，如果叠加符号，势必会造成信息传达的不明确性，必须有相应的对策。比如区域边界线与单线符号重叠的情况，地图学中采取相应的位移处理方法，并且已经达成共识。具体画法是，交错地在线状地物线条左右两侧绘出边界线符号。但是其所指意思依然是指边界线以线状地物为界(图 6.17)。这

是地图的一种特殊的语法现象，不仅语义明确，并且能使图面清晰。

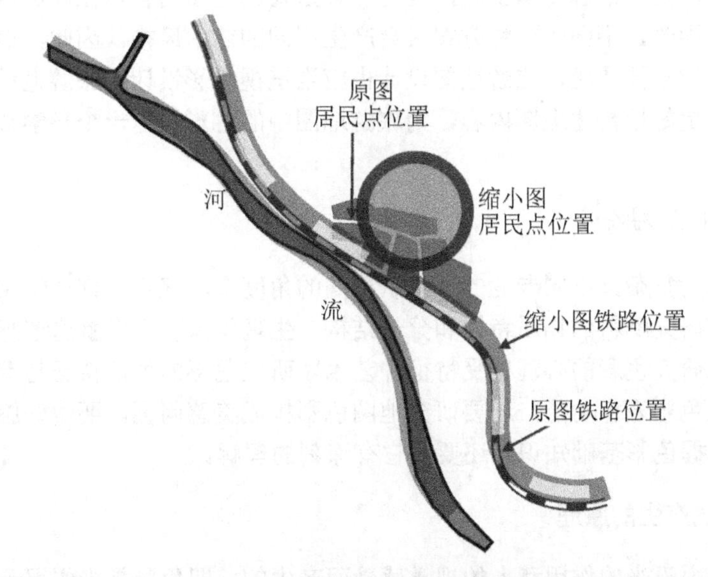

图 6.16 地物位移处理方法举例

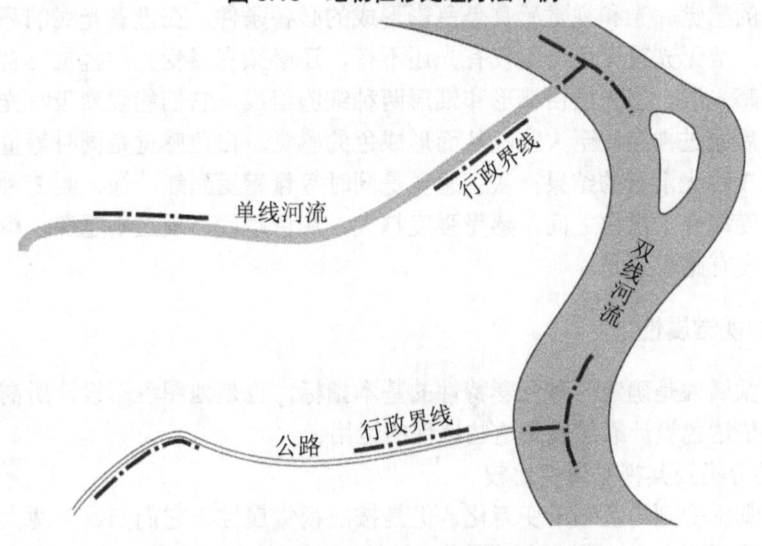

图 6.17 行政界线与单线符号重叠的处理方法

6.4 旅游地图内容的色彩传达设计

导入案例

彩图 12 是一张旅游图，总体效果较好，其中有很多成功之处。你能分析出本图中哪些方面是成功的吗？假如让你来设计这张图的色彩，你会如何去做？通过本节的学习，读者将会有所感悟，即便不能成为高手，也能初步掌握地图设计的基本原理。

色彩是一种重要的信息传播工具，也是一种重要的地图语言，在表达地理信息方面发挥着重要作用，同时，不同的配色方案又会产生不同的艺术风格。因此，地图色彩设计一直是地图学研究的重要课题，旅游地图设计也应当重视色彩设计。旅游地图内容的色彩传达设计是指为了更好地传达地图内容，为旅游地图中的色彩制定一个科学合理的方案的过程或行为。

6.4.1 色彩基础知识

色彩现象极为复杂，不同专业的学者从不同的角度来研究它。物理学家研究色彩的电磁波谱，化学家研究颜料的物质特性和分子结构，生理学家研究眼脑通道感受色彩的生理机制，心理学家研究色彩的心理感受特征，艺术家研究色彩的表情特征与审美特征，地图作者不但要研究色彩表意功能，还要研究地图色彩构成美感问题。要做好旅游地图的色彩设计，不仅要掌握色彩基础知识，还要对它有深刻的理解。

1. 色彩感觉产生的原理

物体色彩是由于光的作用和人的视觉感受而产生的，即色彩是光作用于人眼，刺激视觉神经而产生的感觉。光和视觉感官是色彩形成的必备条件。在没有光线的环境下，色彩也就不存在了，故无光就无色，但仅有光还不行，还必须有感受光的视觉感官系统。眼睛的视网膜具有感光层。感光层由棒形和锥形两种细胞组成，它们能强烈吸收光，同时发生分解作用，然后通过神经传至大脑，从而形成色的感觉。白色感觉是同时等量感受到高强度红、绿、蓝 3 种光混合的结果；灰色感觉是同时等量感受到红、绿、蓝 3 种光混合的结果，但感受强度均介于黑白之间，感受强度越大，灰色越浅，反之则越深；黑色感觉是由于 3 种物质均没有感受到光。

2. 色彩的视觉属性

色彩的视觉属性是确定一种色彩特性的基本指标，也是地图色彩设计所需要把握的属性，地理信息传达色设计靠的就是这些属性的运用。

1) 色彩的分类及其视觉属性比较

人们的视觉感受到的色彩千变万化，但是按照视觉属性，它们归属于两大色系：无彩色系和有彩色系(彩图 13)。无彩色系是指黑色、白色及由黑白两色相混成的各种深浅不同的灰色系列。从物理学角度看，它们不包括在可见光谱之中，故从这种意义上看，它们不能称之为色彩。但是，从视觉生理学、心理学上说，它具有完整的色彩性，应该包括在色彩体系之中。由白渐变到浅灰、中灰、深灰直到黑色，色度学上称为黑白系列。黑白系列在孟塞尔模型中是用一条垂直轴表示的，一端是白，另一端是黑，中间是各种过渡的灰色。无彩色系里没有色相与纯度，也就是说其色相、纯度都等于零，而只有明度上的变化。

有彩色系是指包括在可见光谱中的全部色彩。如果某种色彩在视觉上能被辨别出属于某一色相(红、橙、黄、绿、蓝、紫)的某一色彩，则该色即为有彩色。有彩色的数量是无数的，可以无限细分。

2) 有彩色的视觉属性

有彩色系中的任何一种色彩都具有 3 种视觉属性：色相、明度、纯度，这 3 种性质是有彩色最基本的视觉属性。在色彩学上，将色彩最基本的视觉属性称之为色彩三要素。一种色彩只要具有 3 种属性的都属于有彩色，也就是说，观察一种色彩的视觉特性应当从三方面去把握。熟悉和掌握色彩中的三属性，对于认识色彩特性、表现色彩、创造色彩极为重要。色彩 3 种属性是一种三位一体的互为共生关系，三属性中的任何一个要素改变，都将牵动原色彩的其他性质的变化，它们是同时存在、相互关联、不可分割的一个整体。因此，在进行地图色彩设计时，必须同时加以考虑和巧妙运用。

(1) 色相。色相又称色别，即色彩的相貌。它是有彩色的最主要特征，区分色彩的主要依据。在可见光谱上，人的视觉能感受到红、橙、黄、绿、蓝、紫这些不同特征的色彩，当人们称呼其中某色的名称时，就会有一个特定的色彩印象，这就是色相的概念。色相的不同，在物理学意义上是光波波长的不同。人眼能区分出的色相约有 180 种。正是由于色彩具有这种相貌特征，人们才能感受到一个五彩缤纷的世界。

色相的特征取决于光源的光谱组成以及有色物体表面反射的各波长辐射的比值对人眼所产生的感觉。色彩的相貌是以红、橙、黄、绿、蓝、紫的光谱为基本色相，并形成一种秩序。这种秩序是以色相环形式体现的，称为纯色色环。可以把纯色色相的距离均匀分割，分别可做成 6 色相环、12 色相环、20 色相环、24 色相环等(彩图 14)。有人把明度比作色彩隐秘的骨骼，把色相比作色彩外表的华美肌肤，道出了色相的特性。色相体现着色彩外向的性格，是色彩的灵魂。

(2) 明度。色彩的明度指的是它的明暗程度，也称光度、亮度。色彩明度的形成有 3 种情况，一是同一种色相的明度变化，是由于光源强弱变化而产生不同的变化；二是同一色相的明度变化，是由同一色相加上不同比例的黑、白、灰而产生的不同变化；三是在光源色相同情况下，各种不同色相之间的明度不同(彩图 14)。

明度在三要素中具有较强的独立性，它可以不带任何色相的特征而通过黑白灰的关系单独呈现出来。色相与纯度则必须依赖一定的明暗才能显现，色彩一旦发生，明暗关系就会同时出现。在有彩色中，任何一种纯度色都有自己的明度特征。例如，黄色为明度最高的色，处于光谱的中心位置，紫色是明度最低的色。

一般来说，色彩的明度变化会影响其纯度的高低。任何一个有彩色，当它掺入白色时，其明度将提高；当掺入黑色时，其明度将降低；掺入灰色时，就会得出相对应的明度色。需要指出的是，伴随着 3 种色彩明度变化的同时，也使该色相的纯度降低。

(3) 纯度。纯度又称彩度、饱和度、鲜艳度、含灰度等，是指色彩的鲜浊程度，它取决于一种色彩的波长单一程度。凡是有纯度的色彩必定有相应的色相感。色相感越明确、纯净，那么色彩的纯度就越高，反之纯度就越低。因此，纯度只属于有彩色的属性，纯度取决于可见光波长的单纯程度。当光源的波长不纯时，只能看到低纯度的色光。在色彩中，红、橙、黄、绿、蓝、紫等基本色相的纯度最高，黑、白、灰色的纯度为零。一个色相加白色后所得的明色，与加黑色后得到的暗色，都称为清色。在一个纯度色相中，如果同时加入白色与黑色所得到的灰色，称之为浊色。这种浊色与清色相比较，明度上可以一样，但纯度上浊色比清色要低。比如，当红混入了白色时，虽然仍旧具有红色相的特征，但它的鲜艳度降低了，明度提高了，成为淡红色；当它混入黑色时，鲜艳度降低了，明度变暗了，成为暗红色；当混入与绿色明度相似的中性灰时，它的明度没有改变，纯度降低了，成为灰红色。这是纯度区别于明度的特性之一。改变纯度，可以通过三原色互混产生，也可以由某一纯色加白、加黑或加灰来实现，同时也可以通过补色相混产生。另外，还要注意，色相的纯度和明度未必成正比，纯度高不等于明度高，而是呈现特定的明度。这是由有彩色视觉的生理条件所决定的。

纯度变化系列可以通过纯度色阶表示，它表示一个色彩从它的最高纯度色(最鲜艳色)到最低纯度色(中性灰)之间的鲜艳与混浊的等级变化。不同色相不但明度不等，纯度也不相等，例如纯度最高的色是红色，黄色纯度也较高，但绿色的纯度几乎只有红色的一半左右。人们日常所见到的物体色彩，绝大部分不是高纯度的色，也就是说，大多数都是含灰的色彩。有了纯度的变化，才使色彩显得极其丰富。纯度体现了色彩内向的品格。同一个色相，即使纯度发生了细微的变化，也会立即带来色彩性格的变化。美国色彩学家孟赛尔将色相、明度与纯度之间的关系用色立体表示出来(彩图 15)，使人们很容易理解色彩三要素之间的关系。

3) 色彩的原色

原色，又称基色，是指光线中或颜料中无法再分解出其他色彩的色彩，或无法以其他的色光或色料混合出来的色彩。它是用以调配其他色彩的基本色。原色的色纯度最高，最纯净、最鲜艳。利用它们可以调配出绝大多数任意色彩，而其他色彩不能调配出三原色。

3 种原色光分别是红(Red)、绿(Green)、蓝(Blue)，3 种原色颜料分别是黄(Yellow)、品红(Magenta)、青(Cyan)。三原色光等量混合，可得到白光(彩图 16)。三原色料等量混合，会变成黑浊色(彩图 17)。若以多种的比例混合，则三原色光或三原色料可调出千变万化的色彩。人们日常所见的色彩大多是由两种或两种以上的色彩光或色彩料合成的。

4) 色彩的混合方法

用两种或两种以上的色彩互相混合而产生新色彩的方法，称为色彩混合。色彩混合有加色混合、减色混合和中性混合 3 种。

(1) 加色混合。加色混合是色光的混合。加色混合的特点是，混合的色彩成分越多，混出的色彩明度越高，故称之为加色混合。加色混合的三原色是：朱红、翠绿、蓝紫。加色混合后的效果如下：朱红＋翠绿＝黄色；翠绿＋蓝紫＝蓝绿色；蓝紫＋朱红＝品红色(这是色光的第一次间色)。加色混合会导致色相、明度的改变，而纯度不变。如果将色光的三原色按不同比例混合，还可得出更多的色光。按照电脑软件中的每种原色数值 0～255 中的任意一组数值的色彩排列组合可以得到 1 600 多万种色彩。

(2) 减色混合。减色混合是颜料或物体色的混合。与加色混合性质相反，混合的色彩成分越多，混出的色彩明度越低。三原色混合等于黑浊色，故称之为减色混合。减色混合可分为两种形式。

颜料的混合。各种颜料的混合都属于减色混合。参加混合的颜料种类越多，白光被减去的吸收光也越多，相应的反射光就越少，最后呈近似黑灰的色彩。颜料的三原色指的是黄、品红、青。用两种原色不同的色彩相混得到间色，用间色相混得到复色(彩图 17)。按不同比例作这种减色混合时，可以得到多种多样的色彩。

叠色混合。非发光物体因反光给人以色彩感觉，透视光也能给人以色感，当透明物体相重叠时产生的新色，称之为叠色。叠色的特点是：透明物重叠一次，由于可透过光量的减少，透明度会明显下降，得出新色的明度会变暗，所以，它也属于减色混合。透明物色彩相叠，有底与面，叠出新色的色相常偏于面色而非两色的中间色。印刷厂印刷彩色图片就是一种叠色混合。

(3) 中性混合。中性混合指混合后与混合前色彩明度无变化的色彩混合。中性混合主要有色盘旋转混合与空间视觉混合，它的原理与色光的混合有相同之处，也是色光传入人眼在视网膜信息传递过程中形成的色彩混合。

色盘旋转混合。如果将多种色彩等涂到色盘上，高速旋转后混合成一个新的色彩，此法称为色盘旋转混合。如果将红、橙、黄、绿、蓝、紫等色料等量涂在圆盘上，旋转后会呈浅灰色。

空间视觉混合，简称空间混合。如果将两色或多色并列，在较远距离外观看时，眼睛会自动地将它们混为一种新的色彩。这种由空间距离产生新色的混合方法称之为空间混合。空间混合的混色效果，明度上是被混合色的平均明度，因此属于中性混合。如果将不同色彩以点、线、网、小块面等形状交错杂陈地画在纸上，远距离观看就能看到空间混合出来的新色。若空间混合的原色为色料三原色，那么空间混合间色、复色等和色盘混合的间色复色接近。并且混出的色活彩跃，有闪动感，与减色混合的色彩不同。印刷厂印刷版套网印刷，地图上的面状符号利用纹理混合成色彩具有色彩空间混合的效果，因此它对地图符号设计有着重要的利用价值(图 6.18，彩图 18)。

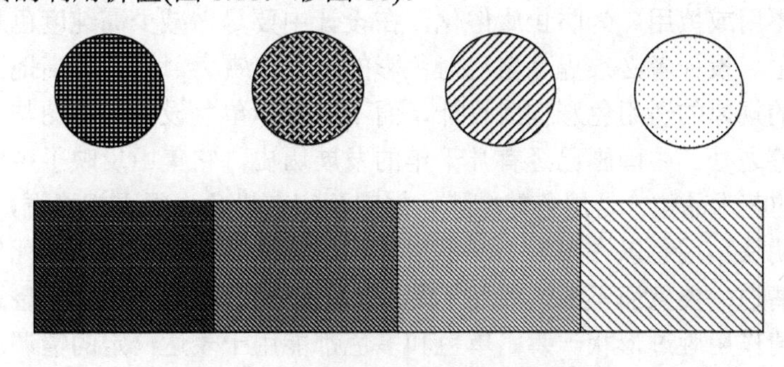

图 6.18　黑白线空间混合造成的亮度

知识要点提醒

从理论上看，用三原色可以调配出任何色彩，但是现实中由于原料的物理特性的原因，三原色混合以后并不能合成黑色，只能达到深灰。因此，印刷厂印彩色图片，不是三色套印，而是黄、品、青、黑四色套印。

6.4.2　旅游地图的色彩设计

色彩是一种重要的地图语言，因此色彩设计是旅游地图设计的一个很重要的方面，必须慎重对待。要想做好此项工作，首先要精通色彩基础知识，然后要多观察和思考，多积累经验。旅游地图色彩设计也分为个体色彩和色彩系统化设计。

1．旅游地图个体色彩设计

旅游地图个体色彩与色彩系统化设计有着不同的意义，它们所传达的信息不同，两者都不可忽视。

1) 个体色彩设计的基本思路

依据旅游地图视觉传达设计的原则，个体色彩设计可以按照下面的基本思路进行。

(1) 准确、直观地传达信息。色彩不像图形符号，不擅长于表示空间位置，但它能表达地理事物的色彩、表面肌理、软硬、轻重、冷暖、干湿等表面特性，还具备表达地理事物本质特性的能力，而且具有直观生动性。充分利用色彩的优势，准确、直观地传达旅游地理信息。比如，用类似自然色彩(蓝色表示水面，绿色表示植被等)，或符合色彩视觉效果(冷色表示冷的、湿的事物，暖色表示暖的、干的事物等)，或者符合色彩的情感效果(红色表示热烈的、危险的，绿色表示平静的、新鲜的等)，或者符合象征意义，这些都是直观的。色彩的运用具有文化意义，同一种色彩在不同文化背景下，具有不同的含义，由此可以延伸色彩的所指内容。

(2) 提高个体色彩的艺术性。在人类的眼里每一种色彩都会呈现一定的格调和质感，或华丽或朴素，或厚重或轻盈，或高雅或低俗，或古朴或清新，等等，这是人对色彩所能产生的感受效果，属于神采美范畴，设计者在个体设置中都应当根据需要选择恰当色彩的风格，以便取得较好的视觉效果。一般认为，浮、燥、火、艳、俗、脏等的色彩是不美的，这类色彩应当不用或慎用。为防止庸俗化，在设计中要尽力减少高纯度色彩的应用，而以低纯度色彩为主。设计者必须提高自己对色彩的审美鉴赏力，这是提高地图色彩艺术性的根本。形式美的规律的适用色彩构成设计，而不适用于单色设计。地图与中国画在设色上有许多值得借鉴之处。中国画已经有几千年的发展历史，它集中反映了中华民族的审美观念，具有很高的艺术品位，是用色的楷模。中国画家在设色上很重视格调，务求做到古厚、典雅、沉着、明快；用色以古雅为上，不可浮艳、混浊、火气、俗气、死气；重彩唯求古厚，淡色唯求清逸；要重而不浊，淡而不薄、滋而不燥、艳而不俗等。鲁道夫·阿恩海姆说，色彩的表情作用胜过形状一筹。单色和多色都能用于表达一定的情调。如果能利用色彩的这种作用来增强地图的情感意味，也可以为地图增添魅力。

(3) 与符号及色彩系统化设计相配合。色彩在属性方面具有独立性，但是并不单独存在，都依附于符号而存在，点、线、面符号的色彩运用都有一定的原则，应当结合起来。个体色彩又是色彩系统的一部分，应当与全图色彩系统相配合，主要通过色彩三属性与之相配合。例如交通线有高速公路、国道、省道、县道等级别之分，应当从色彩上保持适度对比，又有一定联系。

2) 个体色彩设计案例

以旅游交通为例，大的陆上交通以铁路和公路为主。从外形来看，铁路是枕木和钢轨构成的栅栏形状带状线，而公路则是等宽的带状；从其材质来说，铁路是钢铁轨道，公路是沥青砂石路面或者水泥路面；从表面色彩来看，铁路属于黑色或灰色，公路上有白色行车道线。如果地图符号能够将这些属性表达出来，肯定是直观的。但是由于空间限制以及符号体系化设计的需要，很多地图无法，也不能这样去表达，只限于大比例尺图可以这样

做。因此，人们所见到的交通线的色彩大多已经不是原来的样子了，而是有红、有绿、有黄，因时而异。

2. 旅游地图色彩的系统化设计

每一张旅游地图的色彩都是一个系统，应当从宏观层面来审视地图色彩系统，它比单色设计具有更重要的意义。

1) 旅游地图色彩系统化设计的基本思路

旅游地图色彩的系统化设计与单色设计有不同的理论依据和目标，其基本设计思路如下。

(1) 准确、直观地传达信息。系统化设计是从全图角度来设计各种符号的色彩，使地图色彩具有系统性，以便直观地表达各种地理事物在整个地图内容系统中的分类、分级属性，使地图内容具有视觉条理性。利用色彩的色相、明度、纯度变量，来表达这种分类、分级信息，能够达到很好的视觉效果。

(2) 精简图面色彩数量。单色设计考虑的是个别色彩的设计，如果不能从系统性角度去整体把握地图的色彩，势必造成顾此失彼、杂乱无章的结果，影响主题和某些信息的传达，而且容易庸俗化。精简图面色彩是为了减少不必要的色彩，强化地图的主题、系统性和整体性。宁可少而精，勿令多而杂。

(3) 使地图色彩系统艺术化。由于色彩具有很强的体现审美风格和表达情感的能力，旅游地图色彩的系统化设计不仅仅要准确、直观地表达专业内容，同时要实现图面效果的审美化和情感化。按照形式美和神采美的规律来组织地图色彩，可以有效保证地图具有色彩美。色彩三属性的合理应用是实现多样统一之美的有效途径。地图色彩的设计要站在全局高度，使局部服从整体，不同要素的色彩之间要相互照应，相互衬托，井然有序。这样不仅能表达地图内容的结构体系，而且更具美感，两者相辅相成。如果色彩三属性的对比度小，会形成统一柔和的色调；如果三属性对比大，会形成明快、活泼的效果。在色彩构成中，要对图面色彩效果进行风格定位，这是神采问题。色彩对图面风格的影响比符号造成的影响更大，不同的配色方案又会对地图的审美风格起决定性作用，加大色彩三属性对比，可以获得气韵生动的图面。以下色彩构成方式有助于形成气韵生动的气象：高长调色彩构成的图面具有反差大、对比强，图面形象清晰度高，图面明亮、轻柔、清晰而强烈的视觉效果；中长调色彩构成的图面具有色彩丰富、充实、有力的视觉效果；色相对比强的构成的图面具有色相鲜明，色彩显得饱满、丰富而厚实，容易达到强烈、兴奋、明快的视觉效果；补色色相构成图面具有色感饱满、活跃、生动、华丽。纯度差大的色彩构成具有华丽而刺激或朴素而沉静的视觉效果。将自己的情感融入作品之中或者利用色彩与读者进行情感交流，唤起读者的积极情感。

2) 旅游地图色彩系统化设计中色彩三要素的运用

旅游地图色彩系统化设计正是通过合理利用色彩三要素来实现的。

(1) 色彩对比性的强化设计。色彩设计中，色彩对比是最重要的设计因素。理想的色彩对比可使地图清晰易读、活泼生动，色彩对比很小可使地图单调、呆板。色彩设计常用7 种色彩对比：色相对比、亮度对比、纯度对比、冷暖色对比、互补色对比、同时对比(同时看相邻二色，其色相、亮度、纯度将互相改变的对比)、色区对比。其中，亮度对比能影响地图的清晰性和易读性，形成不同的视觉层面。亮度、纯度对比可丰富地图的视觉层次，可用于表达旅游要素的数量、等级对比。亮度对比是形成图形与背景色反差的基础。冷暖色对比可强化图形与背景色的反差，形成背景与图形的远近感。两种色彩同时对比会互相干扰，应引起注意。必要时，可用黑或白线将色区分隔来削弱同时对比的干扰现象。互补色对比可建立图形的稳定性。

(2) 色彩协调性的强化设计。色区面积对比影响到色彩平衡。亮度对比是色彩平衡的重要因素。色彩学家测出色彩亮度值分别为：黄 9、橙 8、红 6、绿 6、蓝 4、紫 3。如一幅旅游地图选用黄和绿，其比值为 3∶2。为保持同等明显，黄色区范围应占绿色区范围的三分之一空间。色区面积是由区域规律决定的，亮度平衡就不易解决。要使色彩构成具有协调性，主要靠色彩调和手段来实现。色彩协调性的强化应注意：其一，少用原色组合，将原色用在最主要的内容上或者小面积符号上；其二，减少色相的类型；其三，减少明暗、纯度对比度；其四，界限一般宜用接近于黑、白、灰的低纯度色彩，或直接用黑、白、灰。

(3) 色彩三要素的综合运用设计。色彩的视觉特征主要表现在色相、亮度、纯度三方面，在设计中，应当将这三方面综合起来考虑。

色相是色彩三要素中最能引起人注意的要素。人们观察物体时，一般色相先于亮度或纯度被认识。由于色相可引起抽象联想，色相还可以产生一定的象征意义，其内涵与地域文化背景有关，如红色象征喜事和革命事业等。若不考虑亮度，色相对视觉的吸引力按红、绿、黄、蓝、紫的顺序排列。色相的变化常用来表示旅游要素的类型和性质，即类型特征。色彩设计时要特别注意习惯用色，如水域用蓝、地貌用棕等。色相是表示类型特征最理想的色彩要素。色相的类似色组合模式，既可表示旅游要素的类型特征，又可表示其数量对比，等级对比。如绿、黄绿、黄可用于表示旅游已开发、正在开发、未开发的旅游区；红色、红橙、黄可分别用来表示一级、二级、三级旅游市场(彩图 19)。

亮度对比强弱是决定图面的清晰感的重要因素。地图中的符号是否清晰与色彩明度对比状况密切相关。如果想让底色上的符号非常清晰，则应当使两者的明度对比尽可能大；相反，应当使两者的明度接近一些。在白色或浅色底上黑色最清晰，其他色彩根据明度的不同而不同，明度越低越清晰；在黑色或深色底上正好相反，白色最清晰。亮度对比适合于表现事物的数量和等级差异。亮度变化加上色相变化，可强化旅游要素的数量差异。一般地，暗色表示的数量指标大，亮色表示的数量指标小。亮度对比可用于表现地图的层次感。虽然冷暖对比、纯度对比在表现层次中也有一定的作用，但是比起明度对比来就显得不那么重要了。若以明度对比为主，结合冷暖和纯度对比来表现层次，则效果更佳。在白色(或浅色)底上，深色有前进感，浅色有后退感，黑色在第一层面上。

纯度和亮度的关系极为密切，色彩纯度的变化必然伴随亮度的变化。在设计中，纯度的运用可以使地图色彩具有细腻感。纯度变化常用来表示旅游要素的数量指标。纯度越大，表示的数量意义越大，反之亦然。纯度变化亦可表示旅游要素的类型特征，但常和色相变化结合，使象征性更强。纯度设计的色彩组合模式有同种色组合，类似色加纯度变化组合，对比色加纯度变化组合等。

3) 旅游专题要素与底图要素色彩的系统化设计

旅游专题要素和底图要素之间要有较强的层次对比，才能突出专题内容。色彩在表达层次关系方面比图形更有优势，效果更好，因此应当充分利用色彩的这种优点来表现专题要素和底图要素的对比关系。专题要素是专题地图的主题要素，应当以高纯度、低明度的系列色彩来突出表达各种内容的横向与纵向对比关系，内容之间可以用较强对比；底图要素是用以说明专题内容分布与周围环境背景的关系，应采用低纯度、高明度的色彩系列色彩来突出表达内容的横向与纵向对比关系，并以弱对比为佳，甚至可以全部或部分用灰色，以不显眼、不干扰专题要素为基本要求。

4) 旅游地图色彩的系统化与艺术化的统一

系统化与艺术化有时矛盾，有时是可以协同的。色彩系统化是造就一种多样统一、有序的视觉效果，而美化也以多样统一为目标，因此这两者是相辅相成的。分别以明度、色相、纯度为基调，可以获得各种不同色调的色彩配合方式，即形成各种风格的色彩构图。地理事物分布很少有对称的情况，对称的规律很少用到，不过均衡美的规律经常会用到。地理事物分布的随机性，使得色彩分布也经常处于不均衡的状态，如果有意识地设置色彩的轻重，使图面的上下和左右的色彩在视觉轻重上达到均衡状态，就能实现地图色彩的均衡美。明度是决定色彩轻重感的主要因素，要使色彩均衡，应当使用均衡美的规律来设计色彩明度分布。比例与尺度美的规律一般适用于图形设计，其实，一张图上各种深浅和纯度色彩所占比例对地图审美风格形成具有重要影响，可以参考比例美的规律来量化；两种色彩间明度或纯度的对比度可以应用黄金比来设置。整齐与错落规律适用于图形或声音设计，如果用在色彩设计中，表现为与图形相配合来体现色彩的整齐或错落感。节奏与韵律美的规律在色彩设计的应用，对提升地图美感具有重要意义。合理地设置点状符号、注记以及面状符号色彩的轻重变化及渐变也有助于增强图面节奏与韵律感，事实上，只要设计者有这种理念，做到这些并不难。色彩在传达重点与层次信息方面比图形能力强，效果也更为理想。比如，重点内容采用高纯度、低明度色彩来强调，次要内容要采用低纯度、高明度色彩弱化；用清色和浊色对比，暖色与冷色对比，均可以突出主要内容；依据内容的重要程度调整色彩三属性可以分出多个层次。色彩系统化设计还要与个体色彩设计协调起来。

3. 旅游地图点、线、面符号色彩的综合设计

呈现点状、线状、面状的符号是地图上的视觉元素，它们是图面的有机组成部分，各自扮演着不同的角色，点、线、面在图面色彩构成上也表现为 3 种特点。图面色彩设计应当从内容表达和艺术化设计两方面来考虑。

1) 点状符号的色彩设计

点状符号的色彩设计，是指面积相对较小的一种符号的色彩设计，如点状符号、点状组合符号、点值法中点、分区图表法和定位图表的色彩设计。

(1) 色相变化适宜表示旅游信息类型差异。如在旅游点分布图中，在半径相同的圈形符号内分别填入蓝、红、黄色以代表旅游住、行、餐的构成情况。在用点值法表示旅游资源的分布图上，分别用红点、蓝点代表人文、自然景观，由于色相对比强烈，其分布范围清晰显示。

(2) 纯度和亮度对比适宜表达数量级别差异及动态发展。如在旅游者年度变化图上，用不同纯度的圈形符号分别代表不同级别城市若干年度内旅游者的增长率，浅黄代表0%～20%，浅橙代表20%～50%，浅红代表50%～100%，玫瑰红代表100%以上。图形符号的半径大小，分别表示城市旅游者的数量级别。点状符号面积小，用色相对比来配合才能达到图面清晰易读的效果。如在点状扩张符号中，用深浅不同的色相表示原有的和发展了的比率。又如在分区图表法中，用色彩渐变的圈形符号表示旅游收入的增长情况，最浅绿色代表1～2.5倍，浅绿色代表2.5～5倍，绿色代表5～10倍，深绿代表10倍以上。圈形符号半径的大小代表数量指标。设计中应采用类似色配合。

(3) 符号色彩一般应与事物自然色相似。一般情况下，符号色彩要与事物自然色相似。如河流、湖泊用蓝色，森林用绿色，食品工业用黄色，但这一要求不是绝对的。在设计中，还要注意地图的总体效果，要处理好不同符号之间的类型与层次关系。有些要素是抽象的或不可见的，只能靠主观色来表达。

(4) 点状符号色彩应与事物自然色相似。如滑冰场及湖泊用蓝色，森林用绿色，食品工业用黄色。但在实际选色中，不应机械地遵循这一原则，因为并不是图上所有要素均能同自然色取得一致。另外，设色时常受多方因素和条件的影响，有些要素的用色只能靠主观象征来设计，如滑雪场分布，用白色表示显明性不强，改用蓝色或绿色则较为恰当。

(5) 与底图色彩之间要有足够对比。与底图要素相比，旅游要素符号要鲜明、醒目，突出于第一平面，而作为地理基础的底图符号色彩则要求淡的低纯度色彩，使之处在第二平面。由于点状符号面积较小，应当运用高纯度、降低明度色彩，多用原色、间色，而少用复色，使符号与符号之间有鲜明对比。如果色彩较浅，则必须加边框。与符号配合的面状色彩，宜用较浅淡的间色或复色，使符号与底色之间反差扩大，形成两个层面，突出主题要素。

(6) 符号设色面积宜与纯度或亮度成反比。由于点状符号面积较小，需增加其纯度，多用原色、间色，而少用复色，使符号与符号之间有鲜明对比。在结构符号中，多用色相对比，以便于读图时识别不同类型之间的比率关系。与符号配合的面状色彩，宜用较浅淡的间色或复色，使符号与底色之间反差扩大，形成两个层面，突出主题要素。

2) 线状符号色彩设计

线状符号的色彩应当分为色块界线与非界线两类来设计。

(1) 界线色彩设计。当地图中各色块之间色相对比较大时(如旅游功能分区图)，宜采用缓冲色来隔断色块之间的互相影响，以达到调和的目的，即所谓的分割调和，也就是用黑、白、灰等缓冲色为界线色来进行分割。它们不但能调和色彩之间的对立，而且还具有朴素、坚固、冷静的特点，从而使图面显得和谐、庄重、高雅，同时还可以使其他色块的色彩特征更加明确。黑色、白色和灰色各自的特点有一定差异，在使用方法及产生的效果上也不尽相同。当然，为了强调界线的意义，也可以用有彩色。界线用色时，应先确定图中界线的主次关系。主要界线用深色；次要界线用灰色、浅色，用色彩对比形成不同层次。如在旅游区划图中，区划界线属于第一层平面，用色应浓艳、醒目，常用大红、玫瑰红、黑色、青色等，而河流、交通线等线状符号属于第二层平面的辅助要素，用浅灰色、浅褐色、浅棕色、黄灰色表示。

(2) 线状事物色彩设计。对各种线状事物，先分析其(如交通线、河流、旅游路线、旅游流路线等)在图上类型与层次关系，然后按上述原则处理，利用色彩纯度、亮度对比，表达主次关系，达到层次分明的效果。

(3) 动线符号色彩设计。对动线符号，也应先分析不同动线符号的分类与层次关系，然后按主次设色。如在旅游线路图中，不同类型的旅游线路，用不同色相来表示，主次关系可以用色相、纯度配合亮度来显示。在动线内填充色彩，可利用不同色相表示类型，如用红、蓝两种动线分别代表国内、境外旅游流。在组合带状动线中，分别用不同色彩表示客流类型。在向量线内用不同色彩的纹理来填充。用色彩由深至浅，纹理由密到疏，填绘于向量线内，可以强化动感。在组合带状动线中，分别用不同色彩表示客流类型。在动线内也可以用不同色彩的花纹、网纹、点纹来填充，富有装饰性。动线的色彩由深至浅，晕点由密到疏，填绘于向量线内，可以强化动感。箭形符号采用半透明色彩可以防止过多地遮盖底图内容。各类动线法中，适宜用色相表示旅游要素的类型，用色彩的深浅表示旅游要素的发展动态，用动线宽度表示数量大小等。

3) 面状符号色彩设计

面状符号面积较大，对图面总体效果及审美风格的形成起着决定性的作用。应使各范围间具有明显差别，可用色相变化或色相加亮度、纯度变化来表示。图面上，主要旅游要素用色鲜明、突出，次要要素用色浅淡，退居次层面。

(1) 表示类型特征的面状色彩设计。面状色彩在图上占有较大的面积，对地图总体效果影响最大。通常用色相来表示面状类型特征，一般应考虑到运用自然色彩或象征色彩，但是也不能忽略色彩的装饰性。如在旅游功能分区图上，文化旅游区用红色、生态旅游区用绿色、工业旅游区用灰色、城市旅游区用黄色、度假旅游区用紫色、滨水旅游区用蓝色。色彩设计时还要注意，不能只考虑单色，还要考虑它们组合在一起时是否具有协调性。在旅游景观分区图上，用色彩变化反映自然要素地带规律性特征，用色相和纯度表示不同类型的景观，如森林、草原、荒漠、平原、山地、高原、雪山等类型，各种森林用绿色，草原用黄色，荒漠用棕色。色彩具有表情性，用主色调来反映旅游地特征，也可提高地图的表现力和感染力，如山岳旅游地地图、森林旅游地地图可以青绿色调。

(2) 表示数量指标面状色彩的设计。表示各种不同数量和等级差异的面状色彩，应运用色彩的亮度对比、纯度对比或冷暖对比。一般数值增大时，相应增加面状色彩纯度，降低亮度。暖色有膨胀感，宜表示数量递增的事物。数值减小时，相应降低面状色彩纯度。冷色有收缩感，宜表示数量递减的事物。表示高等级的事物应当用低明度、高纯度色彩，还适宜用暖色；表示低等级的事物应当用高明度、低纯度色彩，还适宜用冷色。

(3) 次要内容色彩设计。应当用低纯度、较浅的色彩，不能有刺眼的感觉，且不能影响图上主要内容的显示。保持它们之间有足够的对比，如淡黄、米色、淡红、肉色、淡草绿等。衬托色彩，常作为装饰色彩应用于各种图表等。另外，在许多旅游图上，为了显示旅游要素和地貌的关系，常用单色晕渲或透视素描作底图，以提高内容的直观性和艺术性。旅游地图种类繁多，符号多样，图面上的色彩类型常以交替、重叠、并置的形式出现。因此，色彩设计不能只考虑点，线、面单一符号的色彩特点，而要综合研究多种色彩的组合模式，以获得“对比中有协调，协调中有对比”的图面效果。

即学即用

请你依据地图符号与色彩设计原理，分析本章导入案例中的旅游资源符号体系能否很好地传达旅游资源的类型与等级信息，存在哪些问题？你能否按照视觉变量规律来修订这套方案，让它更为理想？

6.5 旅游地图内容的文字传达设计

导入案例

从一些旅游地图作品的对比分析可以看出，在不少人看来，设计者对地图符号和色彩的设计较为重视，文字设计不够重视，影响地图整体效果。彩图 20 是一张湖北省旅游图，总体上比较成功，你能看出该图文字设计的哪些方面做得比较好吗？通过本节的学习，将为这些问题找到明确的答案。

符号、文字、色彩是地图图面三大要素，其中符号与文字是地图中不可或缺的图面构成要素。文字在地图学中称之为注记。文字是一种特殊的符号系统，虽然不适宜用于表现空间现象，但是对事物其他特性的表达能力很强。地图图形符号对表达地理事物有明显的优势，但不是万能的，有很多信息无法用图形符号来表示(主要是指不可见的或者是抽象的地理事物)。例如，地名、路名、山名、水体名、高程、房屋的楼层数、经纬度、水深、水流速等信息，必须用文字来表征。绝大多数地图不能省略文字。因此，无论从实用角度看，还是从地图艺术化角度看，文字设计在地图设计中的地位都相当重要。旅游地图内容的文字传达设计是指为了更好地传达地图内容，为旅游地图中的各种文字的字体(选择或设计)、字号、排列、装饰处理等制定一个科学合理的方案的行为或过程。在计算机地图制图技术条件下，除了图名以外，通常不需要对字形和笔画进行专门设计。

6.5.1 常用字体简介

文字设计指对文字按视觉设计规律加以精心安排。要做好文字设计，必须对它的历史和演变有所了解。

1. 文字概说

文字是记录语言的符号。人类有了文字，就能使语言超越时间和空间的限制，作为社会交流思想和表情达意的工具。世界上各民族的文字，概括起来有三大类型，即表形文字(图画文字)、表意文字(字体表示语言中的词或词素)和表音文字(拼音文字)。汉字是典型的在表形文字基础上发展起来的表意文字。

1) 汉字字体与结构特点

在设计中所使用的字体有书写体和印刷体两大类，汉字的书写体，一般分为“真草隶篆”四体，或者“篆隶真行草”五体(图 6.19)。

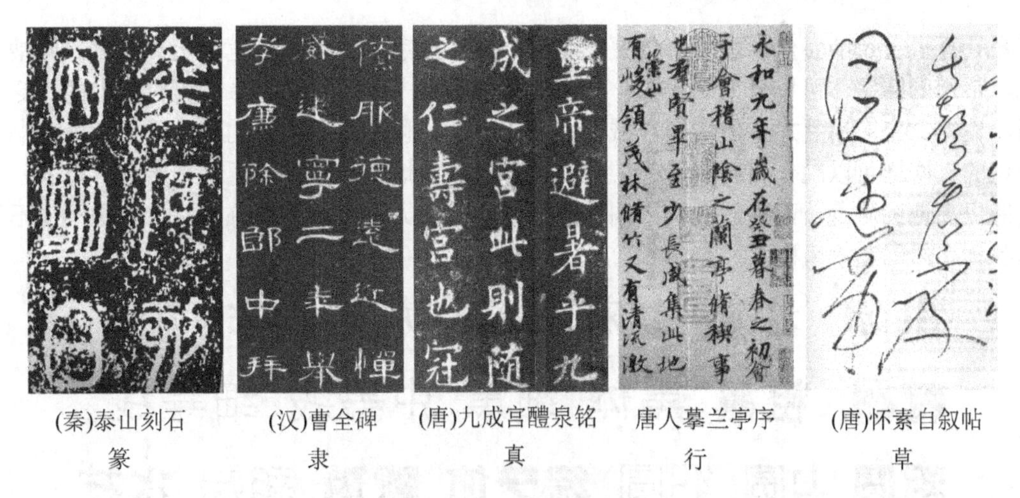

(秦)泰山刻石 篆　(汉)曹全碑 隶　(唐)九成宫醴泉铭 真　唐人摹兰亭序 行　(唐)怀素自叙帖 草

图 6.19　汉字的字体示例

文字有书、刻、印 3 种制作方式，不同的制作方式影响着字形的变化。文字的书写，由最初的图画线条的刻画开始，到用毛笔书写，再到后来由于刻板印刷技术的出现，便产生了印刷字体。印刷术被称为“文明之母”，公元 11 世纪北宋的毕昇发明了活字印刷。用雕刻刀刻字对汉字的基本笔画和形体演变产生了重要影响。在楷书字体的基础上，设计了一种横轻竖重、阅读醒目、棱角分明、更加方体化的字体，这就是相对于书写体而言的宋体。

作为地图设计者，若不能做到精通书法，至少应对传统的书法艺术有一定的了解，若能参与书法艺术实践，则更有利于提高自身的艺术修养。

2) 拉丁字母字体的演变与结构特点

拉丁字母的前身是埃及的象形文字。4 千年前，塞姆人使用了一种抽象音符，比埃及文字简单易写。后来这种文字由腓尼基人传播到地中海，并逐渐演变成希腊字母。希腊人应用几何学对古文字加以整理改造，便产生 26 个字母的字形。公元前 114 年在罗马特拉雅努斯大帝纪念柱上刻着成熟了的字母形式，这就是古罗马字母大写体，庄重典雅，与古罗马的建筑格调一致，字脚形似纪念柱。古罗马体在历史上曾有过衰微时期，文艺复兴时期又重新盛行，至今仍在应用，并由此还产生新罗马体。古罗马体应用方形、圆形和三角形的几何构成方法而产生的 26 个字母，可以分成广形的 ACDCHMNOQTWWXYZ 和狭形的 BEFIJKLPRS。XYZ 有时也写成狭形。

草体字于 16～18 世纪在意大利和法国盛行起来。19 世纪的欧洲，由于商业营销活动的需要，在罗马体基础上设计出了方饰线体，装饰线较粗，具有粗犷有力、庄重的感觉，随后又设计出了朴素、庄重、醒目、富有现代感的无饰线体(相当于黑体)。

世界上最通用的数字字体是阿拉伯数字字体，是拉丁字母体系中的第三个组成部分。中国文字拼音字母字体所采用的为拉丁字母体系，为 60 多个国家和地区所使用，是国际上应用广泛的字母体系。

2. 地图上常用的汉字印刷字体

在设计中使用率最高的不是书法字体，而是经过规范化的印刷字体以及美术字体。尤其是计算机普及的时代，手写字体更加少见。常用汉字字体涉及极宽的历史跨度，归纳起来，常用的活字体可以分为三大类：宋体、黑体与手书体(图 6.20)。计算机技术的广泛应用，使得文字应用更加方便快捷，减少了手工劳动，也提高了字体的制作质量。没有书写知识的人同样可以制作出高质量的字体。这种形势对地图制作来说无疑是十分有益的，不仅能提高地图质量，而且能加快成图速度。当代制图人员可以不训练书写，但是不能不了解各种字体的艺术风格。

粗宋 老宋 中宋 报宋 仿宋 长宋 姚体

特黑 粗黑 黑体 细黑 中等线 细等线

粗圆 中圆 细圆 综艺体 琥珀 彩云 水柱

新魏体 楷体 隶书 行楷 舒同体 启功体

图 6.20 常用汉字字体

1) 宋体及其变体

宋体在印刷中作为活字使用历史最为悠久，它是对老宋体、粗细宋体、斜宋体、仿宋体等字体的总称，是在北宋雕版字体的基础上发展而来的，在印刷字体中历史最长。宋体字分粗宋体、细宋体，“横细竖粗撇如刀，点如瓜子捺如扫”形象地概括了粗宋体的笔画特征。宋体及其变体在地图上应用十分广泛。

2) 黑体及其变体

由黑体变化而来的字体较多，如粗黑、细黑、圆角字、综艺体、琥珀、彩云、水柱等字体。尽管这些都是黑体变化而来的，但是它们在审美风格上差异较大。这些字体在地图上均有应用价值。

3) 用于印刷活字的手书字体

印刷字体中也设计了一些具有手写体特性的字体，视觉效果与手写字一样自然流畅，为满足各种设计需要创造了很好的条件。常用手书字体有楷体、隶书、新魏体、行楷、舒同体等。手书字体在地图中也有一定应用价值，不同字体的应用范围不同。

地图中的文字适宜用印刷字体，尤其是非手写字体，因为它们笔画结构规范、简明易读。早期地图的文字全用手工直接书写，费工时，效率低，质量难以保障，规格不易统一。由于计算机制图的实现，地图中运用字体变得特别容易，而且效果很好。在计算机制图时代，似乎没有必要学会书写印刷字体，其实如果能够学习字体书写，也能提高对字体结构特点的认识及审美鉴赏力。如果没有时间学习写字，至少应当了解各种常用字体的风格特性，这样才能运用好字体。

即学即用

观察、体悟并描述几种常用字体的审美风格、情感意味，在地图和文稿及其他传播设计中如何应用它来实现信息传达的目的。

3. 印刷字体的字号及其编号方法

印刷字体字号是表示字体大小的术语。计算机字体的大小，通常采用号数制、点数制(表 6-2)。号数制是以互不成倍数的几种活字为标准，加倍或减半自成体系。点数制又叫磅数制，是英文 point 的音译，缩写为 P，是世界流行计算字体大小的标准单位。电脑排版系统就是用点数制来计算字号大小的，每一点(磅)约等于 0.35mm(1 英寸＝72 磅)。这种字号是目前运用最多的一种。

表 6-2 号数和点数的尺寸对照表

序号	1	2	3	4	5	6	7	8	9	10	11	12	13	14	15	16	17	18
号数制名		大特号	特号	初号	小初号	大一号	一号	二号	小二号	三号	四号	小四号	五号	小五号	六号	小六号	七号	八号
磅数(P)	72	63	54	42	36	31.5	28	21	18	16	14	12	10.5	9	7.5	6.5	5.5	4.5
尺寸(mm)	25.3	22.1	19.0	14.8	12.7	11.1	9.8	7.4	6.3	5.6	4.9	4.2	3.7	3.2	2.7	2.3	1.94	1.76

6.5.2 旅游地图的文字设计

为了便于理解和理清设计思路，旅游地图中的文字也分为个体文字和系统化设计两部分来说明。

1. 旅游地图个体文字的设计思路

个体文字是指某种地物的注记文字，考虑的是局部意义，所传达的个别信息，是地图信息传达的一部分。个体文字设计应当包括字库中字体选用和变形处理，确定字号。依据旅游地图设计的原则，结合个体文字设计实际，个体文字设计可以按照下面的基本思路进行。

(1) 准确地、更多地传达信息。文字的直观性差，但它适合于表达抽象信息，它能准确传达地名、路名、山名、水体名、高程、经纬度、水深、水流速等及其属性信息。文字语言语义易于明确，其信息的准确性不用怀疑。如果能够在不增加图面负担的情况下，拓展它的含义也是很有意义的。比如水系名称的文字，除了直接所指名称以外，其属性是柔性的流动的，就可以选择有柔性的字体，比如左斜楷体、圆角体来表达。由于注记是跟着符号走的，因此还要通过排列方式与位置设计，明确它用于解说哪个符号。

(2) 少占空间，又清晰可见。少占空间可以通过在字体选择、字号选择和简化图中注记字数来实现。不同字体在字号相同情况下，所占面积是不同的，应当考虑这种因素。字号选择应当考虑字的清晰性，通常 5 磅以上的字不影响阅读。

(3) 字体风格适当。在计算机制图时代，地图所用字体都不需要书写，只需了解各种字体的风格特点，并运用好各种字体即可。每种字体都是专业设计者所设计的，绝大部分字体符合形式美的规律。字体审美风格多样，有粗犷、隽秀、端庄、飘逸等不同风格，因此，要想取得理想的图面效果，应当充分了解各种字体的风格特征，科学合理组合，以便形成理想的图面风格，赋予其特有的神采。每一种字体都有其审美风格和情感意味，在选择字体时，应当考虑到字的艺术风格。

(4) 配合文字系统化设计。个体文字又是文字系统的一部分，应当与全图文字系统相配合，甚至还要与符号系统相配合。

2. 旅游地图文字系统化设计的思路

每一张旅游地图的文字除了要将自身需要当做一个视觉符号体系来看待以外，还应当将其当做地图视觉符号系统的一部分，因此文字系统化设计比个体文字设计具有更重要的意义。

1) 旅游地图文字系统化设计的基本思路

旅游地图文字的系统化设计与个体文字设计有不同的理论依据和目标，所要做的工作不同，旅游地图文字系统化设计所要传达的信息是分类与分层信息。其基本设计思路如下。

(1) 准确、直观地传达信息。旅游地图文字的系统化设计是从全图角度来设计各种符号的注记文字，使地图文字在视觉上具有系统性，配合符号来说明地图内容在整个地图内容系统中的分类、分级属性，使地图内容的视觉具有条理性。利用文字的字体、大小、轻重来表达这种分类、分级信息。注记与符号一样要分出层次，以便于阅读，这与一般文稿的排版一样。注记笔画采用粗细、轻重、明度来强化注记的层次，有时需要用外加装饰来达到理想的效果，如加轮廓。以不同字体反映不同的地图内容，也包括用变形字来表示，使地图中的内容更具条理性。

(2) 控制文字覆盖度。个体文字设计考虑的是个别文字的设计，传达的是部分信息，如果不能兼顾系统性，势必影响大局。精简图面文字是为了减少不必要的文字覆盖度，减轻图面负担。点状符号的注记应当在大小上与符号相协调；线状符号的注记应以线的粗细为标准来考虑字的大小，才能保证它们的协调性，宁可让注记偏小，切不可让注记太大，这样不容易协调；面的说明的注记，要能照应到全区域，不仅是排列问题，还有字的大小。文字的排列长度、覆盖可以产生点或虚线或虚面的感觉，它们也占据了一定的图面空间，也有方向性。只有将其当做图像符号来进行设计，才能产生良好的效果，这一点往往容易被人们所忽视。例如，在图 6.21 上，真正的符号所占空间比注记所占空间少得多。

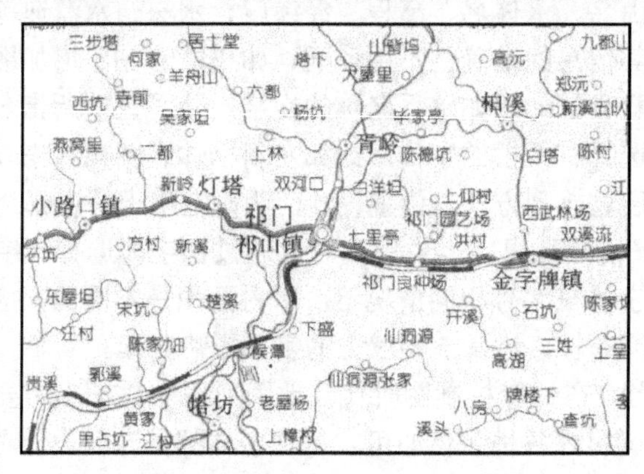

图 6.21　文字在图上所占空间示意图

(3) 使地图文字系统艺术化。文字与其他符号一样需要按照多样统一规律来设计，才会有美感。多样指的是一张图中不可只用一种字体，注记无轻重变化，无大小变化，会显得很单调。为了丰富图面效果，避免单调感，文字要有字体变化，轻重变化，大小变化。统一是指注记轻重、大小、风格对比要有度，保持其协性。如果文字轻重、大小、字体风格变化太多，容易造成杂乱。除了自身的多样统一以外，还要兼顾文字与图形符号尺度的协调。文字的视觉对比与协调效果取决于文字的字体、字号、色彩方面的对比与协调，其中字体包含字形特征与笔画粗细造成的总体密度效果(即视觉混合所产生的明度)对层次感的形成至关重要。一张图上如果采用 2～3 种字体便可以表现出字体的多样性。文字设计应当和符号所显示的重点与层次相配合，地图上的重点内容和层次都是用符号的视觉要素对比来显示的，文字设计也类似于符号的视觉对比要素设计，用文字的字体、字号的合理设置可以表现重点与层次。比如，重点内容用较大的、粗重的字；如果地图文字分为 3 个层面，第一层面的文字字体应当是粗壮的，如粗黑、粗圆、琥珀等字体；第二层面的应当是中粗笔画的，如黑体、中圆、粗宋等字体；第三层面的文字字体应当是细笔画的，如仿宋、细黑、楷体、细圆等。

此外，字体本身具有轻巧与凝重之别，字体的选择对图面的轻重、阅读效果有一定的影响。从视觉美感角度来看，地图中的注记似乎是多余的，图中注记应尽可能少占据空间。文字的排列组合图面上会呈现出点、线、面的视觉效果。文字在表现地图神采方面，应强化其点的视觉效果，弱化线、面的视觉效果，因为文字排列所造成的线、面感无益于地图气韵生动的效果体现。为了体现节奏，需要了解不同字体的分量。文字的分量与字体笔划粗细有关。同一尺寸不同字体的笔划粗细相差很大，导致文字分量相差很大，例如，粗黑、宋体、楷体在分量上明显不同。大字应当用粗笔划的字体才显得饱满有力，否则会没有力量感。在文字构成上要注意文字不宜太密、太满，否则，会影响地图总体节奏感的形成，也就不会有气韵生动的气象。此外，不同风格特征字体的组合模式及其所占比例会影响整个图面格调。

知识要点提醒

地图的文字设计与文稿等其他传播设计中的文字设计原理相同，设计思想可以通用，掌握了地图文字设计的原理，也就意味着掌握或具备了设计多种媒体文字的设计技能。

3. 旅游地图的文字设计

字体、字号的选择，文字的排列、色彩及装饰手法是文字设计是主要内容。

1) 字体的选择

字体对地图的效果影响很大。首先要考虑与符号、内容的协调性，还要考虑所在的体现层次与类型，最后还要考虑文字所占图面的空间大小以及所形成的图面的格调。

(1) 与符号及内容的协调性。注记的分量与字体笔划粗细有关，应当保持与符号的分量相协调。为了使注记与符号在分量上配合更好，在考虑注记尺寸的同时，必须兼顾字体配合。因为同一尺寸不同字体的笔划粗细相差很大，导致注记分量可以相差很大，例如，粗黑、黑体、宋体、仿宋、楷体在分量上明显不同，要根据符号分量合理搭配，粗重的符号要配粗壮的字体，轻细的符号要配清秀的字体。一个小巧的居民点符号或者一条很细的河流决不能配上粗壮的注记。通常宁可让注记比符号轻，不可比符号重。面积符号注记字体要参照面积及边界线的粗细来确定。大字应当用粗笔划的字体才显得饱满有力，如大区域名用黑体、粗圆、隶书等字体较好，如果其分量太重，可减淡色彩或用空心字。

字体风格特征与符号内容特性一致可以增加两者的协调性，这种关系已由外在形式上的协调变成了内涵的协调。例如，人们习惯用左斜体字来表示水系内容，同时选择圆润特点的楷体、圆角体与水流动性和柔性相吻合；用长体和耸肩体分别表示山体和山脉名称，用扁平的字体作为地区名称。这种设计符合人的视觉心理，因为左右斜变体字具有动感，可使人联想到运动的事物；长体字和耸肩变形字具有高大、挺拔的感觉，可使人联想到高大的事物，扁形字具有宽阔、水平延伸的感觉，可使人联想到水平延伸的事物。

表 6-3　常用字体在地图中的适用范围

字体	在地图中适用范围			
	图名或大字	第一层面	第二层面	第二层面
标宋	适宜			
宋体	适宜(需加粗)		适宜	
仿宋				适宜
粗黑	适宜	适宜		
黑体	适宜	适宜(需加粗)		
细黑				适宜
楷体			适宜(需加粗)	适宜
琥珀	适宜	适宜		
彩云	适宜			适宜
粗圆	适宜	适宜		
中圆	适宜(需加粗)	适宜(需加粗)	适宜	
细圆				适宜
综艺	适宜	适宜		
水柱	适宜			
新魏	适宜(需加粗)			
隶书	适宜(需加粗)			

(2) 有利于体现层次性。地图文字的层次性有引导读者视线移动的作用，读者看图通常是先看粗大的后看细小的符号或文字。地图注记如果没有层次性，那么地图中的文字就显得杂乱无章。一般情况下，分两三个层面为宜。第一层面的文字字体应当是粗壮的，如粗黑、粗圆、琥珀等字体；第二层面的文字字体应当是中等粗细的，如黑体、中圆、宋体等字体；第三层面的文字字体应当是轻细的，如仿宋、细黑、楷体、细圆等(表 6-3)。如果

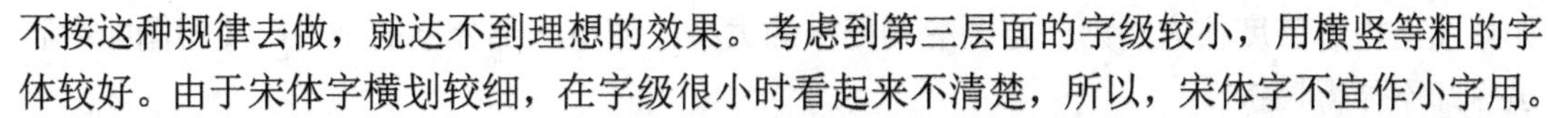

不按这种规律去做，就达不到理想的效果。考虑到第三层面的字级较小，用横竖等粗的字体较好。由于宋体字横划较细，在字级很小时看起来不清楚，所以，宋体字不宜作小字用。

(3) 有利于体现内容的类型。不同的字体不仅可以用于体现层次性，同时还具有分类的作用。用不同字体来表示不同内容，有利于增强图面要素的秩序性，减轻读图的难度。如水系的注记字体与地形、居民点的注记字体要有区别。

(4) 少占图面空间。一张地图要尽可能提供较多的信息量，又不能显得太拥挤，就要尽最大的可能去压缩每一种要素所占的空间。尤其是文字，处理不好会占用一些不必要的空间，增加地图空间的压力，极易产生繁琐感。由于不同字体在结体上有一定的差异，致使同一字级的文字所占空间并不一样，因此，文字字体的选择对减少地图空间压力有一定的作用。在汉字字体中，综艺体、圆角体、水柱体结体宽博，占用空间最大；其次是宋体、黑体；占用空间最小的是仿宋、楷体，这两种字体在结体上紧凑。在选择字体时考虑这种因素，对改善地图设计效果有一定的积极作用(图 6.22)。

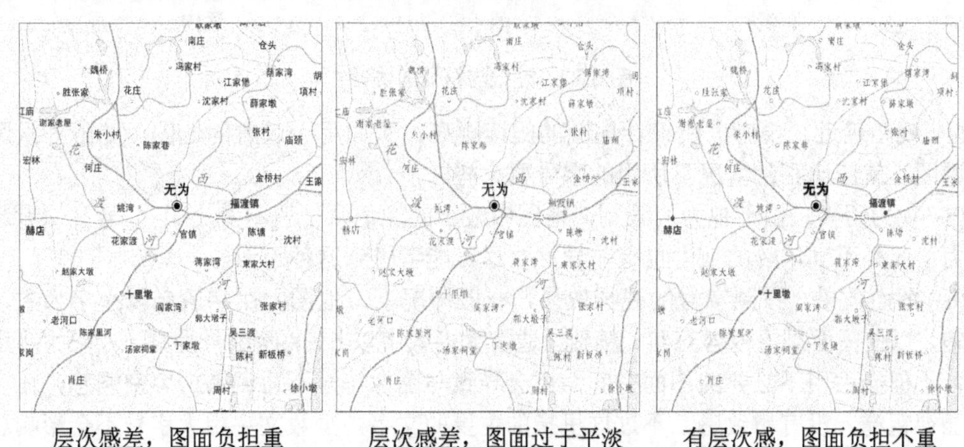

层次感差，图面负担重　　层次感差，图面过于平淡　　有层次感，图面负担不重

图 6.22　不同字体组合模式所产生的图面效果比较

(5) 注意图面格调。例如，过多地使用黑体等粗重字体，图面会有沉重感，看多了会感到很累；过多地使用仿宋体等纤细字体，图面会有轻巧感。圆角字(粗、中、细圆)由于圆笔过多的缘故，会使读者在阅读时不由自主地会放慢速度，不宜大量使用。宋体、仿宋、楷体字看起来轻松愉快，适合大量使用。

2) 字号的选择

在地图注记设计中，选择适当的字号也非常重要，它关系到与符号协调性、图面要素的层次性、图面密度和清晰度。

(1) 尺寸符号协调性。这里讲的尺寸并不要求用精确数据去衡量，而是要它们在视觉上有相配的感觉，注记的尺寸应随着符号尺寸变化而变化(图 6.23)。

(2) 有利于体现层次性。按照近大远小的视觉规律，注记的大小是决定其层次的重要因素，设计时必须慎重对待，反复调试。

(3) 考虑内容密度。如果一张图密度很小，图中注记稍大些不影响图面效果。但是，如果图上内容密度很大，则一定要控制好字的大小，缩小一部分字的字号，使得图面内容虽多却不显得拥挤。

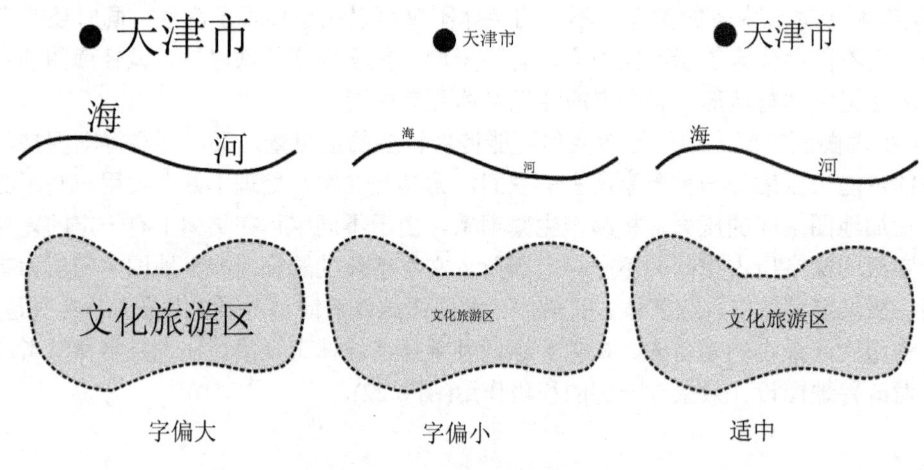

字偏大　　字偏小　　适中

图 6.23　注记与符号的协调

(4) 视距远近。要考虑所设计地图的阅读距离，例如用于远看的地图，如野外景区景点导游图，就应比正常情况下所用的字号要大些。

(5) 视力因素。由于视力的限制，地图中最小的注记，一般不宜小于 4 号字，看起来较费力。此外不同年龄的视力也有差异，要尽可能考虑到这种因素。

(6) 图面效果。按照字号的视觉效果，一般情况下，地图上用字应当以小字为主，大字为辅，以使图面显得内容充实、精致，通常大多数字以 6～8 磅字号为宜，如果大字用得太多，不但会占用不必要的图面空间，还会导致与图像符号不协调和内容空洞感，还会使图面显得粗糙，没有精致感。不过这里指的主要的文字，少数文字用大字号不会影响总体效果。如果是编制用于远看的地图其尺度就要相应放大。按照这样的思路来设计地图上的字，合理把握每一种尺度文字的数量，以便获得理想的地图效果。

3) 注记排列方式与位置

为保证注记和符号之间关系的紧密性，注记的排列方式力求保持空间上的联系，使注记归属明确，不同符号的注记互不干扰。点状符号的注记，以符号为中心(以经纬线为基准)紧密排列于上、下、左、右，均能保持空间上的联系性。但是，按视觉习惯，注记的排列的最佳位置应以图 6.24(a)所示的选择顺序，如果 1 号位有其他符号或注记，则选择 2 号位，以此类推。如果摆在符号的左上、左下、右上、右下效果就较差，只有在最佳位置均不好放的情况下，再选择这四个位置(图 6.24)。字数较多的注记排成两行，则显得紧凑。在很多情况下，为了防止遮盖地物，注记往往不能放在理想的位置，这时就要权衡利弊，统筹兼顾。此外，当注记非压盖地物不可时，最好是要避免放在线条的转弯处，而要放在弯曲度小的地方，以防止信息的丢失。排列的方向以一横排为最佳，迫不得已再用竖排。点状符号注记的排列不仅要考虑自身位置的合理性，还要注意周边注记的排列位置的避让，以利于改善背景空间的美感，并可以在不减少注记数量的情况下使图面不显得拥挤。

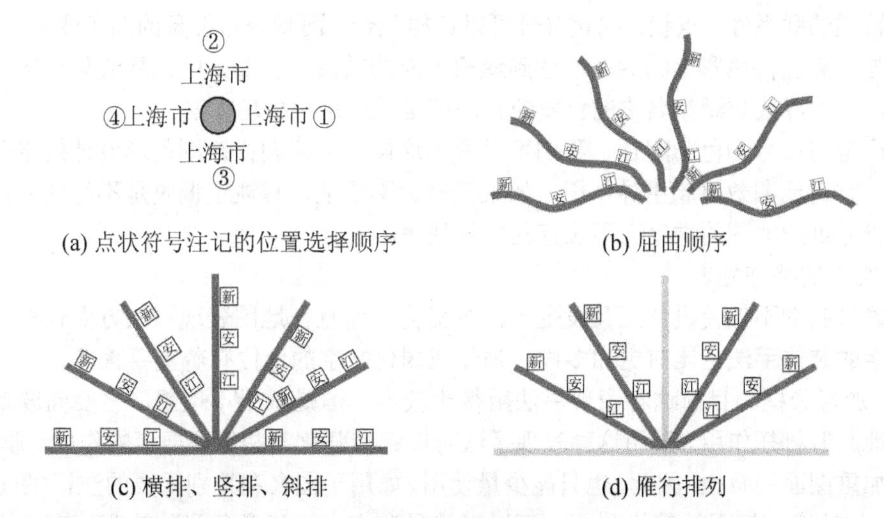

图 6.24　文字的排列

线状符号的注记采取沿线状符号分散排列，横排或竖排或斜排或雁行排列(图 6.25)，所要追求的无非是保持与符号之间的紧凑性与协调性。双线河流和街道注记放在双线内比放在外面紧凑些。单线或窄双线河注记放在向内弯曲处比放在向外弯曲处显得紧凑些。有的地图设计者为了保证注记与街道的紧凑性，纵向街道的注记用长字放在双线内，横向街道和的注记用扁字放在双线内。注记与符号融为一体，让出了图上空间，还能保持注记的分量不减，是比较理想的做法。

面状分布现象的图斑注记在位置上与图斑范围相协调，在排列走向上与图斑延伸方向一致。图斑曲度较大者或中部很窄时可分两组排列。要让注记管住整个区域，但不能顶到边界。例如，湖泊、行政区的注记按这种规律排列以体现与图斑范围及边界线的关系，均可取得良好的效果(图 6.25)。

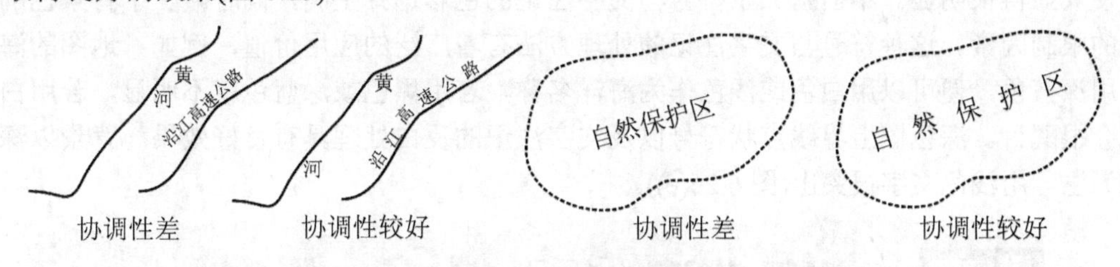

图 6.25　文字的排列

4) 注记的色彩

在彩色图上，为了说明注记与符号两者之间的关系，注记色彩应当与符号相配合。一般情况下，注记的色彩应当与符号的色彩相同、相近或含有相同的成分，这是由注记与符号的关系所决定的。人们习惯让水系注记与水系符号同用蓝色，等高线注记与等高线同用棕色，但是有些注记(如居民点)常与符号不用同色，使它们之间有点不相干的感觉，削弱了两者的关系，值得注意。如果要想在色彩上有所变化，只要它们之间含有相同的成分，也能产生联系性。例如居民点符号用黑色边线，内部用红色，而注记用黑色，仍然可使它们保持较强的联系性。点状、线状符号可以这样配合，面状分布现象的图斑注记也不例外，它可以与边界保持色彩上的联系，达到遥相呼应的效果。例如，区划界线与分区名称的色彩配合，湖泊界线与湖泊名称的色彩配合，都是采用这种处理方法。

从注记与符号的色彩配合，我们可以看到这样一个问题：地图色彩设计效果关键在符号色彩，它对地图效果起主导作用，如果符号色彩很乱，靠注记调整是不可能的，注记应当协助符号维护地图的秩序，不应打乱色彩秩序。

5) 文字的装饰处理

计算机制图不仅使设计工具发生了根本变化，而且在地图表现技法方面也有较大的发展。文字的装饰手法也比前更加多样，强化或弱化文字的地位有着重要意义。

(1) 加背景框。目前这种表现手法用得比较多，但是效果不理想，主要问题是色彩不能很好地起着衬托作用。采用这种表现手法可以起着强化某些重要要素的作用，非常醒目，但也会加重图面的负担，因此，也只能少量使用，如用于图名和特别重要的注记(图 6.26(a))。

(2) 加轮廓。运用计算机制图，可以对符号和文字加任意色彩的轮廓，有很大的选择空间。符号或文字加白色轮廓后可排除其他内容的干扰，使它们明显地突出于背景之上，有助于增强层次感，突出某些重要内容。较浅色的符号或文字加深色的轮廓，可以使其比原来显得厚实庄重而富于装饰性，使某些内容不用深色也可以很醒目、有分量(图 6.26(b))。

(3) 立体化。文字立体化，可以增强地图的厚度感、空间感，会加重图面的负担，因此，文字的立体化只能少量使用，画龙点睛，如用于图名和特别重要的注记(图 6.26(c))。

(4) 加阴影。在手工制图年代给图名加个阴影很费力，而且效果未必如意。自从实现了计算的制图后，给符号、文字注记或制图区域、图名等加阴影变得轻松自如。这种技法可以增强地图的层次感、立体感、空间感，明显提高地图表现力和艺术效果，但是要注意控制使用量，不宜太多(图 6.26(d))。

(5) 反白处理。它是非常有用的表现技法，适用于在较深背景色下要突出某项内容，可使其显得很明显。不但扩大了符号与文字注记的色彩选择空间，同时减少了背景色的选择的限制因素。这种符号与文字注记的处理方法有着广泛的应用价值，例如，地图的海洋若用深蓝色，便可以用白色或浅色作为海洋名称，若用黑色或深蓝色就不明显，若用白色就会很醒目。深色图上界线点状符号以及文字注记的反白处理具有良好效果。背景以深色调为主，用浅色文字很突出(图 6.26(e))。

(a) (b) (c) (d) (e)

图 6.26 文字的装饰处理

即学即用

应用上述所学知识，尝试评价一张地图的文字设计效果，提出改进方案；并尝试设计一篇文稿的文字格式，让其具有合理的层次感。

6.6 旅游地图内容空间特性的视觉传达设计

旅游地图内容空间特性的视觉传达设计是指为某种旅游地图内容空间特性的表达制定一个科学方案。空间特性的传达设计是旅游地图内容视觉传达设计的主要内容，其他特性的传达设计则是辅助性的内容。

6.6.1 地理信息的空间特性视觉传达方法

空间性是地理信息的主要特性，而直观地传达空间信息正是地图语言的优势，也是地图的主要任务。因此，地图学家研究地图表示方法也以空间信息传达为主线展开，形成了一些以点状、线状、面状和立体等空间特性来分类的综合表达方法。可以归纳为定点符号法、线状符号法、运动线法、范围法、质底法、等值线法、点值法、定点图表法、分区图表法、分级统计图法、分层设色法、光影法(晕渲法)等 12 种表达方法。旅游地理信息表达方法通常是根据旅游地理信息的空间分布特征、旅游地图用途来确定。

1. 点状信息的视觉传达方法

严格地说，点是没有面积的，但不能这样去理解地图上的点。地图上的点有的是指面积很小，无法依比例表示的事物，是拓扑学意义上的点，有时是指没有面积的点(如高程点)。地图学中采用定点符号法、定点图表法来表示点状信息(确切地说，应当是点上的信息)。

1) 定点符号法

用点状符号定位于某些点上，来表示旅游要素所在位置及类型与等级等信息的地图表示方法称为定点符号法。这里所用的符号是一种非依比例符号，不用于表示事物空间上的大小，也不表示某些数量统计信息，而以符号的位置表示旅游要素的位置，形状和色彩表示类型，大小表示等级，结构符号表示内部组成。

(1) 符号的形状。符号按其形态可分为具象符号与抽象符号两类。

具象符号是用简单而形象的图形来表示事物，比较直观、生动，容易理解，但这两种符号图形所占面积较大，一般在图上较难确定其准确位置。抽象符号具有图形规则简洁，所占面积小，便于定位等优点。文字符号是用旅游要素的首字母或简注汉字作为符号。能望文生义，不需查找图例，但很多要素名称的首字母常相同，因此容易混淆，且定位也不精确。

(2) 符号的大小。定位符号大小一般不包含表示对象的数量大小，是一种非量化的符号，但它可以表现对象的其他属性，如级别、地位等，如居民点的行政级别，旅游资源的级别等。如果定位符号表示统计数据的则应称为定点图表法。

(3) 符号的位置。几何符号可准确定位。当某处符号过于密集，即使符号相互重叠，也不会产生疑义，但为了提高小符号清晰度，较大符号的色彩必须浅淡，或以附图的形式扩大表示。当几种不同的符号位于同一点、产生不易定位及符号重叠时，可将各个符号化为一个组合结构符号表示，或用小符号压大符号。定点符号法常用来表示旅游点分布、旅游设施分布、旅游资源分布等(彩图 21)。

2) 定点图表法

将地面某点某事物的统计数据转化为图表形式放置在该点上，以表示该地某事物的数量特征及其变化的地图表示方法称为定点图表法。常用柱状图表中的符号高度(长短)或曲线图表表示旅游要素的数量(图 6.27)。如某地旅游人数月或年度变化、旅游地降水量、气温变化等，均可采用图表。定点图表法中常用的图形有柱状图、曲线图、玫瑰图和塔形图等(图 6.28)。如某地旅游者客源构成可以用饼图表示，旅游人数季节变化可以用曲线图、柱状图表示。定点图表法仅用来表示旅游要素的数量特征，如旅游人数季节变化、旅游气候变化等。定点统计图由于其图形较大，定点不能准确，其图上位置只能尽量靠近事物的所在地。

定点符号法和定点图表法都是表示定位于点上的旅游信息，其区别之处在于定点符号法仅表示某地事物性质与强度等级，不表示数量信息；定点图表法是用统计图表来表示该点上旅游要素的数量信息，如果没有用统计图表就不是定点统计图法。

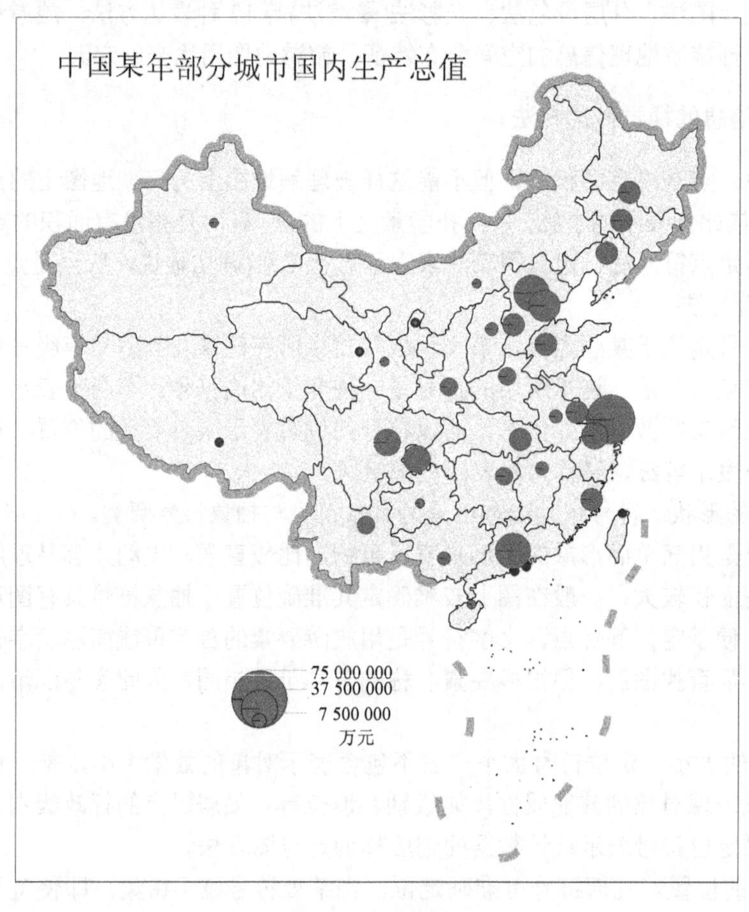

图 6.27　定点图表法

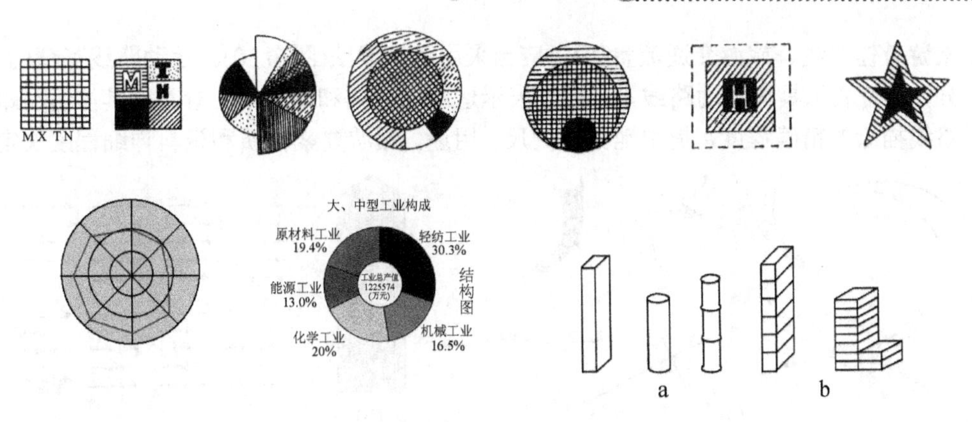

图6.28 图表举例

2. 线状信息的视觉传达方法

数学中的线是没有宽度的，而地图上线状事物有的没有宽度(如行政界线)，有的有宽度(如公路)。线状信息采用线状符号法来表示，移动的线状信息采用动线法来表示。

1) 线状符号法

用线状符号表示线状分布事物的地图表示方法称为线状符号法。本方法用线状符号的形状和色彩表示类型信息，用线状符号的宽度表示数量或等级信息，线条长度可以用于直接量算地物长度。线状分布旅游要素，如旅游线路、水系、交通线、境界线、岸线、旅游者运量等，一般采用线状符号表示(图 6.29)。通常用色彩和图形表示旅游要素的类型。如区分不同的旅游线路、不同时期内的客流线路、不同的江河类型等，用符号粗细表示等级差异；符号的位置通常描绘于被表示事物的中心线上(如交通线)，有的描绘于线状事物的某一侧，形成一定宽度的彩色带或晕线带(如海岸类型、客运性质等)；用符号的宽度表示旅游要素的数量或等级信息；线条的长度是可以用于量算长度(如公路的长度)。线状符号法常用传达旅游线路、旅游交通信息等。

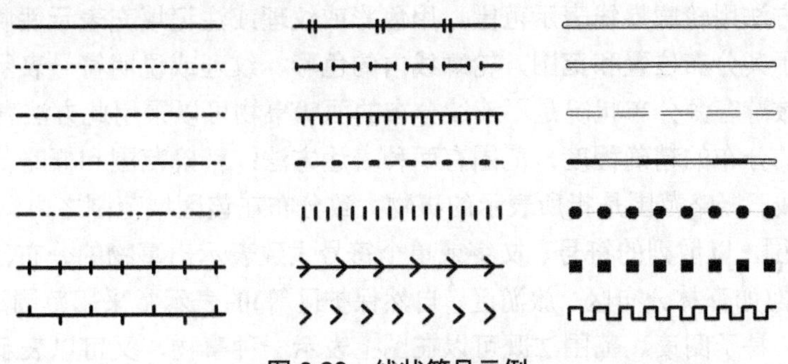

图6.29 线状符号示例

2) 运动线法

用带箭头的线状符号来表示沿着一定方向移动的地理事物的有关信息的地图表示法称为运动线法，简称动线法。动线法常用线的形状、色彩表示类型，宽度表示数量，用位置加箭头表示起讫点、经过地区、发展方向。具有移动方向的旅游要素(如旅游流向、客运流向、旅游最佳路线、旅游交通流量等)，应当采用运动线法(图 6.30)。运动路线有精确与概略之分，前者表示具体运动路线，后者仅表示运动的方向和起讫点，看不出具体运动路线。运动路线描绘的精确程度，是由地图比例尺、用途、旅游要素性质和资料详细程度决定的。

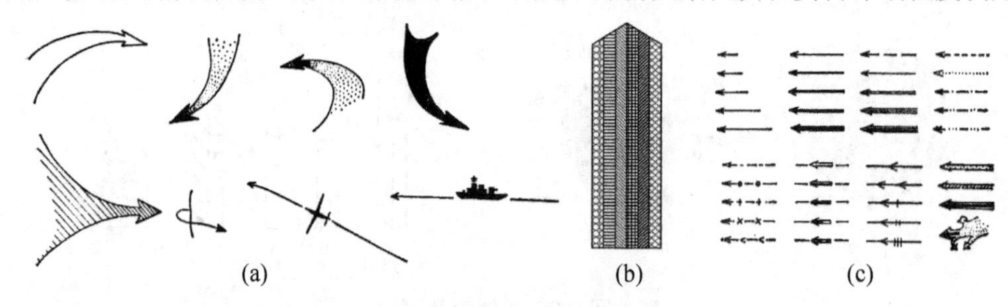

图 6.30 运动线符号范例

3. 面状信息的视觉传达方法

面状信息分布情况比较复杂，有连续分布的，也有间断分布的。布满制图区的可采用质底法、等值线法、分区图表法、分级统计图法，间断成面状分布的可选范围法，分散成面状分布的可选点值法等。

1) 质底法

用面状符号表示某种布满制图区域并具有分区分类特性，各区之间不重叠、彼此毗连的地理事物的地图表示方法称为质底法。本方法用线划表示其各区(类)界线，各区(类)范围内填充不同的色彩或网纹或注记等。各种旅游资源分区类型和旅游区划信息就可以采用此方法表达。制作中，首先要按所示内容的性质，进行分类、分区；其次在图上勾绘出各分区界线；最后在各分区界线内根据设定符号或色彩或文字表示各类型(彩图 22)。

2) 范围法

用面状符号表示不连续分布的面状地理事物分布状况的地图表示方法称为范围法，又称区域法。本方法用轮廓界线表示范围，用色彩或纹理或注记填充表示性质或类型。用符号的轮廓线表示其分布位置和范围，轮廓线内的色彩、纹理或说明符号表示其类型特征。例如旅游区、旅游客源分布状况是不连续分布的面状事物可以采用此方法表达。

根据事物的分布的精确程度，范围有两种表达方法：精确范围和概略范围。精确范围法有明确的界线。概略范围是指所表示的事物大致分布在该区域范围之内，用概略的(规则几何)线画出范围，以散列的符号、文字或单个符号大致表示出事物的分布范围。间断成面状分布旅游要素(如森林分布区、旅游区、自然保护区等)的表示常采用范围法(彩图 23)。范围法简单清晰，易于阅读。范围法既可以在图上表示一种事物，又可以表示两种以上的事物。当用范围法表示几种事物时，有可能出现局部相互重叠情况，这表明在重叠范围内分布着几种旅游要素，可用不同纹理和色彩交叉重叠来表达。

3) 点值法

将制图区域内各区划单位内某种事物的统计数据折算成许多大小相等、形状相同的点状符号，并放置在相应区域来表示该事物的分布数量的地图表示法称为点值法。本方法的

统计区域通常是行政区划单位，而且统计单位越小，成图后点的分布越能准反映分布状况。每个点状符号代表一定的数值，点状符号分布的疏密反映事物大致分布疏密程度及数量信息。点值法适用于表示分布不均匀的旅游要素，如旅游人数分布、饭店数量等(图 6.31)。

图 6.31　点值法示例

布点之前，先要确定点的大小和每点代表的数值。确定的原则是最稠密处点几乎相接但不重叠，最稀疏处也有点的分布。确定点值的方法是：先在图内选定一个密度最大的小范围，并在其中紧密地均匀布点(点直径大于 0.5mm，才能在图上明显表示)；然后，把该范围内旅游要素总数除以其中的点数，得出每点所代表的数值，并凑整即得点值。如遇到旅游要素分布密集与稀疏特别悬殊的地区，可考虑采用两种不同点值的点。两种点面积之比最好能与点值之比相一致，以便于比较。每一个统计区的点子数，用其数量指标除以点值即可求得。对特别密集区也可采用扩大图的形式去表示。点值法有两种布点方法：一是均匀布点法，即在一定的统计单位(省、地、县、乡等)内均匀布点；另一种是定位布点法，即按旅游要素的实际分布情况布点。

用均匀布点法时，可在某一统计单位内按旅游要素的总数量指标均匀布点。当统计单位较小或旅游要素分布均匀时，点值法比较精确。为避免与地理基础要素出现矛盾，图上除大的水系外，小河流、地貌、小居民地与交通网等均应舍去。用定位布点法时，可先按旅游要素的分布情况，在图上划分出小区域的界线，然后布点，以提高布点精度。

用点值法编绘的地图，也常以不同的色彩或不同形状的点子分别表示几种旅游要素的分布情况。如图上所表示的几种旅游要素在地理分布上都有明显的区域性和地带性，分布区不重叠，互不干扰，则用各种色彩的点分别表示其分布范围，可获得很好效果。

4) 等值线法

用一组等值线来表示连续渐变的面状分布的地理事物分布状况的地图表示方法称为等值线法。等值线是地理事物某一数量指标值相等的各点连成的平滑曲线，由地图上标出的表示地理事物数量的各点，采用内插法找出各整数点绘制而成的。每两条等值线之间的数量差额多为常数，可通过等值线的疏密程度来判断现象的数量变化趋势。等值线法往往与分层设色法配合使用，即采用改变色彩深浅、冷暖来表示现象的数值变化趋势，使图面更明确、易读。另外，往往在等值线上加数字注记，便于直接获得数量指标。等值线法除用于表示空间现象数量的连续而逐渐变化的特征外，还可表示现象随时间的变化而变化的信息。等值线是连接某种地理要素的各数值点所成的平滑曲线，如等高线、等温线、等降水量线、等海深线等。它用于表示地面上连续分布而逐渐变化的旅游要素，并说明这种要素在地图上任一点的数值和强度，适用于表示地貌、气候等自然现象。

根据某要素同一的多个观察点较长时间观测记录的数值，在数值之间用比例内插法找出等值点，并将等值点连成平滑曲线，即得等值线(图 6.32)。为了反映要素的发展趋势及增强层次感，可在等值线基础上图上分层设色，在彩色图上用色彩，使色彩由浅到深、由明到暗、由暖到寒。等值线的数值间隔最好保持一定的常数，以利于依据等值线的疏密程度判断要素变化的急剧与和缓特征。等高线法是等值线法的一种，用于表示地形起伏。

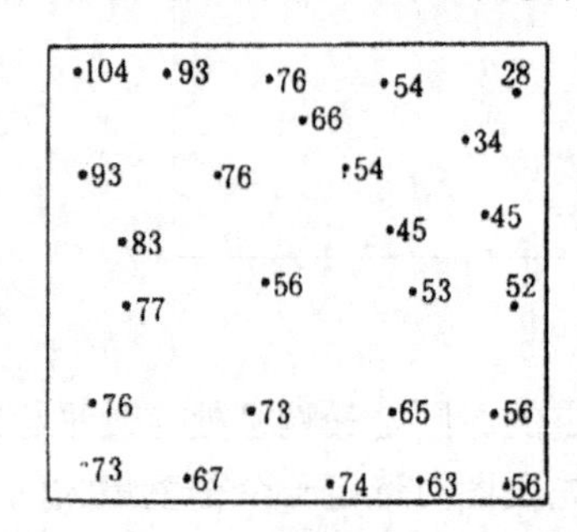

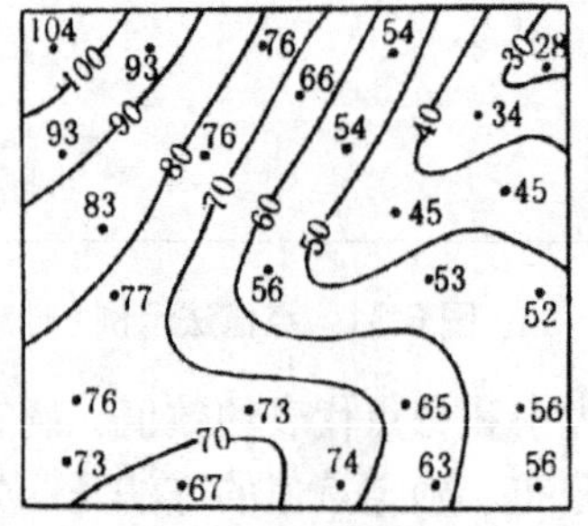

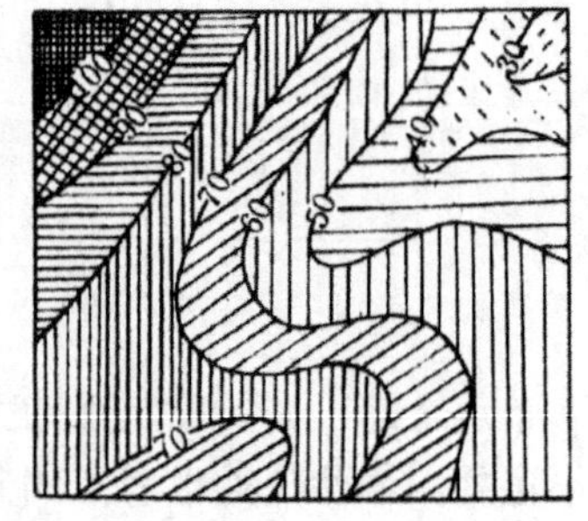

图 6.32 等值线的绘制过程

5) 分级统计图法

将某事物制图区域内各分区的统计数值或者强度划分为若干等级，并在各级区域内配上深浅不同的色彩或纹理，以表示该事物各区差别的地图表示法称为分级统计图法。分级统计图法只能显示各个统计单元间的差别，而不能表示出同一统计单元内部的差别。所以，分级统计的统计区域单元越大，反映的要素特征也就越概略；区域统计单元越小，反映的要素特征就越接近实际情况。本方法可以用于表示各种旅游经济统计数据的分区状况、旅

游逗留时间、旅游花费状况、旅游业发展水平、旅游开发顺序等。分级统计图法一般只能用于表示要素的相对数量指标。计算相对数量指标时，一般是将各统计单元内某项绝对指标除以该统计单元另一项绝对指标得相对数量指标(图 6.33)。

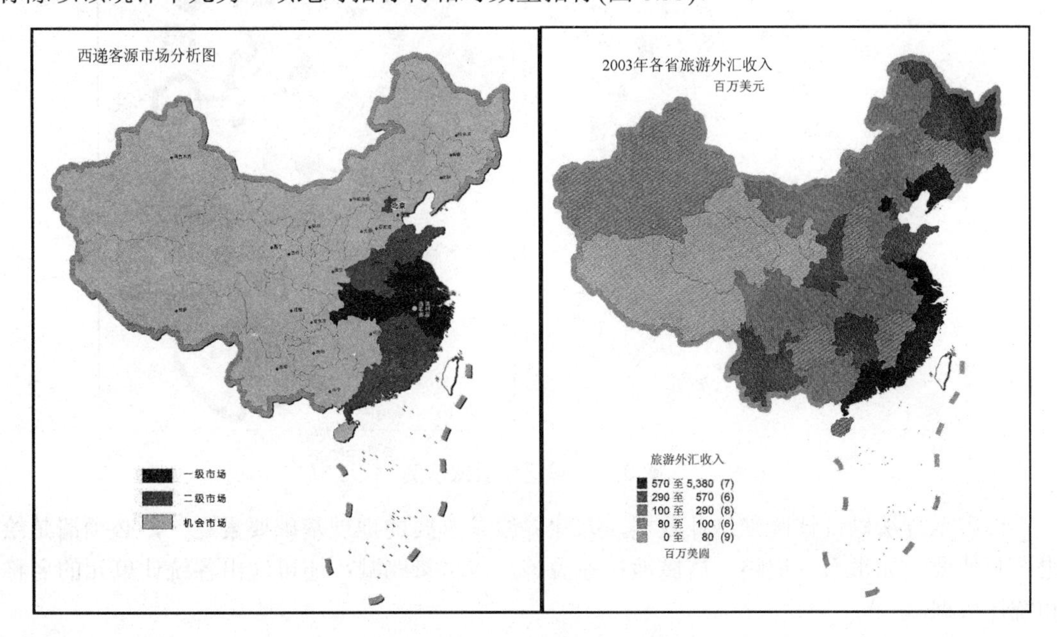

图 6.33 分级统计图法示例

分区统计图法图上级别的划分，取决于旅游要素的分布特点和指标的数值，可采用等差分级(0～10、10～20、20～30 等)，等比分级(5～10、10～20、20～50 等)，还可采用逐渐增大分级(0～20、20～50、50～100 等)或任意分级(0～20、20～25、25～30 等)等，也可按同一主题、同一分级标准以及同一色级，编绘几幅不同年份的分级比值图，以反映旅游要素的发展动态。

分区统计图法的优点是对编图资料要求不高，能保持较长时间的现势性，故应用极广。其缺点是不能精确反映各级别内部的数量差异。

6) 分区图表法

将制图区域内某种事物各区域的统计数据分别转化为统计图表，并放置在相应的区域，来表示各区该事物数量的差别或发展状况的地图表示法称为分区图表法，又称分区统计图法。本方法的统计区域可以是行政区或旅游分区。本方法可以用于表达旅游资源数量分布、旅游人数分布、旅游收入分布、旅游人员结构等信息。

分区图表法中常用的图形有简单的几何图形、结构图、柱状图、水平条形图等。采用分区图表法可显示旅游要素的绝对数量、内部结构和发展动态。通常以符号大小或相同符号个数显示数量(图 6.34)；以符号结构显示内部组成；以图形的大小及色彩、柱状图形、曲线图形显示旅游事物的发展动态。

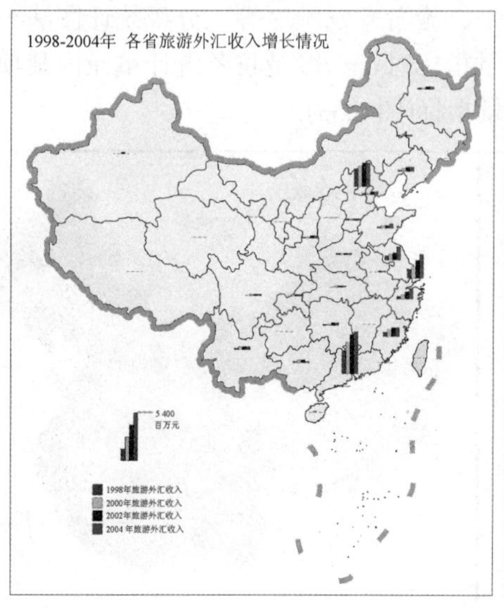

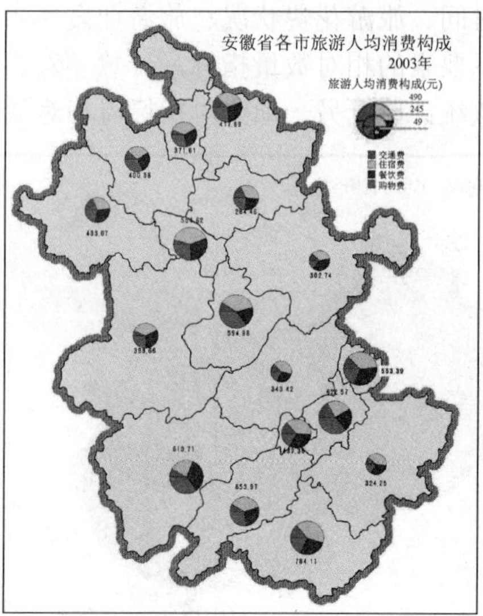

图 6.34　分区图表法示例

该表示方法以统计区来统计数据，因此界线是重要的地理基础要素之一，必须清楚绘出；其他要素如水系、道路、居民地和地貌等，应尽量删减；还可注出各统计单元的名称和统计数据。

分区图表法和定点符号法中所用的图形可完全一样，但在意义上有本质差别，分区图表法反映的是各个分区的信息，而定点符号法反映的则是点上的信息。

分区图表法与分级比值图法均是以统计资料为基础的表示方法，都可反映各统计单元间的差别，但不能反映每个统计单元内部的差别。在制图上，经常把这两种方法配合使用，用分区统计图法作为背景，用分区图表法作为主题，可使它们的优点得以充分发挥，效果较好。

4．立体事物的视觉传达方法

地球上的事物多种多样，而地图语言的表达能力有所局限。由于地图是平面的，而地球上有很多事物呈现三维空间特性，仅靠点、线、面符号难以表达这种特性。所以在点线面符号之外，还应当有一些表示方法用于表示具有三维特性的地形和物体。表示三维立体事物在二维地图上确有难度，目前采用的方法主要是等高线法、分层设色法和光影法。

1) 等高线法

等高线法是等值线法的一种，但是用于表示地形则有着特殊的意义。等高线是地面上高程相等点的连线在水平面上的投影。将地面上高程相等点的连线按一定比例缩小，并垂直投影在平面上形成闭合曲线以表示地形的方法，称为等高线法。

等高线法是最科学、最精确的一种地形表示法方法，近现代地图上常用于表示地势起伏，也是其他地形表示法制作的基础。一簇等高线不仅可以显示地面的高低起伏形态、实际高差，并且有一定的立体感。此方法虽然很精确，但是立体感还不够明显，这是它的最大缺点。根据地形图上等高线的密度和组合特征，可以判断地貌特征、斜坡坡度和方向，确定盲区(不可通视区)以及在图上进行高程、面积、体积、坡度等各种量算，可以满足军

事、工程设计、地学考察研究、旅游规划和专题制图等多方面需要。不过，等高线只能对地形进行描述，无法描述如建筑物一类垂直物体的形态。

(1) 等高线的概念。等高线是地面上高程相等的点所连成的闭合曲线。按平截法之说，假设以平均海水面作为高程起算的基准面，然后用许多平行于这个基准面且间隔相等的水准面一一去横截地表，再将水准面与地表的截口线按正射投影的方法投影到基准面上，所得图形是一圈圈的闭合曲线，每一条闭合曲线上的各点高程均相等，故称之等高线(图 6.35)。实际上，等高线在地面上是一条虚拟的曲线，是地面等高线的水平投影按比例缩小的图像。等高线的高程以海平面平均为基准起算，根据严密的大地测量、地形测量及航空摄影测量为基础绘制而成。

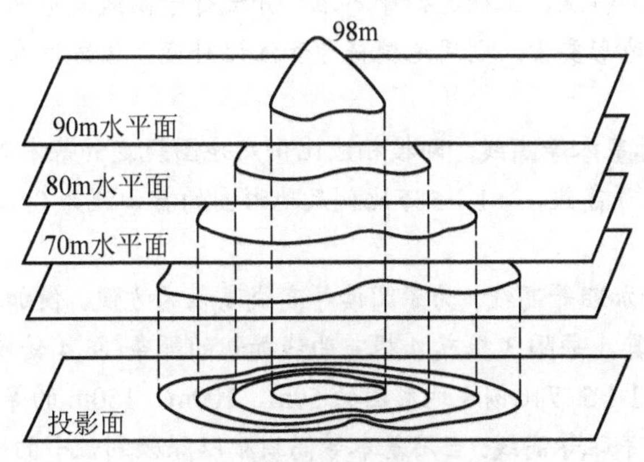

图 6.35 等高线绘制原理示意图

(2) 等高距。等高距是相邻两等高线的高程差，常以 h 表示。地形图上的等高线绘制有三项基本规定：一是同一幅地形图上采用统一的等高距，称为基本等高距，以利于地势高低的对比，二是每根等高线的高程要为基本等高距的整倍数，等高线的高程必须从 0m 起算；三是在地势陡峻、高差很大的地段等高线十分密集无法绘出时，可以只绘计曲线。但是旅游地图没有等高距设置的限定。

等高距的大小决定着反映地貌的详细程度，等高距越小，则等高线越密，所表示的地貌就越详细；相反，等高距越大，则等高线越稀，所表示的地貌也就越概略。因此，确定一个合理的等高距十分重要，在设计前应当分析制图区域地貌特点分布规律。等高距的确定要考虑地图比例尺大小、测图区域地面起伏状况和用图目的等因素。计算基本等高距 h 的公式为：

$$h=\frac{d\cdot M}{1000}\cdot\tan\alpha$$

式中：M 为地图比例尺分母；d 为相邻等高线在图上距离(mm)且不得小于地图比例尺极限精度(0.1mm)的两倍，α 为地面坡度。

一般地，地图比例尺越小，地面越陡的山地，要采用较大的等高距；地图比例尺越大，地面坡度小的平原与低山，要采用等较小的高距。国家基本比例尺地形图的等高距均是固定的，小比例尺地图的等高距和水域的等深线都采用变距，即地势越高(深)，等高(深)距越大；专题地图地理底图的等高距是依据地形特点和专题要素多少来确定，而且在同一张图上不同高程，等高距可以不相等。

知识链接

国家基本比例尺地形图的等高距是由国家测绘局统一制定的，不仅规定了一般地区的等高距，而且还规定了特殊地区的等高距，从而实现了全国等高距的规范化和标准化，全国各单位测制均以此为准，不得自行改变，但在地势陡峻、高差很大地段，等高线十分密集时，为保持地图的清晰性，可以只绘计曲线或中断两计曲线间的首曲线。在大、中比例尺地形图上，为了精确地表现地貌、便于测图和用图时计算高程，通常将等高线分为首曲线、计曲线、间曲线、助曲线 4 种(图 6.36)。用该法表示地形时，应根据地图比例尺以及制图区域的地势和地形特点，正确选择等高距，并进行等高线图形的概括。在图上难以用等高线表示的地形和地形要素，则用地貌符号和注记补充。该方法在专题地图上也有一定应用价值。

① 首曲线，又称基本等高线，即按相应比例尺地图规定的基本等高距，由零点(高程基准面)起算而绘制的等高线，如 1∶5 万比例尺地形图的首曲线为 0m、10m、20m、30m……在图上用细线表示。

② 计曲线，又称加粗等高线。为了阅读等高线高程的方便，使加粗等高线的高程为整米数，由高程基准起算，每隔 3 根或 4 根首曲线加粗的那条(即 4 倍或 5 倍等高距的)首曲线，称为计曲线。如 1∶5 万比例尺地形图的 50m、100m、150m 的等高线，用粗线表示。

③ 间曲线，又称半距等高线。当用基本等高线难以照顾到较小的地形起伏，如小山头、阶坡、小凹地等，则采用 1/2 等高距的等高线予以补充描绘，用细长虚线表示。

④ 助曲线，又称辅助等高线。当首曲线和间曲线均不能显示出某些重要的微型地貌时，则采用 1/4 等高距的等高线予以辅助描绘，在图上用短虚线表示。

间曲线与助曲线是对首曲线的补充，只用于局部地段，所以无需像首曲线那样一定要自身闭合，除山头和凹地要完整绘出外，两端终止于最窄处，表示鞍部时要对称地绘出两条。

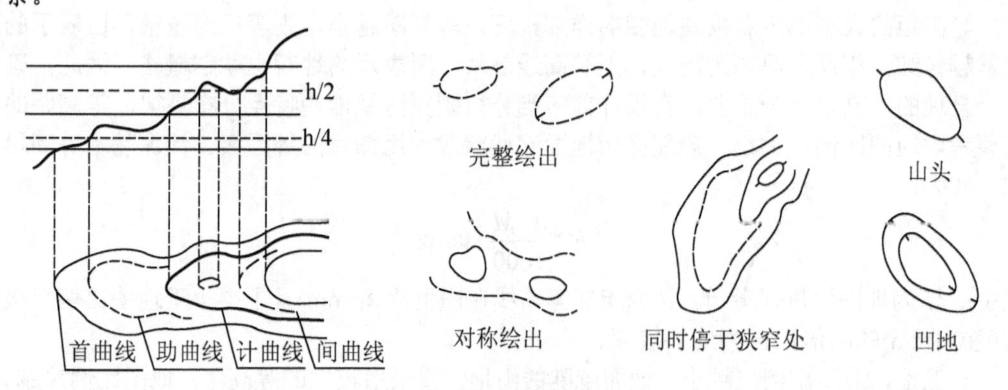

图 6.36　等高线种类及其画法

对于独立山头、凹地以及在图上不易辨认斜坡降落方向的等高线，要加绘示坡线符号。示坡线是指示斜坡降落的方向线。在图上用短线垂直于等高线绘在等高线拐弯处，通常绘

在山头、谷地及斜坡方向难以辨认的地方、凹地的最高与最低的那条等高线上。因间曲线与助曲线只用于局部地段，所以无需像首曲线那样一定要自身闭合，除山头和凹地要完整绘出外，表示阶坡时两端终止于最窄处，表示鞍部时要对称地绘出两条。

对于独立山头、凹地以及在图上不易辨认斜坡降落方向的等高线，要加绘示坡线符号。示坡线是指示斜坡降落的方向线。在图上用0.6mm长的短线垂直于等高线绘在等高线拐弯处，通常绘在山头、谷地及斜坡方向难以辨认的地方、凹地的最高与最低的那条等高线上。

(4) 等高线平距。等高线平距是指相邻等高线间的水平距离，常用 d 表示。鉴于同一幅地形图上等高距 h 相同，所以等高线平距大小能直接反映地面坡度的变化。如图6.37所示，等高线平距越小的地段地面坡度 α 越大，等高线亦越密集；反之，地面坡度越小，等高线亦越稀疏。因而根据等高线的疏密情况可以反过来判断地面坡度的陡缓。坡度、等高距、等高线平距三者之间的关系如下式：

$$i=\frac{h}{d}$$

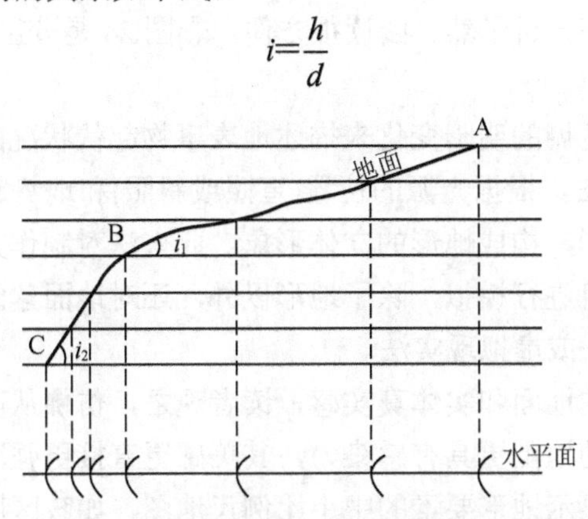

图6.37　等高线平距与地面坡度

根据等高线平距大小的变化可以判断地面坡形的特点。当等高线平距从高处至低处由大逐渐变小，则地面由缓逐渐变陡，呈凸形坡；相反，则地面由陡逐渐变缓，呈凹形坡，若等高线平距大小交替出现，则地面陡缓交替出现，呈阶状坡；若等高线平距大小保持不变，则地面无陡缓变化，称均匀坡或称直线坡、等齐坡。地形图上的每根等高线反映某一高度的地形平面轮廓，而一组等高线则以其疏密(平距)变化反映地形的垂直轮廓(坡度变化)，因此等高线图形能给人以立体概念。

(5) 地形的等高线图形特征。起伏多变的地形一般都是由山顶、山脊、山谷、山坡和鞍部等基本地形构成。这些基本地形均由无数个不同方向、不同倾斜角度和不同大小的坡面组成，由此产生各种等高线图形。熟悉基本地形的等高线图形特征，有助于理解等高线的特性以及根据等高线判断地形起伏状况。掌握基本地形的等高线图形特性之后，就不难理解复杂地形的等高线图形。

(6) 等高线的特性。①同一条等高线上各点的高程相等，各同名等高线的高程亦相等；②等高线是闭合的连续曲线，只在图幅边缘才断开；若不在本图幅内闭合，则必然在相邻图幅内闭合；③除悬崖、绝壁外，不同高程的等高线不能相交；④在比例尺和等高距相同条件下，等高线越疏，则地面坡度越平缓，反之则越陡，平距相等，则地面坡度相等；⑤等高线与山脊线、山谷线成正交，并分别向山脊线降低和山谷线升高的方向凸出；⑥等高线间最短线段(即垂直于两等高线)的方向，为该地具有最大坡度的方向，该方向线即为该地的最大坡度线。

2) 分层设色法

分层设色法是用一组以明度变化为主、色相变化为辅的色彩来表示地形起伏的方法。它是依据近深远淡的视觉规律来设计的，因此，具有一定的立体感。首先将地貌按高度划分若干带，各带设置系列的色彩，即“色层”。理想的模式是以明度对比为主，色相变化为辅来设置系列渐变色彩。常见的色层表为绿褐色系，低地用绿色、丘陵用黄色，山地用褐色，雪山和冰川用白色或蓝色等，能醒目地显示各高程带和地貌单元的面积对比。该法的优点是能概括地表示图内区域的地形大势。在分层设色法绘制的小比例尺地图中，平原、丘陵、山地等的分布状态一目了然、阅读很方便。彩图 24 是分层设色法表示地形的案例。

3) 光影法

运用光影原理，以色调的明暗变化来描述地表事物起伏状况的地图表示方法称为光影法，也叫晕渲法或阴影法。根据光源的位置(直照或斜照)和地势起伏，以深浅不同的色调在陡坡或背光坡涂绘阴影，构成地形的立体形象。此方法对制作人员技术要求高，工作量很大。现在可以用计算机进行模拟，除了地形以外，还对地面建筑、植被进行模拟，其原理相同，可统称为光影法或虚拟现实法。

用光影法可以形成的地面和实体真实感，读者观之，仿佛从高空俯视地面，令人心旷神怡，比抽象符号构成的地图更具有感染力，其美感更直接更强烈。现在，此方法应用很广泛，在一些需要突出显示地形要素的中小比例尺地图，如政区图、交通图、航空图等，常采用此方法表示地形。有些国家(如联邦德国、瑞士等)还用于中比例尺地形图上，或供科研用的地理基础底图上。虚拟现实法也常与等高线法、分层设色法联合使用。在规划图中，也经常采用虚拟现实法制作平面效果图(彩图 25)。

这种方法也有其局限性：其一，此方法描述的地形立体感很强，能让读者直观地了解到地面事物的起伏状况，不过在这种图上很难获取具体的地物高程或地形坡度等数据，但是如果能将此方法与等高线法结合起来，可以起着取长补短的效果，这是一种最理想的地形表示方法。比如谷歌地图就采取了这种处理方法(图 6.38)。其二，由于采用这种方法使得图面上布满了较深的色彩，其他内容的表示受到一定的限制。因此，该方法在很多情况下都不宜采用。

光影法的运用要注意的问题是要明确地形是作为主景，还是作背景，地形作为主景时色彩可以加重，但是地形作背景时一定要注意色调及色彩的深浅，以减少对主题内容的干扰。

图 6.38 光影法与等高线法结合表示地形

6.6.2 旅游地图内容的视觉传达设计

一张旅游地图内容视觉传达设计的总体思路是以空间性信息表达为大的框架，以其他方面信息表达为补充，统筹考虑各种内容要素。为了帮助设计者做好旅游地图设计，这里按照旅游地图内容传达设计的原则，从底图内容、专题内容以及全图视觉效果方面对旅游地图内容的表示方法总体思路和方法以论述。

1. 旅游内容的视觉传达设计

旅游内容是旅游地图内容主要部分，表达方法设计主要依据以下两方面进行。

1) 依据信息空间分布特征确定表示方法大框架

旅游内容综合表示方法设计首先要依据信息空间分布特征确定表示方法大框架。

呈点状分布或难以按比例表示的内容，如旅游点、旅游城市等旅游地理信息，宜采用定点符号法和定点图表法。点状分布和面状分布是相对而言的，如旅游城市，在小比例尺旅游点分布图上旅游城市可能成为点，而在大比例尺城市导游图上，这些城市又变为面。

呈线状或带状分布的内容，如旅游路线、旅游交通线、旅游江河、客流路线等，宜采用线状符号法、动线法。

呈面状分布分三种情况进行处理。其一，连续而布满旅游区的内容，如旅游功能分区、旅游区划等；其二，间断呈面状分布的内容，如旅游景区、旅游湖泊、公园、旅游森林等；其三，呈分散分布的，如旅游者、旅游团队等。

呈立体分布事物情况，要根据读者对象、视觉效果、内容复杂程度来决定采用的表达方法。高线法、分层设色法和光影法各有优点，也可以两者方法结合。

表示方法配合，其原则：①在图上点状符号表示方法和面状符号表示方法可配合使用，如定点符号法、定点图表法、分区图表法分别和范围法、质底法、分区统计图法可配合使用；②图上点状符号表示方法和线状符号表示方法可配合使用。如定点符号法和线状符号法的配合；③定点图表法和线状符号法的配合；④分区图表法和线状符号法的配合；⑤点值法和线状符号法的配合等；⑥线状符号表示方法和面状符号的表示方法可配合使用，如线状符号法分别和质底法、范围法、分区统计图法等的配合。

2) 依据内容的其他特征确定其他属性表达方法

旅游地理信息的其他属性复杂多样，如果能够在空间信息传达基础上，能够将内容的其他以形象直观的形式来表达出来，无疑是很有必要的。比如，时间分布特征，形状、色彩、表面肌理、软硬、轻重、透明度等事物物理属性；还有社会属性，社会制度、经济水平、人口状况、环境水平、民族风俗、旅游人数统计数据、旅游收入、旅游效益、旅游资源的等级、旅游资源的分类、旅游者的职业、旅游者的年龄或学历构成、消费结构，美、丑等都是可能要表达的内容，要知道如何抓住和表达的形式特征。如果某种内容选用了定点符号法，就要考虑采用什么样的点状符号来更加直观、生动地表达该内容；如果某种内容选用了线状符合法，就要考虑采用什么样的线状符号来更加直观、生动地表达该内容；如果某种内容选用了范围法，就要考虑采用什么样的面状符号来更加直观、生动地表达该内容；如果某种内容选用了分区图表法，就要考虑采用什么样的图表来更加直观、生动地表达该内容。这样可以更直观、更全面地传达信息。

2．底图内容的表示方法设计

底图内容表示方法设计从衬托主题的角度去考虑。不仅要做好各底图要素之间的关系，还要处理好底图要素与主题要素之间的关系。

水文要素是地图的骨架。详细而清晰的水网图形，比底图上任何其他要素都便于比较各种物体或现象的分布规律。能依比例表示的河流用范围法表示，不能依比例表示的河流用线状符号法，单线河流应当绘成上游细下游粗的线条。

地貌用等高线法或者等高线加分层设色，也可以用光影法。近年来采用的影像地图，既是地面实况缩影，又是地貌形态的直观表示，还能密切联系专题内容，应加强试验推广，但要注意色彩的正确运用，以免影像干扰主题内容。这些方法的运用要注意地图色彩与旅游专题要素的对比。

居民点是底图的基本要素之一，也是底图编制中难以处理的问题。能依比例表示的居民点用范围法以真形表示，在中小比例尺底图上居民点一律用定位符号表示。

境界线均采用线状符号法，用不同的线型来区分界线的等级与类型。在编制任何地图时，都应严肃对待境界线，特别是国界和有争论的未定界线。

交通线包括铁路、公路、航海线、航空线、飞机场、车站、码头等，可采用线状或定点符号法，用不同类的线或个体符号来区分交通要素的等级与类型。

独立树可用具象定位符号；面状分布的植被可用色彩或纹理，色彩宜浅不宜深。

3．视觉元素构成的艺术化设计

全图的视觉效果要将图形、色彩、文字等所有视觉元素综合起来审视，用艺术眼光和美学眼光来观察地图。从微观到宏观，从符号、文字、色彩及图面，如果都能都运用美的规律来设计，地图产品的质量会得到有效保证。地图美化设计中，应当兼顾形式美和神采美，只有这样才能使地图具有更深的审美意蕴，才具有更高的艺术性。一张地图就是一个系统工程，个体符号的美不能代表全图的美，只有从宏观上将地图的符号、色彩、文字等按美的规律进行合理设计和组织，才能真正提升地图的美感。除了在微观上要保证个体符号、线条、字体及色彩运用好美的规律，还要在宏观上把握各种视觉元素，注重全图的神采。地图语言的组合不仅仅是机械的组合，而是整体大于部分之和。个别符号设计好，并不代表整体组合效果一样好。形式美是一般意义上的美，可以悦耳悦目；而神采美虽然依赖形式而存在，却是高于形式美的一种美的形态，可以悦心悦意、悦神悦志。

应用实例

尝试为某种旅游地理信息选择理想的地图表达方法。

本章小结

旅游地图内容视觉传达设计的理念是准确地传达、直观地传达和艺术地传达。原则有准确性、直观性、简洁性、系统性、艺术性、清晰性和创新性。

旅游地理信息是旅游地图的专题内容，具有 3 种属性，分别为空间属性、时间属性、其他属性。旅游地图语言分为图像语言、文字语言和色彩语言种，他们各自拥有自己的特点，每一种语言都有自己的能指所指特性，又有自己的优点和缺点，因此各自适合于不同的表达对象。

地图图像符号的分类主要有 3 种方法：按符号和事物的大小比例关系，可分为依比例符号、半依比例符号和非依比例符号；按符号所表示事物的空间分布状态，可分为点状符号、线状符号和面状符号；按照图像特征，地图符号可以归纳为具象符号和抽象符号两大类。

个体符号不仅仅指点状符号，还包括线状、面状符号，设计个体符号要在清晰、美观的同时尽可能多的转达地理信息。旅游地图符号的系统化设计力求反映的是要素间的相互联系以及地图的整体特征，同时要使得地图符号具有较强的艺术性。

图形符号的特殊处理方法有删除、合并、夸张、位移。

个体色彩设计的基本思路是准确、直观地传达信息、提高个体色彩的艺术性，并与符号及色彩系统化设计相配合。旅游地图色彩系统化设计的基本思路是准确、直观地传达信息，精简图面色彩数量，使地图色彩系统艺术化。

旅游地图个体文字的设计思路主要是准确地、更多地传达信息；少占空间；选择适当的字体风格；配合文字系统化设计。

旅游地图文字系统化设计的思路有三点：准确、直观地传达信息，控制文字覆盖度，使地图文字系统艺术化。

地图点状信息的传达方法主要有定点符号法和定点图表法。

线状信息的传达方法包括线状符号法和动线法。

面状信息的传达相对较复杂，传达方法也相对较多，包括质底法、范围法、点值法、等值线法、分级统计图法和分区统计图法。

立体事物在地图上仅仅依靠点、线、面难以表达，所以在地图上表现三维事物有一些特殊方法，主要有等高线法、分层设色法和光影法。

关键术语

地图语言(Cartographic Language)
视觉语言(Visual Language)
地图符号(Cartographic Symbol)
视觉传达设计(Visual Communication Design)
图像语言(Image Language)
图形符号(Graphic Symbol)
点状符号(Point Symbol)
线状符号(Line Symbol)
面状符号(Area Symbol)
地理信息传输(Geographic Information Communication)
色调(Tone)
色相(Hue)
饱和度(Saturation)
明度(Lightness)
三原色(Tricolor)
减色印刷(Reducing Color Printing)
文字设计(Character Design)
定点符号法(Symbolic Method)
定点图表法(Positioning Diagram Method)
线状符号法(Line Symbol Method)
动线法(Arrowhead Method)
质底法(Colour-patch Method)
范围法(Area Method)
点值法(Dot Method)
分区图表法(Regional Diagram Method)
分级统计图法(Choropleth Method)
分层设色法(Hypsometm Layer)
晕渲法(光影法)(Hill Shading)
等值线法(Isoline Method)

知识链接

[1] 凌善金．地图艺术设计[M]．合肥：安徽人民出版社，2007．
[2] 凌善金．地图美学[M]．芜湖：安徽师范大学出版社，2010．
[3] 郭茂来．平面图形构成[M]．2版．石家庄：河北美术出版社，2003．
[4] 辛华泉．平面构成[M]．成都：四川美术出版社，1992．
[5] 姜今，姜慧慧．设计艺术[M]．长沙：湖南美术出版社，1987．
[6] 刘砚秋．标志设计艺术[M]．天津：天津人民美术出版社，1991．
[7] [瑞士]约翰内斯•伊顿．色彩艺术[M]．上海：上海人民美术出版社，1978．
[8] 赵国志．色彩构成[M]．沈阳：辽宁美术出版社，1989．
[9] 祝国瑞．地图学[M]．武汉：武汉大学出版社．2004．

练习题

一、名词解释

地图语言　视觉语言　地图符号　视觉传达设计　图像语言　点状符号　线状符号　面状符号　不依比例符号　半依比例符号　依比例符号　色相　饱和度　明度　三原色　减色印刷　定点符号法　定点图表法　线状符号法　动线法　质底法　范围法　点值法　分区图表法　分级统计图法　分层设色法　晕渲法(光影法) 等值线法

二、单项选择题

1．以下不属于旅游地图内容视觉传达设计的原则的是(　　)。
A．准确性　　B．直观性　　C．复杂性　　D．艺术性
2．旅游地图中能表达名山的语言是(　　)。
A．图像语言　　B．文字语言　　C．色彩语言　　D．口头语言
3．当文字注记占用了过多的底图版面时，应该采用什么方式处理？(　　)
A．合并　　B．夸张　　C．位移　　D．删除
4．色光三原色是指(　　)。
A．白、黑、黄　　B．红、绿、蓝
C．红、绿、黄　　D．红、青、绿

三、判断题

1．地图符号的分类只有按符号所表示事物的空间分布状态分类这一种分类方法。
2．表示河流的符号属于点状符号。
3．线状符号一定也是依比例尺符号。
4．黑色感觉是同时等量感受到高强度红、绿、蓝3种光混合的结果。
5．在进行地图文字的设计时，为了使得文字清晰易读，应该尽量选择大的字号。

四、问答题

1．简述旅游地图内容的视觉传达设计的概念。

2．为什么说旅游地图内容的视觉传达设计是旅游地图设计的核心内容？

3．如何贯彻旅游地图内容视觉传达设计的理念？

4．试述旅游地图内容视觉传达设计的原则。

5．旅游地理信息的空间分布有哪几种形式？请举例说明。

6．多找些地图，试试看在不参考图例的情况下能从地图中获取哪些信息。

7．依比例符号是依照哪种地图符号分类方式得出的种类？简要叙述依比例符号的特征。

8．试对图像语言和文字语言进行比较，并简要描述两者的优、缺点。

9．说明事物的空间分布状态与符号外在形态的关系。

10．简要叙述个体符号设计的基本思路，并且试着自己设计一套的旅游地图符号。

11．试举例说明视觉变量在地图符号设计中的作用有哪些。

12．说明地图上色彩的作用。

13．试举例说明定点图表法和定点符号法的异同。

14．简要描述面状信息的传达中的点值法。

五、实验题

1．请用制图软件中的调色板工具完成表格空白处填上数值填写，以便认识三原色及其混合原理。

色光的三原色(数值)			混合结果	色料的三原色(数值)		
R红	G绿	B蓝		C青	M品(红)	Y黄
			白色			
			黑色			
			深灰			
			中灰			
			浅灰			
			C青			
			M品			
			Y黄			
			R红			
			G绿			
			B蓝			

注：深灰、中灰、浅灰、橙色可以有多种数值的组合，可分别用一组数据来示意。可以将0～255数值分为三段来表示深、中、浅。

2．尝试为一张旅游地图设计符号，请按照视觉变量规律，用制图软件设计下表中居民点和交通线的符号，要能造成视觉上的层次(等级)感。

居民点	符号图形	配色方案	交通线	符号图形	配色方案
省会			国道		
省辖市			省道		
县城			县道		
说明主要采用什么视觉变量			说明主要采用什么视觉变量		

六、案例分析题

请根据本章设计理论，分析彩图页中的其中一张，全面分析内容传达设计的成功之处和不足之处。

第7章 旅游地图的图面设计

本章教学要点

知识要点	掌握程度	相关知识
旅游地图图面的设计原则	熟悉	平面构成、视觉心理学、美学、旅游形象传播设计
影响图面设计的主要因素	熟悉	地图学、平面构成、美学、旅游形象传播设计
旅游地图的图面构图方法	掌握	地图学、平面构成、美学、旅游形象传播设计
旅游地图图面要素的设计方法	掌握	地图学、平面构成、美学、旅游形象传播设计

本章技能要点

技能要点	掌握程度	应用方向
旅游地图的图面构图方法	掌握	旅游地图设计、旅游商品设计
艺术理论的应用能力	熟悉	旅游地图设计、旅游商品设计、旅游形象传播设计
审美鉴赏力	掌握	旅游地图设计、旅游审美、旅游商品设计、旅游形象传播设计

导入案例

图 7.1 是一张中国旅游景点分布图，在图面设计方面具有典型性。作为专业人员，你是否思考过，为什么要将南海诸岛截取放在边上，而不将它们接起来呢？为什么将图名放在上方，将图例放在左下方？通过本章的学习，你就能解释之所以要这样设计的意义，并且也能做好一张地图的图面设计。

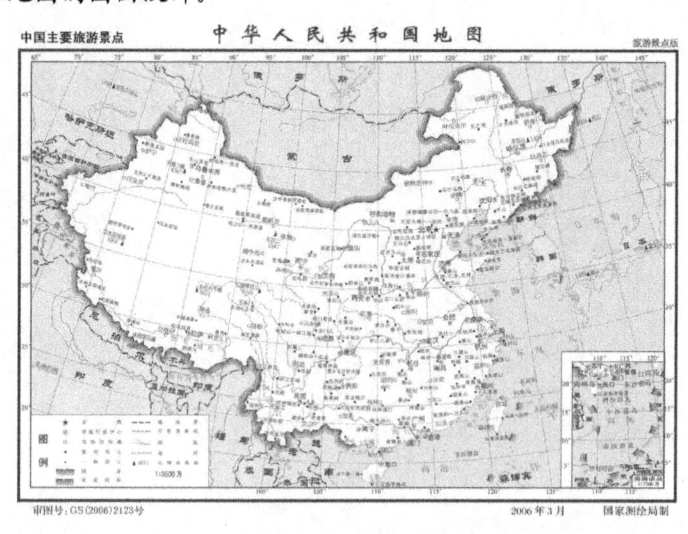

图 7.1 旅游地图图面设计案例

旅游图面设计是指为提高旅游地图的艺术性，为旅游地图的图面要素布局制定一个科学合理的方案。传统术语里称其为“图面配置”，本书称其为“图面设计”，为的是赋予其艺术内涵。地图设计是一个系统工程，包括从内到外、从微观到宏观的一系列设计工作，图面设计是其中的一个重要组成部分，属于宏观设计。地图构成分为图内构成(符号、文字、色彩构成)和图面设计两部分。这两部分是不可分割的，其中图内构成是中观的设计，是地图的实质性内容要素图的组织，而图面构成则是宏观的设计，这里的“图面”有“表面”和“外观”的意思。比如主图、副图、图名、图例、图表、文字说明、比例尺、方向标及其他要素(图号、编辑出版单位、时间等)的构成设计。地图图面是一张地图的门面，它给人的是第一印象，是决定一幅地图是否美观的关键，因此图面设计是打造地图形象工程的工作。

7.1 旅游地图图面设计的理念与原则

图面设计是地图的外在装饰，通俗地说，它是为地图“化妆”的，它不是对具体内容进行传达设计，似乎没有地图符号设计那么重要，但是，事实上它却是提高地图艺术性的重要方面。为了全面提升旅游地图的视觉效果，根据地图设计的总理念，结合旅游地图图面设计实际，旅游地图设计理念可确定为创造美的图像和有意味的图像。提高旅游地图图面的艺术性就是按照艺术学规律来设计地图图面上的所有要素，传达作者的思想情感，提高旅游地图图面的艺术含量。好的图面设计可以起到锦上添花的作用，具有提高读者的阅读兴致的作用，并不是故弄玄虚。正如美国认知心理学家唐纳德·A·诺曼所说，“美观的物品更好用”。

按照艺术学原理，针对旅游地图设计实际，本书认为，要提高地图图面的艺术含量，应当遵循以下原则。

1) 美化构图

按照形式美和神采美的规律来设计图面要素才能使地图具有美感。地图构图要素主要有主图、副图、图名、图例、图表、文字说明、比例尺、方向标及其他说明等。要想使地图具有端庄典雅的效果，地图的图面构成应当以简洁、统一为主，力求在各种视觉元素之间寻找或建立统一因素，或建立呼应关系，防止杂乱。比如，主要内容与一般内容的统一，即宾与主的对比统一，一般内容之间也要统一协调。多样统一表现在多方面，设计者必须善于运用某种形式因素的相似或相同来体现呼应和统一。例如，要使整体与局部，方与圆，长与短，大与小，疏与密，多与少等方面对比适度，要从全局出发，做到既多样又统一。对称具有平衡、安稳、沉静、庄重的效果，对图面设计有着特殊的意义。地理区域形状很少有绝对对称的，绝大多数制图区域外形都是随机形，形态均衡和不均衡的情形都有。因此地图只能在图框和经纬网及部分图例框等部分要素上实现对称，不能做到所有要素都对称。绝大多数地图内部要素的构成都是按照均衡美的规律来设计的。遇到不均衡的图形时，通常用图框内放置图名、图例、统计表格资料、附图、局部放大图、照片等方法来取得空间上的均衡，不过这些要素不能随意地摆放，而是通过调整它们的色彩、尺寸、形状、密度、位置来取得视觉上的平衡和建立呼应关系。

一个平面设计就是一个视觉应力场，平面上任何一个视觉要素的存在都会产生一定的视觉动力，类似于物理学上的动力，但是，视觉动力是一种视觉心理感受，例如重心、平衡感、稳定感、引力均衡感等。图面只有达到视觉上的平衡才会有稳定感。比例与尺度美的规律在图面设计中发挥着重要作用。图面空间分割中，各部分要素所占空间需要有比例之美，地图长宽比需要有比例之美，图例、图名框长宽比例以及长或宽与图框边长对比要适度，地图的总尺寸需要有人性化的尺度。诸如此类的问题只有应用美的规律才能解决。图面要素布局中，切不可将图面填满了事，应当体现节奏性，使各种要素间相互照应，相互补充，并留有空白，注意色相和明暗等变化，以增强节奏性。在图面构成中，必须要明确重点、层次。通过不同要素的色彩、明度、尺度、位置的对比设置来强化主图的地位，说明副图与附属要素的从属地位。比如，主图与副图，主图与图名、图例、比例尺、文字及其他图表要有合理的色彩、明度、尺度、位置。中间位置和上方为主要位置，放置主图很突出。尺度大的为主图，尺度小的为副图。图名的位置和大小在图面构图中也很重要。图名放在图框内还是放在图框内，用多大的字，如何排列，是长还是短，都要做精心安排，使之符合比例美的规律。在图面构成设计方面，按照美的规律来分割图面和布局图面要素，有益于生动的气韵的形成。比如，在图面的分割方法方面，对称的分割没有黄金分割的方式生动；明的分割会令人产生呆板的感觉，而暗的分割显得含蓄、自然、生动。

2) 巧妙构图

运用技巧，才能提高艺术作品的艺术含量，它们之间成正比关系。任何一门艺术都有很多具体复杂的技巧和方法，地图图面构图亦然。图面设计中，需要设计者充分利用地图语言的表达能力、各种技术条件，运用地图设计者的知识和智慧精心地设计，巧妙地处理图面要素之间的空间关系。显然，符合视觉认知心理规律，符合美的规律和视觉情感心理设计，会增强图面的吸引力，让读者读起来更为轻松，更易于接受和乐于接受有关信息。

3) 传情达意

图面设计中要利用视觉语言形象地传达作者的思想情感和相关信息。由于地图是传达地理信息的工具，情感信息的交流倒不是主要的，但它对地图信息的传达只有益处，没有害处。不同作者所喜欢的艺术风格不同，有的人喜欢端庄的，有的人喜欢活泼的，有的人喜欢华丽的，有的人喜欢朴素的，有的人喜欢含蓄的，有的人喜欢壮观的，这些富有个性的思想都会不由自主地表现在作品的图形与色彩构成之中。地图作者对祖国和家乡的热爱之情也能通过图形装饰和色彩设计在地图作品中形象地体现出来。在内容表达方面，如果有抽象的数据，应当将其形象生动地表达出来。使图面要素的造型、色彩、材质等形式语言蕴含人的情感意味，使图面成为“有意味的形式”，以便打动受众情感，引起用户情感的共鸣。

4) 适应介质

承载地图的介质有一定的形状和尺度，地图图面形状与尺度要与之适应，使之浑然一体。同时要有效利用其空间，使地图比例尺达到最大化，让地图清晰，又不显得拥挤。

知识要点提醒

地图构图的影响因素比较复杂，没有固定模式，但是有一定的规律和原则，只要符合规律和原则的就是成功的，切记不能机械地模仿，要学会在掌握设计原则的基础上巧妙应对、随机应变。

知识链接

构图的概念

构图是艺术学中的一个术语。构图一词是英语 Composition 的意译，是造型艺术的术语，源于拉丁文 Compasitio(意为“组成”，和意大利文 Componiere 相当)。《辞海》“构图”词条曰：“艺术家为了表现作品的主题思想和美感效果，在一定的空间，安排和处理人、物的关系和位置，把个别或局部的形象组成艺术的整体。在中国传统绘画中称为‘章法’或‘布局’。”在中国画论中的“经营位置”、“布置”、“布局”、“置陈布势”、“结体”等，都是有关构图的学问。这个术语包含着一个基本而概括的意义，那就是把构成整体的那些部分统一起来。在一件艺术作品中，构图就是形象的结构及配置的方式。在绘画上，构图就是指如何把人、景、物安排在画面当中以获得最佳布局的方法，是把形象结合起来的方法，是揭示形象的全部手段的总和。从视觉动力学看，构图是研究画面和其中的形态配置，把个别或局部的形态组成艺术整体的根据是心理力场，所以构图的实质是研究场际(形态的知觉力场和画面内的心理场)关系。构图是一种复杂的力的样式，有其自身的情感表现和意义，不仅仅是通过形状、距离、大小、角度、尺寸、色彩去组合。概括地说，所谓地图构图，就是地图作者利用视觉要素在图面上按照空间把它们组织起来的构成，是在形式美方面诉诸视觉的点、线、形态、明暗、色彩的配合，以表达自己的艺术感情、审美观。“构图”的实质是构成。因此，在英语中“构图”和“构成”都是Composition，然而在意译时“构图”与“构成”的含义稍有区别。“构成”是指组成形和空间的具体操作，通俗地说，所谓构成就是以很多小单元按照一定原理重新组合成一个新的单元。构图不仅指具体操作，而且还意味着把整个形和空间作为完整的对象，把个别的、分散的成分组成一个统一的整体。地图图面设计与艺术设计中的构图相似。

7.2 影响图面设计的主要因素

为了便于抓住图面设计的主要矛盾和问题，做好图面设计工作，必须研究影响地图图面设计的主要因素。由于制图区域形状的不规则性及多变性，使人们感到地图图面设计没有固定模式，难以操作。其实不然，经研究发现，其中有一定规律，尽管图面设计中存在很多不确定的因素，但是归纳一下主要有制图区域的图形的形状、介质的形状和附属内容的形状与数量三方面。

1) 制图区域的形状

制图区域是地图的主体，一切图面设计都以它为中心来展开，它对图面格局起着决定性的作用。国家基本地形图是以经纬线为界线来分幅的，形状比较规则，但是旅游地图的制图区域有可能是一个国家，也可能是一个省，也可能是一个县，制图区域图形千变万化，图面设计也就很难形成固定的模式，必须随区域图形的变化而变化。虽然制图区域图形没有一定的形状，但是从宏观上看还是有一定规律的，可以概括为方形、三角形、矩形(图 7.2)。因为对于图面设计来说并非所有空白区域都可利用空间，尤其是一些小空间更不宜填上内容，因而没有必要计较图形上的小弯曲。如果将地理区域画上方框，根据长宽比可以分成三类：方形、长宽比适中的矩形和特别长的矩形。绝大多数地图产品最后都要画图框，只不过呈三角形和倾斜的方形、矩形地理区域画上图框后会留下较多的空白区域(图 7.2)。地理区域图形特征对图面格局起着决定性作用。如果纸是长方形的，长宽比适中的不必作任何处理；如果方形的或特别长的地图可以加陪衬内容，如果不影响印刷和使用的话，可以顺其自然。

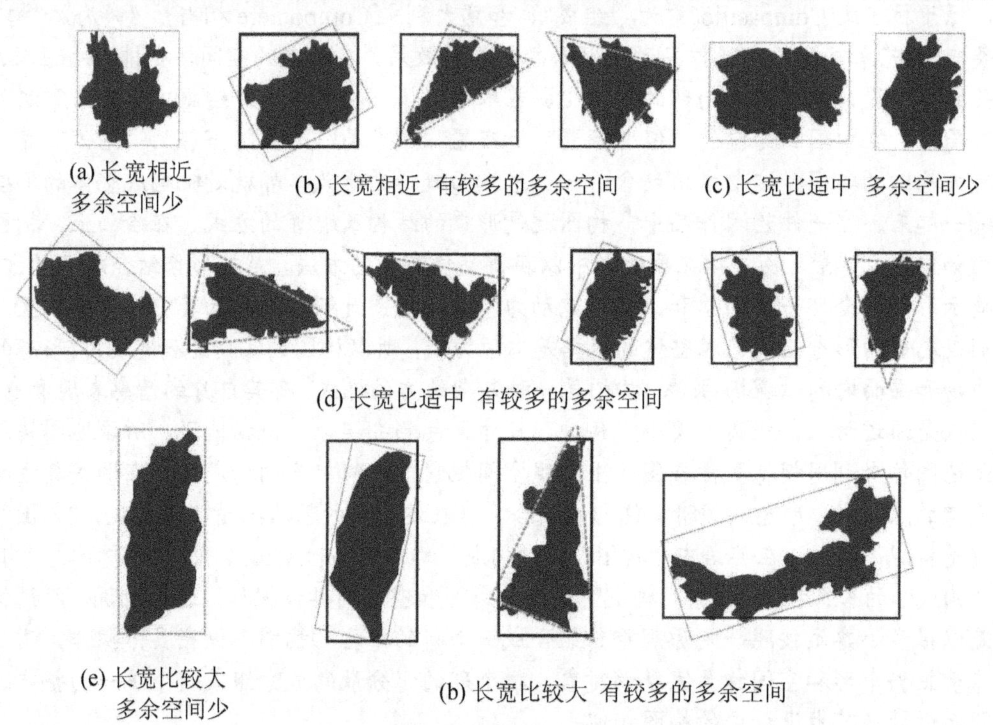

图 7.2 地理区域图形的形状特征分析

2) 介质的形状

介质形状也是图面设计要考虑的关键因素。书刊插图形状可以是任意形状，不必计较是方的还是长的，甚至是任意形的(不加图框)。无论挂图还是地图集(册)的图面设计，必须考虑是否与纸张协调，有两方面原因：其一，常用纸张都有一定的规格，或方形或长形，最常见的是长形的，方形用得较少，图面设计只有符合这种尺寸才便于印制和使用；其二，图框与纸张形状不协调会影响版面的协调性。如果区域图形画框后与纸张形状不协调，就要考虑用图名、图例、副图、附表等来补足空白，避免让纸张留下太多的空白；如果区域图形画框后是长宽比适中的矩形，图面设计难度就比较小；如果区域图形画框后是长宽比很大的矩形，可采用两种办法来处理，一种办法是顺其自然，图多长纸就多长，另一种办

法是用一些附属内容加高或加宽使之接近于纸张的长宽比(图 7.3)。旅游地图的介质可能会有更丰富的形状，还有其他形状如扇形、圆形、椭圆形、多边形等，只要用心去构思，灵活运用美的规律去构图，完全可能达到好的设计效果(彩图 3.2)。

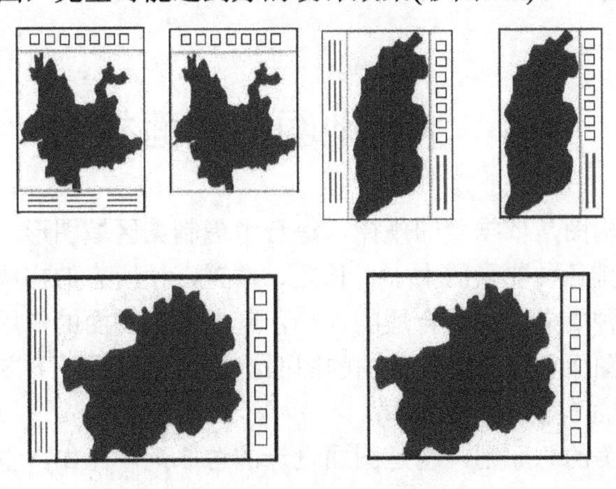

图 7.3　图面配置举例

3) 附属要素的形状与数量

地图设计者常常会遇到除了制图区域以外还要附加其他内容，而且形状各异，有些图的统计资料和图片比较多，这也会增加设计的难度。需要设计者运用自己的智慧，在美学理论指导下，妥善处理各种可能遇到的问题和矛盾。比如图例的安排，需要根据图面空白的形状，以及与其他附属要素变化排列方式；图表的形状也可以根据空白情况来调整其外形，或竖排，或横排，以各图面要素可变的因素来迎合不可变的形状和尺度因素，保证各要素的协调性(图 7.4)。

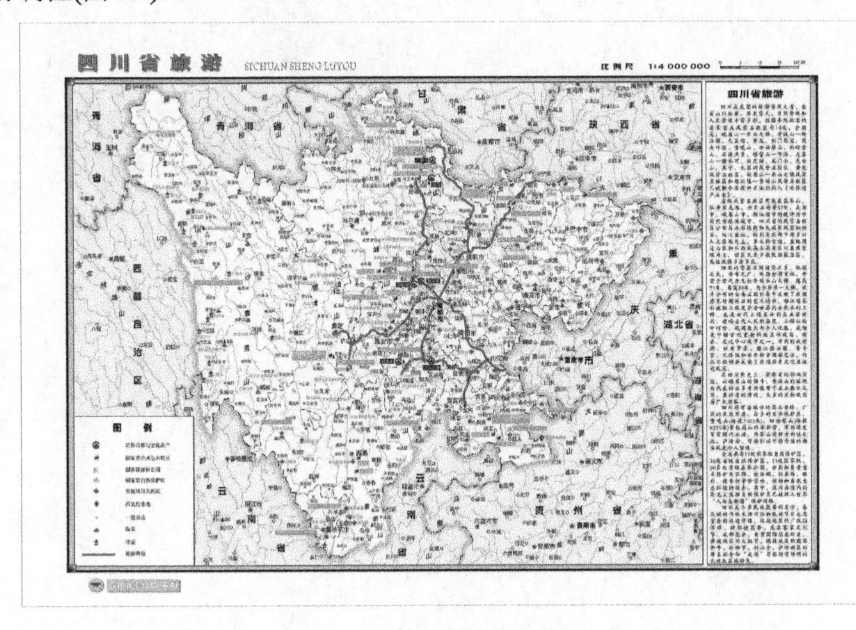

图 7.4　旅游地图图面设计案例

4) 读者阅读心理

读者阅读心理对地图产品的要求不仅需要有实用性，而且要求有艺术性。艺术性主要体现在审美性、情感性、形象性等方面，在图面设计中应当尽力体现这些特性，让读者喜欢看。

7.3　旅游地图的图面构图

旅游地图的图面构图是依据美的规律，综合考虑制图区域图形、介质形状以及图面各种构成要素，合理安排各种要素的大小、长短、位置，使所有的构成要素之间构成一种对比协调的关系，每一种要素都有其合适的大小，起着平衡图面的作用。决不能以塞满图面就了事的做法来进行图面布局。旅游地图的图面构图可以按照以下方法进行。

1) 按照多样统一之美的规律来布局

多样统一是形式美的总原则，也是图面设计的总原则。比如，主要内容与一般内容的协调统一，即宾与主的对比协调，一般内容之间也要统一协调。多样统一表现在多方面，设计者必须善于运用各种形式因素来体现这一原则。例如，整体与局部，方与圆，长与短，大与小，高与低、疏与密，多与少，要从全局出发，做到既多样又统一(图 7.5)。

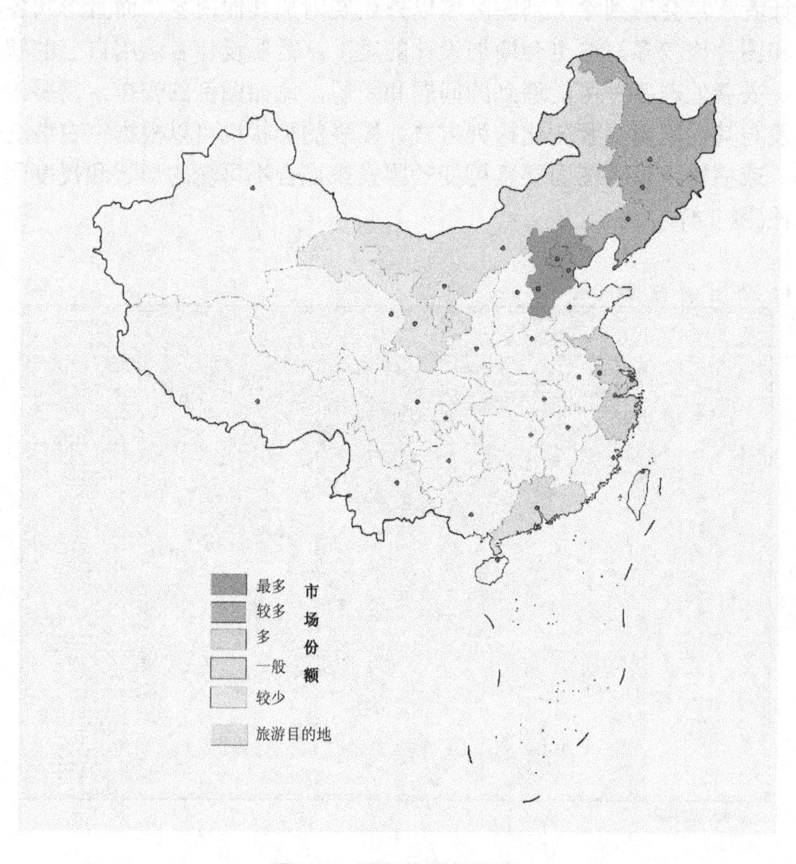

图 7.5　图面构图的均衡

2) 按照对称与均衡之美的规律来布局

对称的布局可以获得平衡、安稳、沉静、庄重的效果。地理区域绝对对称的很少，绝大多数制图区域外形都是随机的，形态均衡的和不均衡的都有。遇到不均衡的图形时，通常用图框内放置图名、图例、统计表格资料、附图、局部放大图、照片等方法来取得空间上的均衡，利用图面要素的色彩、明度、尺寸、形状、密度、位置的调整来取得视觉上的平衡。一个平面设计就是一个视觉应力场，平面上任何一个视觉要素的存在都会产生一定的视觉动力。类似于物理学上的动力，但是，视觉动力是一种视觉心理感应，例如重心、平衡感、稳定感、引力均衡感等。图面设计只有达到重心平稳、平衡才具有美感。图 7.6 在图面布局上左右不平衡，会影响美感。

图 7.6 左右不平衡的构图

3) 按照分割比例之美的规律来布局

从构图的美感来说，空间分割比例十分重要。图面结构的变化，取决于形象占有画面空间的位置和面积，也就是取决于空间的分割。探索构图中的空间分割原则，对于提高构图效果很有帮助。在构图中很少把空间分割为两个完全相等的部分，因为这样构图就会显得单调、呆板。

图 7.7 是多种图面分割的样式，可以看出，其中对称的图面分割比较呆板，而不对称的布局比较活泼。图面的分割有明的分割和暗的分割，明的分割容易产生空间竞争，暗的分割显得含蓄、和谐、自然(图 7.8)。

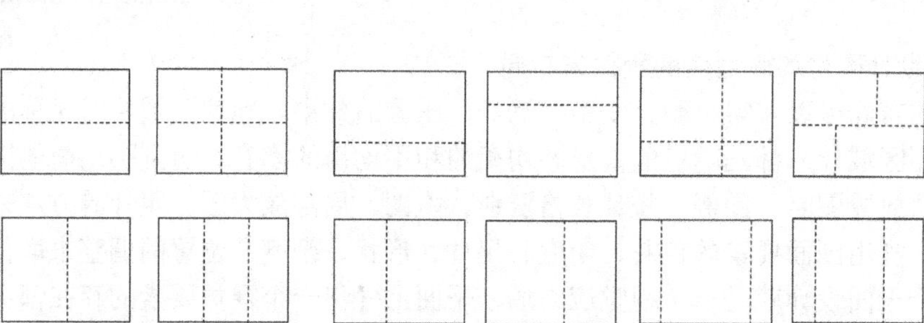

均匀的分割(端庄)　　　　不均匀的分割(活泼)

图 7.7　图面分割的方式举例

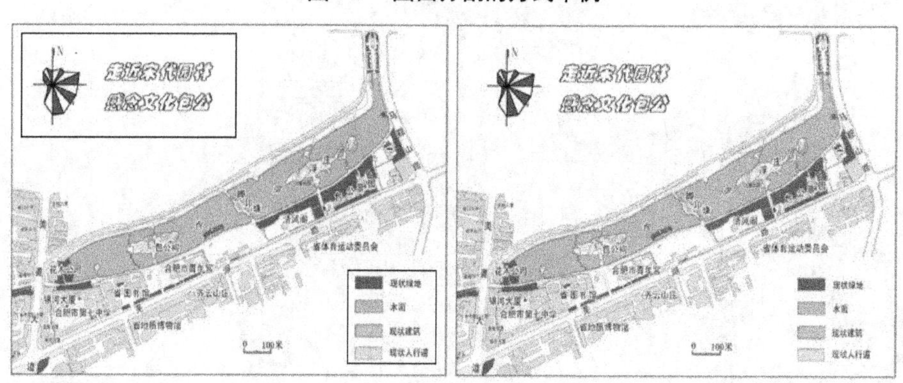

(a) 明的分割　　　　(b) 暗的分割

图 7.8　图面的分割

黄金分割是将已知线段作大小两部分的分割，使小的部分和大的部分之比等于大的部分和全体之比，这个比率叫黄金比。黄金比的值为 1∶1.618。以黄金比分割线段，或以黄金比的长短边构成黄金矩形，使得被分割后的图形在变化中有和谐感。因此，黄金比在人体绘画、雕塑、艺术设计等方面运用十分广泛，是人们日常生活中经常采用的一种分割形式，例如书、报纸、桌子、建筑物等。图 7.9 是一些黄金分割的形式。

4) 按照层次对比之美的规律来布局

通过不同要素的色彩、明度、尺度、位置的对比，可以强化主图的地位，说明副图与辅助要素的从属地位。如主图与副图，陆地与水域，主图与图名、图例、比例尺、文字及其他图表(照片、影像、统计图、统计表)要有合理的色彩、明度、尺度、位置。中间位置和上方为主要位置，放置主图很突出。尺度大的为主图，尺度小的为副图(图 7.10)。

5) 按照节奏之美的规律来布局

图面设计切不可将各种图面要素填满了事，要将图面上各种要素按照美的规律来组织，使它们相互照应，相互补充，并留有空白，切忌附属内容(图名、图例)分割线与制图区域靠得太紧，更不能相接触，同时还要注意色相和明暗等变化，以增强节奏性。

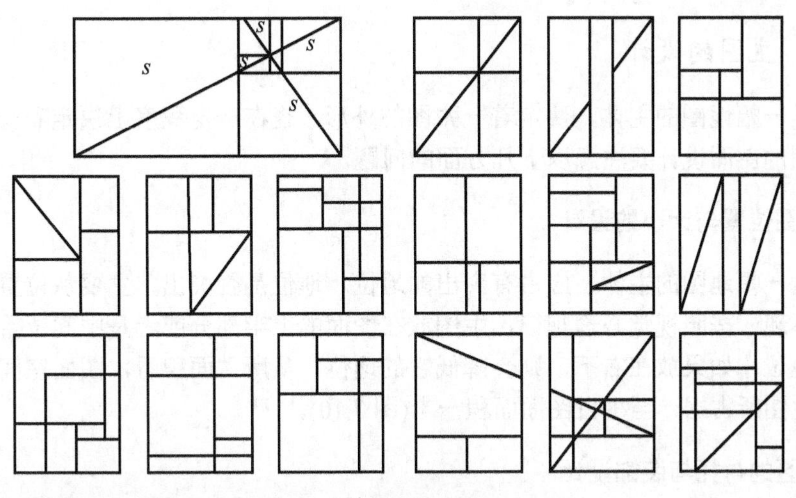

图 7.9 黄金分割方式

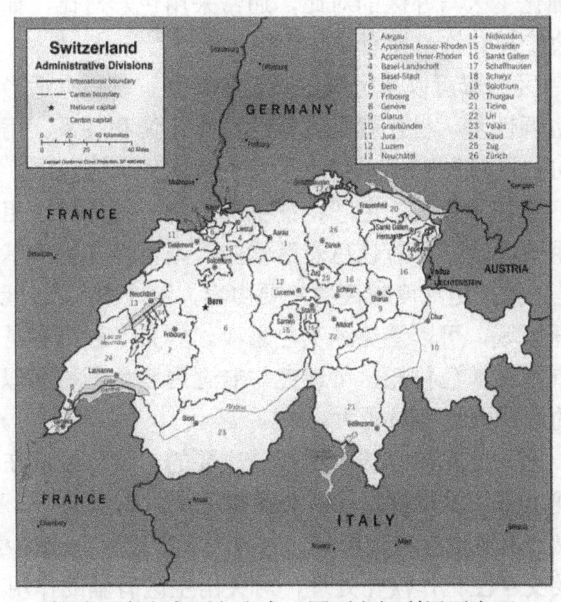

辅助要素内容面积太大，图面空间利用不合理

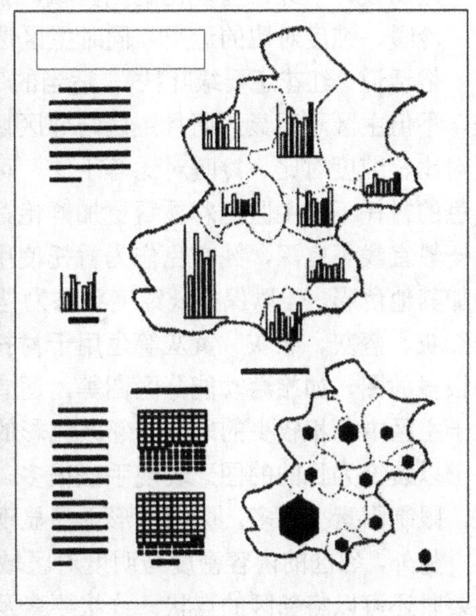

面积比例较为适宜

图 7.10 处理好主图与附属要素的关系

7.4 旅游地图图面要素的设计

前文对图面设计的概念、原则、影响要素、图面布局等理论作了介绍，下面分别说明主图、副图、图名、图例、图表、文字说明、比例尺、方向标及其他等具体要素设计与布局的方法。

7.4.1 主图的设计

主图是一幅地图的主体，决定着一张图的外形，也在一定程度上决定着一张图的总体布局。主图的图面设计要注意以下几方面的问题。

1．主图位置与大小的设计

主图是一幅地图的主体，应占有突出的地位。地位是否突出，主要从位置和所占面积两方面来体现。按照视觉心理规律，主图放在图面的上半部分或者是中间位置，有利于体现主图的地位；如果放在右下，则会降低它的地位。从所占面积看，图面空间全部或者是基本上被主图所占据，至少占图面面积一半(图 7.10)。

2．主区的衬托与装饰设计

地图设计中经常需强化制图区域，强化主区与邻区的对比，通常采用色彩对比，如明暗、冷暖、纯度对比的运用，同时主区边缘加装饰带或者是加阴影。

俗话说“红花还要绿叶扶”，适当的邻区色彩可以使区域图形更加明显，若没有适当衬托，不但主区不明显，而且主区与邻区协调性差，衬托就是调整这种对比调和关系。用明度对比、纯度对比、冷暖对比等手法，可让区域图形得以突出。灰色常用作邻区色彩，在灰色的衬托下，主区色彩显得更加鲜艳，使各种要素的色彩特征更加明确。衬托时所用灰色一般宜浅不宜深，纯灰色作为衬托使用范围较广。若让色彩活泼些，则可以灰色为基调稍加其他色彩，但以保持低纯度状态为佳，衬托出纯度较高的主要内容，使地图主次分明。如红灰、蓝灰、绿灰、黄灰等色用于衬托区域，可以避免纯灰色呆板。如果专题内容是色相很多的图，如旅游功能分区图等，适宜用纯灰色衬托，可避免与专题内容色彩相类似。对于主区中色相较少的地图，邻区色彩的选择余地相对较大。

以装饰为目的的图形表现手法很多，因为此时内容的实用性是次要的，装饰性放在首位，限制因素少得多，区域图形更易显现出来，这样整张图就会显得饱满，有气势。

另外，邻区的内容密度与明度对区域的表现也有一定影响，内容选取密度要适当减小。必要时还可以将邻区的点状、线状要素及文字注记作淡化处理，对突出主区有辅助作用。

强化边界可以使制图区图形得以充分展示。方法之一，适当加粗边界线，但是过度加粗边界线会影响界线定位的精确性，有一定的限制。不过作为示意图，不需要精确定位，主区边界线宽度可以作较大的夸张。选用适当的边界色彩，也可以使不太粗的边界得以强化。用黑色或深色可以使图形清晰、有硬度，而用湖蓝色、中灰色等作边界线色则会使边界线含混、不明快，区域图形软弱无力。用于远看的挂图设计更要注意边界的用色。方法之二，在制图区域外边加装饰带。在区域边界外边加装饰带(晕线或色带)，这是传统制图中常用的表现方法，也是强化区域图形的极好办法。虽然装饰带并非地图的实质性内容，只是附加在边界外边缘，却发挥着重要的作用：一是装饰了边界，使制图区域图形显得特别醒目，气氛隆重。二是解决了边界强化与精确定位的矛盾，即可以在不影响边界精确定位的情况下强化边界，使主区图形脱颖而出，令读者一目了然。应当注意，不加装饰带的主图是不突出的，往往总体效果不佳。

装饰带的宽度也不是随意的。它与区域面积有关，太宽则显得臃肿，太窄则显得瘦弱、小气。由于面积的计算有一定难度，不便于应用，况且这种尺寸的数量关系并不需要十分精确，为此，可将装饰带的宽度与图框平均边长建立一定的比例关系，这样使用起来很方便。经过观察、比较认为装饰带的宽度与图框平均边长之比大约在 1.5∶100。按此方法计算出来的装饰带宽度较适中，如同合身的服装一样(图 7.11)。

图 7.11　装饰带的宽度示意

装饰带的层数以 1～3 层为宜，多于 3 层则有累赘感。单层有平面感，多层则有立体感(即能使主区有前进感)，从美化和强化主区的效果看，多层优于单层。但一般来说，小图宜用 1～2，层显得简洁，大图宜用 3 层，显得充实、有变化。

装饰带的明度：单层的以中高明度为宜，因为单层装饰带具有平面感，明度宜略高于主图内部平均明度。多层装饰带要有明显的渐变性，最靠内侧的一层必须要有足够的深度，才有利于立体感的形成，也使区域图形更醒目，同时还要与境界线的明度协调。

色带的色相设置原则是要有相对独立性，不宜与某一专题要素色彩相同或类似，尤其是面状和线状要素，以避免干扰地图中实质性内容的表达，同时区域图形更能清晰地显现出来。如人们习惯用紫红色作色带，因为地图内较少用紫色，有相对的独立性，在图中很容易显现出来。当专题内容用暖色时，色带用冷色；相反，则色带用暖色，能较好地显示图形轮廓；如果主区内色相很多(如土壤图、地质图)，难免色相相近，则用偏灰色或纯灰色作色带。在许多地图中，色带的用色可用来调剂图面的色调。

色带的色彩纯度要根据地图的用色情况而定，以不干扰图中专题要素表达又能保证自身的明显性为原则。

主区加阴影有助于突出主区，但是必须注意色彩对比的配合(图 7.12)。

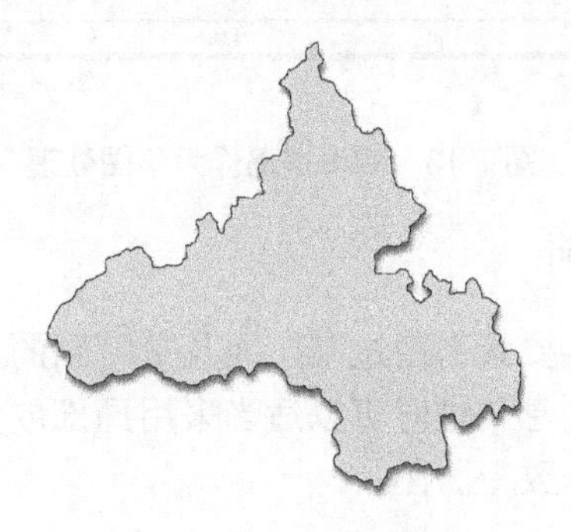

图 7.12　主区加阴影

3．主图的方向设置

为了符合读者的读图习惯，主图的方向应按照上北下南来摆放，这样不容易使读者产生方向错觉。如果没有经纬网格标示，左、右图框线即指示南北方向。但在一些特殊情况下，如果区域的外形特别长，而且延伸方向也非东西向或南北向，为了让制图区有较大的比例尺和避免图纸空间浪费，可考虑与正常的南北方向作适当偏离，并配以明确的指向标。不过，通常以不倾斜为最佳，符合阅读习惯是很有必要的。

4．移图设计

制图区域的形状与纸张难以协调以至于浪费图纸空间太多，同时还会减小主要区域比例尺，这时可将主图的一部分截断，将截断的部分移到图框内较为适宜的区域，这就是移图。移图也是主图的一部分。移图的比例尺可以与主图比例尺相同，但经常会与主图的比例尺不同。移图与主图区域关系的表示应当明白无误。假如比例尺及方向有所变化，均应在移图中注明。在一些表示中国完整疆域的地图中，经常在图的右下方放置比例尺小于大陆部分的南海诸岛，就是采取了移图的处理手法(图 7.13)。但是，这种做法不到万不得已最好不要用，因为它很容易造成地图空间尺度与位置的误解。

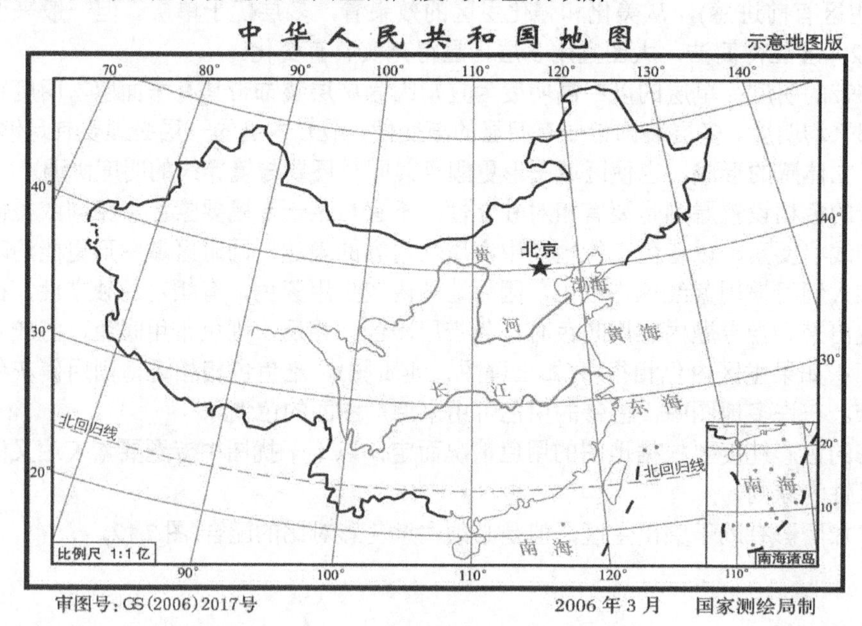

图 7.13 南海诸岛作为移图处理

5．局部地区放大图的设计

由于地图中部分地区内容要素密度过高，而且是特别的重要区域，因全图比例尺的限制难以正常显示重要的地理信息，这时可以适当采用局部放大图的方式来解决这个矛盾。放大图的表示方法应与主图一致(图 7.14)。

图 7.14　局部放大图应用示例

7.4.2　图名设计

在地图设计中，图名的设计占有重要地位。它是一张图的门面，一个美观大方的图名，无疑会增添地图作品的魅力。图名的设计应从图名字体风格确定、字体选择或书写、摆放位置、大小和字面装饰诸方面进行。图名的实用功能是为读图者提供地图的区域和主题的信息，故除了取名必须简明、确切外，同时字体风格也要贴切。图名用全称还是简称，以语义明确为标准，如“中国旅游图”与“中华人民共和国旅游图”，简称与全称意思完全相同，均能反映地图的区域范围、主题和内容，用简称图名字数少，占面积小，字可写大些，而且位置也容易安排。图名是展示地图主题最直观的形式，应当突出、醒目。它作为图面整体设计的组成部分，还可看成是一种图形，用于图面整体平衡。

1. 图名的位置、大小与排列

图名设计首先要选好位置，决定用多大的字，如何排列，要符合平面构图理论。从大的方面可以将图名位置分为两类，置于图框外和置于图框内。

1) 图框外图名的设计

按着居中为尊的视觉原理，置于图框正上方最为正宗，尤其对于挂图首先要考虑这一点。图名设计是否美观与图名总宽度与图幅的比例、图名与外图框之间的距离、图名字的大小及其间隔有密切联系。图名所占宽度与图边之比以黄金比较为理想，超过此比例不美观，小于此比例显得分量不足。

如图 7.15 所示，假设图幅高度为 H，宽度为 W，字高为 A，则图名布置各种比例如图所示。图中图名字的总宽度占图幅宽度的比例接近“黄金比”为最佳，粗略比例为 2/3、3/5 或 5/8。图名字的高度应控制在图幅高度的 1/13 左右。字与框之间距离一般保持在 1/3～1/2 字高。由于图名字数有多有少，字的间隔也有一定的要求：字数较多的，间隔不小于 1/5 字高；字数较少的，最大间隔不能大于头一个字到左图框的距离。这样才显得疏而不散，紧而不挤。

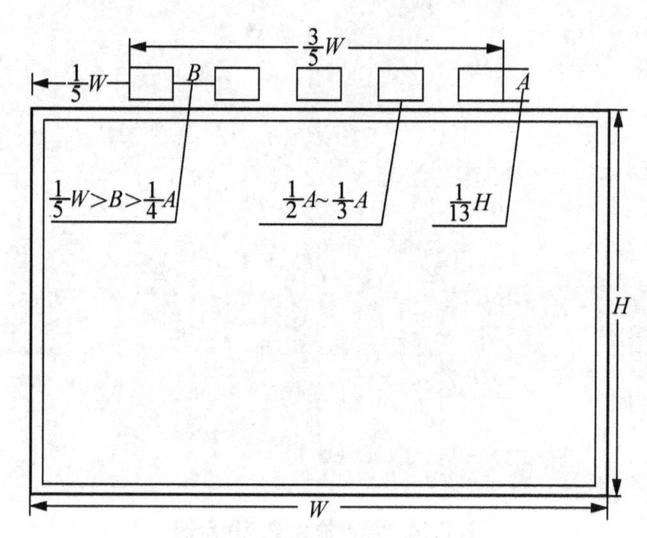

图 7.15　图名设计示意图

对于书中插图的图名一般应置于地图的下方中间位置，字号较正文字体小。地图集中单张图的图名位置比较灵活，字体大小无一定要求，但是图与图之间必须协调一致。

2) 图框内图名的设计

图名可置于图框外，也可置于图框内，小幅面的地图可置于图框内任何合适的位置，可置于图框内左上或右上，横排或竖排。按照视线移动的规律，地图的上方最引人注意，要想使图名更加突出，应当放在上方，靠左边或靠右边或居中。加字框与否，也无一定。加字框则有了明显的空间分割，图名分量更重，但是如果这种分割掌握不好比例，容易造成图面空间分割的不协调；不加字框则与地图融为一体，自然、和谐。如果图名要加边框要避免字多大边框有多大。直接放在图中的图名，会不显眼，必须注意色彩的明暗对比，加白色轮廓可以排除背景的干扰。

对于大图，适宜的图名字框的长度十分重要，字框太短则分量不足，不能统领全图；字框长度可以与图框等长或相当于内图框的 2/3 长，字少或字多的情况下可以通过加大字距和改变字形来适度调整图名总长度。小图的图名字框或长或短并不影响效果。

如果加了字框，要注意字的高度不宜顶天立地，字的上下左右至少要留 1/4 字高，或者字的高度与边框的高度比要参照黄金比，字距要小于边距。如果未加字框，要注意字到图框的距离要适中。

采用满版印刷的地图，虽无图框限制，但图名亦应选择适当的位置，相当于把纸边当成是图框。图名可加外框线，也可直接放置在内容不重要或密度小的地方。

2．图名字体的选择和设计

图名字体的设计关系到与地图内容的协调性与地图的整体美感，具有统领整张地图风格的作用。图名是庄重大方，还是天真活泼；是工整秀丽，还是朴素自然，均影响到整张地图的格调。

1) 字体的选择

汉字历史悠久，字体相当丰富。目前，除书法字体有篆、隶、楷、行、草以外，还有风格各异的美术字体(图 7.16)。字的风格不同，气质和特色亦不同。隶书敦厚圆浑，行书生动流畅，黑体字朴实厚重，宋体字刚柔相济，而新魏体更显得雄健苍劲，各种美术字多彩多姿，黑体、粗宋体、综艺体、粗圆体、水柱体、琥珀体等字体用于作图名均比较理想，此外还可以根据需要设计美术字体。因为图名的字都是大字，因此，字体选择的一个重要原则是选择笔划粗重的字体，为的是使字体显得丰满有力(图 7.17)。假如使用字体笔画不够粗壮的字体，就需要对它进行衬托、描边、加厚等处理，否则会显得没有力量。

经典特黑	华文琥珀	ABCDEFGHIJKLMN OPQRSTUVWXYZ	ABCDEFGHIJKLMN OPQRSTUVWXYZ
经典粗黑	华文隶书		ABCDEFGHIJKLMN OPQRSTUVWXYZ
方正活意	华文新魏	ABCDEFGHIJKLMN OPQRSTUVWXYZ	
方正综艺	华文彩云		ABCDEFGHIJKLMN OPQRSTUVWXYZ
方正粗倩	汉仪雪峰	ABCDEFGHIJKLMN OPQRSTUVWXYZ	
方正粗圆	汉仪圆叠		
方正水柱	汉仪太极	ABCDEFGHIJKLMN OPQRSTUVWXYZ	ABCDEFGHIJKLMN OPQRSTUVWXYZ
方正粗宋	汉仪立黑		
文鼎霹雳	汉仪萝卜	ABCDEFGHIJKLMN OPQRSTUVWXYZ	ABCDEFGHIJKLMN OPQRSTUVWXYZ
文鼎习字	汉仪雁翔		
文鼎广告	汉仪黑棋	ABCDEFGHIJKLMN OPQRSTUVWXYZ	ABCDEFGHIJKLMN OPQRSTUVWXYZ
隶书	汉真广标		

图 7.16 部分适用于作图名的中英文字体

旅游交通图	旅游交通图
丰满有力	不够丰满

图 7.17 加粗和不加粗黑体字效果比较

图名字体与图中文字字体设计不同，不仅可以使用印刷字体，而且可以使用篆、隶、楷、行等书法字体，仅靠字库里的字体是不够的，往往要自己亲自设计。图名字体的风格必须与地图的主题相吻合。自行设计字体是根据标准印刷字体通过艺术加工，使之具有艺术美感的一种字体，这种字体成为艺术设计字体又叫变体美术字，艺术字体应根据文字内容，充分发挥想象力，对其字形、笔画重新艺术地进行装饰加工。艺术字体设计要遵循易读、正确、美观、适用的原则，使设计的字体有针对性、有现代感、有创新感。书分逸品、神品、妙品、能品、佳品，必须有所选择，因为它关系到地图作品的品位。如果字的品位低，会降低地图的品位；如果字的品位高，可提升地图的品位。例如，电脑字库中的行楷字体就显得较为庸俗，用它作图名就会降低地图的品位。至于什么样的字雅，什么样的字俗，似乎只可意会，不可言传，一般的设计者可能看不出来，因为艺术鉴赏力的提高是建立在很高的艺术修养之上的。

2) 图名字体的设计

图名字体与图中文字字体设计不同，它可以采用的字体的风格更加多样化，有时是设计者自己书写或设计，以满足对字体风格的需要。图名字体设计应当注意以下问题。

(1) 风格定位。字体设计的第一步是要对所设计的字体进行风格定位。图名的风格与地图的用途和主题要一致，字体风格影响读者的兴趣以至使用效果。字体的选用要传达出地图主题的特点，如旅游功能分区图、地形类地图的地图字体一般写得结实而粗犷；少儿地图的图名文字要活泼可爱，旅游图或导游图名字体一般以轻松自然为宜。图 7.18 是一些旅游图名设计案例，可供参考。

图 7.18　图名设计范例

(2) 重心安稳。汉字书写成上紧下松是笔画安排的一般原则。字与字联系时，每个字的重心之间也要取得一致。要纠正视错觉造成的不稳定和中心位置偏差。

(3) 整齐匀称。文字书写是由字体结构、字形比例、字间距离等因素所构成的。设计中对文字书写的基本要求是具有整齐匀称的秩序感，达到美观易读的效果。由于构成每个字的笔画多寡和构成方式不同，加之人的视觉心理的错觉作用，会影响到对字形视觉效果的变化，书写时，单纯依靠机械的等分方式是不能完全解决问题的，必须注重实际的视觉效果，用眼睛目测的方式，以敏锐的视觉判断力对书写的文字的大小、字距作适当的调整。设计中会遇到视错觉问题，需要做好纠正。

(4) 字距适当。细而疏的字体，字距的距离要紧密一些。相反，粗重的字体要排得疏

一些。一般字体的书写多采用 1/4 的字距，使人感到轻松流畅，易目清爽。

(5) 适度装饰。商品的包装效果好可以吸引顾客购买，适度的图名装饰，不仅有助于表达地图的主题思想，还能提高读者的兴趣。字面装饰有多种方法，图名的装饰主要是立体装饰、阴影装饰、肌理装饰、形象装饰。

根据图的实质内容可作一些形象装饰，小图图名的装饰以简洁为宜，挂图图名可多作一些装饰。字体不同，装饰手法也不尽相同，隶书和魏体等不宜做过多的装饰，这些字体主要以笔画的特征反映其特色，过多的装饰会破坏其形象，失去字的风格特性。图名装饰的意义在于提高地图主题的表现力和艺术效果。不装饰显得单调、乏味，装饰过分可能会庸俗化。因此，图名的装饰要适当。

7.4.3 图例的设计

地图有自己的符号体系，其中有很多符号和色彩等的含义必须靠图例来说明才便于理解。因此，图例是读图的重要工具。可以说，几乎每一张图都存在图例的设计问题，它是地图设计的一个重要方面。

1．图例的位置

图例的位置应尽可能集中放在一起。图例的位置比较自由，可以放在图内也可以放在图外，主要看图框内多余空间的多少而定。图内图例通常置于图面的下方空白处，不可太显眼，尤其是挂图更不宜放在上方，因为按着视觉规律，上方是最显眼的。对于小插图则没有必要过分强求放在下方，如果下方没有空间，则什么地方空就放什么地方。只有当图例符号的数量很大，集中安置会影响主图的表示及整体效果时，才可将图例分成几部分，并按读图习惯，从左到右有序排列。当图例分成几部分时，必须注意它们之间的呼应与协调，如大小、长宽及其比例、位置的呼应，以增加协调因素，避免松散、混乱，图例框不宜紧靠主区。此外，由于挂图挂有一定的高度，如果图例的位置放置得太高，则不便于阅读。如果图框外放置图例，通常置于图框外的右或下方空白处，符合视觉习惯(图 7.19)。在文字的排列上要注意上与下的平衡，左与右的平衡。

图 7.19 图框外放置图例

2．图例所占空间

图例是地图的附属内容，既然是附属的，切不可占据太大面积，量变会引起质变。各

项内容应编排紧凑，以减少图例所占面积。要处理好与主图的比例关系，使它们主次分明，和谐相处。好在图例的文字大小的可塑性较大，完全可以利用这一点来控制图例所占面积。

3．图例的边框及其形状

图例位置确定后，应从美观角度出发设计图例的框形。框形一般设计为方形、长方形，空间利用率高。方形的四角用圆角富有装饰性，是比较好的处理方法。图例的框形还要尽可能与其他辅助元素的框形协调。

图例外边可加外框也可不加外框。加外框显得分量重些，较为突出；不加外框，则与地图内容融为一体，显得和谐、自然。但是，有些图上背景内容较多，如果不加外框，会影响图例的阅读，这时主图可以镂空，即压上不透明图例背景框。不过这种不透明的背景与图面是一种排挤关系，挡住了地图内容，协调性较差。若想避免这个矛盾，可以用半透明背景，再加边框(图 7.20)，这样可以变相互排挤为相互融合。如果在放置图例的地方地图内容并不复杂，主图可不镂空，加不加边框视具体情况而定，其原则是不影响图例的阅读。

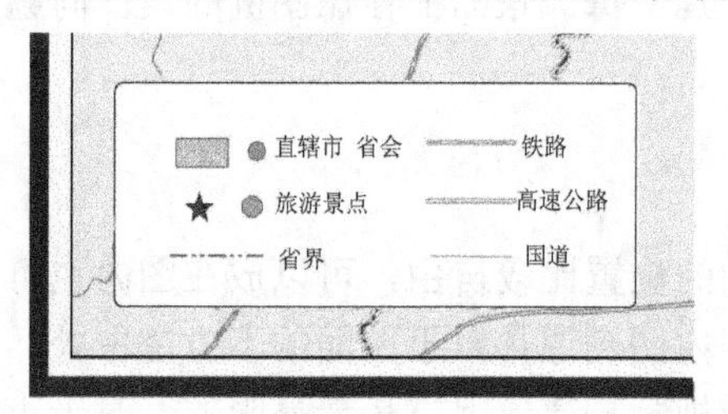

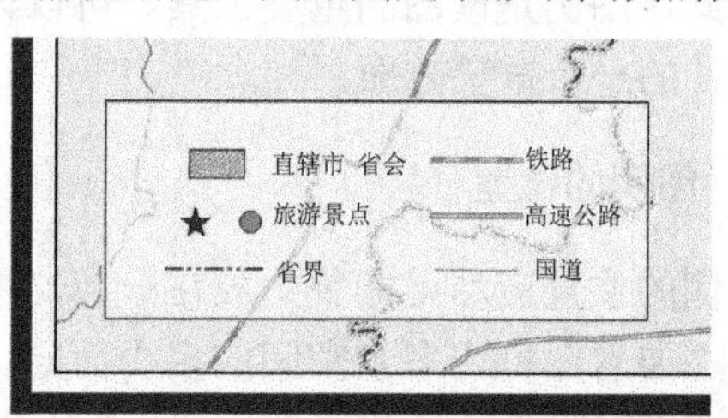

图 7.20　不透明和半透明图例背景

要控制好图例所占图面空间的大小，尤其是加边框的图例，其边框不可太靠近主图，更不宜抵住主图，因为它会增加空间的拥挤感，最好使它们之间保持适当的距离，使它们距离不松也不紧。不加边框可以减少这种拥挤感。做到这一切并不难，关键在于有没有这种设计意识。因为文字不像图形符号那样，它不受比例尺的限制，图例文字字号的可塑性很大，而且排列方式也具有较大的可变性。

加边框的图例还要注意图例内容与边框的关系，不可不留边距。图例的排列如同文字排版，不能不留边距，一般应当使边距大于行距，否则显得松散，没有内在的张力(图 7.21)。

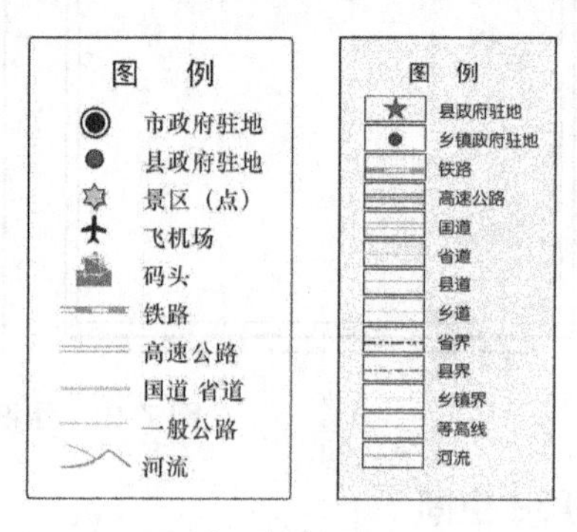

边距不足　　　　边距比较合理

图 7.21　图例内容排列与图例框的协调性比较

图例边框的外形及尺度应当与其他要素协调与呼应，与总图图框相衔接。例如，图例边框在高度或者是在宽度上与某辅助要素框相同，则可以产生协调感。

图例边框与总图图框的衔接也必须处理好。图例边框的画法常见的有以下几种。一种是直接与总图框接触的图例边框。一般来说，对于小幅面地图，用一根单线与内图框相接画出图例边框。对于大幅面地图单线图例边框显得单薄，最好用双线，而且需要有粗细变化。不同尺度的地图可以从以下3种方案中选用(图7.22)。

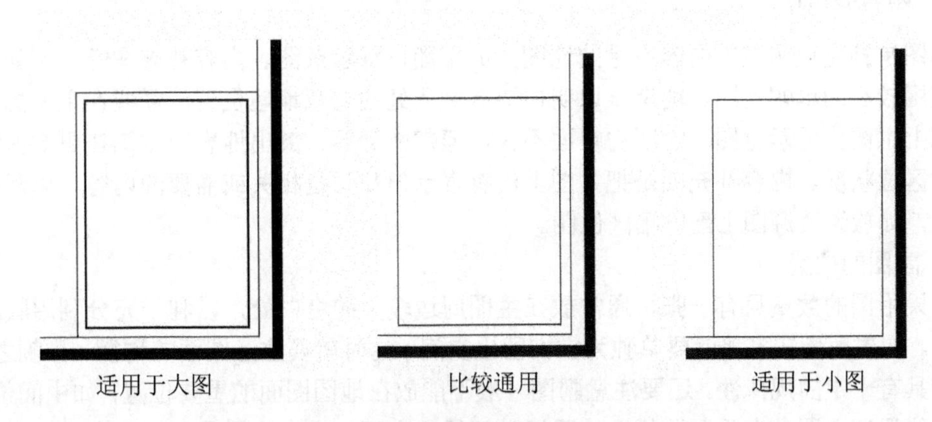

图7.22 图例框与大图框的关系处理

另一种是与主图内图框不直接接触的图例边框。如果不是放在图拐角处，则应保持与总图框协调，与图上剩余空间相协调。要注意摆放的位置，长宽比，方角还是圆角。圆角方框比直角方框装饰性强，但也不能太圆，才具有刚柔相济之美。为了不影响图例内容的阅读，被图例压盖的主图应当镂空，也可以加上一层半透明的背景，减少图例与地图的不和谐感，也不影响图例的阅读。在色彩上应当让图例背景与周边区域色彩有适度的对比，尤其是明暗对比，使它们不至于混淆。

通过对图例的位置、大小，图例符号的排列方式、密度、注记字体等的调节，还会对图面设计的平衡起重要作用。

4．图例符号与文字的排列

图例内容的排列应遵循一定的逻辑性，但又要不影响其清晰性。一般编排顺序：居民地—交通—境界—水系—地貌—植被—土质。专题地图可以把专题内容放在前面，一般内容放在后面。

此外，如比例尺、高度表、坡度尺等也属图例内容，能否并列于图例边框之中应视框形大小而定。如果框形大，应尽量将它们编排入内，框形小，也可单独放在图面上的位置。

图例是构成地图的相对独立的一块空间，是一个小的版面设计，也是构成地图美的组成部分，切不可掉以轻心。在图7.21左图中，主要问题是未留边距，边距不等，以及行距大于边距。为了使图例更美观，图例的排列必须要留边距，要使边距大于行距，才能使图例内容有一种内在的凝聚力，具有整体感，这与普通文稿的排版的道理是一样的。

以上图例的设计方法同样适用于图表、说明性文字等内容的设计。

7.4.4 其他辅助要素的设计

地图通常少不了主图、图名、图例、比例尺，其他辅助内容则因图而异，只要掌握设计原理与方法，遇到任何情况都能找到解决问题的办法。下面介绍一些其他地图辅助要素的设计方法。

1．副图的设计

副图是补充说明主图内容不足的地图，如主图位置示意图、内容补充图等。例如一些区域范围较小的单幅地图，读者难以明白该区域所处的宏观地理位置，需要在主图的适当位置配上主图位置示意图，它所占幅面不大，但却能简明、突出地表现主图在更大区域范围内的区位状况。内容补充图是把主图上没有表示但却又是相关或需要的内容，以附图形式表达，如旅游资源图上配一幅区位图。

1) 副图的位置

如果附图的数量只有一张，通常放在主图周边较大的空白处，以利于充分利用版面多余空间。如果数量较多那就要单独为它们留出空间。这时就要注意图面的均衡、分割之美，使排列具有一定的规律性。还要注意副图一般不能放在地图图面的重要位置，如中间位置，这样才能保证主图处在重要地位。按照视觉习惯，中间、上方位置是一幅图中最为显眼的地方，这里是放置主图最理想的地方。

2) 副图的大小

副图的大小对主图影响很大，不可喧宾夺主，控制好副图的大小对图面整体效果至关重要。一幅图上的空间最好要让出一半以上的空间给主图，其边长尺寸以小于全图 1/3 较好。

2．比例尺和指北针的设计

专题地图的比例尺一般被安置在图名或图例的下方或者是主图周边空白处。专题地图上的比例尺以图解比例尺的形式最为实用。地图比例尺，一般要求同时绘出数字比例尺和图解比例尺，为的是方便读者量算。比例尺长短不影响量算，图解比例尺不宜太长，其长度应根据图面尺寸来确定，小图的比例尺只需 1～3cm 长就够了，长了会不协调。比例尺的位置通常放在下方图廓内空白处，也可以放在图廓外下方，也可以放在图名的下方，也可以与图例放在一起。如果想加重它的分量，可以加外框。

指北针置于图廓内的左上或右上空余的地方为宜。指北针虽小，但是它的位置与大小对于平衡图面发挥着重要的作用。在对于上北下南摆放的地图，指北针可有可无，但是用于平衡图面却意义重大，这时它的装饰意义大于实用意义(图 7.23)，设计时要注意它的位置与尺度，以保证它与地图要素的和谐相处，而不会被当做是多余的东西。如果想加重它的分量，可以加外框。

3．其他附属内容的设计

统计图表、图片与文字说明常用于说明地图符号所不能说明的内容。由于其形式(包括外形、大小、色彩)多样，能充实地图主题、活跃版面，因此有利于增强视觉平衡效果。统计图表与文字说明在图面组成中占次要地位，数量不可过多，所占幅面不宜太大，对单幅地图更应如此。在大小、长宽与排列上要有规律性，要相互照应，相互协调。对于图片较多的地图来说，如果排列不当会影响图面的平衡与秩序感(图 7.23)。作为一幅地图的插图、附表等，不能放置太多，否则会杂乱无章、喧宾夺主。如果此类内容太多，应当放在图框之外，但可以安排在同一个版面。

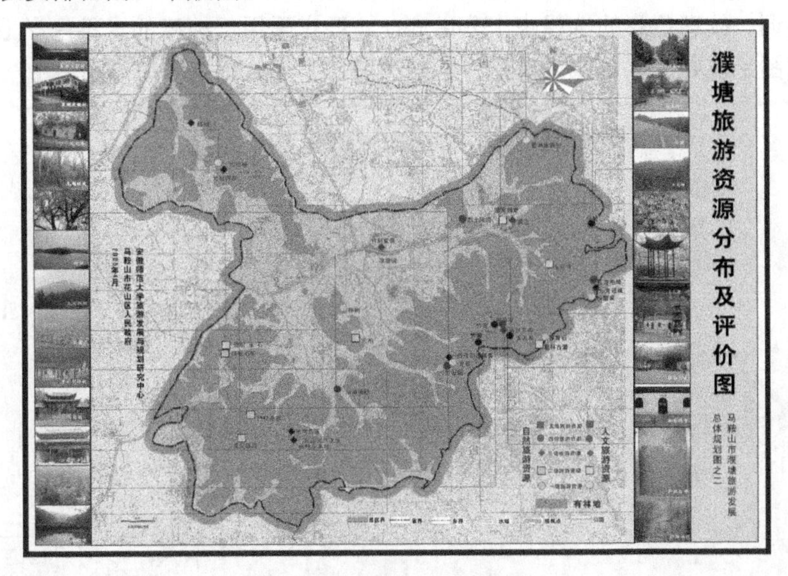

图 7.23 图片的规则排列

7.4.5 图边的设计

地图的科学性固然重要，但是没有良好的外部装饰，也难以发出应有的光彩。大部分地图作品都少不了图框，尤其是挂图。未加边框的地图相当于半成品，而图框的设计相当于给一幅画装上图框，不是可有可无，而是很有必要的。图边，尤其是带花边的图框对地图有较强的装饰和衬托作用，是地图美化的一个部分。地图图框通常使用的有两种：一种是单线图框，另一种是双线图框。前者只有一条单线作为图框，而后者则由内图框和外图框组成。这里需要说明的是，双线图框的外图框有时是一条单线，有时可以是一组线，但不管是几条线组成、有多复杂，都将其看成一条外图框，是一个有机整体。

1. 单线图框

单线图框给人以简洁、朴素的感觉，另一方面也有单调、随意的感觉。它的这种特点决定了它适合于小幅地图、书籍插图、资料图等使用。

单线图框的设计要求应以协调为主，略有对比，以压得住图中内容线划即可。也就是说，图框线划要比地图中线划稍粗，不能有太大的对比。地图上的线划有粗有细，图框应与图上最粗线划等粗或更粗。图框太细显得没精神，但如果太粗难与精细的地图线划相协

调也显得生硬，设计者应当依照图的情况掌握好图框的粗细度。大图图框不单要压住图中线划，还要考虑随图的增大而加粗。地图上的线划受地图内容、精度的限制，不能因图面增大而变得太粗，图面越大这种矛盾越突出。解决这一矛盾的方法是改用双线图框或与其他装饰手段相配合。

单线图框外衬上类似于书画装裱的花纹或者以照片为背景，也能起着良好的装饰作用。但是，背景纹理的选择也需要注意，用布纹比较理想，如果用大理石纹、花岗岩纹就与纸质地图不协调。纹理色彩的选择也十分讲究，一般宜采用低纯度的素雅色彩(图 7.24)。

如果成图后需要装木质或铁质框再悬挂的图，只需绘出内图廓即可。

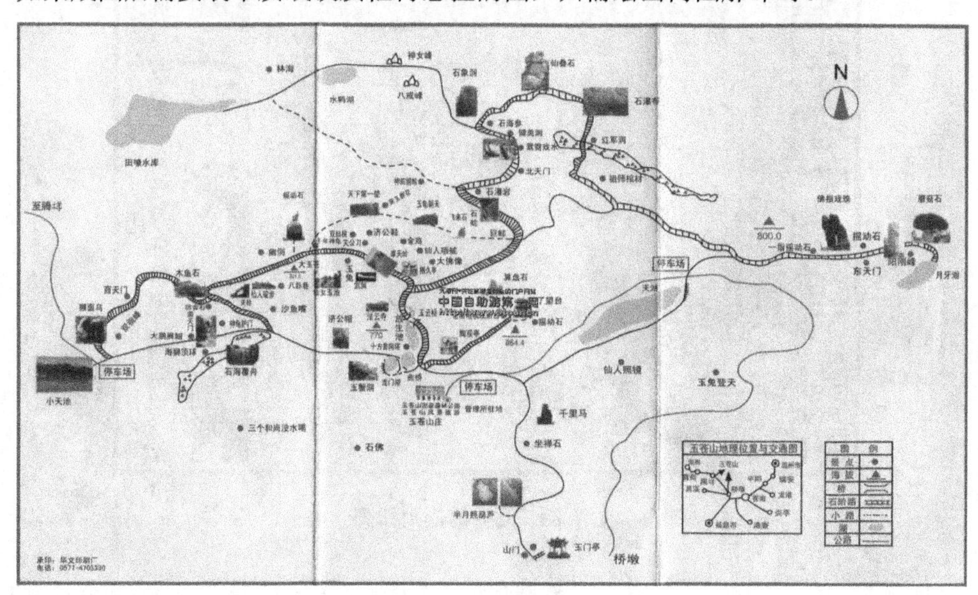

图 7.24　单线图框

2．双线图框

双线图框由细的内图框和粗的外图框构成。按中国传统美学思想来说，细线的阴柔与粗线的阳刚相结合，具有阴阳互补、刚柔相济之美，所以又称之为“阴阳线”；按现代美学思想来说，线条多样化，避免了单调感。因而这种组合方式在版面设计中被广泛运用。地图配以双线图框，能使地图具有庄重典雅的效果。当然，双线图框如果运用不当也达不到理想的效果，内外图框之粗细、间距以及花边的配用等都应符合一定的比例和尺度，才具有美感。双线图框具有替代真实画框的作用。

1) 双线图框的处理方法

内图框与地图的内容线划直接接触，应当与地图线划相协调，不需要在力量上压住地图线划，取图内中等或偏细的线条作内图框为宜，太粗了不协调，太细了不明显。外图框是地图作品的外部框架，它主要起装饰作用，对地图的外部形象影响较大。外图框的首要任务是要压得住地图的线划，此外还要处理好下面两个问题。

(1) 处理好外图框与内外图框间的空白关系。一粗一细两条线之间的空白大小不同，

风格也不一样(图 7.25)。这里要说明一下，此处所说的外图框线画是纯黑色，若改用其他色彩或花边，其分量就比黑的轻，这时必须加大外图框的宽度，以维持原来的平衡。内外图框间的空白与图幅大小存在一定的比例关系，其宽度掌握在图幅平均边长的 1%左右比较适宜。按此比例再考虑其他因素进行调整。一般来说，小图宜偏松，大图宜偏紧。

还有一种双线图框的画法，内图框用粗线，外图框用细线(图 7.26)。由于画法的不同，它所造成的视觉感受截然不同，一方面内粗外细的画法可能造成图框与内容不协调，另一方面视觉立体感也不一样。

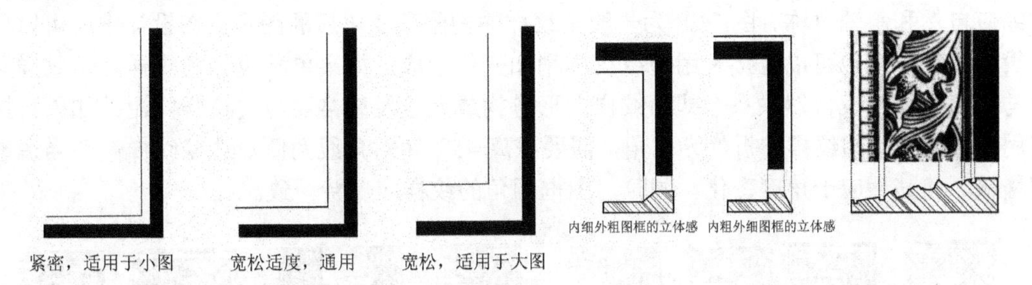

图 7.25 双线图框的样式

图 7.26 图框的立体效果比较

(2) 处理好外图框与图幅大小的关系。外图框的宽度与图幅大小成正比，而图中线画粗细变化有所限制。为保持它们的协调性，必须增加统一因素，使外图框含有细线条。其一，将外图框分解成两三股，但是要注意线条的粗细变化及线条之间的间距；其二，也可改用稍浅的其他色彩作外图框，以免造成图面的不和谐；第三，用花边装饰。用花边装饰，既保持了协调性，又增添了美感。图框装饰引用了建筑装饰、染织图案装饰和其他工艺美术装饰的表现手法。

2) 花边的设计

图框中的花边是用二方连续纹样组成的，是一种带状的连续纹样图案(图 7.27)。它由一个纹样或一组纹样向两方连续排列而成，运用纹样的反复获得节奏与韵律感。图框纹样设计、组织属于图案设计，必须符合构图规律，比如多样统一、对称、均衡是图案结构的形式美原则。

图 7.27 装饰性图框范例

(1) 风格定位。因为一定图像表现出一定的风格特征，或庄重，或活泼，或古典，或现代，或华丽，或朴素，或抽象，或具象，或大气，或隽秀。除了要与地图主题一致以外，还要有良好的装饰效果。因此，在花边设计之前，首先要进行风格定位，然后再着手设计。

(2) 选择图框纹样。图框所用纹样属边缘纹样之一，即二方连续纹样。其构成形式有散点、直立、倾斜、折线、波浪等式样。

(3) 图框隅角纹样。图框花边都有 4 个转折，需要隅角的纹样来起转换、连接。四隅角的纹样要求同形等量，还要能与四边纹样自然结合，使人看不出有接头。纹样形体态要伸缩应自然和斜轴对称。图 7.28 为一般角纹样的构图和变化后的图案，在设计中，可以单独设计角纹样，也可以直接利用边缘纹样稍加变化形成。如果单独设计角纹样，角纹样必须与边缘纹样形成自然联系，即角纹样的形态构成元素及风格要与边纹样协调；如果直接利用边缘纹样，因纹样转折处为直角，需要在离 45° 角对角线两侧对边缘纹样做适当调整或增减，使其适应于角度变化。同时，图框四角的纹样应保持一致。

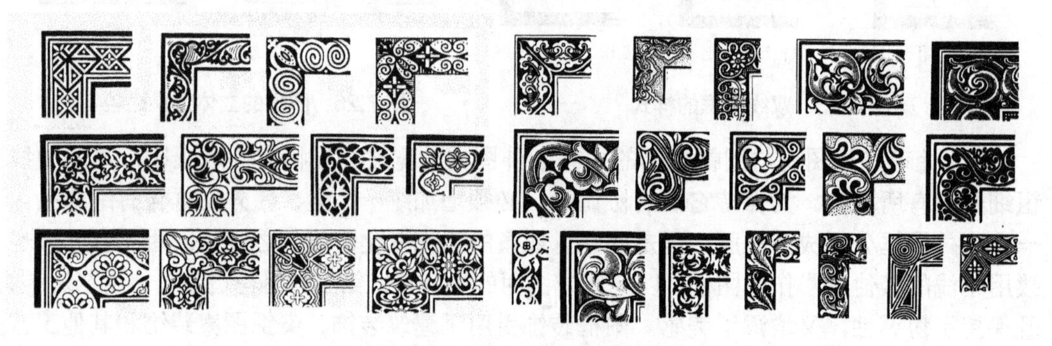

图 7.28　花边图案的隅角范例

(4) 花边图框设计应注意的问题。①必须保持外图框的整体感，要紧密不可松散，同时还要保持总体的密度变化规律，即密度由图内侧向图外侧增加，尤其是要把握好最外边一道线的力度，要压得住阵脚。同时使人感到外图框具有立体感，其厚度是由图内向图外逐渐变厚的(图 7.26)。②花边的图框由各种单黑实线构成，但是黑白混合起来看密度比原来小，只能看作灰色，所以要酌情增加其宽度以保持原有的分量。一般地，应当比用黑色实线增加 30%～50%的宽度保证有足够的分量。③花边不宜单独作图框用，两边需加实线为其筋骨，方能使图框坚定有力。两边的线通常每边 1～3 条左右，但还要看花边特征予以增减，少了单薄，多了累赘。边线还要与花边融为一体。靠地图一侧的线条要比外侧的线条细。要造成图内侧轻、松，外侧重、紧的趋势，以便与地图呼应、协调。④为提高图框的装饰效果，花边的选择也有讲究，要使图框具有较明显的节奏和韵律。花边的图案应选用密度不均匀、有一定虚实变化的图案，以免平淡、呆板，还要考虑远看效果。纵向的疏密变化连起来有明显的节奏感，横向的疏密变化可用来改善图框与地图的关系，即将疏的一方面朝图内，以造成与地图的呼应关系。此外，花边的选择以点划丰富者为上乘，既有粗细、曲直、长短等变化，考虑到自身的美观，又照顾到与地图的协调。⑤花边的总宽度也要适中，所占比例大了就会降低外图框的密度，也就削弱了外图框的力量；所占比例小了又不能充分发挥花边的美化作用，而且有压抑感。其比例掌握在外图框总宽度的 1/2～2/3

较好。对于小图来说，花边没有用武之地，用后反而会有画蛇添足之感。⑥花边图案内容还应与地图内容相配合。设计离不开基本素材，装饰性图框的纹样取材上要求尽可能与地图主题相一致。纹样分为具象纹样、几何形态纹样，抽象几何纹样适用范围较广。花边选择的关键是要找准花边风格，能衬托地图主题(图 7.29)。

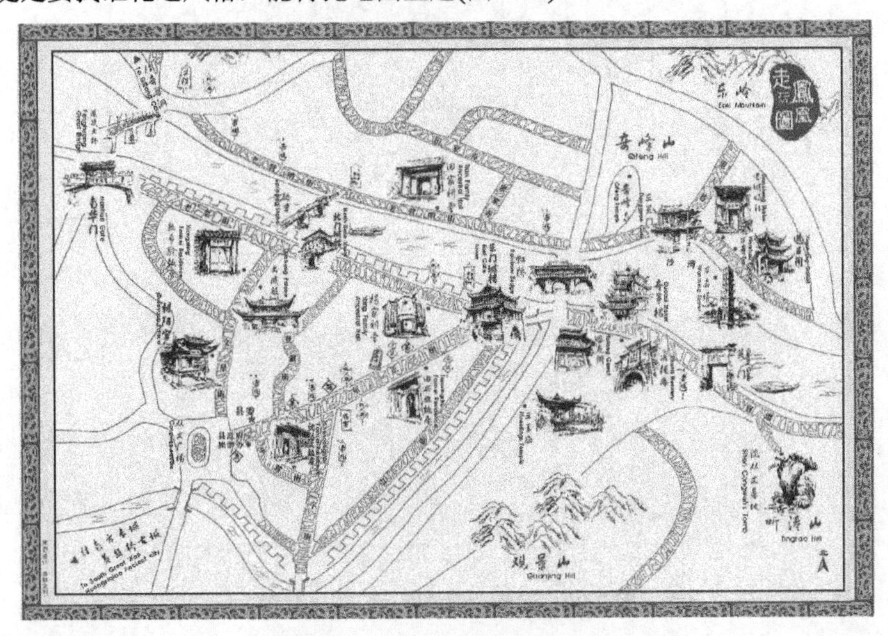

图 7.29　运用花边的双线图框

3. 图框外纸边宽度的处理

一张图并非画了图框就算完成任务了，实际上，如果仔细观察，会发现图框外所留空白纸边的宽度也会影响图面整体效果。图框外不留纸边不美观，纸边留多或留少都不美观，如同一件衣服一样，合身才好。根据研究，图框外空白的单边边距大约是纸的平均边长的7.5%左右比较适中，宜宽不宜窄，如果太窄，显得小气。如果不留图边，又是另外一种效果，需要做其他装饰处理(彩图 6.12)。

4. 满版地图的图边设计

为了充分利用纸上空间，地图外边也可以不留空白，不加图框(常用于旅游图)。不过这种图虽然没有边框，还应当将其作为一个有边框的图形来对待，其中也有一个应力场，在进行图面设计时必须合理布局所有内容要素。其实，这种图也可以加图框，只是加图框的方法有所不同。采用适当的方法，既可以保证纸面空间的充分利用，又能使图面具有完整性。

方法一，在地图的边缘画上较宽的、半透明的或较浅的边线，使地图有了图边，又不影响地图内容的阅读(图 7.30 上)。

方法二，在靠近地图边缘的内侧画上较细的线，使地图有了图框，也不影响地图内容的阅读(图 7.30 下)。

方法三，在靠近地图边缘排上图案作为图框。

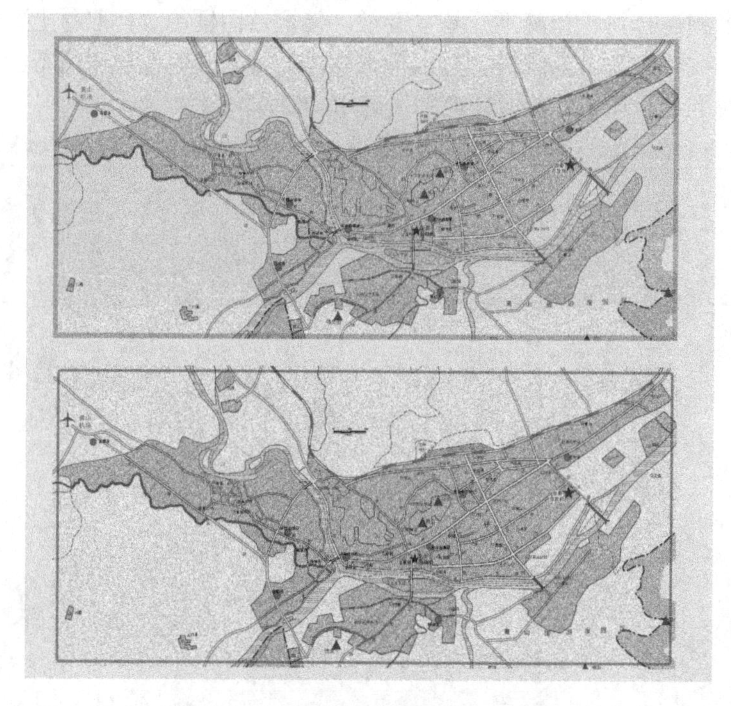

图 7.30　满版地图的图边设计示意图

5. 图边的其他处理方法

图边的处理不能局限于传统的地图图边的处理方法，要注意探索不同类型的地图图边处理方法，以便更好地衬托地图。例如借鉴字画及其他装饰设计的处理方法来设计(图 7.28)。

6. 图框色彩设计

彩色图牵涉到图框的用色问题，因为图框是地图的外部框架，必须庄重、实在，才能使整幅图有精神。一般情况下，图边不宜用高纯度色彩，适宜用低纯度色彩或非彩色，给予它厚重的质感，庄重典雅的美感。如果使用黑色或近于黑色的深色调色彩，如暗棕、暗红、深墨绿等，色彩一定要深，内图框也是如此。画框通常用立体边框，木质的或金属的。如果地图也用这类边框的话，也就用不上设计外图框，只要内图框就行了。事实上，很少有人将地图像图画一样装上画框，因此，地图产品只好印上画框。如果图框设计装饰设计的效果很好的话，就与画框一样具有异曲同工之妙。

知识拓展

折叠式旅游图或旅游图册(集)封面设计不属于地图设计内部问题，但在旅游地图设计中经常遇到，地图设计理论不能指导设计者做好这些设计，必须借助书籍封面、平面设计等理论。要想做好这方面的设计，还应当研读这些理论，并且多观察、欣赏设计作品，积累设计经验。

知识要点提醒

地图构图问题的解决不属于地图内容传达设计问题，它属于平面构图、装饰设计问题，具有一定的边缘性，仅靠地图学理论很难解决，必须借助于其他艺术学科的理论。

本章小结

要能够出色地完成地图图面设计，要遵循美化构图、巧妙构图、传情达意、适应介质等原则。

要做好图面设计的工作，必须注意以下 4 个因素：制图区域形状；介质形状；附属要素的形状与数量；读者阅读心理。

旅游地图的图面构图要达到美观的效果，需要遵循以下几条规律：多样统一之美的规律；对称与均衡之美的规律；分割比例之美的规律；主次对比之美的规律；节奏之美的规律。

主图设计中要注意主图的位置与大小，主区的衬托与装饰，还有主图方向，在必要到时候可以进行移图以及局部地区的放大。

对于图名的设计主要关注的是图名的位置、大小和排列，另外图名字体的选择也很重要，在有条件的情况下可以设计新的字体。

图例设计需要注意图例放置位置和所占的图面空间，还有边框的设计也很重要。

副图、指北针、比例尺、图边等方面的设计有着重要意义。

关键术语

构图(Composition)
图幅(Mapsheet)
图例(Legend)
图廓(Map Border)
地图整饰(Map Decoration)
图面配置(Map Layout)

知识链接

[1] 凌善金．地图艺术设计[M]．合肥：安徽人民出版社，2007．
[2] 辛华泉．平面构成[M]．成都：四川美术出版社，1992．
[3] 郭茂来．平面图形构成[M]．2 版．石家庄：河北美术出版社，2003．
[4] 姜今，姜慧慧．设计艺术[M]．长沙：湖南美术出版社，1987．

练习题

一、名词解释

构图　图面配置　图画设计

二、判断题

1．为了突出主区，通常主区和邻区采用比较接近的颜色。
2．图名风格设计可以不考虑地图主题。

三、问答题

1．简要描述旅游地图图面设计的原则。
2．试举例说明如何才能使得图面设计符合美的规律。
3．图名位置、大小与排列应当注意哪些问题？
4．简要说明制图区域装饰带的设计方法。

四、实验题

1．选择某一区域地图，自己动手加上图框后，判断这个区域属于方形、长宽比适中的矩形或者是特别长的矩形。

2．观察一张旅游地图，看看它是否符合地图构图规律。

3．根据书中所述的基本思路，结合一张地图，做一个图名设计。

4．寻找一幅较为简单的旅游地图，为这幅地图设计一个放置图例的位置，并为其设计边框。

案例分析

根据图面设计理论分析图 7.31 的旅游地图在图面设计中存在哪些问题，如何去设计更为理想？

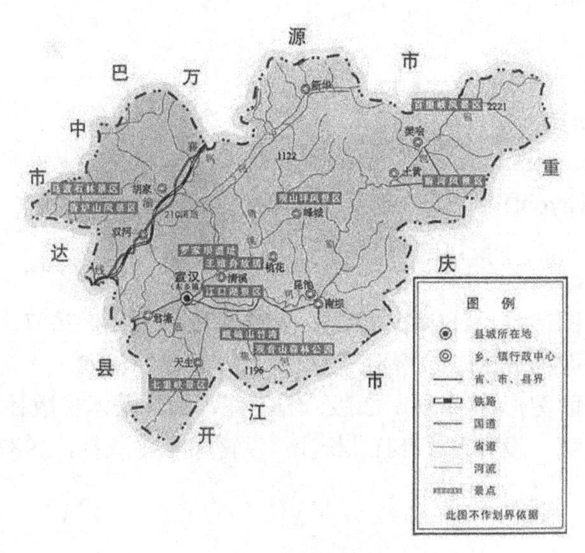

图 7.31　图面设计案例

第8章　计算机旅游地图制作技术

本章教学要点

知识要点	掌握程度	相关知识
计算机旅游地图制作原理	掌握	地图学、计算机软硬件知识、旅游管理信息系统
数字地图的类型、分辨率、位深度	熟悉	计算机图形学、旅游管理信息系统
地图制图软件的分类及其性能	了解	地图制图学、旅游管理信息系统、制图软件知识
地图制图软件的学习方法	熟悉	计算机操作知识、地图制图学、旅游管理信息系统

本章技能要点

技能要点	掌握程度	应用方向
数字地图绘制和处理技术	掌握	旅游地图编绘、旅游形象设计、图像处理
地图制图软件操作技术	掌握	旅游地图编绘、旅游形象设计、图像处理

导入案例

旅游管理专业的小张同学对计算机旅游地图制图很感兴趣，但是从来没有接触过这方面的知识，感到很茫然，不知道如何入门，要学习哪些软件，如何去学习。他去问老师，老师只是简单地说一点，并要他看书。其实，不少人有这种想法和困惑。为了解答这些问题，本章内容主要介绍计算机辅助地图制图。相信通过本章的学习，你就能掌握计算机旅游地图制图的基本原理，为制作旅游地图奠定基础。

从20世纪60年代开始，一些发达国家开始计算机辅助地图制图研究，到20世纪末计算机制图已经完全取代了手工制图。计算机地图制作是按照地图设计书的要求，运用地图学原理与方法，以计算机及制图软件作为主要工具，以编图基础数据为素材，通过人机交互来实现地图数据获取、编绘处理、显示、存储和输出。本章主要介绍旅游地图制作所需的计算机制图方面的基础知识，包括计算机制图原理、图像处理基础知识、计算机制图过程、制图软件知识、制图软件学习方法，为将来从事旅游地图制图工作奠定基础。

8.1　计算机旅游地图制图的技术原理

从手工制图到计算机辅助制图，是地图制图技术发展史上具有里程碑意义的一次重大的革新，这使得制图技术条件大为改善，不仅图像的表达方法发生了变化，而且显示了较多的优越性。其变化主要表现在以下方面：在数据采集方面，除遥感资料以外，数字化软硬件的推出又为大量现存模拟图和资料的数字化提供了高效的工具；在地图投影及其变换方面，通过软件，用户可以灵活自如地处理与变换数据；数据库技术提供了严密可靠的数据存储与管理方法；地图电子编辑出版系统，打破了传统的地图制图与出版的分工界限，方便的“所见即所得”地图编制系统减轻了地图编图的劳动强度，缩短了成图周期，提高了生产效率和地图制作质量。高新技术的应用，打破了传统地图生产模式由大比例尺到小比例尺依次派生的成图流程，突破了时间和空间的局限性，实现了快速编制大范围的小比例尺的地图、三维动态地图和虚拟仿真地图等。

8.1.1 计算机地图图形显示方式及编绘原理

1. 计算机地图图形的显示方式原理

运用计算机编绘地图，首先要了解计算机是如何描述和显示地图的点状、线状和面状符号的。目前计算机描述图形采用两种形式：矢量形式和栅格形式。矢量形式用 *X*、*Y* 坐标来显示图形的位置(图 8.1(a))。按照数学概念，线由点组成，面由线组成，因此，地图符号是点或点的集合，符号的位置实际上是确定点集的位置。平面上任意一点都可用 *X*、*Y* 坐标来表示，即可用数字形式表达。同理，地图上所有的符号都可用不同点的集合来描述，即点集的 *X*、*Y* 坐标值。如点由 *X*、*Y* 描述其平面位置，线是点按一定顺序的排列，所以它是依顺序分布、用 *X*、*Y* 坐标记录的点集。面由闭合的线划组成，也是按顺序记录的各点的 *X*、*Y* 坐标的点集。一幅数字地图实际上是大量 *X*、*Y* 值的点集。地图图像还可用栅格形式来描述(图 8.1(b))，将地图分割成极小的栅格单元(也称像元)，像元位置可由相应的行数、列数来确定。地图图像的点状符号如独立地物，可用一个或数个像元表示；线状符号用中心轴线所处的系列像元表示；面状符号则由其封闭的系列像元表示。各种不同的图形按行、列顺序记录它的像元值，实际上是一种矩阵。

编图资料只有被转换成数据后才能用计算机编辑。有了相关数据后就可以利用地图编制软件通过人机对话来编绘地图。不同数据采用的不同软件编辑，矢量数据的编辑软件较多，例如 AutoCAD、MAPGIS、方正智绘、Intergraph 等，可以取其一来编辑；栅格数据编辑软件比较少，常用的为 Photoshop。用栅格地图编辑软件来编绘矢量地图比较难，而且效果未必理想。地图编绘最好采用矢量地图编绘软件，即将栅格地图中的地图要素用矢量编辑软件矢量化后再进行编辑，这样制作的地图效果更好。数据经人机对话编辑后，获得所需的电子地图。然后打印样图，观察地图效果和校对错误，最后正式打印，或交印刷厂制版印刷，便完成了制图任务。

计算机旅游地图制图是建立在应用电子计算机基础之上的。数字是计算机能直接处理、计算和储存的对象，所以，计算机制图的一个重要内容就是资料的数字化处理，将资料转化成栅格和矢量数据，并存储于计算机，然后对数据进行编辑加工处理，编绘成地图。地图数据处理因制图要求、种类、数据组织形式、设备特性等不同而有不同的处理内容。数据经计算机处理加工后形成绘图数据，变成打印机可识别的信息，完成地图打印。

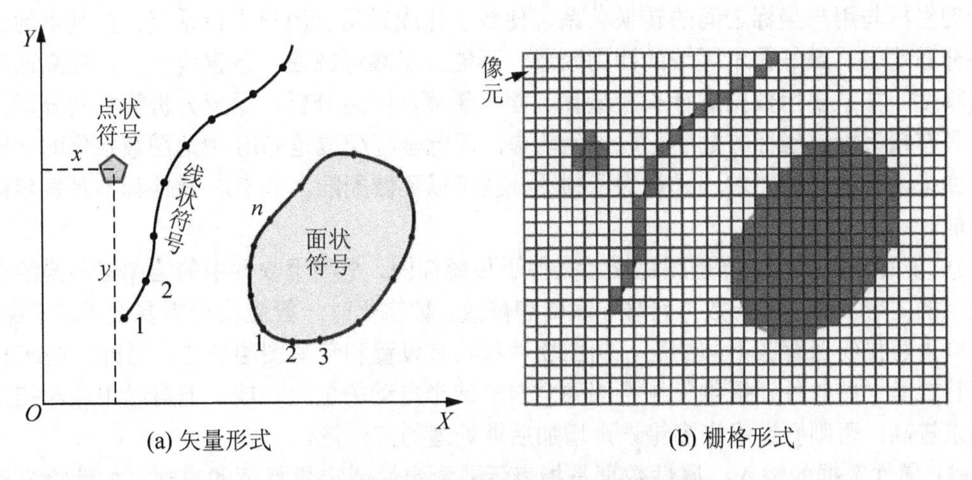

图 8.1　计算机对空间图形的表达方法

综上所述，计算机旅游地图制图的基本原理是运用电子计算机和制图软件，按照数学逻辑方法，对传统的制图过程和方法进行计算机虚拟。

2. 计算机地图编绘原理

计算机地图编绘的原理是根据设计要求，首先将数据输入计算机(数字化)，然后使用一定工具编绘地图，最后将产品输出，其大致过程如下所述。

1) 数据输入

数字地图编制的数据源包括数字地图、纸质地图，以及其他形式的定性、定量数据。在编绘之前，必须将这些数据输入到计算机中。

(1) 地图资料的输入。地图资料的输入包括地图资料栅格化和内容矢量化。

① 地图资料栅格化。纸质地图栅格数字化一般借助于扫描仪实现。用户根据需要设置扫描模式(彩色、灰度、黑白)、扫描范围和扫描分辨率。扫描获得的栅格图像主要用于屏幕矢量化，或经过图像处理成为数字栅格图，也可作为底图使用。

② 地图内容矢量化。通常所说的地图数字化主要是指矢量化，广义的地图数字化也包括栅格数字化。屏幕跟踪数字化(矢量化)是目前最常见的地图编绘过程。此方法操作过程是先用扫描仪将纸质地图扫描形成栅格图像，然后利用矢量图绘制软件对栅格图像内容进行屏幕手动跟踪描绘(少数软件有全自动跟踪功能)。屏幕跟踪数字化方法不需要数字化仪就可以获得矢量图像，因此应用很广泛。

不同的制图软件平台数字化的具体技术方法有所不同，利用 GIS 软件制图基本步骤有 3 个：栅格图输入、坐标配准和屏幕跟踪。非 GIS 软件无投影设置功能，因此不需要配准。

① 栅格图像输入。不同的软件输入栅格图像的方法不同。一般制图软件都具备这种功能，或打开(Open)栅格图像(如 ArcGIS、MapInfo 等)，或导入(Import)栅格图像(如 CorelDRAW、AutoCAD 等)。

② 坐标配准。在数字化仪器设备环境下所具有的坐标称为物理坐标，而用户所需要的地图坐标称为用户坐标。坐标配准是指通过建立一定数量(一般不少于 4 个)的控制点，建

立物理坐标与用户坐标之间的转换关系，使数字化成果具有用户坐标系统。控制点的选择应该分布均匀，最好在本区域的四周附近，不能过于靠近或在一条直线上，以提高地图的几何精度。如果要用数据进行长度量算、面积量算、网络分析、叠置分析等空间分析，必须以具有精确用户坐标的数字化成果为前提。因此坐标配准是 GIS 中地图数字化的必要步骤。如果没有前述的要求，只是为了制图，就可以不做配准。非 GIS 软件都不具备坐标配准功能。

③ 屏幕跟踪描绘。屏幕跟踪描绘类似于传统描图，是利用软件中的绘图工具描绘栅格图像上的内容。为了便于数据管理、编辑和修改，数字化时一般应根据需要设置若干图层，将不同内容描绘保存在不同图层。制图软件都具有设置和管理图层功能。另外，ArcGIS、方正智绘等一些软件还提供了栅格图像全自动或半自动矢量化功能，但自动跟踪对扫描图像要求较高，否则会造成许多错误，增加后期处理的工作量。

(2) 属性数据的输入。属性数据是指表示要素定性或定量特征的数据，如地物名称、经济指标、旅游人数、人口数量等。在专题地图编制中，它们中的一些数据便作为源数据被符号化成为地图的主体。对这些数据的组织最常用的是采用关系数据表的形式。如图 8.2 所示，关系表中的一行称为一个记录，表列称为字段。表的结构根据要素的属性信息种类多少及其每一种属性的类型特征由用户确定。字段名称类似普通表格的表头内容，应该能够简明扼要地表达相应数据的实际意义。常用的字段类型包括数值型、字符型、逻辑型、日期型等。数值型适用于具有数量特征的数据类型；字符型适用于反映要素定性特征的数据，如名称、类型代码、文字说明等；逻辑型表示两者择其一的数据类型，如男性与女性、收入与支出等；日期型表示时间的数据类型。

MapInfo Professional - [Query1 浏览窗口]

文件[F] 编辑[E] 工具[T] 对象[O] 查询[Q] 表[A] 选项[P] 浏览[B] 窗口[W] 帮助[H]

市名	人均旅游花费	交通费	住宿费	餐饮费	购物费	人均逗留天数	外汇98	Field9
阜阳市	433.67	52.79	80.96	86.78	59.67	1.64	0	
亳州市	400.38	34.32	91.56	81.27	98.12	1.73	0	
宿州市	417.99	46.52	119.82	110.81	98.56	1.55	0	
蚌埠市	284.46	45.39	87.21	63.73	60.47	1.79	0	
滁州市	302.74	25.69	74.42	80.49	30.1	1.41	0	
巢湖市	343.42	31.74	97.56	67.49	45.34	1.25	0	
马鞍山市	553.39	57.11	165.41	146.54	85.79	1.81	0	
芜湖市	622.57	78.66	109.85	103.37	164.91	1.7	0	
宣城市	324.25	23.98	87.17	70.78	34.54	1.35	0	
六安市	398.66	16.62	96.15	81.99	68.43	1.97	0	
安庆市	613.71	40	106.48	160.52	166.27	1.65	0	
铜陵市	433.36	48.72	136.47	114.34	63.2	2.03	0	
池州市	653.97	32.21	139.12	108.15	100.02	1.7	0	
黄山市	784.11	67.65	198.72	132.19	88.5	1.84	0	
合肥市	594.98	43.96	180.85	91.58	171.44	2.43	0	
淮南市	554.62	19.46	180.1	137.91	116	1.75	0	
淮北市	371.61	17.14	106.15	87.44	79.19	1.88	0	

图 8.2　旅游属性数据

2) 地图编绘

其实矢量化的过程可以看做是地图编绘的一部分，是编绘地图中工作量最大的部分。有了矢量化后的点状符号、线状符号、面状符号，就可以编制地图。GIS 软件、CAD 软件都有自己的符号库，提供一些常用的点状、线状和面状符号为用户选择使用。当然用户也可以根据需要利用其符号绘制工具设计各种专题符号，并存入符号库备用，甚至还可以将符号做到字库中，供其他软件使用。GIS 软件还能将属性数据自动生成专题地图。制图软

件都有编辑图形和色彩的工具，用于进行图形的编辑修改。如 CorelDRAW 的图形编辑工具有添加或删除节点、连接节点、拆分曲线、直线与曲线转换、平滑、自动闭合等；图形变换工具有位移、旋转、缩放、镜像、倾斜；造型工具有焊接、修剪、相交、简化等。

3) 地图输出

数字地图以数字形式存储在计算机内存或者其他载体上，屏幕显示的电子地图是它最便捷的输出形式。如有需要，还可以以打印输出或印刷输出的方式将数字地图转换为纸张的模拟地图。如果地图最终产品是以纸质形式使用，在正式交稿前应当打样观看效果，如果效果不理想，还需要做局部修改，如此反复修改几次，直到满意为止。地图编制完成后，接下来就是成批量印刷。大量印刷需送交印刷厂印刷。少量印刷可以用打印机打印，常见打印方式有彩色喷墨式打印和激光打印两种。

8.1.2 计算机旅游地图制图技术系统

计算机旅游地图制图技术条件包括计算机系统和地图制图专业技术系统，它们分别又由硬件系统和软件系统构成，见表 8-1。

表 8-1 计算机地图制图系统构成

<table>
<tr><td rowspan="5">计算机系统</td><td rowspan="3">硬件系统</td><td rowspan="2">主 机</td><td>中央处理器(运算器，控制器)</td></tr>
<tr><td>主存储器</td></tr>
<tr><td>外部设备</td><td>输入设备、输出设备、外存储器</td></tr>
<tr><td rowspan="2">软件系统</td><td>系统软件</td><td>操作系统、编译和解释系统、程序语言、系统服务程序、诊断软件、网络软件</td></tr>
<tr><td>应用软件</td><td>文字处理软件、信息管理系统、各种应用软件包、各种辅助软件</td></tr>
<tr><td rowspan="4">专业技术系统</td><td rowspan="2">硬件系统</td><td>输入设备</td><td>数字化仪</td></tr>
<tr><td>输出设备</td><td>大型打印机</td></tr>
<tr><td rowspan="2">软件系统</td><td>数字化软件</td><td></td></tr>
<tr><td>地图编绘软件</td><td>各种地图制图软件</td></tr>
</table>

1. 计算机系统

计算机系统由计算机硬件系统和软件系统两部分组成。硬件是支持计算机旅游地图制图的物理设备，硬件包括中央处理机、存储器和外部设备等。软件是计算机的运行程序和相应的文档。计算机系统具有接收和存储信息、按程序快速计算和判断并输出处理结果等功能。

2. 专业技术系统

这里的专业技术系统是指计算机地图制图专业技术系统，也包括硬件系统和软件系统，这种系统在功能上具有专业性。地图制图如果没有计算机系统，将无法进行制图，但是仅仅有计算机，而没有这些专业技术条件，同样无法进行制图。

1) 专业硬件系统

计算机地图制图的硬件包括能支持地图数据输入设备、地图输出的专业设备(图 8.3)。

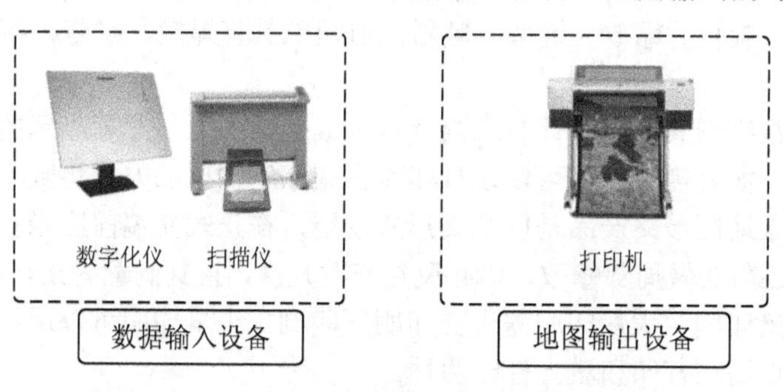

图 8.3 计算机旅游地图制图的输入输出设备

(1) 数据输入设备。数据输入设备主要是数字化仪。数字化仪是比较常用的数字地图输入设备，也称图数转换仪，其功能是将图形转换成数字，并将数字化结果自动记录在磁带或磁盘上，也可直接输入计算机计算。数字化仪有跟踪数字化仪和扫描数字化仪两类。

由于数字化仪价格较高，扫描仪价格相对比较低，屏幕数字化方法更常用。该方法利用地图系统软件，把地图用扫描仪扫描成栅格图像，调入制图软件，然后在屏幕上用鼠标将地图点、线、面要素矢量化。

(2) 地图输出设备。地图输出分为电子数据显示输出和纸质输出两大类，它们所需的设备有所不同。显示器分为显像管显示器与液晶显示器。专业纸质输出所需的设备主要包括打印机、绘图仪。最常用的纸质输出设备为打印机，分为针式打印机、喷墨打印机和激光打印机。除了针式打印机之外，喷墨和激光打印机都有黑白和彩色两种。早期的绘图仪称为矢量绘图仪，也叫笔绘图仪，它是一种能接受矢量坐标形式的数字信息，并以一定速度和精度绘制线划图形的输出装置。目前使用较多的为大型绘图仪，幅面可达 A0，工作原理与打印机的原理相同，操作同样方便。

大量地图产品印刷需要到印刷厂胶印。胶印地图需要提供电子版地图，经过出片、制成 ps 版，然后才能印刷。20 世纪 50 年代电子分色机问世，运用电子分色机可直接将彩色原稿通过电子分色扫描，获得黄、品红、青、黑四色底片。这种底片已经具有各种彩色应用的网点百分比及角度，因此，可以直接晒成印刷版，上机印刷成产品。目前彩色地图印刷基本上都采用四色胶印。

2) 专业软件系统

专业软件是计算机地图制图系统中的灵魂。在计算机协助下制作地图，都必须包括 4 个基本过程：资料输入、分析、处理和地图输出，都需要一定的软件系统支撑。这种软件一般可以分成以下几个部分。

(1) 空间信息输入软件。空间信息输入软件的主要功能是将各种形式的空间形式(点、线、面、网格、多边形等)和非空间形式(文字和数据等)的资料输入计算机，并进行一系列的编辑加工，建立可供空间分析和制图的数据库。旅游资料的输入必须符合地图数学基础的要求，即需要选择投影、确定比例尺、换算坐标系等一系列处理。

(2) 空间信息分析和图像编辑软件。空间信息分析软件的主要功能是进行空间信息的

分析处理，以满足地学研究的各种要求。空间信息分析是一种十分复杂的工作，因此，空间信息分析软件建立在较为常用的多变量分析方法和传统地学分析方法的基础上。通过算法化而建立的软件，既能发挥计算机快速处理信息的功能，又能帮助专业人员分析各种现象。空间分析软件包括空间信息统计特征分析程序、空间信息空间分布程序、空间要素相关分析程序、地形分析程序、多要素组合分析程序、加权评价分析程序和区域评价分析程序等。

目前，国产地图制图软件主要有MAPCAD、MAPGIS、吉奥之星以及方正智绘等，它们都是基于Windows的彩色地图编制系统，具有较强的点、线、面编辑功能，可自动处理拓扑关系，达到了多窗口同步、所见即所得的效果，同时配有屏幕数字化、投影转换、地图配准、符号编辑、色彩管理等辅助系统，是较理想的数字地图编制工具。

国外的制图软件也很多，大型的如Intergraph、ArcGIS等，但它们更注重空间分析及属性数据管理，制图系统只是它的一部分。小平台如MapInfo桌面地图系统，它虽然功能不如大型系统完善，但它面向大众，操作简单。

8.2 数字地图的基础知识

数字地图，即电子地图，是利用计算机技术，以数字(或称电子)方式存储和显示的地图。使用电脑制作地图，其使用的资料和制成的地图都以数字形式存储。了解有关数字地图的知识，可以为制作高质量的地图奠定基础。

8.2.1 数字地图的分类及其特性

计算机中显示的地图可以分为两大类——矢量图和栅格图，也是电子地图的两种基本类型。

1. 矢量地图

矢量图也称为面向对象的图像或绘图图像，在数学上定义为一系列由线连接的点构成。矢量图形是用数学公式或几何形状定义的，并不特别保存每个像素的信息。矢量文件中的图形元素称为对象，每个对象都是一个自成一体的实体，它具有色彩、形状、轮廓、大小和屏幕位置等属性。矢量图采用计算机绘制方法来描述一幅地图。例如用起始坐标和一个向量来表示一条直线段，图像只有在需要时才在计算机或者打印机上绘制出来，因此在任何分辨率的设备上都可以得到最佳效果。矢量图一般是利用矢量绘图软件制作或者利用数字化软件数字化获得。Adobe Illustrator、CorelDRAW、AutoCAD、MAPCAD、ArcGIS、MAPGIS、MapInfo等软件是以矢量图形形式绘制的图形。矢量图形根据轮廓的几何特性进行描述。图形的轮廓画出后，被放在特定位置并填充色彩，移动、缩放或更改色彩不会降低图形的品质。矢量图形质量与分辨率无关，将它缩放到任意大小和以任意分辨率在输出设备上打印出来都不会影响清晰度。因此，矢量图形是文字(尤其是小字)和线条图形的最佳选择。常用的矢量图形文件交换格式有EPS、WMF、EMF、CMX、AI等。

EPS格式全称为Encapsulated PostScript(封装式PostScript)，是一种特殊的文件格式，

专门为储存矢量图而设计，输出质量非常高，能描述32位色深，分为Photoshop EPS格式和标准EPS格式，主要用于将图形导出到文档中。它是“与分辨率无关”的存储格式，这意味着其图形总能采用打印机或其他输出设备的最大分辨率输出。在平面设计领域，几乎所有的图像、排版软件都支持EPS格式。将EPS图形置入一个排版软件后，可能只是显示成一个灰色的方框，但这并不意味着图形导入不正确，只是DTP程序不能显示而已，在正式打印时图形仍然能正常输出。

WMF(Windows Metafile)格式文件是微软公司设计的一种矢量图形文件格式，广泛应用于Windows平台。几乎每个Windows下的应用软件都支持这种格式，是Windows下与设备无关的最好格式之一。

EMF格式文件是WMF格式的增强版，是微软公司为弥补WMF格式的不足而推出的一种矢量文件交换格式。目前，这种文件格式在Windows应用程序中广泛使用。

CMX格式的英文名称为Corel Presentation Exchange，是Corel公司经常使用的一种矢量文件格式。Corel公司软件附带的矢量素材和许多专门的矢量图形库光盘就采用这种格式。

2. 栅格地图

栅格图又称位图。栅格图像将一幅图像分成多个细小网格，通过采样、量化，将模拟图像用数字列阵来表示。对于灰度图，每一采样点用一个量化值来描述。对于彩色图像，每一个采样点则以多个色彩分量来描述，最后叠加而合成色彩。栅格图像的来源一般采用扫描仪、电分机来扫描照片或其他原稿获得，也可利用数码相机直接导出数字图像获得，或者利用计算机绘制、购买图像素材库等途径获取。

栅格地图格式有很多种，如BMP、GIF、JPEG、CX、PICT、PNG、PSD(Photoshop)、TIFF等，其中TIFF、PSD是高精度无质量损失的图像格式，如果是高质量印刷，最好选用该格式。此外，PSD格式还可以支持更多的功能，如Alpha通道、路径剪切等，而JPEG、GIF等由于采用了极高的压缩率，图像数据量小，但是图像质量有损失，不适合高精度商业印刷，但便于在网上传送或者复制等。

矢量图与栅格图的特性不同，各有优缺点(表8-2)。

表8-2 矢量图与栅格图主要优缺点比较

地图类型	优　点	缺　点
矢量图	数据量很小，精度很高，图像清晰度不受分辨率影响，便于编辑	信息量小，制作复杂，来源少，通用性差
栅格图	信息量大，制作容易，来源多，通用性好	数据量大，图像清晰度与分辨率有关，不宜放大使用，难以编辑

8.2.2 数字地图的色彩模式

计算机图像按照色彩模式大致可以分为：二值图像、灰度图像和彩色图像3种。掌握这3种图像的色彩特性，可以在扫描或保存地图色彩文件时进行科学选择。

1. 二值地图

二值图像即黑白图像。二值图像中，只有黑色与白色两种像素组成，每一个像素用“位”(bit)来表示。一个像素要么是黑，要么是白。理论上，二值图像的每个像素只需要一个 bit 表示：0 表示黑，1 表示白，但是有时为了处理方便，仍然用每个像素 8bit 的方式存储二值图像。在图像处理中，二值图像是非常有用的，它能够清晰地呈现物体的轮廓，这种非 0 即 1 的图像在很多图像处理算法中是必需的，例如文字识别、轮廓分析等。图 8.4(a)是灰度图像，图 8.4(b)是它的二值图像。把一个图像转换成二值图像的操作叫做“二值化”。“二值化”的关键是选取合适的“阈值”，低于这个阈值的像素被转换成黑色，高于这个阈值的像素被转换成白色。当然，在商品化的软件包中，二值化时除了阈值还要考虑其他因素。二值图像色彩模式被称为位图模式(Bitmap)。位图模式通常用于文字识别，如果扫描需要使用 OCR(光学文字识别)技术识别的图像文件，需将图像转化为位图模式。

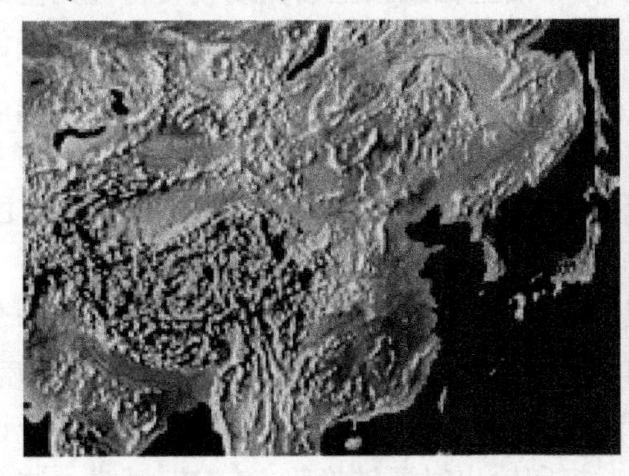

(a) 灰度图像

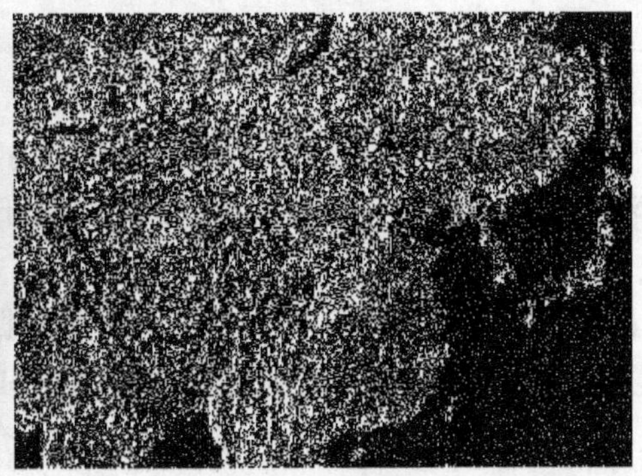

(b) 二值图象

图 8.4 灰度图像与二值图像的效果比较

2. 灰度地图

灰度图像的每个像素通常用一个 byte 表示，分别代表 256 个灰度级。人眼能够识别的灰度级大约是 100 个。通常，最高的灰度级(255)呈现最亮的像素，最低的灰度级(0)呈现最暗的像素。灰度值也可以用黑色油墨覆盖的百分比来表示(0%表示白色，100%表示黑色)。灰度图像色彩模式被称为灰度(Grayscale)模式。

在将彩色图像转换灰度模式的图像时，会丢失原图像中所有的色彩信息。与位图模式相比，灰度模式能够更好地表现高品质的图像效果。需要注意的是，尽管一些图像处理软件允许将一个灰度模式的图像重新转换为彩色模式的图像，但转换后不可能将原先丢失的色彩恢复，必须为图像重新上色。所以，在将彩色模式的图像转换为灰度模式的图像时，应尽量保留备份文件。

3. 彩色地图

在计算机处理中，彩色图像的色彩信息可以用多种方式呈现。这些表示彩色图像的不同呈现方式叫做图像的“色彩空间”。彩色图像通常使用 RGB 彩色空间和 HSB 彩色空间。

RGB 彩色空间使用三原色呈现图像色彩。HSB 通常使用色相、饱和度和亮度呈现图像色彩。彩色图像的色彩模式有多种，在进行图像处理时，色彩模式以建立好的描述和重现色彩的模型为基础。每一种模式都有它自己的特点和适用范围，用户可以按照制作要求来确定色彩模式，并且根据需要在不同的色彩模式之间转换。与照片相比，地图的色彩数量要少得多，但是要精确显示地图色彩还是有必要使用能显示更多数量色彩的显示模式。

(1) RGB 色彩模式。自然界中绝大部分的可见光谱可以用红(R)、绿(G)和蓝(B)三色光按不同比例和强度的混合来表示。RGB 模型通常用于光照、视频和屏幕图像编辑。RGB 色彩模式使用 RGB 模型为图像中每一个像素的 RGB 分量分配一个 0～255 范围内的强度值，例如纯红色 R 值为 255，G 值为 0，B 值为 0；灰色的 R、G、B 3 个值相等(除了 0 和 255)；白色的 R、G、B 都为 255；黑色的 R、G、B 都为 0。RGB 图像只使用 3 种色彩，就可以使它们按照不同的比例混合，在屏幕上重现 16 581 375 种色彩。

(2) CMYK 色彩模式。CMYK 色彩模式以打印油墨在纸张上的光线吸收特性为基础，图像中每个像素都是由靛青(C)、品红(M)、黄(Y)和黑(K)色按照不同的比例合成的。每个像素的每种印刷油墨会被分配一个百分比值，最亮(高光)的色彩分配较低的印刷油墨色彩百分比值，较暗(暗调)的色彩分配较高的百分比值。例如，明亮的红色可能包含 2%青色、93%洋红、90%黄色和 0%黑色。在制作用于印刷色打印的图像时，要使用 CMYK 色彩模式。

(3) HSB 色彩模式。HSB 色彩模式是根据日常生活中人眼的视觉特征而制定的一套色彩模式，最接近于人类对色彩的认知心理。HSB 色彩模式以色相(H)、饱和度(S)和亮度(B)描述色彩的基本特征。HSB 色彩模式比前面介绍的两种色彩模式更容易理解，但由于设备的限制，在屏幕上显示时要转换为 RGB 模式，打印输出时要转换为 CMYK 模式，这在一定程度上限制了 HSB 模式的使用。

(4) Lab 色彩模式。Lab 色彩模式由光度分量(L)和两个色度分量组成。这两个分量即 a 分量(从绿到红)和 b 分量(从蓝到黄)。Lab 色彩模式与设备无关，不管使用什么设备(如显示器、打印机或扫描仪)创建或输出图像，这种色彩模式产生的色彩都保持一致。Lab 色彩模式通常用于处理 Photo CD(照片光盘)图像、单独编辑图像中的亮度和色彩值，在不同系统间转移图像以及打印到 PostScript(R)Level2 和 Level3 打印机。

(5) Indexed Color(索引)色彩模式。索引色彩模式最多使用 256 种色彩，当图像转换为索引色彩模式时，通常会构建一个调色板存放并索引图像中的色彩。如果原图像中的一种色彩没有出现在调色板中，程序会选取已有色彩中最相近的色彩或使用已有色彩模拟该种色彩。在索引色彩模式下，通过限制调色板中色彩的数目可以减少文件大小，同时保持视觉上的品质不变。在网页中常常需要使用索引模式的图像。

8.2.3　栅格地图的分辨率

分辨率的单位是 dpi，指的是每英寸内像元的数量。分辨率的高低直接影响栅格地图的质量。栅格地图由像元构成，分辨率是衡量像元密度的指标，如某地图的分辨率为 300dpi，则该地图的像点密度为每英寸 300 个。分辨率越高，地图的细节越清晰，得到的数字地图

的清晰度越高。由于分辨率是决定栅格地图数据量的主要因素之一，因此合理设置分辨率很重要。一般的地图扫描或保存分辨率采用 300dpi 即可。这是普通印刷所采用的分辨率，能够满足设计、印刷的需要，视觉效果也较好。对于尺寸较小的地图或要求较高的场合，采用 600dpi 扫描或保存就能满足要求。地图用在不同场合时，其分辨率有不同要求。常见的分辨率见表 8-3。印刷用地图的分辨率要求较高，其最低分辨率为 300dpi，稍好一些的印刷品使用 600dpi 的分辨率。用于打印的地图应尽量采用高分辨率，这样才能打印出质量高的地图。

表 8-3 常见栅格图像的分辨率

使用场合	分辨率/dpi	备注
电脑显示	96	包括影视作品、动画
印刷	300～600	常用于地图作品
激光光打印	600～1 200	打印机的打印分辨率
彩色喷墨打印	1 440～2 880	打印机的打印分辨率

8.2.4 栅格地图色彩的位深度

RGB 测定每个通道是从 0 到 255，因为这是 8 位数据能够得到的范围，8 位数据形成一个字节。代表一种色彩的数据量值叫做色彩深度，又叫色彩位数或位深度。

电子地图色彩深度取决于两个方面：显示器的色彩深度以及使用存放地图的文件的色彩深度。显示器的色彩深度取决于计算机与显示相关的硬件支持性，还有所应用的软件是如何设置的。操作系统通常提供某种控制面板来设置显示色彩深度。文件色彩深度取决于存储地图的文件格式。

由于典型的 RGB 使用 8 位通道，最多可显示 24 位色彩深度。真彩显示器可精确地显示每个像素的色彩。可做选择的部分经常表现在显示器设置上的成百万种的色彩，因为它最多可显示出 16 777 216 种 RGB 组合色。同样，真彩色地图文件能精确地记录色彩属性。

真彩所能包含的色调实际上远超过了肉眼可以分辨的数量，因此大多数操作系统提供 16 位高色彩的选项。实际上显示器只显示 32 种明显的红、蓝层和 64 种明显的绿层。上述两种色彩在视觉上几乎没有什么差别，但将色彩深度减小到每像素 16 位可以提高视频的表现性能。计算机的显示能力并不影响地图数据，大多数应用程序(比如 Photoshop 或网络浏览器)仍然使用全 24 位数值。数据只在显示器上显示时才将数位凑整。

从理论上讲，色彩数量越多，地图的色彩越丰富，表现力越强，但是数据量也越大。色彩位深度是指表示一个像素所需的二进制数的位数，以 bit 作为单位。彩色或灰度图像的色彩分别用 4bit、8bit、16bit、24bit 和 32bit 二进制数表示(表 8-4)。从表中数字可以看到，当某个图像的彩色深度达到或高于 24bit 时，其色彩数量已经足够多，该文件色彩表现力非常强。习惯上，把这个图像叫做“真彩色图像”。

表 8-4　不同位深度地图的色彩质量

bit(位)	色彩数量	色彩质量
1	2^1=2 色	单色
4	2^4=16 色	简单色
8	2^8=256 色	基本色
16	2^{16}=65 536 色	增强色
24	2^{24}=16 777 216 色	真彩色
48	2^{48}=281 474 976 710 656 色	专业扫描仪

8.2.5　栅格地图的文件格式与位深度

栅格地图文件的格式多种多样，其位深度也不尽相同(表 8-5)，分别用在不同的场合。例如国际互联网上使用数据量不大的 GIF 格式，数码相机中使用 JPG 压缩格式，Windows 系统使用 BMP 格式，供印刷的图片使用 TIF 格式等。用 Photoshop 可改变地图文件格式：依次选择“文件”、“另存为”命令，选择保存路径，输入文件名、保存类型，选择文件格式，然后单击“保存”按钮。

表 8-5　一些常见的图像文件格式及其位深度

文件格式	分辨率/dpi	色彩深度/bit	说　明
BMP	任意	32	Windows 以及 OS/2 用点阵位图格式
EMF	任意	24	增强图元文件格式
GIF	96	8	256 索引色彩格式
IFF	任意	8	Intercharge 文件格式
JPG	任意	24	JPEG 压缩文件格式
HF	任意	24	JFIF 压缩文件格式
KDC	任意	32	Kodak 彩色 KDC 文件格式
PCD	任意	32	Kodak 照片 CD 文件格式
PCX	任意	8	Zsoft 公司 Paintbrush 制作的文件格式
PIC	任意	8	SoftImage’s 制作的文件格式
PIX	任意	8	Alias Wavefront 文件格式
PNG	任意	48	Portable 网络传输用的图像文件格式
PSD	任意	24	Adobe Photoshop 带图层的文件格式
SGI	任意	24	SGI 图像文件格式
TGA	96	32	视频单帧图像文件格式
TIF	任意	48	通用图像文件格式
WMF	96	24	Windows 使用的剪贴画文件格式

值得注意的是，某些图片文件格式的色彩数量很少，如 GIF 格式只有 256 色。如果把彩色数量很多的图片另存为 GIF 格式后，原来的色彩只剩下 256 色，会产生一定程度的失

真。对于没有图片的地图来说，色彩数量很少，对位深度的要求并不高。如果是彩色照片，用 256 色显示就会失真。

8.2.6 栅格地图的文件格式与数据量

电脑中的地图以文件的形式存在，这就是常说的图像文件。图像文件有很多格式，分别用在不同的场合。早期的图像文件格式多数由开发者自行定义，不具有通用性，也没有标准化，后来出现了很多标准化的图像格式，如动画系统和网络系统使用的 GIP 格式，Windows 系统使用的 BMP 格式，印刷系统使用的 TIP 格式，数码照相机使用的 JPG 格式等。

在电脑中，当采用不同的文件格式保存图像时，其数据量、色彩数量和表现力会存在很大差异。图像文件的数据量与图像所表现的内容无关，只与图像的画面尺寸、分辨率、色彩数量以及文件格式有关。

从表 8-6 可知，数据量最小的是 GIF 格式，数据量最大的是 PCX 格式。国际互联网络传输的图像和数码照相机多采用 JPG 格式，该格式彩色还原较好，数据量相对较小。用作彩色印刷的图像文件宜采用 TIF 格式，尽管这种格式的数据量较大，但色彩保真度高失真小，还原质量极佳。在 Windows 中，BMP 格式的图像文件最适合制作桌面图案以及各种形式的图像，图像处理软件能够识别其中大多数图像文件，并对其进行处理，只有少数文件格式需要进行格式转换后才能处理。

表 8-6　一张 24bit、300dpi、10cm×8cm 的不同格式地图数据量比较

文件格式	色彩深度/bit	图像数据量/KB	说　明
GIF	8	805	256 色的图像
JPG	24	995	损失部分彩色的图像
TGA	24	3 270	真彩色图像
PSD	24	3 270	真彩色图像
TIF	24	3 271	真彩色图像
BMP	24	3 271	真彩色图像
PCX	24	3 943	真彩色图像

8.3 旅游地图制图软件的性能及操作技术

地图制图离不开软件，但也离不开人。虽然说现在地图制图有一定程度的自动化，但是事实上软件依然是被动的，地图编绘是一种半自动的编绘过程，必须通过人机对话才能实现。因此，作为旅游地图的编制者，必须了解各种软件的性能，掌握软件的操作方法。

8.3.1 地图制图软件性能简介

每一种软件都有其优点，但是也难免存在缺点。制图过程中需要了解各种软件的优缺点，以便充分、巧妙地利用各种软件的性能与优点，取长补短，才能编绘出更为理想的地

图。因此制图人员需要了解各种软件的性能、能力，知道它们能为我们做什么。为了便于把握软件的特性，这里根据软件的性能特点将地图制图软件分为 GIS 软件和平面设计软件两类。

1. GIS 软件的地图制图性能

GIS 软件是指具备存储、显示、分析地理数据功能的软件。它能用于地理数据输入与编辑，数据管理，数据处理、显示、可视化、图形编辑和输出等。其中地理数据可视化、地图编辑、地图输出等功能既属于 GIS 的功能，也属于地图制图功能。从地图制图意义上看，GIS 软件是专业地图制图软件，也是最主要的地图制图软件。其性能主要适合于地图编制，但是不大适用于其他平面设计。

从地图制图意义上看，与普通平面设计软件相比，GIS 软件存在一些共性和优点：其一，都能用于建立地理信息系统，既能建立直角坐标系，也能设置某种地图投影，显示地物经纬度信息。其二，软件中均以点、线、面来设置符号系统，并且有地图专用的符号库。符号库设计是按照地图学思想，仿照传统地图符号来设计的。其三，具有强大地图编制和图形对象管理功能，能调用数据库中统计数据模仿传统地图表示法自动生成专题地图，制图自动化程度高，而且便于操作，编辑效率高，特别适合于编制各种地图。其四，对图形图像效果处理能力相对较弱，所编绘的产品在视觉效果上往往比较单调、呆板，因此，仅仅局限于地图编制功能，不太适用于平面设计。

常见的 GIS 软件：国外的有 MapInfo、ArcGIS、ArcView GIS、GeoMedia、MGE、SmallWorld、Giswin，国产的有 Giswin、Supermap、YTLWorld、MapGIS、GeoStar、TopMap、GeoBean、VRMap、MapEngine、ConverseEarth、TerraMAP。

1) MapInfo 软件的地图制图性能

MapInfo Professional 是美国 MapInfo 公司的核心 GIS 桌面软件产品，它支持多种本地或者远程数据库，能很好地实现地图编绘，可自动生成各种专题地图。它能够进行基本的二维 GIS 空间分析与查询，并支持动态图层。在专题制图方面，它具有以下几个重要特点：其一，对硬件要求低，支持普通微机操作系统；其二，界面简洁，便于操作，易学；其三，专题数据显示方式多样，提供了丰富的点、线、面符号库，能满足各种类型的专题地图制作；其四，一切操作均基于“表”(图层)。MapInfo 软件提供了调用统计数据自动生成专题地图的功能。该软件预先定义好了一些专题地图模板，分别是范围值、直方图、饼图、等级符号、独立值、点密度、格网图 7 种，用户可以根据数据及其显示方式的差别进行选择。本软件具有线条平滑和管理功能。该软件还存在一些不足：不能设置透明色、渐变色；没有地形三维可视化功能。

2) ArcGIS 软件的地图制图性能

ArcGIS 软件是由世界最大的 GIS 技术提供商美国环境系统研究所公司(Environmental Systems Research Institute，Inc. 简称 ESRI 公司)研制的。ArcGIS 是一个功能全面、强大的地理信息系统平台，由 3 个重要部分组成：ArcGISDesktop 桌面软件、ArcSDE 空间数据库引擎、ArclMS 网络地图发布与服务软件。

ArcMap 操作平台由地图显示窗(Display Window)、主菜单条(Main Menu)、标准工具条

(Standard)、内容表(Table of Contents)、绘图工具(Draw)等部分组成，还可以在主菜单条空白部分单击鼠标右键获得更多的功能选项。用户可以任意组合、放置这些功能块。

ArcMap 提供了两种地图显示状态：数据视图、版面视图，系统默认状态是数据视图，用户可以通过地图视窗左下角的两个图标口在两个显示状态之间切换。在数据视图状态，用户可以进行各种数据查询、检索、编辑、地图编绘等操作。最初加载的空间数据在数据视图中以点、线、面形式出现，等待用户进行地图符号编辑处理。

(1) 地图符号编绘功能。ArcMap 提供面向对象的类似 CAD 的地图编绘工具，全面支持空间数据的可视化交互编辑操作。ArcMap 提供了符号编辑器，令使用者可以随心所欲地生成任意复杂的点、线、面符号。所有的符号化(Symbolization)工作都可以通过内容表中数据层(即图层)的属性(Properties)选项(选择图层后单击右键)实现。用户可以根据需要任意选择或绘制各种矢量图形、标签图案以及图片单独使用或组合使用，还可以构造三维符号供3D 显示中使用。

(2) 专题地图自动生成功能。ArcMap 提供了多种专题地图自动生成功能，使用户可以调用属性数据库中的专题数据来生成专题地图。

(3) 三维显示功能。本软件的 ArcSene 模块可以将高程数据进行三维可视化，用户能从不同的角度观察分析地形。

3) ArcView GIS 软件的地图制图性能

ArcView GIS 是美国环境系统研究所研制的地理信息系统(GIS)软件，主要针对 PC 平台的普通用户。ArcView GIS 可以与 CAD 数据连接。ArcView GIS 可以直接从 CAD drawing 和交换文件创建主题，尤其是可以从 AutoCAD.dwg 与.dxf 文件或者 MicroStion.dgn 文件中创建主题。

ArcView 采用了可扩充的结构设计，整个系统由基本模块和可扩充功能模块构成。除了基本的点、线、面绘制功能外，ArcView 还支持 6 种类型的图表：面图(Area)，水平直方图(Bar)，柱状图(Column)，线图(Line)，饼图(pie)和坐标散点图(X Y Scatter)，且每种类型的图表均有几种变型可供选择，便于生成专题地图。此外，它还提供了地图的必备要素(图名、图例、比例尺、指北针等)以及外来的图形图像等地图素材，易于编辑修改与动态更新的专题地图。ArcView 可以通过图板(Layout)编绘地图，视图、表格、图表也可以放在图板之中。图板的设计是在用户接口(GUI)中完成的。在图板的 GUI 中，有按钮和其他工具以供绘制、拖放和编辑图板选用。图板设计完成后，可以将之保存为图板模版，也可以将图板打印。

4) MapGIS 软件的地图制图性能

MapGIS 是中国地质大学(武汉)信息工程学院开发的工具型地理信息系统软件，它集地图输入、数据库管理及空间数据分析于一体，是一种全汉字大型智能软件。

MapGIS 分为输入、图像编辑、库管理、空间分析、输出以及使用服务六大部分。它具有比较全面的地图编制功能：采集图形、图像、属性等数据，编辑和校准输入的数据，库管理，空间分析进行各种查询、分析、统计等操作，输出的图形、图像、报表等。

多源图像处理分析系统(MSIMAGES)能处理 32 位栅格化的二维空间分布专业图像，包括各种遥感数据、航测数据、航空雷达数据、各种摄影的图像数据，以及通过数据化和网格化的地质图、地形图，各种地球物理、地球化学数据和其他专业图像数据。

图像配准镶嵌系统提供了强大的控制点编辑环境，可完成MSI图像的几何控制点的编辑处理。当图像具有足够的控制点时，MSI图像的显示引擎就能实时完成MSI图像的几何变换、重采样和灰度变换，从而实时完成图像之间的配准、图像与图形的配准、图像的镶嵌、图像几何校正、几何变换、灰度变换等功能。

电子沙盘系统提供了强大的三维交互地形可视化环境，利用DEM(数字高程模型)数据与专业图像数据，可生成实时的二维和三维透视景观，通过交互地调整飞行方向、观察方向、飞行观察位置、飞行高度等参数，生成近实时的飞行鸟瞰景观。系统提供了强大的交互工具，可实时调节各三维透视参数和三维飞行参数。此外，系统也允许预先精确地编辑飞行路径，然后沿飞行路径进行三维场景飞行浏览。

数字高程模型子系统具有高程数据网格化、数据内插、绘制等值线图、绘制彩色立体图等功能。

数据交换系统可用于与其他 CAD、CAM 软件系统间数据文件的交换，从而达到数据共享的目的。输入输出交换接口具有将AutoCAD的.dxf文件、Arc/Info文件的公开格式、标准格式、E00格式及DLG文件转换成本系统内部矢量文件结构的能力，以及反向转换的能力。

2. 部分平面设计软件的地图制图性能

平面设计软件是指能广泛用于各领域的平面设计的软件，平面设计软件大致可以分为四类：图像处理软件、图形处理软件、组版软件、其他相关软件。由于它们具有地图专业软件所不具备的性能和优点，其中有的软件还相当优秀。虽然它们不是专业的地图制图软件，但是也能用于地图编绘，或者作为补充性地图编制软件。它们能用于提高地图的表现效果，也能单独用于编制地图。其中可以用于地图的有Photoshop、AutoCAD、CorelDRAW、Illustrator、3ds MAX等。

从地图的制图意义上看，与GIS软件相比，普通平面设计软件存在一些共同特点：其一，不能用于建立地理信息系统，只能能建立直角坐标系，不能设置地图投影，显示地物经纬度信息；其二，通常只有线、面的概念，虽然有点状符号库，但没有地图专业的符号库。其三，不能调用数据库中的统计数据模仿传统地图表示法自动生成专题地图。其四，大多具有很强的图形造型能力和图像处理能力，所编绘的产品在视觉效果上很好，虽然地图编制功能不够强，但是对地图编制来说具有利用价值。

1) CorelDRAW软件的地图制图性能

CorelDRAW是加拿大Corel公司推出的矢量绘图软件，是当今最流行的基于Windows的矢量图形绘制及图像处理软件之一。该软件兼具矢量图形绘制和栅格图像处理功能，广泛用于美术设计、标志制作、模型绘制、插图描画、排版及分色输出等诸多领域。CorelDRAW软件是一套的软件包，除了CorelDRAW外，还带有CorelPhoto-Paint、CorelCapture(取材工具)、CorelTrace(点阵图—矢量图转换工具)、CorelTexture(自然材质工具)、CorelR.AV.E(动画制作工具)等多个实用工具，该软件包套装提供了用户所需的所有功能，能够满足用户创建最复杂图形的需要。CorelDRAW最突出的特点是具有功能强大的图形造型与编辑功能，除了具有目前我国普遍使用的AutoCAD、MapGIS等软件的绘图功能外，还具有许多地图

制图中非常需要而不具备的特殊功能，比如图形扭曲变形、肌理填充、符号立体化、渐变透明、渐变填充、加阴影等；同时，具有强大的文字制作与处理以及栅格图像处理功能。本软件中对象属性只有线和面，也就是没有点状符号的概念，但是可以建立点状符号库来应用。虽然它不属于地图制图专业软件，但由于它强大的图形和文字编辑处理功能，能方便地用于编制地图，因而受到了广大地图制图工作者的青睐。

CorelDRAW 软件不仅功能强大，而且具有易学、易操作、操作效率高的特点，因此学会使用此软件很有用，很容易入门，成图速度快。由于功能强大，尤其是卓越的图形和文字编辑处理功能，使它在地图制图中也得到了广泛应用。它不仅是一个很好的专题地图绘图软件，而且还是一个能组版并能直接输出 EPS 文件格式的桌面出版软件，本软件现已成为地图彩色桌面出版系统的核心支持软件，特别适用于制作一些内容要素少、精度要求不高的小比例尺专题图，如历史地图、古地理图、旅游图、教学地图等。它的缺点是没有数据库支持，地图更新较困难。

2) Adobe Photoshop 软件的地图制图性能

Adobe Photoshop 简称“PS”，是一个由 Adobe Systems 开发和发行的图像处理软件。该软件具有强大的处理以像素所构成的数字图像(栅格图像)的性能。软件中众多的编修、绘图、滤镜工具，可以帮助人们有效地轻松地进行图片编辑工作。该软件应用领域很广泛，在图像、图形、文字、视频、出版等各方面都有应用。它主要是用于栅格图像处理的，具有强大的功能和良好的特殊的处理效果，是不可多得的平面设计软件。缺点是对矢量图形编辑功能较弱，效率较低。虽然 Photoshop 是平面设计软件，但是能创造出各种质感和立体效果的图像，因此还能用于制作透视效果图、平面效果图。

本软件特别适合编辑处理栅格图像，功能很强大，用途十分广泛。它可制作和修改图像，比如改变文件大小、旋转、裁切、拼接、调整地图色彩、改变文件格式、制作效果图、添加素材、转换色彩模式，以及将照片改为绘画作品(浮雕、油画、水彩画、素描)、特殊实物感的物体制作等。在旅游地图制图中，该软件可以用于底图的拼接和裁切、色彩调整，成图的修改，平面和透视效果图制作，影像符号设计。因为 GIS 软件几乎没有栅格图像处理能力或者处理能力很差，栅格图像的处理必须依靠 Photoshop 来处理，因此作为地图制图人员必须学会使用此软件。

3) AutoCAD 软件的地图制图性能

AutoCAD 是目前应用最广、影响最大的 CAD 软件之一。它可用于平面布置图、施工图、立面图以及三维图的绘制，广泛应用于机械设计、土木建筑、城市规划、园林设计、电子电路、装饰装潢、广告设计等领域。目前该软件也常用于矢量化制图和数字化测图，尤其大比例尺地图绘制应用更多。但是，它是一种通用的绘图系统，若要用于测绘行业，必须要进行改造和开发，才能满足要求。

AutoCAD 的专用图形文件扩展名为 dwg，被称为.dwg 格式文件。打开或新建一个“dwg”文件，便出现一个绘图窗口。本软件工作界面主要由下拉菜单、工具条、绘图窗口、命令提示窗口和状态栏组成。本软件提供了 20 多项工具条供用户选择打开，并可以按照自己的习惯和喜好排列。本软件可以通过命令行输入、菜单输入、工具按钮输入等方法向计算机发出命令，完成绘图任务。

AutoCAD 绘图窗口是一个平面直角坐标系，窗口中的每一点是用坐标来定义的。世界坐标系(WCS)是本软件的基本坐标系，它有 3 个垂直正交的坐标轴：*X* 轴、*Y* 轴、*Z* 轴。默认状态下，绘图窗口显示的是 *XOY* 平面，原点位于绘图窗口的左下角。在 *XOY* 平面内，既可以用直角坐标，也可以用极坐标来确定点位。用户还可以根据作图需要改变世界坐标系的原点和坐标轴的方向自定义用户坐标系(UCS)。本软件允许用户在 *XYZ* 坐标系中绘制三维模型，不仅可以使用三维直角坐标系，还可以使用三维柱面坐标和三维球面坐标。

需要指出的是 AutoCAD 的世界坐标系并非地球坐标系，它不具备地图投影设置功能。因此在此软件中只能以非地球坐标(Non-earth)绘制地图，它适合用来进行平面制图，主要用于大比例尺地形图(高斯直角坐标系)制作。

在 AutoCAD 的绘图工具条上，排列着各种绘图图标，用以绘制点、直线、多义线、多段线、三维线、圆、弧、实线、引线、复杂多线、多边形、三维表面等基本图元，并可以进一步由这些基本图元组合成复杂的符号，但是本软件绘制线条的效果没有 CorelDRAW 及 Photoshop 软件绘制的效果好。

3. 部分三维设计软件的地图制图性能

三维效果图的绘制的软件主要有 3ds MAX、Maya、犀牛、Photoshop 等。3ds MAX 和 Maya 各有其优势，其最大的区别就是 3ds MAX 可以不费力气地得到想要的东西，Maya 可能要花很多精力才能做出来，但是可以做出随心所欲的东西。

3ds MAX(简称 MAX)软件，由 Autodesk 公司的子公司 Discreet 公司制作开发，它是集造形、渲染和制作动画于一身的三维制作软件，它是国内最常用的三维动画制作软件。该软件能进行三维模型构建，场景、灯光、物体材质设置，场景动画设置，运动路径设置，动画长度计算，创建摄像机并调节动画。3ds MAX 模拟的自然界，可以做到真实、自然，比如用材质和光线追踪制作的水面，整体效果生动逼真。本软件可用于立体地图符号设计，制作模拟地形起伏的晕渲图、旅游景区透视效果图或鸟瞰图。

8.3.2 旅游地图制图软件操作技术

1. 旅游地图制图人员应当学会使用的软件

为了提高旅游地图的编制效果与效率，旅游地图制图人员必须掌握一些基本的制图工具，在计算机时代，制图工具就是制图软件。从目前制图方法及旅游地图的编制需要来看，制图人员一般应当学会使用栅格图像处理和矢量图形绘制软件两种软件，如果还能够掌握一种三维图像制作软件，则更得心应手。栅格地图处理软件方面，只要学会 Photoshop 就足以满足需要。矢量图形绘制软件方面，至少应当学会一种 GIS 软件的使用，无论是国产的还是国外的软件均可，没有必要学会多种 GIS 软件。如果想绘制地形晕渲图，还必须掌握一种大型的、功能全面的 GIS 软件，如 ArcGIS、MapGIS 等，不过仅仅学会 GIS 软件还不够，为了提高制图效果，还要掌握一种具有矢量绘图功能的平面设计软件的操作技术，比如 CorelDRAW 软件。三维设计软件方面，只要学会 3ds MAX 软件即可。一个制图人员若能掌握这些软件的使用方法，便可以应对各种地图编制的需要，并且工作效率高，成图效果好。

2. 地图制图软件的学习与使用

在当代，地图制图软件的学习方法比较多，主要包括听老师讲解、观看视频、看书。从学习效率来看，不同学习方法有不同的学习效率。一般来说，老师当面讲解，效率最高，因为跟着老师学操作，最为直观。观看视频学习效率也比较高，因为视频的直观性强，边看边学，便于掌握。学习效率较低的是看书学习操作，因为观看文字所描述的操作方法不直观，需要有理解的过程。在学会某部分操作方法以后，最好找个制作案例，来巩固和复习所学的技术。这样循序渐进，就能牢固掌握某个软件的使用方法。此外，当今世界科技发展日新月异，每一个制图软件的性能在不断强化，同时，还有可能研究出新的软件，地图制图人员应当有与时俱进的思想，要经常关注这些新的变化，以适应新的形势，利用新技术为高效率地编制出高质量的旅游地图服务。

在学习和使用制图软件时，应当注意变通性、灵活性，要多琢磨。如果机械地运用软件的功能，那么软件的真正的潜在功能就不能得到充分发挥。软件的性能有固定性，也有一定的智能性，这就要求地图制图人员既要掌握软件的基本功能，还要活学活用，善于巧妙利用其功能。也就是说，软件性能是一定的，但是一个目标可以有多种实现的途径，不仅要灵活运用一个软件的基本功能，同时还要善于充分发挥每一种软件的功能和长处，让软件为我所用，这才是学习和运用软件的成功之道。

知识要点提醒

值得一提的是，Photoshop、CorelDRAW 是两个很有用的、功能强大的软件，使用率也很高，它们具有许多不可替代的功能和优点，制图人员应当首先学会操作。不同的 GIS 软件之间存在许多共性，只要学其中 1～2 个软件，一般制图问题都能应对。其他软件如 AutoCAD、Illustrator、3ds MAX 可以根据需要和时间情况有选择地学习，没有必要学会所有的软件操作。

本章小结

计算机制图的基本原理是运用计算机和制图软件，利用数学逻辑方法，对传统的制图过程和方法进行计算机虚拟。计算机旅游地图制图技术系统主要包含了计算机系统和专业技术系统两个方面。

数字图像可以分为栅格图和矢量图，栅格图像的分辨率会影响图片清晰度，矢量图则不会。图像色彩具有位深度的差异，栅格图像的格式会影响图片的数据量和位深度。

根据软件性能特点，地图制图软件可以分为 GIS 软件和平面设计软件两类，GIS 软件主要包括了 Mapinfo、ArcGIS、ArcView GIS、MapGIS 等；平面设计软件比较有代表性的有 CorelDRAW、Adobe Photoshop、AutoCAD 等。

地图制图软件的学习方法主要包括听老师讲解、观看视频、看书。从学习效率来看，不同学习方法有不同的学习效率。旅游地图编制人员至少应当学会两种软件：栅格地图处理软件和矢量图形绘制软件方面的软件。

关键术语

自动化地图制图(Automatic Cartography)
数字地图(Digital Map)
电子地图(Electronic Map)
矢量绘图(Vector Plotting)
栅格绘图(Raster Plotting)
位深度(Bit Depth)
分辨率(Resolution)
矢量数据(Vector Data)
栅格数据(Raster Data)
地图数字化(Map Digitizing)

知识链接

[1] 刘万青，刘咏梅，袁勘省．数字专题地图[M]．北京：科学出版社，2007.

[2] 赵博，艾萍．从零开始——Photoshop CS3 中文版基础培训教程(附光盘)[M]．北京：人民邮电出版社，2009.

[3] 吴秀琳，等．MapInfo 9.5 中文版标准教程(配光盘)[M]． 北京：清华大学出版社，2009.

[4] 王红卫，等．CorelDRAW X5 案例实战从入门到精通(附 1DVD)[M]．北京：机械工业出版社，2011.

[5] 李玉龙，何凯涛，等．ArcView GIS 基础与制图设计[M]．北京：电子工业出版社，2002.

练习题

一、名词解释

自动化地图制图　数字地图　位深度　分辨率　矢量数　栅格数据　地图数字化

二、单项选择题

1．以下属于计算机数据输入设备的是(　　)。

A．显示器　　B．CPU　　C．打印机　　D．键盘

2．以下属于矢量图格式的是(　　)。

A．WMF　　B．JPEG　　C．PICT　　D．PSD

3．以下哪种软件是 GIS 软件？(　　)

A．3ds MAX　　B．Photoshop　　C．CorelDRAW　　D．MapInfo

三、判断题

1．矢量图和栅格图的清晰度都受到分辨率的影响。
2．二值图像分为彩色和黑白两种。
3．打印机属于输入设备。

四、问答题

1．计算机中显示的图像一般可以分为哪两大类？
2．简述计算机旅游地图制作的基本原理。
3．简述旅游地图的制作过程。
4．计算机旅游地图制图技术系统主要包括哪几个部分？
5．地图输出设备有哪些？请对其功能做简要描述。
6．试从地图制图角度比较 GIS 软件和平面设计软件，找出它们的异同。

五、应用题

尝试用某个软件编制一张简单的旅游图。

第9章 旅游地图编制案例
——《安徽旅游交通图》编制

本章教学要点

知识要点	掌握程度	相关知识
旅游地图设计方案的编写方法	了解	地图学、旅游管理信息系统、制图软件知识
利用软件编绘旅游地图的方法	初步掌握	地图制图软件操作知识、旅游管理信息系统

本章技能要点

技能要点	掌握程度	应用方向
地图编制理论知识的应用能力	初步掌握	旅游地图设计与制作、旅游信息管理
地图制图软件的综合应用能力	掌握	旅游地图制作、旅游信息管理
常用地图制图软件的操作技能	掌握	旅游地图制作、旅游信息管理、旅游形象设计

导入案例

旅游地图的编制是一项实践性的工作，仅靠理论学习难以把握其中的原理，为了说明旅游地图的编制过程，现以《安徽旅游交通图》的编制过程为例来系统说明，同时为了便于附图说明，将该图尺寸确定为16开(比例尺为1∶300万)。

9.1 《安徽旅游交通图》的编制方案设计

旅游地图的设计内容很多，主要涉及工艺过程、数学基础、内容、内容传达、图面等设计方案。

(1) 总体方案。本图拟以体现主要旅游景点及其交通状况为目标，供公众了解安徽主要旅游景点及交通概况之用，适用于普通旅游者，也可供旅游管理、科研、教学人员参考；图名为《安徽旅游交通图》；形式为单张图，制图区域范围为安徽省；图面尺寸为16开，纵向摆放。地图出版涉及审图问题，出版社选择问题，需要作出安排。

(2) 编图资料的搜集和处理方案。地图资料搜集中要考虑底图和专题内容资料。底图必须大于等于1∶300万，最好是用内容全面、丰富、有经纬线的普通地图。旅游景点资料需要4A级以上的，形式可以是文字形式；新行政区划资料文字和地图形式兼备；交通资料必须有地图形式的，而且比例尺要比成图比例尺大。注意地图资料的投影类型、资料来源的可信度。

(3) 工艺过程方案。本图采用中国地图出版社出版的1∶175万安徽普通地图为底图。

在官方网站(含网络地图)上，搜集新的旅游景点、行政区划和交通资料。将搜集到的新的行政区划和交通资料转绘到纸质底图上，将底图以300dpi分辨率、彩色模式、JPG格式扫描成栅格图备用。本图内容可采用两种方案：GIS软件绘制或者CorelDRAW软件绘制。从地图对内容的表达能力效果看，这两个方案均可行。比较而言，这两者之间还是有一定差异的，前者描绘、编辑操作更为便捷，但是线条效果的可控性差些。建立省界、市界、省会、省辖市、县级行政中心、水系、铁路、高速公路、国道、省道、旅游景点等图层。

(4) 制图区域特征表达方案。安徽主要有三大水系，作为底图要素要予以表达；由于本图内容较多，地形在本图上不予表示。交通属于本图的主题内容，安徽道路网较为密集，但是由于比例尺小，应适当选取。旅游景点是本图专题内容之一。安徽旅游资源丰富，4A级以上的景点就有100多处，景点分布不均匀，南多北少，南部适当精简，北方应多保留。

(5) 地理底图内容取舍及表达方案。选用投影为等角圆锥投影，坐标网可以省略。

水系要选取长江、淮河、新安江、巢湖。宽水面以实际图形表达，用低纯度高明度蓝色填充，边线用低纯度中高明度蓝色填充。单线河流符号线的宽度为0.1～0.3mm，由上游到下游逐渐过渡，色彩用低纯度中高明度蓝色。水系注记用左斜楷体字，5～6磅，与单线河流同色。

居民点选取省会、省辖市、县级行政中心居民点，其他居民点可适当选取。省会符号用8磅黑色双圈圆点(内圆为实心)；省辖市符号用7磅实心深灰色圆；县级行政中心符号用5磅实心浅灰色圆，加0.1mm宽的中灰色边线；其他居民点符号用4磅实心白色圆，加0.1mm宽的中灰色边线。省会注记用黑色8磅粗黑体字；省辖市注记用深灰色7磅粗黑体字；县级行政中心注记用中灰色5磅楷体字；其他居民点用中灰色5磅仿宋体字。

行政界线选择省界和辖市界。省界符号用0.3mm宽深灰色点画线(两点一划)，外加浅灰色装饰带；辖市界符号用2mm宽浅灰色虚线。主区加背景色低纯度浅黄。

(6) 专题内容取舍及其表达方法方案。本图专题内容的交通线以铁路、高速公路、国道为主，省道适当选取。将地图上的要素进行矢量化。铁路符号用0.35mm宽的灰白相间的双线，边线用0.1mm宽的线，用中灰色。公路系列用黄色调。高速公路符号用0.35mm宽的低纯度深黄色双线，边线用0.1mm宽的线。国道符号用0.2mm宽的低纯度绿黄色单线。部分省道用0.15mm宽的低纯度绿黄色单线，明度适当提高。

旅游景点选择高级别的，保持一定密度。5A级景点全选，4A级景点有所选择。旅游景点符号用7磅大的五边形符号，填充翠绿色，边线用0.1mm宽的线。注记文字用6磅深绿色黑体字。

(7) 原图编绘方案。先编绘底图要素，接着编绘专题要素。底图要素及交通按照已经更新过的栅格底图上的内容矢量化，依据旅游景点在底图上绘制。

(8) 图面构成方案。本图中的辅助要素有图名、图例、比例尺、图框。安徽地图的东北角的空白较多，适合于放图名和图例。比例尺可以放在西南角，用图解比例尺，绘制2cm长。图框采用双线图框，内图框用0.1mm黑色线，外图框用1.5mm黑色线，内外线距离为2mm。

(9) 印刷原图校对与审查方案。原图编制完成后，要栅格化，然后打印成纸质图来校对，至少要做3次大样校对。内容校对方法分为总体和分项校对，此外，还要观察审美效果。反复多次修改后，再定稿送交印刷。

知识要点提醒

旅游地图设计方案的制定需要有深厚的理论基础和丰富的实践经验，如果缺少这些知识，很难做出具体而精确的制作方案。有志于旅游地图设计的人应当多观察、多琢磨设计问题，并多制作旅游地图来积累经验。

9.2 《安徽旅游交通图》的制作

本图的制作可以分别采用多种软件来完成，下面用 MapInfo 和 CorelDRAW 两种软件的操作来说明该图的绘制过程。

9.2.1 利用 MapInfo 软件绘制

在底图上更新行政区划、交通、居民点资料，扫描成 JPEG 或 BMP 格式的栅格图。用 Photoshop 软件进行裁切，摆正方向，然后利用 MapInfo 软件进行下一步编制工作。

1. 配准底图

建立本图专用文件夹，将栅格底图放入此文件夹，后面所建的所有文件也必须放入此文件夹。启动 MapInfo 程序，选择“打开表”命令，在“文件类型”栏单击下拉箭头，选择文件类型为栅格图像，找到并选中安徽地图栅格图像，单击“打开”，“配准”，“投影”，“longtitude\ latitude”(坐标单位默认为度)命令，然后单击“确定”按钮，移动滑块寻找控制点(即经纬线交点)，在底图四周找 4 个经纬线交叉点，对称选 4 个控制点，逐个单击控制点，然后在对话框中输入经纬度数据(经度为 x，纬度为 y，如 115/35，115/29，119/29，119/35)，校对有无输错，若没有错误，单击“确定”按钮(底图打开)。这时该地图已经基本建立地理信息系统的条件(图 9.1)。如果制作平面直角坐标系地图，就在“图像配准”窗口中单击“投影”按钮，在类别的下拉框中选择“Non-Earth”选项，在类别项中选择“Non-Earth(meters)”选项，然后单击“确定”按钮(图 9.2)。

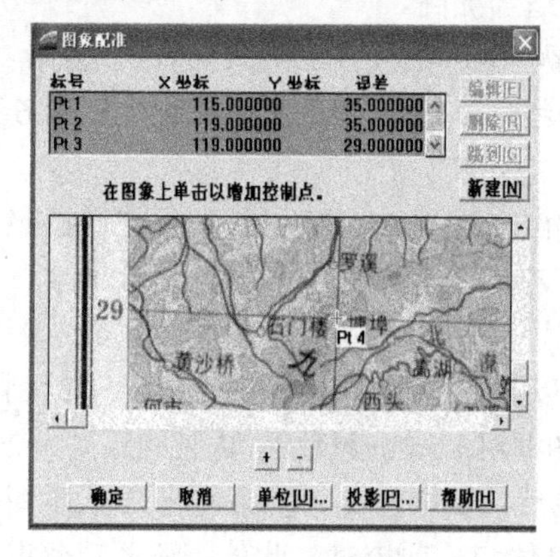

图 9.1 用经纬度配准

图 9.2 角坐标配准

2. 建立图层

选择菜单栏“文件”→“新建表”命令，勾选添加到当前图层命令，单击“创建”按钮，然后在名字文本框中输入一个图层名称(省界、市界、省会、省辖市、县级行政中心、水系、铁路、高速公路、国道、省道、旅游景点等图层)，然后再单击“创建”按钮，在文件名文本框内再输入一次同样的文件名，然后，选择底图所在的文件夹，单击“保存”按钮(图 9.3)。重复以上做法需要几个图层就建几个图层，注意各图层的上下叠加关系的调整。

为了便于下次继续打开编辑，需要保存工作空间。选择“文件”→“保存工作空间”命令，输入工作空间名称，选择底图所在的文件夹，单击“保存”按钮。

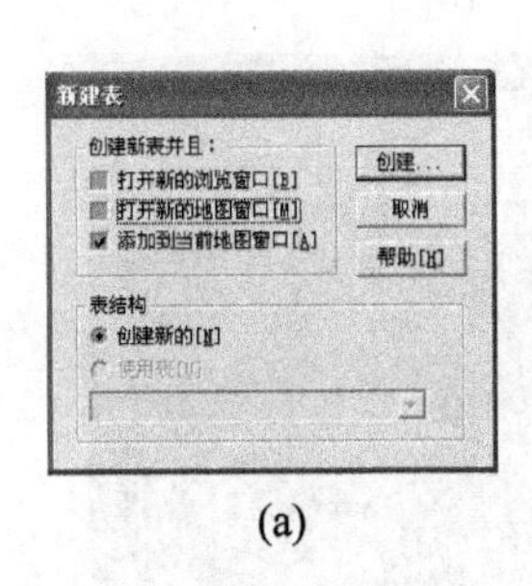

(a)

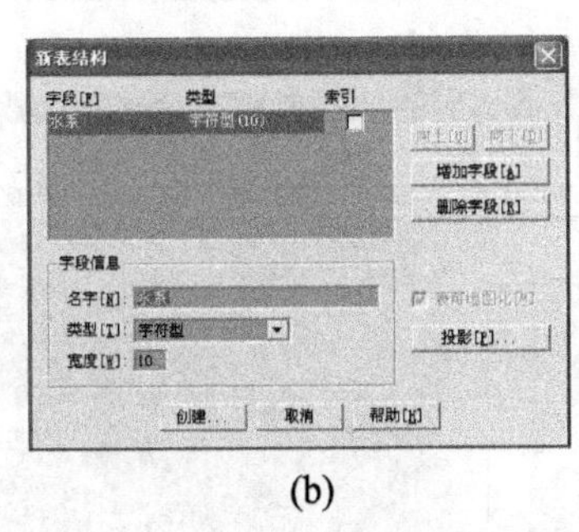

(b)

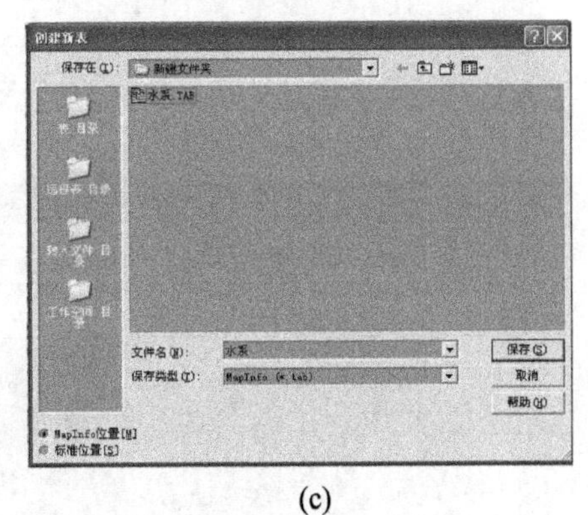

(c)

图 9.3 建图层

3. 各图层内容矢量化，编绘矢量图形

按照设计方案要求，分别在省界、市界、省会、省辖市、县级行政中心、水系、铁路、高速公路、国道、省道、旅游景点等图层，用工具栏中的点、线、面工具绘制专题内容。

居民点、旅游景点等点状符号图层：用“●？”工具选定一种点状符号、大小和色彩，用点状符号工具绘制，每绘制一个对象用“i”工具来标注居民点名称。

单线河流、交通线等线状符号图层：用“\？”工具选定线的类型、宽度和色彩，用折线工具描绘，每描绘一个对象用“i”工具来标注。

选中整个图层修改方法：依次选择“查询”→“选择”→“从表中选择记录”命令，去掉“浏览结果”的勾选，然后“确定”按钮，用“●？”改变点的属性，或“\？”改变线的属性，或“⬟？”改变面的属性，或“A?”改变字的属性。

本软件还有节点跟踪功能，按 S 键可打开或取消跟踪功能；本软件菜单栏中的“对象”选项中还有多种图形编辑工具可以应用。

4. 创建图例和比例尺

选择“地图”→“创建图例”→“确定”按钮。用创建比例尺工具单击放比例尺的位置，修改比例尺长宽，单击“确定”按钮，在装饰图层自动生成比例尺。

图 9.4 绘图工具

5. 布局

将地图全部显示于显示器窗口，选择“新建布局窗口”命令，用选择工具双击地图，改变比例尺使之放于默认 A4 纸之中，然后将图例放置于适当的位置，加图名、图边，最后“保存工作空间”(图 9.5)。

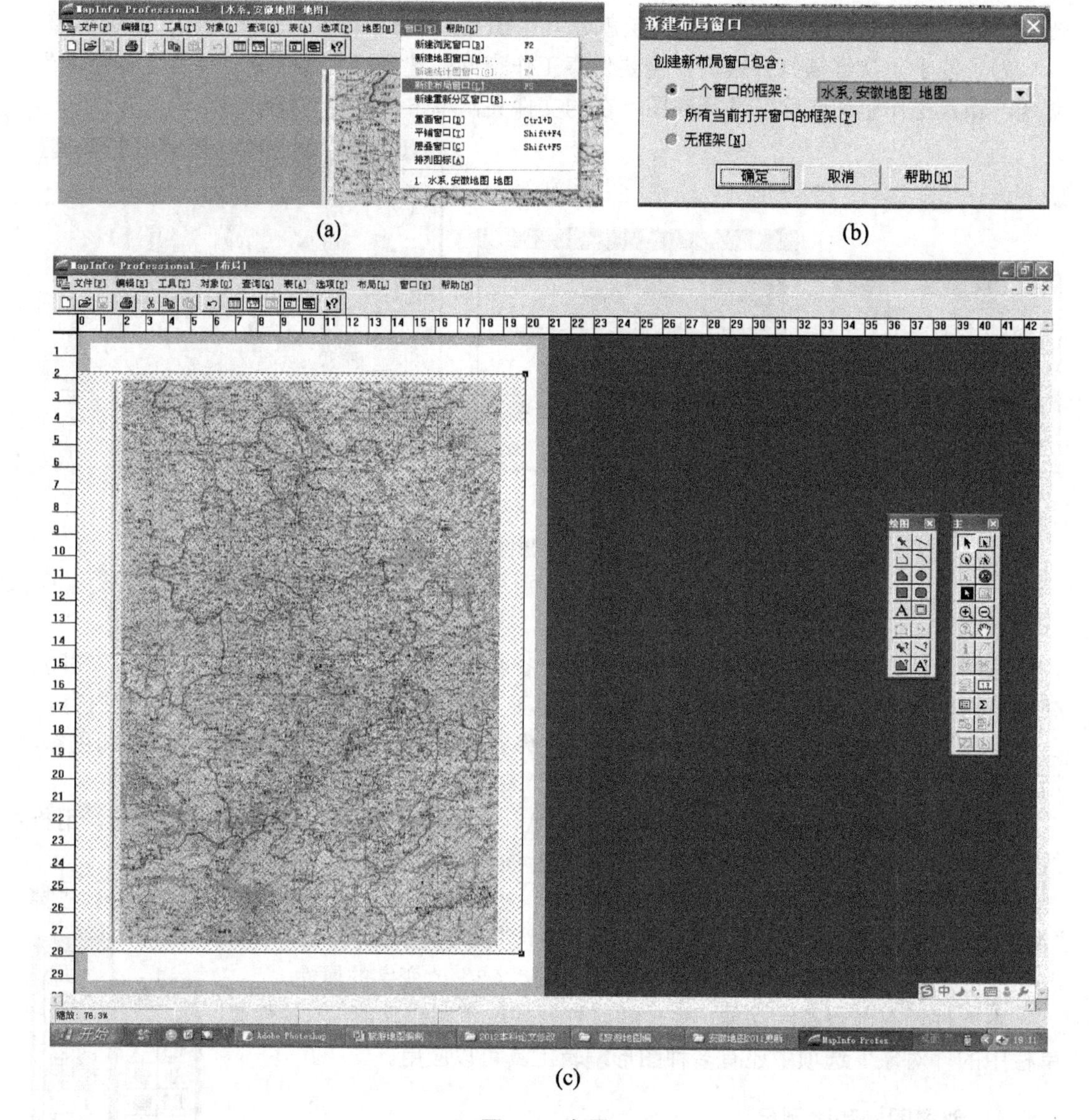

图 9.5　布局

6. 栅格化地图

在布局窗口中完成图面设计，栅格化地图：选择“文件”选项，然后选择“另存窗口”选项，输入文件名，改变文件类型，单击“保存”按钮，设置地图分辨率为 400dpi，然后单击“确定”按钮。用看图软件观察输出的栅格地图，检查错漏，着手修改符号、色彩的视觉变量。综合考虑图面整体效果，着手修改。修改后，继续栅格化地图，再用看图软件观察设计效果。找出问题，并逐条记录。在制图软件中对照记录逐条修改，反复几次，甚至可以多做几次，以达到满意为止。如果是总体色彩不够理想，可以在栅格化后，用 Photoshop 软件做后期处理或修改。

9.2.2 利用 CorelDRAW 软件绘制

栅格底图扫描和处理同上，接着利用 CorelDRAW 程序进行下一步绘制工作。

1. 导入底图

启动 CorelDRAW 程序，依次选择“新建”、“文件”、“导入”(或单击菜单栏下方属性栏的“导入”图标)，选择栅格安徽地图单击“导入”按钮，最后单击桌面上适当的地方，选择菜单栏中的“排列”选项，然后依次选择“对齐和分布”、“在页面中居中”选项按住 Shift 键拉任意拐角节点使底图缩放至参考页面 A4 纸大小，右击底图，选择“锁定”选项，避免无意之中被拖动，而与后期绘制的符号之间发生错位。选择“文件”、“保存”选项，定义文件名为“安徽旅游交通图”。本软件无配准功能，只需导入。选择菜单栏中的“位图”选项，选择其中的“调整”选项，调整底图颜色的亮度、强度、对比度，以改善底图的效果(图 9.6)。

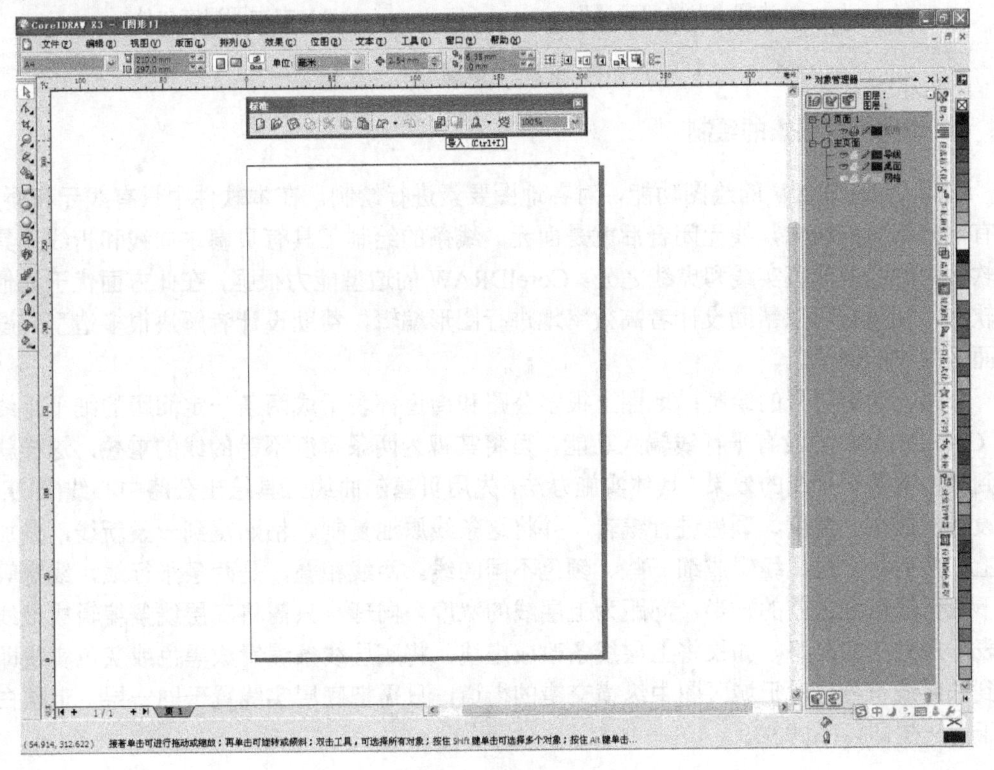

图 9.6 导入底图

2. 建立图层

选择菜单栏的“工具”选项，然后勾选“对象管理器”选项，在对象管理器上方空白处右击，选择“新建图层”命令输入一个图层名称(省界、市界、省会、省辖市、县级行政中心、水系、铁路、高速公路、国道、省道、旅游景点等图层)，以此方法建立所有图层(及时单击“保存”按钮)(图 9.7)。当需要在某个图层描绘内容时，单击该图层名称即可。注意各图层的上下叠加关系的调整。本软件可以跨图层选择和编辑，可以通过单击每个图层上的符号来使其是否可视，是否可输出，是否可编辑。图层的上下关系可以通过拖动方式来改变。

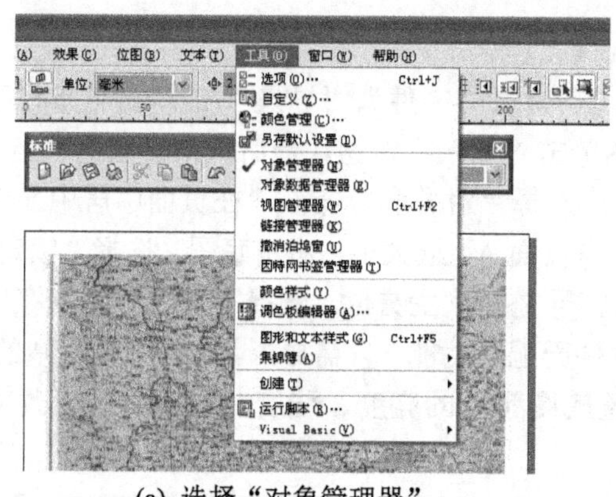

(a) 选择“对象管理器”

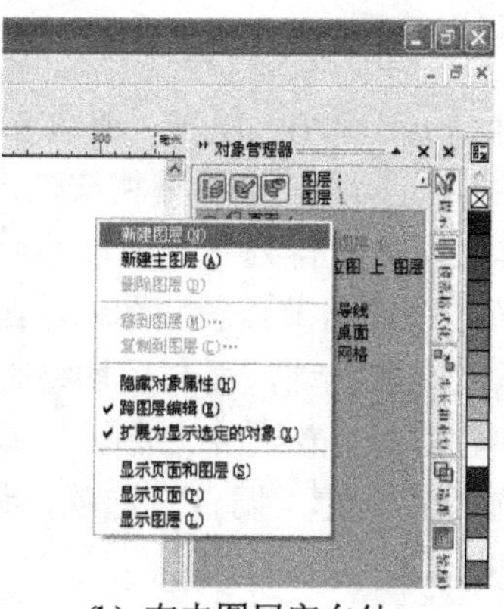

(b) 右击图层空白处

图 9.7　建图层

3. 地图内容要素的绘制

利用 CorelDRAW 的绘图功能，对各地图要素进行绘制。在本软件中只有线元和面元，没有点状符号的概念，线元闭合后就是面元。线条的绘制工具有贝塞尔曲线和折线工具。本软件中的线条只有实线和虚线之分。CorelDRAW 的造型能力很强，在此方面优于其他多种软件，运用它可以帮助设计者高效率地进行图形编辑，帮助设计者解决很多造型问题，下面是制作的例子。

公路、街道符号的绘制：地图上很多公路和街道都表示成两条一定间距的细平行线，而 CorelDRAW 并没有平行线输入功能，可将其视为两条宽度不等的线的重叠，这样就能得到类似两条平行线的效果。具体实施办法：先用贝塞尔曲线工具绘出公路中心线(图 9.8)，按设计的线型、宽度、颜色进行编辑，并将这条线原地复制、粘贴得到一条新线，叠加于其上，然后将上层线编辑成细一些、颜色不同的线。两线相叠，是两条平行线，线宽等于上下两条线粗细之差的一半，间距为上层线的宽度。同理，只需将底层线条编辑成虚线即可表示规划中的公路。如果将上层线条改成虚线，将底层线条编辑成黑色或灰色实线即可得到铁路线符号。对于城区图中纵横交错的街道，只需把底层实线置于同一层，上层白线置于上一层即可(图 9.9)。

图 9.8 用绘图工具绘图

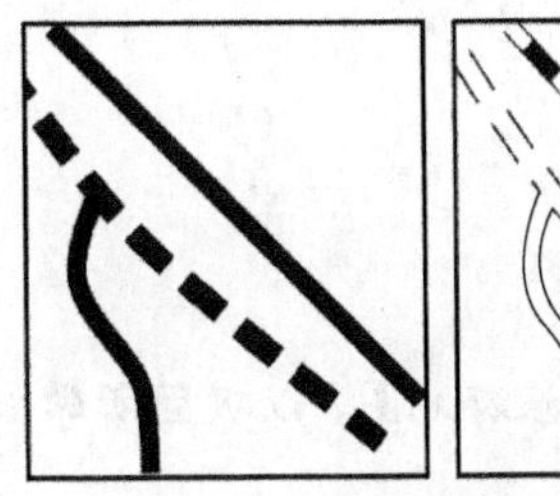
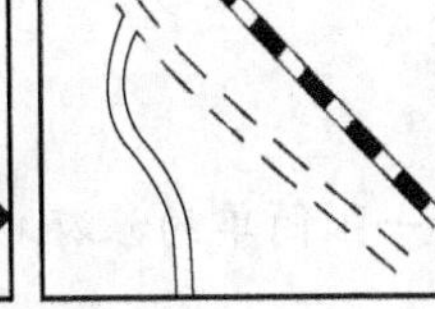

(a) 道路的画法

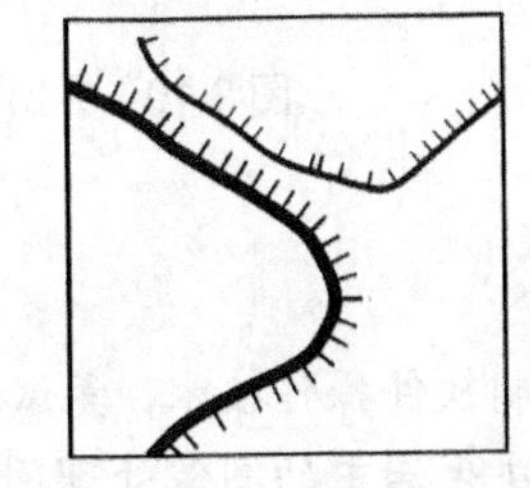
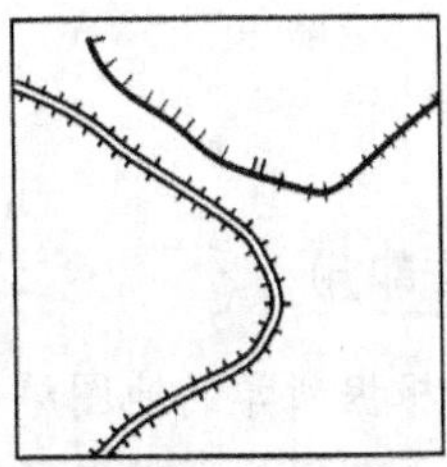

(b) 陡坎、堤坝画法

图 9.9 线状符号的画法

陡坎、堤坝线状符号的制作：陡坎、堤坝在地图中很常见，但由于本软件中不存在这样的线型，可以利用本软件的文本编辑中路径文字(即可使文本沿着线条屈曲排列)，单击路径上的文本“I”便可按需要编辑文本属性及文本与路径的位置关系，这样就可方便地得到陡坎、堤坝。不过，随着路径曲率的变化，可能有的地方文本排列稀疏，有的地方则比较紧密，因此需要进一步手工调整，需要设计者熟悉其特性，灵活运用。对于双线堤坝符号的绘制，将这一方法与双线公路符号绘制方法相结合即可(图 9.9)。

面状符号的绘制只要将线闭合即可。若要填充色彩，只需选中对象单击调色板上的某一种色彩即可；若要设置边线色彩，只需右击调色板上的某一种色彩即可。若要取消填充色彩，只需单击调色板上方的关闭按钮即可；若要取消边线色彩，只需右击调色板上方的关闭按钮即可。

本软件的“排列”、“造型”命令还具有多种造型功能，如焊接、修剪、相交、简化等。

本软件可以方便地进行图面设计。应当建立新图层，或者在地图图层上编绘。

4．栅格化地图

依次选择“文件”、“导出”选项，输入文件名，改变保存文件的类型(如 JPG、bmp)，然后选择“导出”选项，设置地图分辨率为 400dpi，颜色模式设置为 RGB，单击“确定”按钮下一个窗口可以按默认值设置，左击“确定”，用看图软件观察导出的地图，检查错漏，返回修改符号、色彩的视觉变量。修改后，继续导出观察，再用看图软件观察设计效果。后期的工作与用 MapInfo 制作相同(图 9.10)。

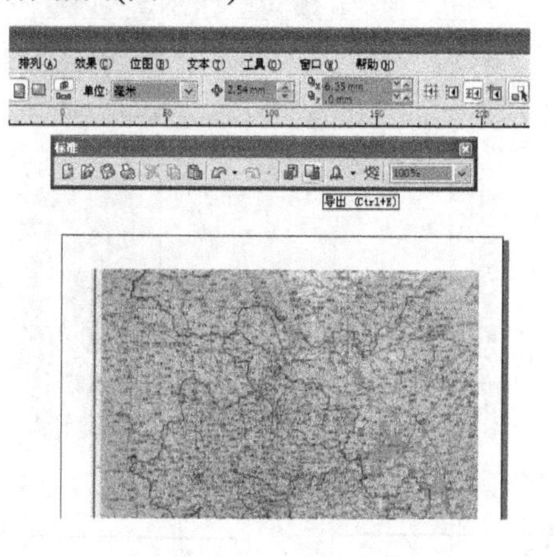

图 9.10　导出地图(栅格化)

即学即用

根据所学的地图编制软件操作技术，尝试编绘一张简单的旅游地图，以巩固所学知识。尝试用图像处理软件解决生活中的图像处理问题。

练习题

尝试学习一种软件，制作一张简单的旅游地图。

第 10 章　旅游地图的应用

本章教学要点

知识要点	掌握程度	相关知识
旅游地图的作用	掌握	旅游地理学、旅游学研究方法、旅游规划学、旅游行为学
旅游地图的技术特性	了解	地图学、旅游管理信息系统
旅游地图的阅读程序	掌握	地图应用学、旅游行为学、旅游学研究方法
旅游地图的简单量算原理	理解	地图应用学、数学、旅游信息管理系统
旅游地图的质量评价内容	了解	地图学、旅游行为学、旅游学研究方法、艺术学、美学

本章技能要点

技能要点	掌握程度	应用方向
旅游地图的读图技术	熟悉	旅游活动、旅游管理、旅游科学研究
旅游地图的简单量算技术	掌握	旅游活动、旅游管理、旅游科学研究
实地使用旅游地图方法	掌握	旅游活动、旅游管理、旅游科学研究
旅游地图的质量评价方法	了解	旅游地图编制、旅游活动、旅游科学研究

导入案例

旅游计划书

出发地：山东省滨州市

目的地：北京

交通工具：飞机，地铁，公交车

旅游时间："十一"假期 7～8 天(含来回路程时间)

旅游前的准备：旅行包带上换洗的两套衣服和少量的生活必需用品(越少越好)。应急医药用品，证件(包括身份证和学生证必不可少)，手机(充电器和电池)，钱包，少量干粮和饮用水，护肤品，帽子，相机，地图，足够的现金(零钱以备乘公交车用)以及其他部分物品。

旅游重点：沿途好吃的好玩的，最主要的是好看的以及当地的风俗习惯等。

目的地：故宫，天安门，鸟巢，八达岭长城

此次旅行的目的和意义：故宫位于北京市中心，旧称紫禁城。于明代永乐十八年(1420年)建成，是明、清两代的皇宫，无与伦比的古代建筑杰作，世界现存最大、最完整的木质结构的古建筑群。长城是中国的象征，被列为世界七大奇迹之一。

出发前的准备：

(1) 弄清最佳旅游季节。

(2) 精心选择游览线路。

(3) 最好以家庭为单位或若干人组团前往游览。

(4) 科学安排游览和住宿时间。

(资料来源：http://www.docin.com/p-491286472.html)

上面是一份旅游计划书，从中可以看出，外出旅游者从制订计划开始就要用到旅游地图，在旅游过程中更要用到旅游地图。通过本章内容的学习，读者将知道旅游地图有哪些作用，能帮助旅游者解决旅游或科研中的哪些问题，如何科学使用它。

由于旅游地图具有模拟旅游地理事物、承载旅游信息、表达和解释旅游事物规律、文化和观赏等功能，在人类活动中发挥着的重要作用。旅游地图已成为旅游者、旅游管理者、旅游研究者以及旅行者的重要工具。旅游地图应用的内容包括旅游地图的使用方法与质量评价。

10.1　旅游地图的作用与技术特性

旅游地图的作用及技术特性知识，对自觉地利用地图工具来解决生活和工作中的各种问题，用足用好旅游地图都很有益处。

10.1.1　旅游地图的作用

从旅游地图上可以获得很多信息，能满足旅游和各种社会活动的需要。因此，旅游地图不仅在旅游领域得到了越来越广泛的应用，而且在日常生活中也有应用。

1. 用于旅游活动

旅游活动中旅游者和导游都需要用到旅游地图。

1) 旅游者的必备工具

对旅游者来说，旅游地图是必备的工具，被称为旅游者的指南、参谋、工具。

(1) 帮助制定旅行计划。在旅游前，需要制订计划，选择旅游路线和交通工具，确定就餐、憩息、住宿地点，利用旅游地图能了解旅游目的地的距离、交通状况、气候等情况，从而做好旅游活动计划，选择去哪里，什么季节去，如何去，带什么衣物等，有效地利用时间，降低费用。

(2) 用于实时定位、定向。旅游者如能正确地使用旅游地图，充分发挥地图的传递信息的功能，就能使旅游地图成为旅游者的“向导”、“指南”。如果有张旅游地图，永远不会迷失方向。如自驾车旅游，借助于一张旅游地图不需导游就可以到达目的地，不至于走弯路或迷失方向。尽管现在有 GPS 导航，但是它也不是万能的，还需要有一张纸质地图可以帮助旅游者从宏观上了解道路格局。据调查，读者认为 GPS 导航和纸质地图结合是最佳的地图使用方式，并非只要有 GPS 导航就万事大吉。

(3) 帮助解决各种旅游中的问题。在旅游中，旅游者还可随时阅读使用旅游地图，不断地用它来解决所碰到的各种问题。如解决就医问题，寻找车站、公厕位置等。

(4) 获得旅游目的地信息。旅游地图还可以为旅游者提供丰富的旅游地自然与人文地理信息，如水系、地形、地域文化等。世界上旅游业发达的国家，都出版了大量的旅游地图，这些地图在旅游活动中发挥了极大的作用。

2) 导游的好帮手

导游应该充分利用旅游地图这个有力工具，正确地引导旅游者，因为口头语言很难解说空间问题，即使再好的语言也难以让听者理解。在导游中，导游者从宏观上可以利用旅游地图的一览性，综合地介绍旅游区全貌；从微观上可以利用旅游地图的精确性，详细解说旅游区细部。同时，在游览过程中，还可以利用地图的模拟客观功能，采用图地对照的方法，生动活泼地讲解。旅游地图能起到文字语言起不到的作用，它是导游者不可缺少的导游工具。

2. 用于旅游管理工作

旅游地图是旅游管理工作的重要工具，有人将旅游地图当做是旅游管理的参谋，确实有一定道理。旅游管理中经常会遇到旅游事物空间现象的认知和表达，需要通过旅游地图来实现。旅游管理者需要利用旅游地图来表达旅游资源的分布状况，分析所辖区域的旅游资源的空间结构特点，规划设计旅游项目和设施，科学设计旅游路线，有效组织旅游客源，进行旅游决策，安排旅游活动等。例如，根据旅游设施分布图，可以发现哪些现有设施布局不合理，需要马上改造，哪些地段缺少设施或设施不健全，需要增加改建。根据综合旅游图，正确地管理旅游活动，合理地安排旅游路线。根据旅游资源分布图，通过实地考察和地图分析研究，科学地规划新旅游项目，开发旅游资源。根据旅游交通图，采用优选法，优化设计旅游交通路线和交通工具。根据各种旅游系列图，通过综合分析讨论，正确地制定旅游决策和方针。

3. 用于科学研究

科学研究需要在旅游地图上进行，同时，科学研究成果需要用旅游地图来表达。

1) 研究旅游现象的工具

发展旅游业需要研究旅游现象的发生、发展规律及其与环境的相互关系，比如，旅游主体的构成、移动特征，旅游客体的分类、评价、保护以及开发论证，旅游媒体的功能、构成特点，组成旅游活动的主体、客体、媒介三者的综合关系等。旅游研究者需要利用旅游地图这个缩小的地表图像模型来研究各种旅游相关要素的空间分布规律、动态变化以及相互关系，从而得出科学结论。例如，通过对旅游者流量图、多年旅游人数分布图进行图表分析、数理分析，可以发现客流规律，预测、预报客流的动态变化；对旅游资源图进行定量和定性分析，可以综合评价旅游资源，为旅游资源开发规划提供依据。

2) 表达旅游研究成果的工具

旅游地图不但是旅游研究的工具，而且是旅游研究成果的极好表达形式。例如，旅游区空间布局、旅游市场规划预测、旅游交通规划、旅游线路规划、旅游市场规划等研究成果只有通过地图形式来表达，才便于让读者理解。

4．用于传播旅游信息

旅游地图的读者对象为旅游者或旅游信息的关注者，而且发行量很大，受众十分广泛，因此它是旅游信息传播最有效的通道，有人形象地称其为旅游信息的窗口。传播或获取旅游信息都可以通过此通道来实现。

1) 传播旅游信息

由于旅游地图发行量大、受众广泛，而且它的读者多为与旅游相关的群体，能提高旅游信息传播的效果，不亚于电视、报纸和杂志等传播媒体形式，是极佳的旅游信息传播通道。旅游服务信息都适宜通过旅游地图来传播。

2) 获取旅游信息

旅游地图是旅游信息较为集中的通道，公众可以从上面获得很多旅游和其他信息，比如交通、旅游景点、旅游服务等，它为旅游活动和生活带来了极大方便。

10.1.2　旅游地图的技术特性

旅游地图读者应当了解旅游地图的技术特性，按照一定的程序来阅读，以便更好地实现读图目的。旅游地图与国家基本比例尺地形图相比有所不同，在使用中应当注意。旅游地图的技术特性表现在以下方面。

(1) 没有统一的比例尺。国家基本地形图规定 8 种比例尺的完整系列，而旅游地图比例尺不统一，甚至一些图上根本不标比例尺，也没有有关地图比例问题的说明。从使用角度看，没有比例尺给读者带来了很多不便。

(2) 没有统一的投影。地图根据用途、比例尺等因素来选择投影，没有固定的模式，有的还用变比例尺投影，不利于进行图上量算。

(3) 没有统一的规范和图式。国家基本地形图是依据国家测绘管理部门统一制订的测量与编绘规范和《地形图图式》完成，能确保由各地方测绘部门分别完成的地形图在质量、规格方面的完全统一，旅游地图在表示方法上则没有统一要求。

(4) 精确度要求有所降低。由于旅游地图主要供旅游或管理参考用，通常不需要作特别精确的量算，少量误差不会影响使用效果。

(5) 内容设计上没有统一模式。由于没有统一规范，只能根据一般的设计原则来设计，除了受资料情况影响外，还受制图人员主观因素的影响。例如，旅游地图中地形是否表示，河流选区多少，都没有固定模式。

10.2　旅游地图的阅读方法

10.2.1　旅游地图阅读的概念与原则

1．旅游地图阅读的概念

旅游地图阅读是读图者用视觉系统获取旅游地图所传达的信息，即通过各种符号、图表、文字以及色彩等地图语言获得所传达的信息。通过阅读地图，只可以获得地图传达的

直接信息，即地图符号系统、制图网、色彩等所显示的直观的、基本的、表面性的信息。如根据地图上弯曲的蓝色线状符号组合，得知水系特征；看到黑白相间的线条符号，知道是一条铁路；看到一片绿色地区，知道是一块面积较大的林地等。

旅游地图产品的类型、品种多种多样，读者群体广泛，然而多数读者是非地图专业人员。这些读者对地图知识的了解较少，他们大多使用地图解决旅游及日常生活中一般的非专业性问题，如从地图上查找地名，了解交通状况、河湖分布、地形大势等。对于有地图专业知识的读者来说，地图主要用来解决他们工作中的专业性问题。这类读者需要从高一级的层次上去阅读旅游地图。必须对旅游地图的特性、制作原理与技术方法等有较深入的了解，还要具备科学使用地图的方法与技能。学会阅读旅游地图，只是使用地图的初级阶段，是地图专业应用的基础，如果要利用地图解决复杂问题时，必须学会地图的分析与研究。

不同读者阅读旅游地图有不同的意义。对旅游工作者来说，旅游地图是重要的工具，只有学会和掌握旅游地图的分析应用方法，才能更好地做好相关工作，成为一名出色的旅游工作者；对于普通旅游者来说，掌握一些旅游地图的相关知识，才能用好它，实现自己的目的；对于旅游研究人员来说，掌握一些旅游地图的相关知识，更有利于旅游科学的研究。

2．旅游地图阅读的原则

按照一定的阅读原则，才能更好地实现读图目的。

1) 了解旅游地图编制的原理

旅游地图读者如果对地图学知识掌握得越多，或者说对旅游地图的技术特性掌握得越多，越能科学地阅读旅游地图，因为地图阅读涉及地图编制的基本知识和技能(如地图的本质与特性、制图综合、地图投影、地图语言等)。

2) 按层次和类型展开

旅游地图是一种特殊的人工产品，其内容及其传达设计是按照层次和类型表达的，旅游阅读地图也要由表及里，由整体到细部，由大到小，分门别类进行。一般说来，一幅旅游地图由数学基础(包括地图投影、坐标网和比例尺)、图例、内容和附属内容等部分构成。一张旅游地图相当于一本书，内容涉及旅游、自然事物、社会经济事物等各个方面，是一个庞大而繁杂的知识体系，在旅游地图上形成一个多层面、纵横交错，由符号、色彩组成的图案。地图不像书那样有前后顺序，而是同时展现在读者的面前，似乎没有先后顺序，因此，阅读地图需要从主观上去分层次、分步骤、逐项进行。通常，阅读一幅旅游地图首先审视图名，然后认知旅游地图投影、坐标网和比例尺，接着是图例符号系统。在此基础上，再逐项阅读旅游地图各要素和相关的图表及说明。每一个步骤也都要逐项、逐步进行。

3) 有目的性

旅游地图的阅读，依其目的性可分为两种情况。一是一般性阅读，即通过对旅游地图符号的阅读，了解各种符号的语义，进而从旅游地图上读取少部分旅游地图内容。如查找某个旅游景点或居民点、某条河流、某个湖泊等。一般性阅读多用在旅行、商务和出差等活动中，在内容上大都是单项的或局部的，不会涉及旅游地图的全部要素。二是专题性阅读。这是一般性阅读的深入与扩展，其目的在于从旅游地图上获取某一种或几种旅游地图要素的关系信息或某一地域范围内的旅游环境概况。例如，根据旅游地图了解一个区域内的交通状况或旅游景点的分布情况。这种旅游地图阅读在旅游教育、管理、科研工作中较多采用。很显然，旅游地图阅读的目的不同，对旅游地图阅读的要求也就有差别，通过旅游地图阅读获得的信息和由这些信息形成的结论也各异。旅游地图阅读的目的性，决定着旅游地图阅读的内容、方法、程序和结果。

10.2.2 读图目的与程序

1．读图目的

旅游图上包含区域地理环境多方面信息，包括水系、地形、气候、植被、行政区划、交通、居民、社会经济、自然和人文景观等。阅读旅游地图的目的不同，获取信息的侧重点也不同。阅读旅游地图的目的可以归纳为以下几方面：进行旅游规划决策；进行旅游科学研究；制定旅行计划；了解旅游景点空间分布情况、旅游目的地的交通情况、旅游目的地的地形、海拔、经纬度；导游或旅行中实时定位定向和寻找旅游景点等目的地的位置。

2．读图程序

旅游地图的读图一般应按照以下程序进行：选择地图——图名——比例尺——地图投影——坐标网——图例——地图内容——附图附表及说明。下面分别介绍各步骤的基本内容。

1) 选择地图

要从本次读图需要解决问题的特定任务和要求出发，根据需要选用相应的地图，并就地图的比例尺，内容的完备性、精确性、现势性、设计质量和图边说明的详细程度等方面分析评价地图，从中挑选出合适的地图作为阅读的资料。若是进行旅游规划考察工作，仅靠旅游地图是不够的，最好要带地形图，选用大于 1∶10 万或选用近期出版、精确可靠的 1∶5 万旅游地图。一般旅游者最好是携带两种以上比例尺的地图，以便从宏观到微观都能看到。景点图的比例尺越大越好，版本上越新越好，若有表示地形的图更好。

2) 图名的阅读

图名由区域名和地图专题名组成，因此，通过图名的阅读，可以获得旅游地图的区域和主题信息。图名中的区域大多是行政区，如国家、省(市、自治区)、市(地区)、县(市)、乡(区)等；也可以是其他区域，如流域名、山区(地)名、特别区域名(如长三角地区、黄河沿线等)。地图类别如导游图、交通图、旅游资源分布图、旅游规划图等。因此，从地图名称就可知道地图上表示的区域位置与范围和地图的基本内容，依据图名就可以知道本图能否帮你解决问题，能帮你解决什么问题。

3) 地图比例尺的阅读

比例尺的形式有数字式、文字式和图解式 3 种。在地图上并非都同时标出这三种比例尺，通常只用其中的一两种形式。地图上大多标出比例尺，而且不难寻找和识别，但是有的旅游地图上不标明比例尺，这种图上只能根据已知地物的尺度来推断地图的大致比例尺。

4) 图例的阅读

图例的阅读是认识地图符号的主要途径。人们的一般习惯是先看地图图例，了解每个符号所代表的内容，然后开始阅读地图内容。在旅游地图上，图例不仅表明各个符号代表的地图要素，更重要的是阐明地图内容的分类、分级原则和要素间的逻辑关系。旅游地图的图例没有国家统一的规范，因此不同旅游图的符号所代表的地物会有所不同，如果不看图例，则容易导致误读。

5) 地图投影的阅读

在旅游地图的使用过程中，如果能了解地图投影的变形性质，更能用好地图。认识地图投影要求读图者具备地图投影的基本知识和根据地图投影的经纬线形状判断投影性质与类别和变形特征的能力。否则，即便图上标明投影名称，也无法知道地图的变形情况。目前出版的地图上大多未注明投影名称，需要通过经纬线推断。其方法是地图上经纬线网的形状特征和经纬线间隔变化(参见有关章节)。旅游地图用变比例尺投影，这是要格外注意的，因为它的变形是不均匀的，量算精度肯定是不精确的。有些旅游地图没有经纬线，也不适宜做精确量算。

6) 地图内容的阅读

地图内容的阅读是旅游地图阅读的主要任务。地图内容是指在制图区域内用符号、色彩、文字、图表等语言传达的地图要素。在某些旅游地图上，有时在制图区界外配置一些图表或文字说明，这些也属于地图内容的一部分。旅游地图的内容包括底图要素和旅游内容要素两部分。底图要素对专业内容的科学表达与识别、阅读具有重要意义。底图要素在使用旅游地图时用作地图定向和专业要素定位，表达现象的分布与周围地理环境的联系及分布规律。

内容阅读通常从宏观到微观分类阅读。开始先要概略地浏览整个地区的地势和地物，了解各处地理要素的一般分布规律和特征，以建立一个整体的概念。如该地区是平原或丘陵、山地，旅游资源是否丰富，河网是密是疏，交通、经济发达与否等。详细读图是对区域旅游要素进行深入的研究。旅游地图的地理要素不多，但是可以根据其他要素来判断出一些信息，例如，根据水系可以判断地形起伏，根据纬度与海拔可以判断出气候条件。通过仔细阅读，找出能看得到的各种景点，研究居民地的分布、道路的联系以及它们与地形的关系，了解其他社会经济现象及其与居民地、道路和地形的联系等。

7) 了解图幅辅助说明

绘注在图幅辅助的说明，包括图名、行政区划、图式图例、资料略图、资料截止时间或出版时间、高程和平面坐标系等各项辅助要素，可以帮助人们更仔细、更正确地读出图内各项内容，提高读图效率。图例是读图的钥匙，要通晓它。

应用实例

尝试从网上查阅旅游和其他地图，获取所需信息，为班级制定一个旅游计划。

10.2.3 旅游地图的读图方法与结果

按照一定的方法阅读地图，会很顺利地从图上获取所需要的信息，实现阅读目的。

1. 读图方法

在熟悉图式符号和了解区域地理概况之后，需要分要素或分地区、顺着旅游线路详细阅读，以便理解整个区域的详细内容；地图要素阅读顺序以及详细研究的内容与要求取决于阅读目的和地图本身的特点。同时要运用自己积累的知识和经验，以综合的观点，分析研究各种事物之间的相互联系、相互依存、相互制约的关系，以及人与自然的相互关系，应尽可能深入分析地图上未经图示的旅游景观特征与各种事物间的相互关系，要全面分析，不能孤立地看待一种现象。例如研究古村落，就要研究它与地形、交通、水系的关系。一张地图便是一本书，从中可以直接或间接地获取很多旅游区的自然与人文信息。

(1) 自然景观与地貌、水系的关系认知。很多自然旅游景观是地貌景观和水景观。自然景观美感度与地形复杂程度及山体海拔高度有一定的关系，地形越险峻，观赏价值越高。同样，从河流、湖泊等分布情况可以推断旅游景观特性。水系类型和河谷形态特征与地表起伏有着密切关系，河流经过之处为负地貌，因此，从河流分布和水流方向即可以得知地形起伏的状况。如果河流多急弯，则说明地形复杂。有的图上没有表示地貌，也可以粗略地推测地形的起伏状况。

(2) 建筑景观与自然条件和人类活动的关系认知。学校、寺院、教堂、桥梁、道路、工厂、高楼大厦等建筑景观的分布都与人类活动有关，凡是人口稠密区多为地势较平坦、矿物与能源产地、交通便利的地区，因此，根据建筑物密度及高度，可以推断经济发展程度。水电站必定建在峡谷或水资源丰富的地区。

(3) 旅游地的地理环境及人类活动的关系认知。旅游地与自然和人类活动有着密切的关系，旅游地所在位置及地名都蕴含着一定的文化内涵，通过地名可以了解到一定的地域文化。一个居民地的产生，常与交通、给水和粮食生产有关。人类最初依靠河流和河谷地带作为交通的重要通道，水源丰富的沿河一带为平坦沃土，因此人类最初常选择河道两岸及渡口处聚居；又因交通便利处为人类活动频繁的地区，两河汇合点、山隘和峡谷出口、港湾附近、水陆交通交汇处、道路交叉处逐渐发展成大城镇；近现代又在资源丰富地区(煤田、油田、水电站和矿山)附近易形成新兴的工业城市。居民地多位于平原、河谷、盆地，除热带地区外，很少建于山岭和高地。位于海、河、湖畔的居民地，为了避免海潮和洪水而多建于离岸稍远的较高处。

(4) 名胜古迹与文化、历史的关系认知。名胜古迹的类型、风格和数量等特征与当地自然、民族、宗教、文化历史的长短、经济发达程度以及政治地位等都有密切关系。例如，藏族与汉族的宗教建筑有很大差别；中国不同地区的民居建筑景观差异很大；中原和北方自古即为帝都所在而多皇家园林，南方苏杭一带多私家园林。

(5) 通过地名认识地理环境。地名具有民族性、区域性、历史性等多种特性，是民族文化、区域文化的一个符号。根据地名命名的方式，可以分为环境地名、部族地名、人物地名、区域地名、植物地名、动物地名、土壤地名、矿物地名、物产地名、商贸地名、地形地名、工程地名、军事地名、神话传说地名、比喻地名等60余种不同类型的地名。地名蕴含着命名的很多信息，可以在一定程度上反映旅游地的历史文化，可以为了解和研究地方历史地理、自然和社会环境演变提供线索和资料。

2. 读图结果

详细读图之后，可以获得旅游地的多种信息，有时需要做记录。

1) 旅游信息

旅游目的地的位置和范围。首先说明所读地图的图名，其次用经纬度范围表述研究区域的地理位置，然后说明该区所在的各级行政区划名称、空间范围的东西与南北大约长度，以及区内的地形、水系、居民地和交通等特征。从图上还可以认知旅游资源分布规律、品位、丰富程度，旅游交通，旅游服务等。

2) 自然地理信息

(1) 水系和地貌。先从水系分布和等高线图形及疏密等情况，说明该区地形特征，进而描述平原、丘陵、山地、河谷等的分布位置、绝对高程和相对高程、范围、走向、形态特征、山谷的形态和宽度。对于水系，要着重说明河网类型及从属关系，水流性质，河谷的形态特征及其各组成部分的状况，以充分了解旅游地水系和地貌情况。

(2) 植被。说明该区各种植被群落的类型、规模，植物数量和种类，地带性特点，与地貌、水系、居民地的关系，对旅游的影响等。同时还要对途经地区即目的地农作物的类型及特点具体描述，以便推断农业景观的特色。

3) 人文地理信息

(1) 居民地。说明旅游区居民地密度、规模、分布特点，行政、经济、交通等方面的地位，以及与自然及人文地理环境的联系等。

(2) 交通。交通有时可以当做底图要素。说明该区交通设施的类型、等级、密度，以及与地貌、水系、居民地、旅游区的联系，对本区旅游经济发展的保障程度等。

(3) 地方文化。通过旅游地图上的旅游资源、自然和人文景观可以透视地方文化特色。

10.3 旅游地图上的简单量算

地图的阅读不仅仅需要从中获得定性信息，有时还需要从图上量算某些定量信息。地图量测与计算的内容包括：确定地面点的水平位置与高程，量测地面线段长度，量测面状物体或现象的区域面积，测定地面坡度和量算体积。旅游地图的读者最可能需要的是水平位置、空间距离、地物面积。

旅游地图上的量算也应当注意一些地图常识，应当注意的是量算精度与比例尺大小有关，比例尺越大越精确，应当尽力选择比例尺较大的地图来量算；量算精度与投影变形分布规律有关，有些图上不宜做精确量算，有些图上不宜做角度量算，有些图上不宜做面积量算；在大区域的小比例尺图上，同一张图上不同位置的比例尺有所不同；旅游地图上量测的数据总体精度低于国家基本地形图，如果需要得到高精度的数据，应当在更精确的、比例尺较大的图上量测。

10.3.1 根据地图确定地面点的位置和高程

在有经纬线的地图上，根据坐标网格可求得图上任一点的地理坐标；根据地形图上的等高距和相邻两条等高线间的水平距，可求得图上任意点的高程。

1. 量算地面点的地理坐标

根据已知经纬线的度数，作辅助线，可以计算出未知点的经纬度(图 10.1)。

2. 量算地面点的高程

确定地形图上任意点的高程，可以借助于已知等高线的高程。若点在等高线上，则等高线的高程即为该点的高程；若点在两条等高线之间，如图 10.2 所示，则可采用解析法求得该点的高程。图中 M 点位于 20m 和 30m 两条等高线之间，运用直角三角形可以推算出 M 点的高程。

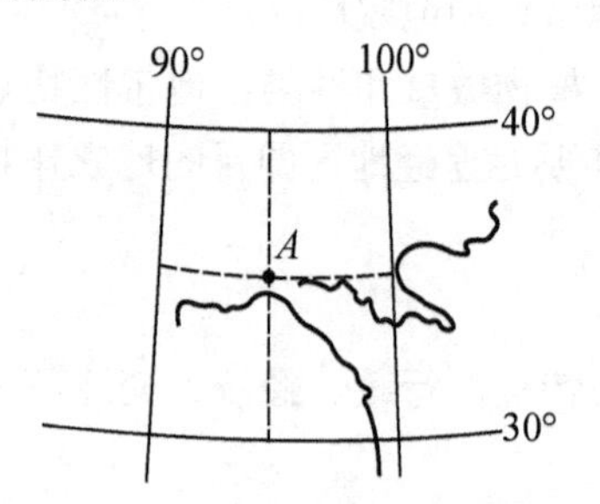

图 10.1 经纬度量算方法示意

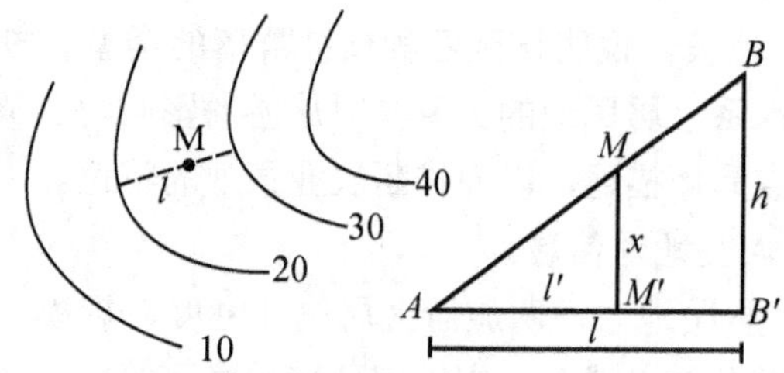

图 10.2 高程的量算方法示意

在地图上量算的高程的精度与地面坡度的大小有关。坡度大的地段等高线水平距小，量得的高程精度低；坡度小的地段，等高线水平距大，量得的高程精度高。同时还与地图比例尺的大小有关，比例尺大则等高距小，等高线水平距大，量得的高程精度高；比例尺小则等高距大，等高线水平距小则量得的高程精度低。若根据其他地图确定点的高程，其精度还与等高距的大小有关，等高距大则精度低；等高距小则精度高。

10.3.2 在地图上量算线段的长度

在地图上量算长度，无论在旅游活动中，还是在科研中都经常用到。常常需要知道水岸线、河流、铁路、公路的长度，这就需要对上述线状要素或已知两定点的直线段或任意曲线段的长度进行量算，以求得地面上的实际距离。

1. 直线长度量算

在地图上量测直线长度，可以在图上直接量距，然后根据比例尺计算。若量距较短时，可用分规卡住两点，然后用直线比例尺读数。若要求精度较高，可用分规卡准两点后，在钢尺的微分尺上读数。作为旅游者往往缺少直尺或卡规等工具，可以用树枝、树叶、纸张等材料做成图解比例尺长度的尺子来进行测算大致的尺度。如果用数字比例尺计算，即：实地长度 L＝图上长度 l×地图比例尺分母 M。

2. 曲线长度量算

现实中，常常需要知道一条曲线(例如一条河流，一段水岸线，一条道路等)的长度，这就需要在地图上进行量测工作。量测与计算的方法甚多，常用的有以下两种。

(1) 以两脚规的一定脚距，沿线截取曲线(图 10.3)，根据截取次数，用下面公式可以计算出曲线长度：曲线长的近似值 l＝两脚规的脚距 d×截取的次数 n。

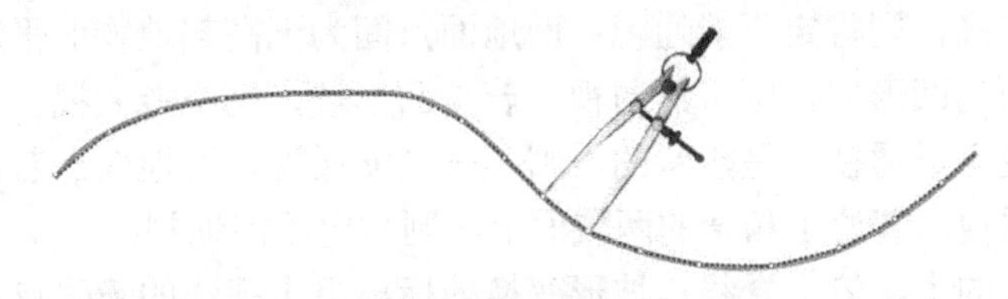

图 10.3 量算曲线长度

(2) 用柔软无弹性的细线压在线条上，与曲线吻合，然后拉直量出细线的长度，再根据比例尺就可以换算出实地距离。

10.3.3 在地图上量算面积

在旅游科学研究旅游规划工作中，需要在旅游地图上量算面积。地图上图斑的面积的传统量算方法有：采用透明方格纸累计方格数来计算；将所量测的图斑转化成规则几何形，然后将几何形面积合计得到结果。

实地面积与图上面积之间可以互相换算，其换算公式为：实地面积 P＝图上面积 p×地图比例尺分母 M^2。

10.4 旅游地图的具体应用

旅游地图在旅游科学研究和旅游活动方面具有很高的应用价值，是一种重要的工具。

10.4.1 利用旅游地图开展科学研究

旅游科学研究中经常会研究空间现象，而地球空间尺度很大，人类难以直接观测，最好的办法是运用地图这一特殊工具。地图具有概念模型的特性，它在表示各种旅游现象的分布规律、时空差异和变化特征时是任何文字和语言描述所无法比拟的。因此，旅游地图在旅游科学研究方面具有很高的应用价值，是一种重要的研究工具。

1. 用于旅游景区规划

旅游资源的分布呈点、线、面 3 种状态。对于面状分布现象的研究，鉴于时间和人力的限制，通常采取抽样方法，跑几条典型的剖面线，选择几个点，进行详细考察，深入研究。因此在野外旅游考察出发前，需根据旅游地图分析和确定考察地区地面点间的通视范围，哪一条线路上现象类型既多又全，通行程度好等，以拟定考察路线，选择观察点；力求以最短的路线，最少的观察点，考察到最大的范围，获得最多的信息。

旅游道路、观景点、旅游项目等规划需要分析等高线图形确定地面点的通视情况，它是以通晓地面高程、坡形和坡向为基础的。首先通过分析等高线的图形特征，读出各个地形的高度、坡形特征及坡面间的关系：当两地面点间为较高于它们的地形所隔时，则不能互相通视，反之，则可以通视；两地面点间的地形只高出其中的一个，则不一定能通视，需作视线地势剖面图具体分析；介于中间的地形若与较低的地面点同高，则一定可以通视，与较高的地面点同高，则肯定不能通视；两地面点间为无高起地物的平地，则可以通视；两地面点间的坡面为凹形坡，则必然通视，若是凸形坡，则不能通视；两地面点间的坡面为直线形，则一定可以通视，呈阶状的，则不一定能通视，两地面点若位于相对的两坡面上，一般均可以通视，若位于相背的两坡面上，则肯定不能通视。

在各个观察方向上，依山脊线、坡形变换处标出阻止视线的障碍点，按辐射原理确定被物体遮掩区的渐阔界点，依透视法则确定视线穿越豁口或鞍部的纵深范围，参照地形变化趋势，将各障碍点、掩区渐阔界点和纵深终点连成闭合曲线，则得到不可见区域范围，其余皆为通视范围。

2. 用于研究旅游现象的分布规律

鉴于地图是再现地理环境的符号模型，能直观反映地理环境各要素的分布范围、质量特征、数量差异、动态变化，以及各种现象之间的相互联系与制约关系，因而分析研究地图便可以了解和掌握各种现象的分布规律。

利用地图分析现象的分布规律，需先从地图内容的分类分级和图例符号的研究开始，以了解和掌握现象的内在联系与从属关系，然后，分析现象的分布范围、类型特征、数量差异和动态变化。其分析的具体内容包括分布范围的集中与离散、稳定与变动程度，形态结构与其成因规律，数量差异的时空状况、变化规律及其成因，动态变化的范围、强度、趋势与其成因等。在分析研究中，尤其要注意形态结构所表现出来的轮廓界线的形状和特征，这不仅有助于掌握现象的类型和分区状况，还能深刻揭示各现象之间的联系；在分析现象分布规律的同时分析其成因，有益于进一步认识旅游现象的发生、发展及与其他现象的联系。

3. 用于分析旅游现象的相互联系

旅游地图可以将旅游现象的分布特征和相互关系一目了然地显示出来，可用以分析各种旅游空间现象的相互依存、相互制约、相互作用和相互影响等。例如，进行旅游空间结构、旅游者源地、客流方向与数量等分析工作可以借助旅游地图。再如，对比地名图与古今民族分布图，可以发现地名的民族与语言属性，即在不同的民族地区，有不同语言文字形式的地名，不同语言文字形式的地名亦反映着不同的民族活动区域，因而可以借助地名图研究民族、地域和语言文化。

利用地图分析研究现象的相互联系，除上述的目视方法外，还可以用叠置分析方法，叠置起来进行比较分析。此外，亦可以采取绘制自然综合剖面图，或块状图，或用数理统计方法计算现象间的相关系数等来分析其相互联系的程度。

4．用于分析旅游现象的动态变化

地图显示现象的动态变化，一是用同一幅地图上图示某种现象不同时期的分布范围界线或用动线符号、扩展符号表示，二是用反映同一制图区域不同时期某同类现象的系列地图来表示。因此，利用地图分析现象的动态变化，可以采用其中某一种形式的地图进行分析研究。

从图上直接量测出变化的幅度和数量，阅读用动线符号表示的旅游地图，可以一目了然地看出一些现象的动态变化，如旅游者源地变化、旅游客流方向。

10.4.2 实地使用旅游地图

掌握旅游地图的使用方法，可以方便地解决考察或旅游中遇到的问题。

1．准备工作

首先根据实地考察或旅游的范围和目的，搜集和选用相应比例尺的旅游地图，阅读和分析地图，评价其内容是否能够满足需要，并说明其使用程度和方法。为避免遗漏，保证野外考察工作或旅游顺利进行，需要用彩色铅笔在旅游地图上标注出考察或旅游的路线、观察点和疑难点等。

2．利用地图实地定向

在野外借助地图从事旅游活动或旅游考察工作，均必须使地图与实地的空间关系保持方向一致，以便正确地进行图地对照读图，这就要求在每一个观察点开展工作之前先要定向地图的方向。

(1) 地图上的方向。凡是地图上没有标明方向的地图，是一种默认的方向，即上北下南、左西右东；如果没有方向标，但是有经纬线，则经线方向为南北方向，纬线方向为东西方向；磁子午线与通常人们所讲的北方向(真子午线方向)是不一致的，有一个夹角，而且此夹角各地不同。用罗盘测得的是磁北方向。

(2) 依据地物定向。可以在实地两个不同方向上分别找出一个与地图上地物符号相应的明显地物，如道路、桥梁、村庄、道口、河湾、山头等，然后在站立点上转动地图。使视线通过图上符号瞄准实地相应地物，当两个方向上都瞄准好时，地图就与实地空间位置关系取得一致。依地物定向是野外工作中实施地图定向的主要方法，在没有明显地物可参照时才需要用罗盘定向。

3．确定站立点在地图上的位置

旅行中需随时注意确定自己所在的地点在地图上的位置，这是每到一处实地观察前要做的第一件事情。其方法有依地貌地物定点和用后方交会法定点两种。

1) 依地貌地物定点

在实地考察时，根据自己所站地点的地貌特征点或附近明显的地物，对照地图上的等高线图形或与相应地物的位置关系，确定站立地点在地图上的位置。如图 10.4 所示，考察

者立于公路与小路交叉口，前方公路两边还有水塘，依此可以在旅游地图上定出站立地点的位置。如图 10.5 所示，考察者站立在一山脊线上，依据等高线图形和地貌符号就可以确定站立点的位置。

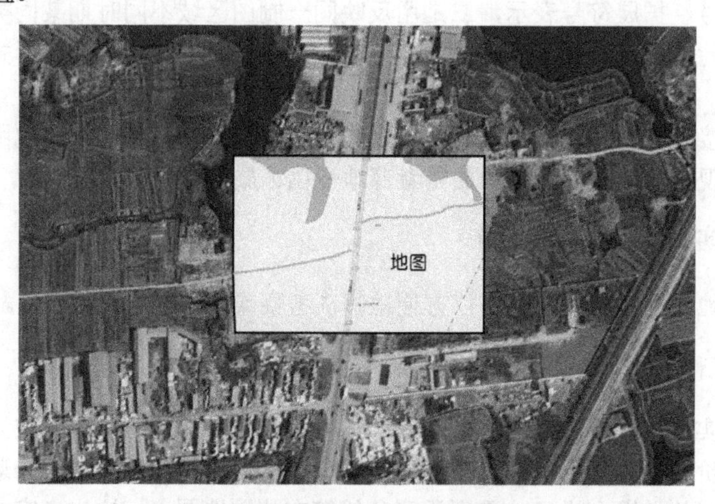

图 10.4 根据地物确定站立点

图 10.5 根据地形确定站立点

2) 后方交会法确定位置

当站立地点附近没有具有定位意义的山头或地物时，可采用后方交会法，即依靠较远处的明显地貌或地物来确定站立地点在旅游地图上的位置。其做法是考察者站在未知点上，用三棱尺等照准器的直尺边靠在旅游地图上两三个已知点上，分别向远方相应山体或地物点瞄准，并绘出瞄准的方向线，其交点即考察者站立的位置。

4．实地对照读图

确定站立点在地图上的位置和定向之后，便可以与实地对照读图。通常采取从图到实地和由实地到图两种方式进行，即先根据旅游地图上站立点周围的地形和实物进行符号与实地对照，找出实地上相应的地形和地物实体，再将在这些实体附近考察到的其他地形或地物实体，在地图上找出它们的符号和位置，如此往复地对照读图，直至完成任务。此间要对地貌和地物的类型、形态特征及其相互关系等方面进行仔细观察和分析研究。与实地对照读图，一般采用目估法测其方位、距离及地貌地物间的位置关系。为避免遗漏和能便捷地捕捉目标，需要按照从左到右、由近及远、先主后次、分要素来观察。对地形复杂、目标不易分辨的地段，可以用照准器瞄准与地图上符号相应的某一物体，沿视线依其相关位置去识别那些不易辨认的物体，确定它们的位置。实地对照读图，需特别注意观察现场所发生的一切新增加的地物，并补充到图上。

5．野外调绘新内容

野外调绘是旅游科研考察工作的一个重要组成部分。其主要目的是获取旅游资源的空间位置。调绘的成果是供室内分析研究和编制旅游地图的基础资料。调绘前应当做的准备工作包括以下方面：制定考察方案，选择调绘路线；搜集和阅读待考察地区的有关地图资料，初步确定调绘对象的主要类型；准备调绘地区的地形图、专题地图、工作底图复印件；准备实地调绘的工具，如罗盘、小图板、三角尺、量角器、三棱尺与铅笔等。

1) 调绘方法

每到一处，将地图的方向与地面的方向一致起来，在图上找到站立点的位置。调绘途中要经常对照地图上地物，注意沿途的标志物，随时确定自己在图上的位置。站立点要选在视野范围较大的制高点上，以利于观察事物，确定其位置。如果要补充新地物，在不同比例尺图上精度要求不同。如果是在中小比例尺地图上定位新地物，只要找准参照物，相对位置准确即可，如某景点在公路边或河边，只要找准这些已有参照物即可定位；如果是在大比例尺地图上定位新地物，应当用罗盘或参照已有的地物确定填图对象的方向和界线，用皮尺、测绳或步测确定其距离，以保证精确度。按比例尺和规定的符号将地物标绘于地形图的相应位置上。在室内对室外填绘草图进行整理和清绘，要求线条清晰、准确。

地物的空间特性是由点状(如塔、独立树等)、线状(如堤坝、公路、铁路等)和面状(如旅游区、湖泊、规划区等)组成的。在地图上是用点状符号(如独立树符号)、线状符号(如堤坝、公路、铁路符号)和面状符号(如湖泊、植被轮廓符号)表示的。面状符号的边界是线(如湖泊的水岸线)，线状符号是由具有变换线划方向的特征点组成的，如铁路，确定了拐弯点即确定了铁路的位置。测量关键是要抓住特征点(如线的交叉点或拐弯点)，就可把握线和面的形态。调绘是用简单测量设备确定事物特征点的位置，然后缩绘在地形图上，按实际轮廓连接相应特征点，即可填绘出新地物的位置和形状。

确定点的平面位置，可采用极坐标法和平面直角坐标法等方法。关键是测出新地物(或点)与已知地物(或点)的相对关系，即方向和距离。

2) 距离简易测量

测量距离的简易方法有丈量法和步测法等。尽管这种方法获取的资料不是太精确，但对于编制旅游地图基本上能满足需要。

(1) 丈量法。用皮尺或测绳丈量出地物特征点到站立点的距离。如果地面坡度较大，且实际距离较远，则要在地形图上的等高线计算两点的大致高差，再换算成水平距离。为了提高精度，最好进行往测和返测，若两次所测数据相差不大，即可取平均值。

(2) 步测法。步测法是用步子丈量实地两点的距离。为将步数化为米，可用卷尺量一个距离，然后用平常的步子在这段距离内往返走几次，按平均步数除该段距离即得平均步长。确定平均步长的经验公式是 1/4 身高±37cm。上、下坡时，应减小步长值来计算。一般地，上坡要比下坡精确些。

(3) 目测法。应该经常注意沿途的方位物，随时确定站立地点在旅游地图上的位置和旅游地图的定向，以便准确地找到新地物位置。站立地点应该尽量选择在视野开阔的高处上，以便观测到更大范围内的调绘对象，洞察其分布规律，依其与附近其他地貌、地物的空间结构关系，确定其分布位置或范围界线；对于旅游地图上没有轮廓图形或无法以空间结构关系定点定线的调绘对象，需要用罗盘或目估法确定其方位，用目估或步长法确定其距离或长度。目估距离时，可以参照一些地物间的固定距离或视觉极限效果的距离，例如通讯电线杆间距 50m，高压电线杆间距 100m；人的眼睛、鼻子和手指的清晰可辨最大距离为 100m，衣服纽扣的可辨最大距离为 150m，面部、头颈、肩部轮廓的可辨最大距离为 200m，两足运动的清晰可见最大距离为 700m。另外，还要注意光线明暗和位置高低对目估距离的影响，如在能见度好的晴朗天气，由低处向高处观测，易将成群的目标估计得偏近；而在昏暗的雾天，由高处向低处观测，易将微小目标估计得偏远。目估误差的大小，各人不一，需要通过实地多次测试验证，求出个人习惯的偏值常数，目估时给予改正，即可以求得较准确的距离。获得观测数据后，按填图的比例尺在地图上标出填图对象的位置或范围界线，并填绘以相应的图例符号，回到室内进行整理。

3) 测定方向

在正规测量中以真子午线或磁子午线作为基准方向。真子午线就是通过南北极的经线，可用天文观测方法测定。磁子午线就是指南针磁针静止时所指的方向，用罗盘可测定。直线方向可用方位角或象限角表示。在小区域地图上，通常是上北下南，左西右东。在大区域地图上，不同位置的方向差异较大，应以经纬线为依据判断方向。

6. 地图分析

分析研究旅游地图的方法多种多样，常见的有以下几种。

(1) 图像量测分析法。通过多元形态量测，得到地理事物的长度、面积、体积、深度、宽度、密度等数量指标。

(2) 图表分析法。运用多维柱状图表、曲线图表、立体剖面等，得到地理事物的分布、结构及组合规律。

(3) 数理分析法。通过对各种要素的概率、数理统计等数学方法的分析，获得正常、异常分布，绝对值、平均值，常量、变量等数量特征。

(4) 对比分析法。通过对地理事物历史和现状的比较，获得事物相互联系的规律性。

(5) 综合分析法。通过对地理事物的综合、概括、归纳，得出事物发生、发展的趋势规律。

10.5 旅游地图的质量评价

旅游地图的质量评价是地图应用的一部分，有利于科学利用地图，对旅游地图设计与制作质量的提高有重要的促进作用。地图类型不同或使用地图的目的不同，评价地图的标准也不一样，通常从地图的科学性、实用性和艺术性来评价地图。通过对地图的评价，可以掌握地图对用途的满足程度，以便正确有效地使用地图，因此，评价地图就成为使用地图的开端。旅游地图的质量评价应当从科学性、实用性、艺术性三方面进行。

10.5.1 科学性评价

一张高质量的地图科学性是关键，没有科学性的地图，其实用价值也会大大降低。旅游地图的科学性应当从以下几方面评价。

(1) 制图资料的可靠性、现势性和完整性。

(2) 地图精度是否合乎要求。

(3) 内容分类与分级是否严密与合乎规律。

(4) 地图要素间的空间关系是否正确。

(5) 地图是否真实地反映了制图对象的地理分布规律和区域特点。

如果将旅游地图质量评价总分定为100分，科学性评价分值可以定为30分。

10.5.2 实用性评价

旅游地图根本目的是为了满足读者的需要，没有实用性的地图，是没有价值的地图，所以实用性显得尤为重要。其实，科学性也是为了实用性而存在的，甚至艺术性也影响实用性，因为美观的物品更好用。也就是说这“三性”之间是有联系的，互相影响的。实用性的评价内容如下。

(1) 选题与用途是否明确合理。读者使用一张地图是为了获取基本信息，用途的明确自然显得很重要。

(2) 投影选择是否恰当。评价投影选择要与用途是否相符合。

(3) 内容选择符合用图目的程度。评价地图显示出的内容和读者使用地图的目的是否相匹配。

(4) 内容表示方法是否合理、直观易读。

(5) 地图装帧方式要考虑读者使用上的便利。

在旅游地图质量评价总分100分中，实用性评价分值可定为35分。

10.5.3 艺术性评价

只有科学性和实用性的地图依然是不完美的，只有兼顾艺术性的地图才是高质量的地图，因此不能忽略艺术性的评价，其评价内容如下。

(1) 审美性。审美性是艺术性的主要方面。评价旅游地理及其相关信息的图像、色彩、文字传达设计及构成设计是否具有审美性。

(2) 形象性。评价旅游地图内容的可视化设计是否具有形象直观性。

(3) 情感性。评价旅游地图内容的传达及图面设计是否赋予了情感要素。

(4) 技巧性。评价旅游地图内容的传达及图面设计是否巧妙。

在旅游地图质量评价总分100分中，艺术性评价分值可定为35分。

本章小结

旅游地图作为旅游工作者和普通旅游者的重要的工具，对满足人类科学研究和各种社会活动有着重要意义。随着旅游业的快速发展，旅游地图得到了越来越广泛的应用。旅游地图是从事旅游活动、旅游管理、旅游科学研究、旅游信息传播的工具。

旅游地图的广泛应用，要求人们掌握一定的地图阅读方法。了解旅游地图的相关技术特性，是进行旅游地图的阅读的前提。旅游地图的技术特性表现在没有统一的比例尺，没有统一的投影，没有统一的规范和图式，精确度要求相对较低，内容设计上没有统一模式。由于阅读旅游地图的目的各不相同，要有侧重地选择有用的信息。科学合理的读图方法有利于及时、高效地获得旅游信息。

旅游地图在旅游科学研究和旅游活动方面具有很高的应用价值，在旅游科学研究中，旅游地图可以帮助确定野外考察路线和考察点，研究各种现象的分布规律、相互关系、动态变化，分析和评价旅游资源的空间分布等。旅游地图使用，首先根据实地考察或旅游的范围和目的，做好准备工作；其次在野外借助地图从事旅游考察工作，必须使地图与实地的空间关系保持方向一致，然后正确地进行图地对照读图；确定站立点在地图上的位置；确定站立点在地图上的位置和定向之后，便可以与实地对照读图。

关键术语

地形图(Hypsometm Map)

地理信息(Geographic Information)

知识链接

[1] 马永立．地图学教程[M]．南京：南京大学出版社，1998．

[2] 黄万华，郭玉箫，赵永江，等．地图应用学原理[M]．西安：西安地图出版社，1999．

[3] 凌善金．论现代地图学的学科体系[J]．安徽师范大学学报(自然科学版)，2010，33(3)：281—285．

[4] 凌善金，孟卫东．地图语言艺术化的本质与目标分析[J]．艺术与设计(理论)，2012(8)：42—44．

[5] 凌善金．美的规律在地图美化设计中的应用研究[J]．测绘与空间地理信息，2012(11)：34—37．

[6] 许勃，王俊民. 情感化的产品设计方法[J]. 艺术与设计(理论)，2010(11)：219—221.

练习题

一、单项选择题

1. 旅游业的快速发展使旅游地图得到了越来越广泛的应用，旅游地图的作用表现在(　　)。

A. 旅游者的指南，导游的工具

B. 旅游管理的参谋，旅游研究的手段

C. 旅游信息的窗口，旅游者的纪念品

D. 以上全部

2. 进行旅游地图的阅读，必须了解旅游地图的技术特性，旅游地图的技术特性不包括(　　)。

A. 没有统一的比例尺　　B. 没有统一的投影

C. 没有统一的规范和图式　　D. 精确度要求很高

二、判断题

1. 景点图的比例尺越大越好，版本上越新越好，若有表示地形的图更好。

2. 在旅游业发展的过程中，旅游地图得到了越来越广泛的应用。旅游地图被称为旅游的“向导、指南、参谋、工具、手段”。

3. 旅游地图是旅游信息的窗口，不是旅游者的纪念品。

三、问答题

1. 旅游地图的技术特性有哪些？

2. 简述阅读旅游地图的目的有哪些。

3. 简述旅游地图的读图程序。

4. 简述旅游地图的读图方法与结果。

四、应用题

结合一次旅游活动，购买所需要的旅游地图，分析它们能用于解决旅游中的哪些问题。

参考文献

[1] 凌善金．地图艺术设计[M]．合肥：安徽人民出版社，2007.
[2] 凌善金．旅游地图学[M]．合肥：安徽人民出版社，2008.
[3] 凌善金．地图美学[M]．合肥：安徽师范大学出版社，2010.
[4] 苏勤．旅游学概论[M]．北京：高等教育出版社，2001.
[5] 陆林．旅游规划原理[M]．北京：高等教育出版社，2005.
[6] 马耀峰．旅游地图制图[M]．西安：西安地图出版社，1994.
[7] 马永立．地图学教程[M]．南京：南京大学出版社，1998.
[8] 刘万青，刘咏梅，袁勘省．数字专题地图[M]．北京：科学出版社，2007.
[9] 李玉龙，何凯涛，等．AreView GIS 基础与制图设计[M]．北京：电子工业出版社，2002.
[10] 郭茂来．视觉艺术概论[M]．北京：人民美术出版社，2000
[11] 郭茂来．平面图形构成[M]．2 版．石家庄：河北美术出版社，2003.
[12] 欧阳国，顾建华，宋凡圣．美学新编[M]．杭州：浙江大学出版社，1993.
[13] 辛华泉．平面构成[M]．成都：四川美术出版社，1992.
[14] 张宪荣．现代设计词典[M]．北京：北京理工大学出版社，1998.
[15] 姜今，姜慧慧．设计艺术[M]．长沙：湖南美术出版社，1987.
[16] 刘砚秋．标志设计艺术[M]．天津：天津人民美术出版社，1991.
[17] 尹定邦．设计学概论[M]．长沙：湖南科技出版社，2001.
[18] 杨恩寰，梅宝树．艺术学[M]．北京：人民出版社，2001.
[19] 陈晶．艺术概论[M]．武汉：湖北美术出版社，2006.
[20] 潘必新．艺术学概论[M]．北京：中国人民大学出版社，2008.
[21] 杨琪．艺术学概论[M]．北京：高等教育出版社，2003.
[22] 李砚祖，卢影．视觉传达设计的历史与美学[M]．北京：中国人民大学出版社，2000.
[23] 徐恒醇，马觉民．技术美学[M]．上海：上海人民出版社，1989.
[24] 杨琪．艺术学概论[M]．北京：高等教育出版社，2003.
[25] 张力果，赵淑梅．地图学[M]．北京：高等教育出版社，1990.
[26] 蔡孟裔，毛赞猷，田德森等．新编地图学教程[M]．北京：高等教育出版社，2000.
[27] 毛赞猷，朱良，周占鳌，等．新编地图学教程[M]．2 版．北京：高等教育出版社，2008.
[28] 段体学，王涛．地图整饰[M]．北京：测绘出版社，1985.
[29] 李巍，夏镜湖．装潢美术设计基础[M]．重庆：重庆出版社，1984.
[30] [瑞士]约翰内斯·伊顿．色彩艺术[M]．杜定宇，译．上海：上海人民美术出版社，1978.
[31] [瑞士]约翰内斯·伊顿．设计与形态[M]．朱国勤，译．上海：上海人民美术出版社，1992.
[32] 钟蜀珩．色彩构成[M]．杭州：中国美术学院出版社，1994.
[33] 赵国志．色彩构成[M]．沈阳：辽宁美术出版社，1989.
[34] 黄万华，郭玉箫，赵永江，等．地图应用学原理[M]．西安：西安地图出版社，1999.
[35] [美]诺曼(Norman.D.A.)．情感化设计[M]．付秋芳，程进三，译．北京：电子工业出版社，2005.
[36] [苏联]K.A.萨里谢夫．地图制图学概论[M]．李道义，王兆彬，译．北京：测绘出版社，1982.
[37] 陈毓芬，江南．地图设计与编绘[M]．北京：解放军出版社，2001.
[38] 祝国瑞．地图学[M]．武汉：武汉大学出版社，2004.
[39] 黄华新，陈宗明．符号学导论[M]．郑州：河南人民出版社，2004.
[40] 孙达，蒲英霞．地图投影[M]．南京：南京大学出版社，2005.
[41] [瑞士]费尔迪南·德·索绪尔．普通语言学教程[M]．高名凯，译．北京：商务印书馆，1980.

[42] [美]鲁道夫・阿恩海姆．艺术与视知觉[M]．滕守尧，译．成都：四川人民出版社，1998．
[43] [美]鲁道夫・阿恩海姆．视觉思维——审美直觉心理学[M]．滕守尧，译．成都：四川人民出版社，1998．
[44] 赵子江．平面设计艺术[M]．北京：机械工业出版社，2005．
[45] 刘烨．马斯洛的智慧[M]．北京：中国电影出版社，2007．
[46] 地图出版社美工组．地图花边[M]．北京：地图出版社，1982．
[47] 俞连笙．地图学研究中的美学问题[J]．测绘通报，1989(3)：29-31．
[48] 俞连笙．地图的艺术美与科学美[J]．地图，1990(1)：1-5．
[49] 李莉．科技进步与地图学的发展[J]．中国测绘报，2008．
[50] [德]库尔特・考夫卡．格式塔心理学原理[M]．黎炜，译．杭州：浙江教育出版社，1997．
[51] 中国地理学会地图学与地理信息系统专业委员会．地图学的开拓与进展——理论探讨与实践经验[M]．北京：中国地图出版社，1991．
[52] 钱金凯．论提高旅游地图编制水平的途径[J]．地理学报，1995，50(3)：51-58．
[53] 李逢珍．试论旅游地图的特点及基本功能[J]．地图，1998(3)：13-14．
[54] 姚艳霞．地图出版的选题策划[J]．黑龙江测绘，1996(1)：31-34．
[55] 王秀斌．地图出版与选题策划[J]．地图，2000(3)：28-30．
[56] 吕琳谈．地图选题的可持续开发与营销意识[J]．技术交流测绘技术装备，2003，5(3)：40-41．
[57] 姬世君．谈地图选题与策划必须遵守的原则[J]．三晋测绘，2003，10(3)：38-39
[58] 凌善金，陆林．论高校旅游地图学教材内容的组织[J]．安徽师范大学学报(自然科学版)，2008，31(3)：284-287．
[59] 凌善金，陆林．普通高校地图学课程内容体系的整合初探[J]．安徽师范大学学报(自然科学版)，2010，33(1)：77-80．
[60] 凌善金．论现代地图学的学科体系[J]．安徽师范大学学报(自然科学版)，2010，33(3)：281-285．
[61] 凌善金，孟卫东．地图语言艺术化的本质与目标分析[J]．艺术与设计(理论)，2012(8)：42-44．
[62] 凌善金．美的规律在地图美化设计中的应用研究[J]．测绘与空间地理信息，2012(11)：34-37．
[63] 许勃，王俊民．情感化的产品设计方法[J]．艺术与设计(理论)，2010(11)：219-221．
[64] 刘佳娣．产品形态语意的情感特征表达与设计方法研究[J]．艺术与设计(理论)，2008(9)：157-159．
[65] 杨子倩．产品的情感化设计研究[J]．人类工效学，2011(2)：69-72．
[66] 任娟莉．产品设计中的情感化设计[J]．企业导报，2009(10)：142-143．
[67] 高维，白露．情感化设计论[J]．文艺争鸣，2010(14)：62-65．

北京大学出版社本科旅游管理系列规划教材

序号	书　　名	标准书号	主　编	定价	出版时间	配套情况
1	旅游学	7-301-22518-9	李　瑞	30	2013	课件
2	旅游学概论	7-301-21610-1	李玉华	42	2013	课件
3	旅游学导论	7-301-21325-4	张金霞	36	2012	课件
4	旅游策划理论与实务	7-301-22630-8	李锋　李萌	43	2013	课件
5	旅游资源开发与规划	7-301-22451-9	孟爱云	32	2013	课件
6	旅游规划原理与实务	7-301-21221-9	郭　伟	35	2012	课件
7	旅游地图编制与应用	7-301-23104-3	凌善金	38	2013	课件
8	旅游地形象设计学	7-301-20946-2	凌善金	30	2012	课件
9	旅游英语教程	7-301-22042-9	于立新	38	2013	课件
10	英语导游实务	7-301-22986-6	唐　勇	33	2013	课件
11	导游实务	7-301-22045-0	易婷婷	29	2013	课件
12	导游实务	7-301-21638-5	朱　斌	32	2013	课件
13	旅游文化与传播	7-301-19349-5	潘文焰	38	2012	课件
14	旅游服务礼仪	7-301-22940-8	徐兆寿	29	2013	课件
15	休闲学导论	7-301-22654-4	李经龙	30	2013	课件
16	休闲学导论	7-301-21655-2	吴文新	49	2013	课件
17	休闲活动策划与服务	7-301-22113-6	杨　梅	32	2013	课件
18	旅游财务会计	7-301-20101-5	金莉芝	40	2012	课件
19	前厅客房服务与管理	7-301-22547-9	张青云	42	2013	课件
20	现代酒店管理与服务案例	7-301-17449-4	邢夫敏	29	2012	课件
21	餐饮运行与管理	7-301-21049-9	单铭磊	39	2012	课件
22	会展概论	7-301-21091-8	来逢波	33	2012	课件
23	旅行社门市管理实务	7-301-19339-6	梁雪松	39	2011	课件
24	餐饮经营管理	7-5038-5792-8	孙丽坤	30	2010	课件
25	现代旅行社管理	7-5038-5458-3	蒋长春	34	2010	课件
26	旅游学基础教程	7-5038-5363-0	王明星	43	2009	课件
27	民俗旅游学概论	7-5038-5373-9	梁福兴	34	2009	课件
28	旅游资源学	7-5038-5375-3	郑耀星	28	2009	课件
29	旅游信息系统	7-5038-5344-9	夏琛珍	18	2009	课件
30	旅游景观美学	7-5038-5345-6	祁　颖	22	2009	课件
31	前厅客房服务与管理	7-5038-5374-6	王　华	34	2009	课件
32	旅游市场营销学	7-5038-5443-9	程道品	30	2009	课件
33	中国人文旅游资源概论	7-5038-5601-3	朱桂凤	26	2009	课件
34	观光农业概论	7-5038-5661-7	潘贤丽	22	2009	课件
35	饭店管理概论	7-5038-4996-1	张利民	35	2008	课件
36	现代饭店管理	7-5038-5283-1	尹华光	36	2008	课件
37	旅游策划理论与实务	7-5038-5000-4	王衍用	20	2008	课件
38	中国旅游地理	7-5038-5006-6	周凤杰	28	2008	课件
39	旅游摄影	7-5038-5047-9	夏　峰	36	2008	
40	酒店人力资源管理	7-5038-5030-1	张玉改	28	2008	课件
41	旅游服务礼仪	7-5038-5040-0	胡碧芳	23	2008	课件
42	旅游经济学	7-5038-5036-3	王　梓	28	2008	课件
43	旅游文化学概论	7-5038-5008-0	曹诗图	23	2008	课件
44	旅游企业财务管理	7-5038-5302-9	周桂芳	32	2008	课件
45	旅游心理学	7-5038-5293-0	邹本涛	32	2008	课件
46	旅游政策与法规	7-5038-5306-7	袁正新	37	2008	课件
47	野外旅游探险考察教程	7-5038-5384-5	崔铁成	31	2008	课件